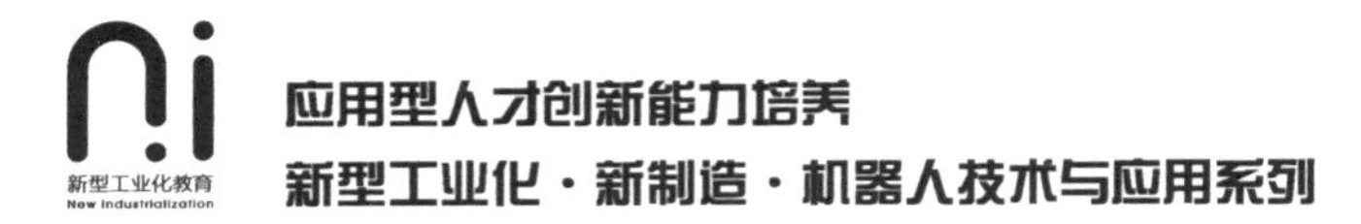

移动机器人基础

——基于STM32小型机器人

秦志强　彭刚/编著

Technology and Application

電子工業出版社
Publishing House of Electronics Industry
北京·BEIJING

内 容 简 介

本书介绍了采用意法半导体（STMicroelectronics，ST）公司的基于 ARM Cortex-M3 处理器的 32 位 STM32 单片机的小型移动机器人嵌入式系统硬件和软件的集成设计与制作。通过“学中做、做中学”，即 DIY（Do It Yourself）和 LBD（Learning By Doing）的方式，循序渐进地介绍和构建若干典型小型移动机器人的 STM32 单片机应用系统硬件和软件，以及相关传感器电路，将 STM32 单片机的外围引脚特性、内部结构原理、片上外设资源、开发设计方法和应用软件编程等知识传授给学生，对传统的教学方法和教学体系进行创新，力求解决嵌入式系统课程抽象与难学的问题。

全书通俗易懂、内容丰富，可作为高等院校本科和职业技术学院的机器人、电子信息、自动化、电力电气、电子技术及机电一体化等相关专业的教材和教学参考书，也可以作为工程实训、电子制作与竞赛的实践教材和实验配套教材，同时还可以供广大从事机器人、自动控制、电力电子、机电一体化等系统开发和设计的工程技术人员参考。

图书在版编目（CIP）数据

移动机器人基础 ：基于 STM32 小型机器人 / 秦志强，彭刚编著. —北京：电子工业出版社，2022.6
ISBN 978-7-121-38601-5

Ⅰ. ①移… Ⅱ. ①秦… ②彭… Ⅲ. ①移动式机器人-高等学校-教材 Ⅳ. ①TP242

中国版本图书馆 CIP 数据核字（2020）第 034608 号

责任编辑：章海涛
印　　刷：涿州市般润文化传播有限公司
装　　订：涿州市般润文化传播有限公司
出版发行：电子工业出版社
　　　　　北京市海淀区万寿路 173 信箱　　邮编：100036
开　　本：787×1092　1/16　印张：24.75　字数：634 千字
版　　次：2022 年 6 月第 1 版
印　　次：2025 年 1 月第 3 次印刷
定　　价：69.00 元

凡所购买电子工业出版社图书有缺损问题，请向购买书店调换。若书店售缺，请与本社发行部联系，联系及邮购电话：（010）88254888，88258888。

质量投诉请发邮件至 zlts@phei.com.cn，盗版侵权举报请发邮件至 dbqq@phei.com.cn。

本书咨询联系方式：192910558（QQ 群）。

前　言

新工科是以互联网、大数据和云计算等为代表的现代信息技术与传统工程学科结合产生的新兴工程学科，包括智能制造、智慧城市、智能交通、智能物流和智慧农业等学科。相对于传统的工科内涵，新工科机器人工程专业要在原有工科内涵的基础上增加人工智能和系统集成，而人工智能是系统集成的灵魂。

无论是人工智能还是系统集成，都离不开最基本的技术：编程。从现有的技术角度来讲，所有的人工智能基本上都是通过计算机软件实现的，而所有的系统集成的核心也是计算机软件。因此，将程序设计能力提高到新工科人才要求的何种高度都不为过。现在新工科专业无法实现创新人才培养的瓶颈就在于学生创新程序设计能力的缺失。

创新程序设计能力的培养不是单单靠一两门课程的学习和实践能够完成的，必须贯穿于整个专业的学习过程。新工科建设之路·机器人技术与应用系列教材编委会经过几次集中研讨，在综合卓越工程师计划和CDIO①教学成果的基础上，博采众长，编辑出版一套循序渐进的教材，如表1所示。

表1　新工科建设之路·机器人技术与应用系列教材

序号	课程名称	教材名称	面向层次
1	C语言课程设计	《机器人程序设计（C语言）（第2版）》	本科（大一）
2	单片机技术及应用	《机器人制作与开发（单片机技术及应用）》	本科（大二上）
3	移动机器人基础	《移动机器人基础——基于STM32小型机器人》	本科（大三）、高职毕业设计
4	工业机器人基础	《工业机器人系统设计》	本科（大三）
5	机器人系统设计	《机器人系统设计——基于STM32小型机器人》	本科毕业设计、综合实践课程设计
6	机器视觉	《机器视觉》	本科（大三、大四）
7	机器人操作系统	《机器人操作系统 ROS 应用实践》	本科（大三）
8	智能机器人系统设计	《中型智能移动机器人设计与制作》	本科毕业设计、综合实践、课程设计

以上教材严格遵循了循序渐进、赛学合一、以终为始和全面综合的编写原则，是一个有机的整体，培养的核心是人工智能和系统集成，旨在为培养创新型人才提供帮助。

本书围绕基于ARM Cortex-M3处理器的STM32单片机的小型机器人嵌入式系统硬件和软件的集成设计展开。学生在已经掌握了用8位单片机开发机器人应用系统的基础上，拓展学习用32位ARM Cortex-M3处理器单片机开发更加复杂的嵌入式机器人应用系统，进一步提升对机器人应用集成系统的设计能力。

本书可作为具有单片机和C语言基础的大学三年级以上学生的学习用书，还可以供其他

① CDIO：Conceive（构思）、Design（设计）、Implement（实施）、Operate（运行）。

希望学习嵌入式系统设计的工程师和爱好者使用。本书以两轮小型移动机器人的 CDIO 为典型项目，配套相应的硬件设备以达到最佳的教学效果。详细的硬件清单可参考本书附录 D。如需本书配套的 STM32 单片机教学实验开发板及各种器件可与全童科教（东莞）有限公司联系。

目前，大多数学习嵌入式 ARM 处理器的学生上手较困难，其中一个原因可能是嵌入式 ARM 处理器将内部总线分为高级高性能总线（AHB）、外设总线（APB）。其实这相当于 PC 主板中的北桥芯片所外接的高速系统总线和南桥芯片所接的外设总线，基于 ARM Cortex-M3 处理器的单片机内部结构与普通的 8/16 位单片机最大的区别就在这里。一般的单片机只有 1 个系统时钟频率，而基于 ARM Cortex-M3 处理器的单片机可以给内核和不同外设模块提供不同的时钟频率。加上片内外设众多（集成度高），于是多了很多在普通的 8/16 位单片机没有的功能（如 DMA，即 Direct Memory Access，直接存储访问），造成了难学的局面。

为了降低学习难度，本书各章节在讲述具体内容时，以任务为驱动，通过“学中做、做中学”，即 DIY（Do It Yourself）和 LBD（Learning By Doing）的方式，介绍和讲解所需的新知识、新技能，按照认识论的规律学习和掌握基于 ARM Cortex-M3 处理器的 STM32 单片机技术及其应用编程。不同于数据手册式的教材，本书将 ARM Cortex-M3 处理器介绍、STM32 单片机的内部结构等原理性内容列在附录中，各章节也没有烦冗的寄存器说明（参见 ST 公司网页上的数据手册或本书配套资料），旨在突出重点。每章都有一些读者可能在学习过程中涉及的相关知识的讲解，希望读者能掌握这些背景知识。每章对工程素质和技能的归纳用以启发学生进行知识的归纳和系统化学习。同时，本书附录也对 STM32 单片机原理性的内容做了进一步的解释和归纳，其内容很重要，务必注意。

无论是大学本科院校还是高职院校，都可以采用本书，具体的教学安排完全可以按照学校原有的教学计划制定，只是对上课的方式要进行调整，不必再单独开设理论和实验课程。老师可在教学过程中增加一系列竞赛环节，使整个教学过程充满挑战和乐趣，提高教学效率，并培养每个学生的理论联系实际、科学主导工程的系统世界观和方法论。

另外，本书各章有关内容有意将中文和英文进行对照，同时部分表格采用英文描述（参考芯片英文数据手册），一是为了让学生准确知道其含义，并掌握一定的嵌入式系统专业术语；二是希望学生在编程时不要用“汉语拼音”来定义变量和函数名，养成良好的编程风格，毕竟程序是用英文写的。本书例程文件名及代码也是如此。在帮助学生循序渐进地掌握 STM32 单片机原理与应用的同时，编者也希望通过这种“任务驱动”的方式，引导学生了解如何去探索并学习新的技术，可能这是学生在学校里没有学到的，因为在这个技术发展迅速的世界，今后学生可能会接触到各种最新的技术。这样做也是作为老师的一份责任：不仅仅授人以鱼，而且授人以“渔”。

本书的内容主要包括 STM32 单片机 I/O 端口与伺服电机控制、程序模块化设计与机器人运动控制、中断编程与机器人触觉导航、I/O 端口综合应用与机器人红外导航、定时器编程与机器人的距离检测、串口编程、LCD 显示接口编程及其应用、A/D 转换编程及其应用、DMA 编程及其应用、RTC 编程及其应用、看门狗编程及其应用，以及智能搬运机器人和游高铁机器人的开发与制作。但没有涉及 CAN、USB、μCOS 移植等方面的内容。学生从本书中掌握了 STM32 单片机的基本原理后，加上良好的编程基础和学习方法，可以进一步学习这些内容。

本书提供了基于 V3.5.0 版的 STM32 固体库的参考例程，书中各章例程也基于 V3.5.0 库。

本书由秦志强和彭刚编著，华中科技大学控制科学与工程系的研究生王中南、程小科，以及全童科教（东莞）有限公司的多位工程师参加了本书所用 STM32 单片机教学开发板的代

码验证、电路绘制与测试等工作。

机器人是一个很好的教学与科研的载体，非常适合作为工程对象，来讲授软件编程、嵌入式技术、控制技术、传感器技术、无线数据通信、机电一体化、图像处理与模式识别及人工智能等专业知识。机器人已广泛地应用于工业、医学、农业、建筑业及军事等领域。本书以机器人作为教学实践内容，寓教于乐，兴趣为先，非常容易引起学生的兴趣和学习热情。

限于写作时间和作者水平，书中难免有错误和不妥之处，敬请批评指正。

编　者

目　录

第 1 章　ARM Cortex-M3 处理器开发环境

1.1　嵌入式系统与 ARM Cortex-M3 处理器

嵌入式系统

嵌入式系统是指嵌入工程对象中能够完成特定功能的计算机系统。嵌入式系统嵌入对象系统中，并在对象环境下运行。与对象领域相关的操作主要是对外界物理参数进行采集、处理，对对象实现控制，并与操作者进行人机交互等。

与通用计算机系统相比，嵌入式系统有其功能的特殊要求和成本的特殊考虑，从而决定了嵌入式系统在高、中、低端系统三个层次共存的局面。在低端嵌入式系统中，8 位单片机从 20 世纪 70 年代初期诞生至今一直在工业生产和日常生活中广泛使用。近些年，中端的 16 位单片机已应用于汽车电子、工业自动化等领域。鉴于嵌入式应用对象的响应要求、嵌入式系统应用的巨大市场可以预测，8 位单片机、16 位单片机仍然是嵌入式应用中的主流机型，而高端的 32 位单片机正逐渐进入工业生产和日常生活领域。

1. ARM Cortex-M3 处理器

ARM 即 Advanced RISC Machines 的缩写，既是一个公司的名字，也是一类微处理器的统称，还是一种技术的名字。1985 年 4 月 26 日，第一个 ARM 原型在英国剑桥的 Acorn 计算机公司诞生，由美国加利福尼亚州 San Jose VLSI 技术公司制造。20 世纪 80 年代后期，ARM 很快被开发成 Acorn 的台式机产品。20 世纪 90 年代初，ARM 公司成立于英国剑桥，设计了大量高性能、廉价、耗能低的 RISC（Reduced Instruction Set Computer）处理器，推出相关技术及软件。ARM 公司既不生产芯片，也不销售芯片，它只做芯片技术授权，因此称为 Chipless 公司。

世界各大半导体生产商从 ARM 公司购买其设计的 ARM 处理器内核，根据各自不同的应用领域，加入适当的外围电路，从而形成自己的 ARM 处理器芯片。利用这种合伙关系，ARM 很快成为全球性 RISC 标准的缔造者。目前，采用 ARM 技术知识产权（Intellectual Property，IP）内核的处理器已遍及工业控制、消费类电子产品、通信系统、网络系统、DSP、无线移动应用等各类产品市场，在低功耗、低成本和高性能的嵌入式系统应用领域中处于领先地位。

ARM Cortex 系列处理器是基于 ARMv7 架构的，分为 Cortex-A、Cortex-R 和 Cortex-M 三类。在命名方式上，基于 ARMv7 架构的 ARM 处理器已经不再沿用过去的数字命名方式，如 ARM7、ARM9、ARM11，而是冠以 Cortex 的代号。由于应用领域不同，基于 ARMv7 架构的 Cortex 处理器所采用的技术也不同，基于 ARMv7A 的称为“Cortex-A 系列”，基于 ARMv7R 的称为“Cortex-R 系列”，基于 ARMv7M 的称为“Cortex-M 系列”。

其中，ARM Cortex-A 系列主要用于高性能（Advance）场合，是针对日益增长的、运行包括 Linux、Windows CE 和 Symbian 操作系统在内的消费者娱乐和无线产品设计的；ARM Cortex-R 系列主要用于对实时性（Real time）要求高的场合，针对的是需要运行实时操作系统来进行控制应用的系统，包括汽车电子、网络和影像系统等；ARM Cortex-M 系列则主要用于单片机领域，且对功耗和成本非常敏感，同时对性能要求不断增加的嵌入式应用（如汽车电子与车身控制系统、家电、工业控制、医疗器械、玩具和无线网络等）设计的。随着各种不同领域应用需求的增加，微处理器市场也在趋于多样化。为了适应市场的发展变化，基于 ARMv7 架构的 ARM 处理器系列将不断拓展自己的应用领域。

ARM Cortex-M3 是一个 32 位的单片机处理器，在传统的单片机领域中，有一些不同于通用 32 位 CPU 应用的要求。例如，在工控领域，用户要求具有更快的中断速度，ARM Cortex-M3 采用抢占（Pre-emption）、尾链（Tail-chaining）、迟到（Late-arriving）中断技术，对中断事件的响应更迅速。其中，尾链技术完全基于硬件进行中断处理，最多可减少 12 个时钟周期，背对背中断之间的延时时间、从低功耗模式的唤醒时间只有 6 个时钟周期，特别适用于汽车电子和无线通信领域。

ARM Cortex-M3 处理器结合了多种创新性突破技术，使得芯片供应商可以提供超低费用的芯片。仅有 33000 门的 ARM Cortex-M3 处理器，其性能可达 1.25 DMIPS/MHz，如主频为 72MHz 的 ARM Cortex-M3 处理器性能可达 90DMIPS。ARM Cortex-M3 处理器还集成了许多紧耦合系统外设，合理利用了芯片空间，使系统能满足产品的控制需求。ARM Cortex 系列处理器的优势在于低功耗、低成本、高性能。

处理器性能

DMIPS（Dhrystone Million Instructions executed Per Second）主要用于测试处理器整数运算能力。其中，MIPS 代表每秒百万条指令，用来计算一秒内系统的处理能力，即每秒执行了多少百万条指令。D 是 Dhrystone 的缩写，Dhrystone 是测试处理器运算能力的最常见基准程序之一，是用 C 语言编写的。

Dhrystone 的计量单位为每秒计算多少次 Dhrystone，后来把在 VAX-11/780 机器上的测试结果 1757 Dhrystones/s 定义为 1 Dhrystone MIPS。DMIPS 表示了在 Dhrystone 这样一种测试方法下的 MIPS。例如，一个处理器达到 200DMIPS 的性能，是指这个处理器的整数运算能力为（200×100 万）条指令/秒。

ARM Cortex-M3 处理器包括处理器内核、嵌套向量中断控制器（Nested Vectored Interrupt Controller，NVIC）、存储器保护单元、总线端口单元和跟踪调试单元等。为单片机应用而开发的 ARM Cortex-M3 拥有以下性能。

（1）ARM Cortex-M3 处理器使用 3 级流水线哈佛架构，运用分支预测、单周期乘法和硬件除法功能实现了 1.25DMIPS/MHz 的出色的运算效率（与 0.9DMIPS/MHz 的 ARM7 和 1.1DMIPS/MHz 的 ARM9 相比），而功耗仅为 0.19mW/MHz。

（2）ARM Cortex-M3 采用专门面向 C 语言设计的 Thumb-2 指令集，最大限度地降低了汇编语言的使用。Thumb-2 指令集允许用户在 C 语言代码层面维护和修改应用程序，C 语言代码部分非常易于重用。因此，不使用汇编语言，新产品的开发更易于实现，上市时间也将

大为缩短。

（3）Thumb-2 指令集免去了 Thumb 和 ARM 代码的互相切换，使处理器性能得到了提高。非对齐数据存储和原子位处理等特性，使处理器可在一个单一指令中实现读取/修改/编写操作，轻而易举地以 8 位、16 位器件所需的存储空间实现 32 位性能。

（4）ARM Cortex-M3 采用单周期乘法和乘法累加指令、硬件除法。

（5）ARM Cortex-M3 能够准确快速地进行中断处理，最慢不超过 12 个时钟周期，最快仅 6 个时钟周期。内置的 NVIC 通过末尾连锁，即尾链技术提供了确定的、低延迟的中断处理，可以设置多达 240 个中断，可在中断较为集中的汽车应用领域实现可靠的操作。

（6）对于工业控制应用，存储器保护单元（Memory Protection Unit，MPU）通过使用特权访问模式可以实现安全操作。

（7）Flash 修补和断点单元（Flash Patch and Breakpoint-unit）、数据观察点和跟踪（Data Watchpoint and Trace，DWT）单元、仪器测量跟踪宏单元（Instrumentation Trace Macrocell，ITM）和嵌入式跟踪宏单元（Embedded Trace Macrocell，ETM）为嵌入式器件提供了廉价的调试和跟踪技术。

（8）扩展时钟门控技术和内置睡眠模式适用于低功耗的无线设计领域，具有低功耗时钟门控（Clock Gating）3 种睡眠模式。

因此，ARM Cortex-M3 处理器是专门为那些对成本和功耗非常敏感但同时对性能要求又相当高的应用而设计的。凭借缩小的内核尺寸、出色的中断延迟、集成的系统部件、灵活的硬件配置、快速的系统调试和简易的软件编程，ARM Cortex-M3 处理器将成为广大嵌入式系统（从复杂的片上系统到低端单片机）的理想解决方案，基于 Cortex-M3 处理器的系统设计可以更快地投入市场。

2．STM32F103 单片机

STM32 单片机是由意法半导体（STMicroelectronics，ST）公司以 ARM Cortex-M3 为处理器开发生产的 32 位单片机，专为高性能、低成本、低功耗的嵌入式应用设计，有 6 个系列：STM32F100 为“超值型”，STM32F101 为“基本型”，STM32F102 为“USB 基本型”，STM32F103 为“增强型”，STM32F105 和 STM32F107 为“互联型”，STM32L 为“超低功耗型”。其中，基本型系列的时钟频率为 36MHz，它以 16 位产品的价格得到比 16 位产品更好的性能，是 16 位产品用户的最佳选择；增强型系列的时钟频率达到 72MHz，它是 STM32 单片机中性能最高的。这些系列产品都内置 16～512KB 的闪存，不同的是 SRAM（Static Random-Memory）的最大容量和外设端口的组合。STM32 单片机具有很高的集成度，除丰富的端口外，还内置复位电路、低电压检测、调压器、精确的 RC 振荡器等。STM32 单片机的时钟频率为 72MHz 时，从闪存执行代码，功耗为 36mA（所有外设处于工作状态），是 32 位市场上功耗最低的，相当于 0.5mA/MHz；而待机时，功耗下降到 2μA/MHz。

STM32F103xx 增强型系列使用高性能的 ARM Cortex-M3 32 位的 RISC 内核，工作频率为 72MHz，内置高速存储器（最高可达 512KB 的闪存和 64KB 的 SRAM），具有丰富的增强型 I/O 端口和连接到两条高性能外设总线（Advanced Peripheral Bus，APB）的外设。STM32F103Vx 增强型系列都至少包含 2 个 12 位的 ADC、1 个高级定时器、3 个通用 16 位定时器[具有 PWM（Pulse Width Modulation）输出功能]，还包含 2 个 I^2C（SMBus/PMBus）、2 个 SPI 同步串行端口（18Mbit/s）、3 个 USART 异步串行端口（4.5Mbit/s）、1 个 USB 全

速端口和一个 CAN（2.0B）端口。I/O 端口翻转速度可达 18MHz。

图 1.1 是基于 ARM Cortex-M3 处理器的 STM32F103Vx 增强型单片机的外观（Low-profile Quad Flat Package，LQFP100 封装）。表 1.1 是 STM32F103xx 增强型单片机（Flash 不超过 128KB 的中小容量）的外设资源。

(a) STM32F103VB

(b) STM32F103VC

图 1.1 基于 ARM Cortex-M3 处理器的 STM32F103Vx 增强型单片机的外观

表 1.1 STM32F103xx 增强型单片机的外设资源

外设		STM32F103Tx		STM32F103Cx			STM32F103Rx			STM32F103Vx	
闪存（KB）		32	64	32	64	128	32	64	128	64	128
RAM（KB）		10	20	10	20	20	10	20		20	
定时器	通用	2	3	2	3	3	2	3		3	
	高级	1		1			1			1	
通信	SPI	1	2	1	2	2	1	2		2	
	I^2C	1	2	1	2	2	1	2		2	
	USART	2	3	2	3	3	2	3		3	
	USB	1	1	1	1	1	1	1		1	
	CAN	1	1	1	1	1	1	1		1	
通用 I/O 端口		26		32			51			80	
12 位同步 ADC		2 10 通道		2 10 通道			2 16 通道				
CPU 频率		72MHz									
工作电压		2.0～3.6V									
工作温度		-40～85℃/-40～105℃									
封装		VFQFPN①36		LQFP48			LQFP64			LQFP100， BGA②100	

1.2 基于 ARM Cortex-M3 处理器的 STM32 机器人控制板

本书在介绍基于 ARM Cortex-M3 处理器的 STM32F103xx 32 位单片机原理与应用开发的同时，还将引导读者运用基于 STM32F103xx 单片机的机器人控制板控制机器人运动并使机器

① VFQFPN：Very thin Fine Pitch Quad Flat Nolead Packges。

② BGA：Ball Grrid Array。

人感知周边环境。具体的是，为机器人安装探测器，采用 C 语言对 STM32F103xx 进行编程，使机器人实现：

（1）通过传感器探测周边环境；

（2）基于传感器信息做出决策；

（3）在控制下运动（通过操作带动轮子旋转的电机）；

（4）与用户交换信息。

通过这些任务的完成，使读者在无限的乐趣之中不知不觉地掌握基于 ARM Cortex-M3 处理器的 STM32F103xx 32 位单片机原理与应用开发技术，以及 C 语言编程，轻松走上基于 ARM Cortex-M3 处理器的 STM32 单片机嵌入式系统开发与设计之路。本书所用机器人控制板如图 1.2 所示。由于 STM32F103xx 增强型单片机具有全兼容性，因此可选用 STM32F103VB、STM32F103VC、STM32F103VD、STM32F103VE，以便获得更多存储空间和片上资源。

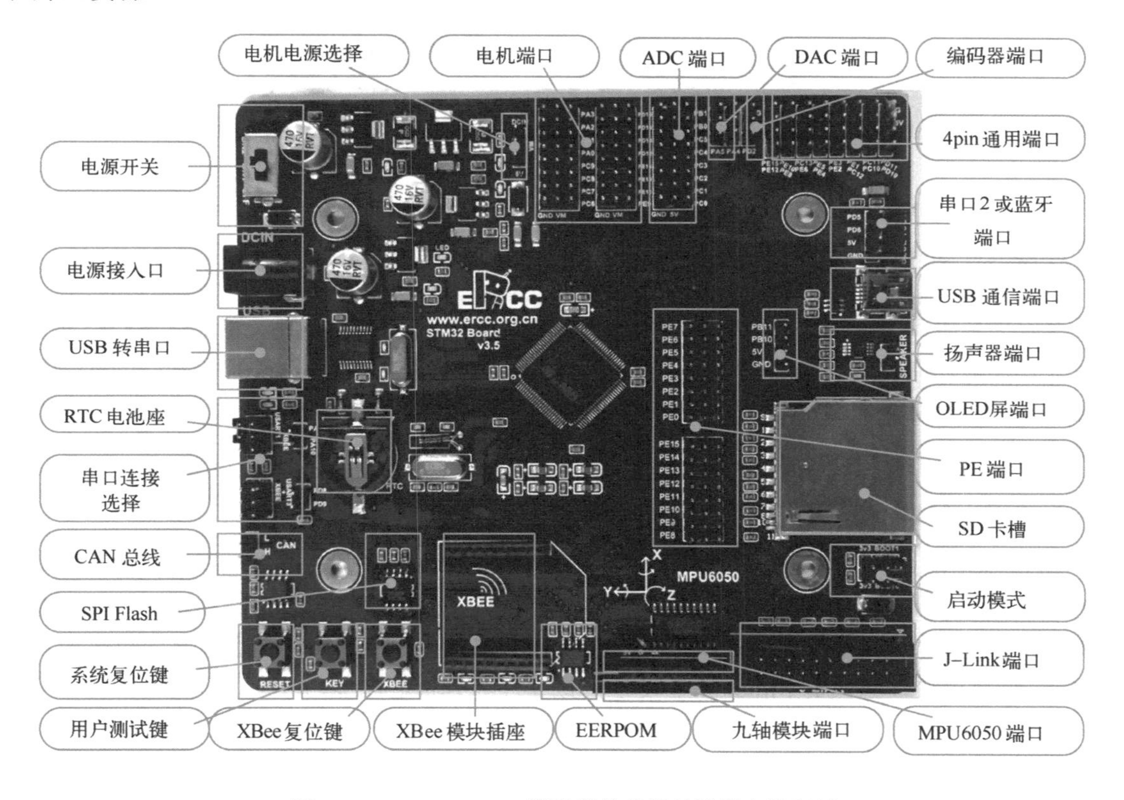

图 1.2　STM32F103xx 增强型单片机的机器人控制板

图 1.3 所示的是本书使用的小型机器人，它采用 ARM Cortex-M3 处理器作为大脑，其控制板安装在机器人底盘上。本书将以此机器人作为典型工程对象，引导读者学习 STM32F103xx 增强型单片机原理与应用开发技术，并完成一个简单机器人所需具备的 4 种基本能力，使机器人具有基本的智能。

本章通过以下步骤介绍如何安装和使用基于 ARM Cortex-M3 处理器的 STM32 单片机的编程开发工具，并用 C 语言编写一个简单的程序。具体任务包括：

（1）安装编程开发软件；

（2）连接机器人控制板到供电电源或者电池；

（3）连接机器人控制板 ISP（In-System Programming）端口到计算机，以便编程；

（4）连接机器人控制板串行端口（串口）到计算机，以便调试和交互；

（5）运用 C 语言编写程序，编译生成可执行文件，然后下载到单片机上，观察执行结果；

（6）完成后断开电源。

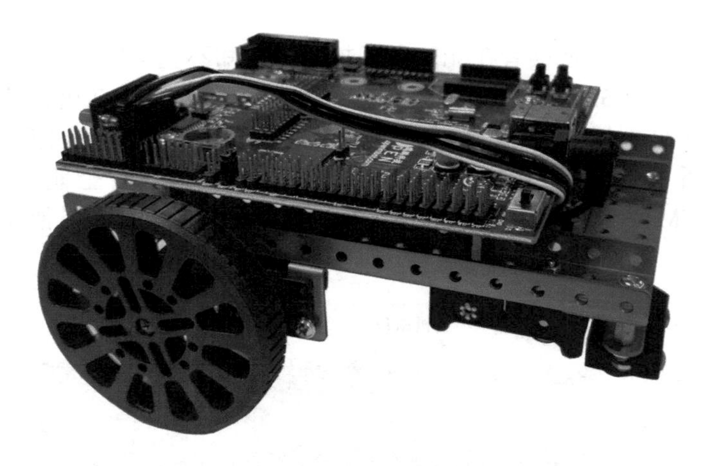

图 1.3　基于 ARM Cortex-M3 处理器的 STM32 智能搬运机器人小车

任务 1　获得软件

在本任务中，读者将反复用到几款软件： MDK（Microcontroller Development Kit）-ARM 集成开发环境、串口调试软件等。集成开发环境允许读者在计算机上编写程序，并编译生成可执行文件，然后下载到单片机上；串口调试软件则让读者知道单片机在做什么，观察执行结果。

1. MDK-ARM 集成开发环境

MDK-ARM（又称 RealView MDK）集成开发环境源自德国 Keil 公司，是 ARM 公司推出的针对各种嵌入式处理器的软件开发工具，包括 µVision 4 集成开发环境（IDE）与 RealView 编译器。它们支持 ARM7、ARM9 和最新的 Cortex-M3 处理器，具有自动配置启动代码，集成 Flash 烧写模块，强大的 Simulation 设备模拟和性能分析等功能。

读者可以在 Keil 公司官方网站上获得该软件的安装包。安装后，文件包含 STM32F103xx 单片机上的外围端口固件库（Fireware Library）。

本书例程使用的是 mdk4.74 版本的安装包。

集成开发环境

早期程序设计的各个阶段要用到不同的软件来进行处理，如先用字处理软件编辑源程序，然后用编译程序进行编译，最后用链接程序进行函数、模块链接等。开发者必须在几种软件间来回切换。现在的开发软件已经将编辑、编译、链接、调试等功能集成在一个环境中，这样就大大方便了用户，这就是集成开发环境（IDE）。IDE 一般包括代码编辑器、编译器、调试器和图形用户界面等。所有具备这一特性的软件或者软件套件（组）都可以称为集成开发环境。例如，微软的 Visual Studio.Net 系列软件，可以称为 C++、VB、C#等语言的集成开发环境。

2. IAR EWARM 开发工具

另一个常用的集成开发环境是 IAR EWARM，它是 IAR Systems 公司针对各种嵌入式处理器设计的软件开发工具，涉及嵌入式系统设计、开发和测试的每个阶段，包括带有 C/C++ 编译器和调试器的集成开发环境、实时操作系统和中间件、开发套件、硬件仿真器，以及状态机建模工具。其最著名的产品是 C 编译器——IAR Embedded Workbench，支持众多知名半导体公司的微处理器，如 ARM、8051、AVR32、MSP430 和 MCU。

3. 串口调试软件

串口调试软件用来显示单片机与计算机的交互信息。在硬件上，要求计算机至少要有串口或 USB 端口来与机器人控制板的串口连接。

任务 2　安装软件

到目前为止，我们已获得了软件安装包，包括4.74版本的MDK-ARM安装包、串口调试软件、STM32 库文件和本书例程的源码。软件的安装与其他软件安装过程一样。

（1）执行 MDK-ARM 安装程序，双击 MDK-ARM 安装文件图标，进行安装。

（2）在后续出现的窗口中依次单击 Next 按钮，将程序安装在 C:\Keil MDK***文件目录下（***：表示版本号，默认安装路径是 C:\Keil，建议更换路径名，以防止与 51 单片机开发环境冲突）。安装好以后，查看安装路径下 ARM 子目录的结构。

- BIN 目录下面存放的一般是一些动态链接文件。
- ARMCC 目录下面存放的是一些编译器和链接器。
- Boards 和 Examples 目录下面存放的是一些例程：Boards 目录下面存放的是根据一些厂商所设计的机器人控制板例子，而 Examples 目录下面存放的则是一些更大众化的例程。
- Flash 目录下面存放的是一些厂商的 Flash 芯片所用到的驱动程序，可以以其中的例程为模板，来添加自己的驱动程序。
- HLP 目录下面存放的是一些帮助文档。
- INC 目录下面存放的是支持 ST 公司、Philips 公司、Atmel 公司等基于 ARM Cortex-M3 处理器的各种单片机的固件库头文件，如在 ST 公司目录下有 STM32F103xx 单片机的固件库头文件。
- RL 和 RT Agent 两个目录下面存放的是一些免费的操作系统，如果想编写实时操作系统，可以参考这两个目录里面的资料。
- RV31 目录下面存放的是 RealView 编译器所使用的一些库文件；RV31\LIB 目录下存放的是固件库源代码。可以打开文件，查看 MDK 自带的 STM32F103xx 固件库版本。
- Segger 和 Signum 两个目录下面存放的是 USB 驱动程序。如果在使用 ULink 进行硬件仿真时找不到硬件，那么可以在这里面重新安装驱动程序。
- Startup 目录下面存放的是各个芯片厂商的各种启动代码，在创建工程的时候编译器会提示是否要添加启动文件到工程下。
- Utilities 目录下面存放的是计算机工具软件，用于调试人机端口（HID）和网络端口。

（3）输入 License：以管理员身份运行 MDK-ARM，选择 File 菜单下的 License Management 命令，如图 1.4 所示。

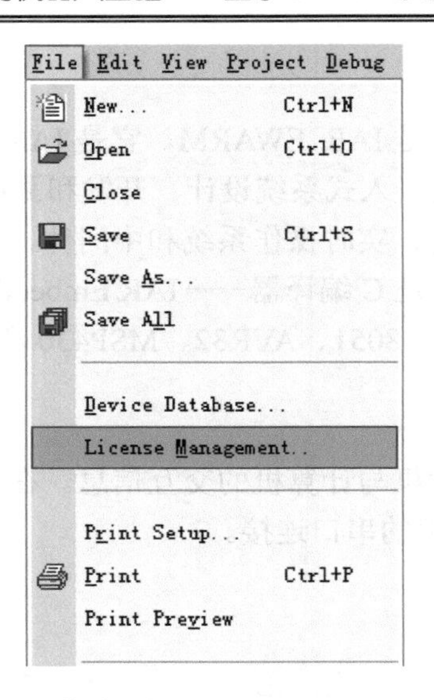

图 1.4　File 菜单下的 License Management 子菜单

在弹出的“New License ID Code（LIC）”文本框中输入序列号，单击 Add LIC 按钮完成，如图 1.5 所示。

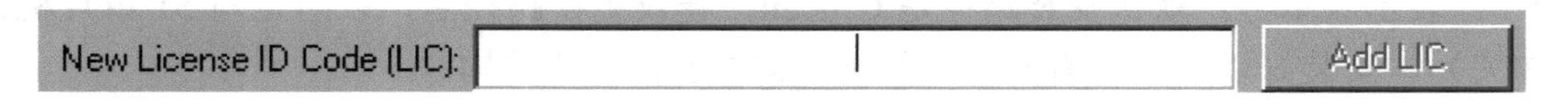

图 1.5　输入 License 序列号

任务 3　硬件连接

基于 ARM Cortex-M3 处理器的 STM32F103xx 单片机的机器人控制板需要连接电源才能运行，同时也需要连接计算机以便编程和交互。完成以上连接后，就可用编译器对系统进行开发与测试。

1．USB 串口线连接

采用 STM32F103xx 单片机的机器人控制板通过串口电缆连接到计算机上实现用户交互，此处所用串口电缆为 USB 串口电缆，如图 1.6 所示。将方口端连接到机器人控制板上，扁口端连接到计算机的 USB 口上，并安装对应的 USB 驱动程序。

图 1.6　USB 串口电缆

2．基于 J-Link 的 JTAG 下载线连接

通过连接到计算机 USB 的 J-Link 仿真器把程序下载到机器人控制板上的单片机内。

图 1.7 所示为 J-Link 下载工具。下载工具一端通过图 1.6 所示的 USB 串口电缆连接到计算机的 USB 口上，另一端通过电缆连接到机器人控制板上。

图 1.7　J-Link 下载工具

3. 电源和电池的安装

机器人控制板可以使用 USB 供电线缆从计算机 USB 口引出 5V 电源供电。使用图 1.6 所示不带屏蔽的 USB 串口电缆，扁口接计算机，方口接机器人控制板可获得 5V 电源。但需注意计算机引出的电源供电电流最大只有 500mA，当给电机（舵机）供电时可能会因供电电流不足，导致电机（舵机）不能正常工作。

机器人控制板也可使用电池供电。本书使用的机器人采用 2 节 18650 可充电电池给机器人电机和机器人控制板供电，通过专用电池盒引出的电源线插入电源插座（ϕ2.5mm 细针）。在继续下面的任务前，先检查机器人底部电池盒内是否已经装好电池，是否有正常的电压输出。如果没有，那么更换新的电池。更换过程中，确保每节电池都按照电池盒里标记的电池极性（“+”和“-”）方向装入。

当然，机器人控制板也可使用外接的输出 6V 电压的电源适配器作为供电装置。

4. 通电检查

机器人控制板上有一个电源三位（ON1，ON2，OFF）开关，如图 1.8 所示。当开关拨到 OFF 位时，机器人控制板电源被断开，如图 1.8（a）所示。

（a）处于OFF状态的三位开关

（b）处于ON1状态的三位开关

图 1.8　电源三位开关

当开关由 OFF 位拨至 ON1 位时，机器人控制板电源被接通，如图 1.8（b）所示。检查机器人控制板上的 LED 电源指示灯是否变亮。如果没有，检查 USB 供电线缆或者电池盒的接头是否已经插到机器人控制板的电源接口上，直到电源指示灯亮为止。

当开关拨至 ON2 位时，电源不仅给机器人控制板供电，同时还给机器人的执行机构——伺服电机供电。此时，LED 电源指示灯仍然维持亮的状态。

1.3 创建工程和执行程序

编写和执行的第一个 C 语言程序，控制 STM32 单片机给计算机发送一条消息。

任务 4 第一个工程

启动 Keil μVision4 程序，会弹出如图 1.9 所示的 Keil μVision4 的 IDE 主界面。Keil 提供了包括 C 编译器、宏汇编、链接器、库管理及一个功能强大的调试器在内的完整开发方案，通过一个集成开发环境（μVisoin）将这些部分组合在一起，其软件开发逻辑结构如图 1.10 所示。掌握这一软件，对于单片机系统开发来说是十分必要的。如果开发者使用 C 语言编程，那么 Keil 是不二之选。即使不使用 C 语言而仅用汇编语言编程，其方便易用的集成环境、强大的软件仿真调试工具也会令读者事半功倍。

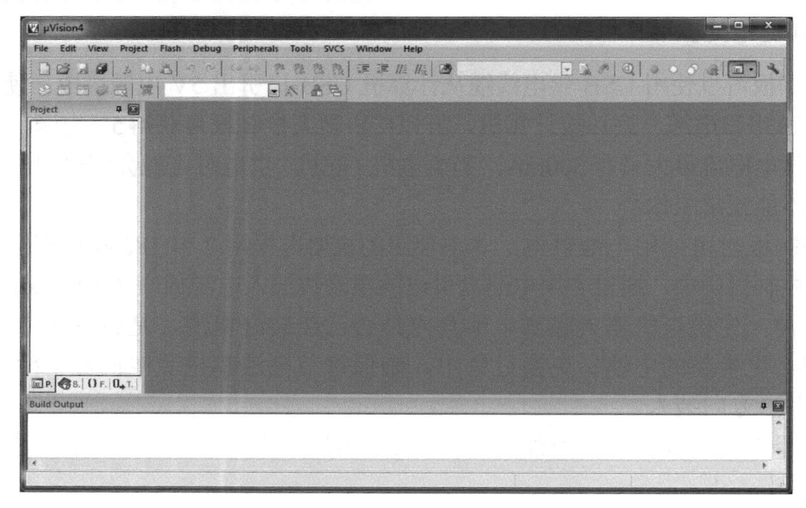

图 1.9 Keil μVision4 的 IDE 主界面

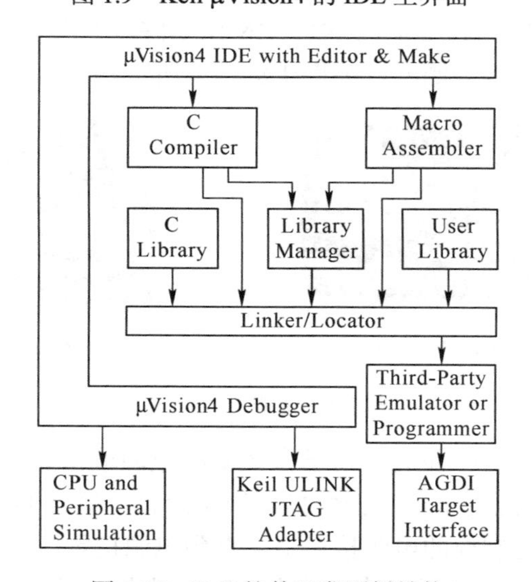

图 1.10 Keil 软件开发逻辑结构

建立一个以“HelloRobot”命名的新工程，准备过程如下：

（1）新建工程文件夹 HelloRobot，再新建 cmsis（存放系统的内核文件）、startup（存放启动文件）、user（存放用户可编辑文件）、driver（存放固件库的驱动文件）、obj（存放工程及生成的目标文件）、list（存放生成的链接文件）6 个子文件夹，如图 1.11 所示。

cmsis	2017/8/14 17:15	文件夹
driver	2017/8/14 17:15	文件夹
list	2017/8/15 15:59	文件夹
obj	2017/8/14 17:51	文件夹
startup	2017/8/14 17:16	文件夹
user	2017/8/14 17:16	文件夹

图 1.11　工程文件夹

（2）将 STM32F10x_StdPeriph_Lib_V3.5.0\Libraries\STM32F10x_StdPeriph_Driver 目录下面的 src、inc 文件夹复制到 driver 文件夹下。src 文件夹下存放的是固件库的.c 文件，inc 文件夹下存放的是对应的.h 文件，如图 1.12 所示。

▸ STM32F10x_StdPeriph_Lib_V3.5.0 ▸ Libraries ▸ STM32F10x_StdPeriph_Driver ▸

工具(T)　帮助(H)

共享 ▾　新建文件夹

名称	修改日期	类型	大小
inc	2016/11/15 14:39	文件夹	
src	2016/11/15 14:39	文件夹	

图 1.12　src、inc 文件夹

（3）将 STM32F10x_StdPeriph_Lib_V3.5.0\Libraries\CMSIS\CM3\CoreSupport 目录下面的 core_cm3.c 和文件 core_cm3.h 复制到 cmsis 文件夹中。将 STM32F10x_StdPeriph_Lib_V3.5.0\Libraries\CMSIS\CM3\DeviceSupport\ST\STM32F10x 目录下面的 stm32f10x.h、system_stm32f10x.c 及 system_stm32f10x.h 文件复制到 cmsis 文件夹下，如图 1.13 所示。**该文件夹下的文件不能轻易修改。**

名称	修改日期	类型	大小
core_cm3.c	2010/6/7 10:25	Notepad++ Doc...	17 KB
core_cm3.h	2011/2/9 14:59	Notepad++ Doc...	84 KB
stm32f10x.h	2011/3/10 10:51	Notepad++ Doc...	620 KB
system_stm32f10x.c	2011/3/10 10:51	Notepad++ Doc...	36 KB
system_stm32f10x.h	2011/3/10 10:51	Notepad++ Doc...	3 KB

图 1.13　cmsis 文件夹

（4）将 STM32F10x_StdPeriph_Lib_V3.5.0\Libraries\CMSIS\CM3\DeviceSupport\ST\STM32F10x\startup\arm 目录下所有的文件复制到 startup 文件夹中，该文件夹包含的 startup_stm32f10x_md.s 文件是针对中等容量芯片的启动文件，startup_stm32f10x_ld.s 是针对小容量芯片的启动文件，startup_ stm32f10x_ hd.s 是针对大容量芯片的启动文件，如图 1.14 所示。

名称	修改日期	类型	大小
startup_stm32f10x_cl.s	2011/3/10 10:52	Assembler Source	16 KB
startup_stm32f10x_hd.s	2011/3/10 10:52	Assembler Source	16 KB
startup_stm32f10x_hd_vl.s	2011/3/10 10:52	Assembler Source	16 KB
startup_stm32f10x_ld.s	2011/3/10 10:52	Assembler Source	13 KB
startup_stm32f10x_ld_vl.s	2011/3/10 10:52	Assembler Source	14 KB
startup_stm32f10x_md.s	2011/3/10 10:52	Assembler Source	13 KB
startup_stm32f10x_md_vl.s	2011/3/10 10:51	Assembler Source	14 KB
startup_stm32f10x_xl.s	2011/3/10 10:51	Assembler Source	16 KB

图 1.14　startup 文件夹

（5）将 STM32F10x_StdPeriph_Lib_V3.5.0\Project\STM32F10x_StdPeriph_Template 目录下的文件 main.c、stm32f10x_conf.h、stm32f10x_it.c、stm32f10x_it.h 复制到 user 文件夹下，如图 1.15 所示。该文件夹下的文件可以编辑。

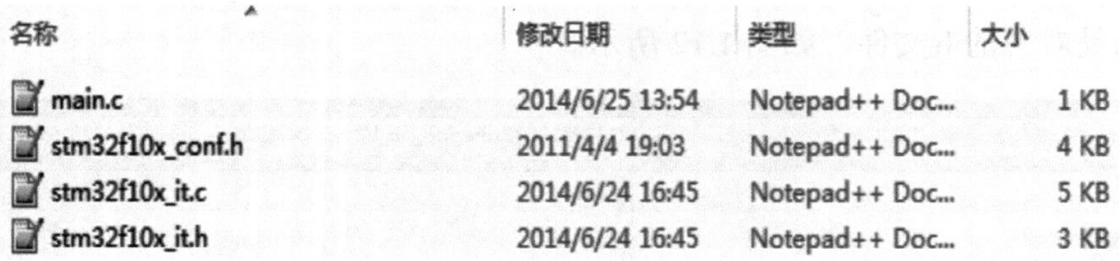

名称	修改日期	类型	大小
main.c	2014/6/25 13:54	Notepad++ Doc...	1 KB
stm32f10x_conf.h	2011/4/4 19:03	Notepad++ Doc...	4 KB
stm32f10x_it.c	2014/6/24 16:45	Notepad++ Doc...	5 KB
stm32f10x_it.h	2014/6/24 16:45	Notepad++ Doc...	3 KB

图 1.15　user 文件夹

user 文件夹下的文件

stm32f10x_conf.h：该头文件设置了所有使用到的外设，由不同的 Define 语句组成。

stm32f10x_it.c：该源文件包含了所有的中断处理程序（若未使用中断，则所有的函数体都为空）。

stm32f10x.it.h：该头文件包含了所有的中断处理程序的原形。

main.c：例程代码。（注意：此处的例程代码与我们使用的机器人控制板芯片不匹配，所以在使用时需要将 main.c 文件换成匹配 STM32F103xx 单片机的 main.c 文件。）

（6）单击 Project 菜单下的 New μVision Project 命令，如图 1.16 所示。弹出 Create New Project 对话框，找到刚才建立好的 HelloRobot 文件夹，双击该文件夹，如图 1.17 所示。

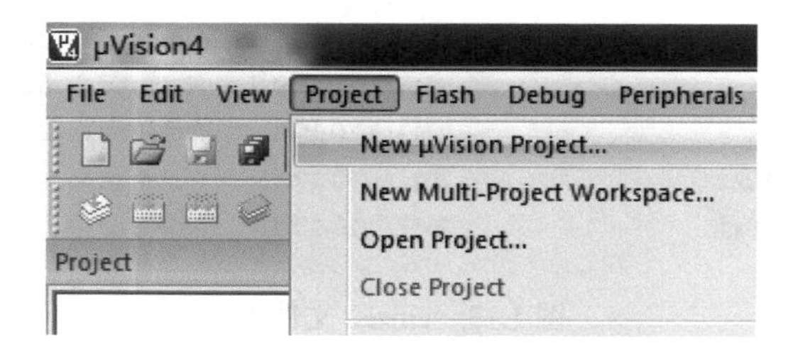

图 1.16　Keil μVision4 工程菜单

（7）选择 obj 文件夹，在文件名中输入工程文件名：HelloRobot（可不用加后缀名），保存在此目录下，如图 1.18 所示。之后单击“保存”按钮，出现如图 1.19 所示的对话框。

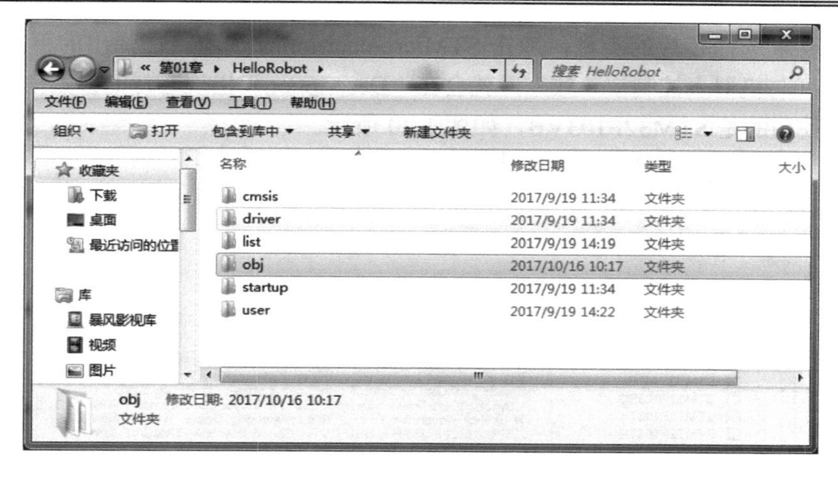

图 1.17　Create New Project 对话框

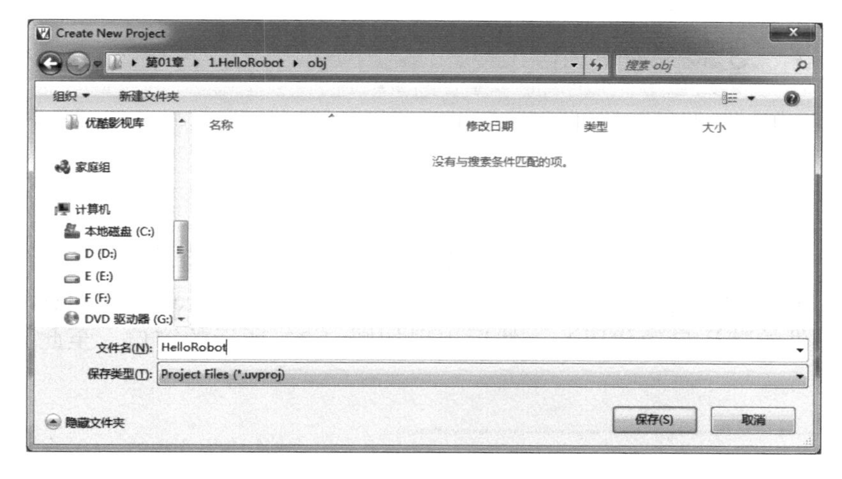

图 1.18　创建 HelloRobot 工程

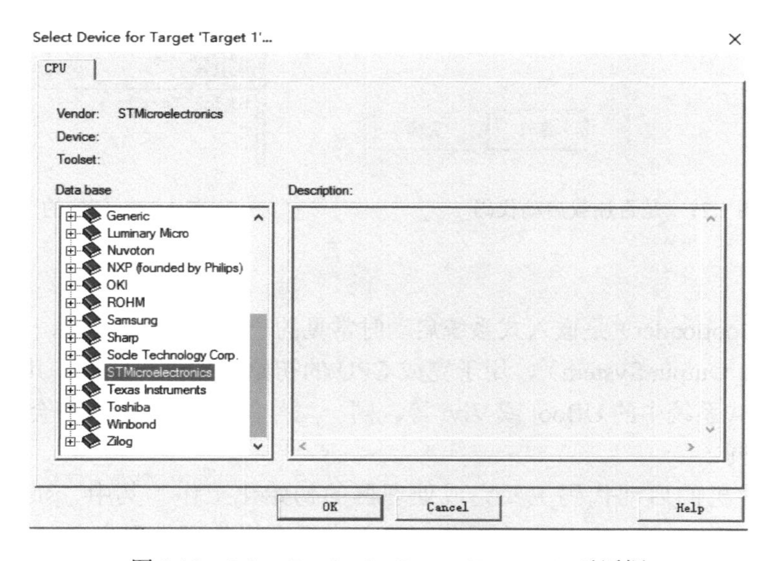

图 1.19　Select Device for Target ‘Target 1’ 对话框

（8）此时要求选择芯片的类型，双击 STMicroelectronics 选项，在弹出的下拉菜单中选择 STM32F103xx（与机器人控制板一致），就会在“Description”出现芯片的参数信息。例如，本书所用控制板使用的是 STM32F103VB，如图 1.20 所示。

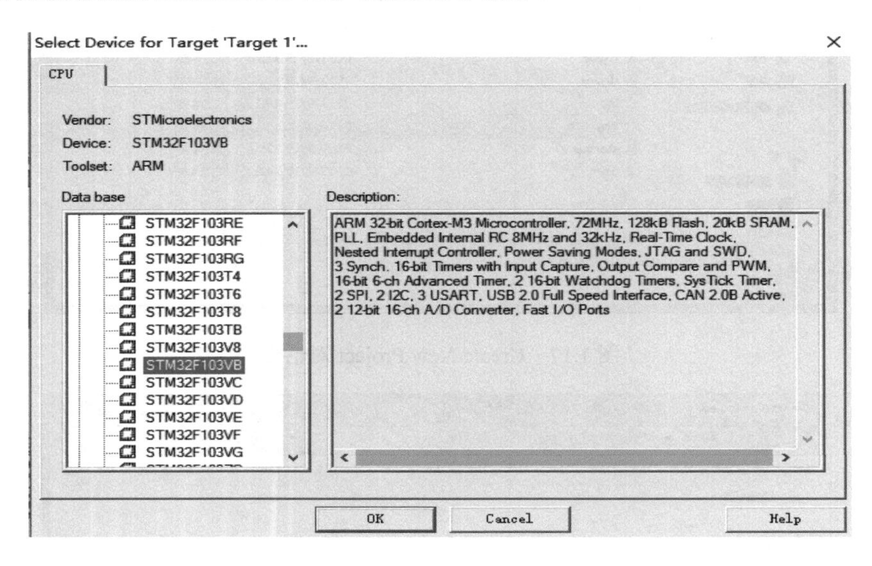

图 1.20　选择芯片的类型

（9）单击 OK 按钮确定，出现如图 1.21 所示的对话框，询问是否加载启动代码。选择“否”，不加载（后面将会手工装载启动代码：cortexm3_macro.s，stm32f10x_vector.s，而不用系统提供的默认启动代码）。然后出现如图 1.22 所示的窗口，至此完成工程文件的创建。

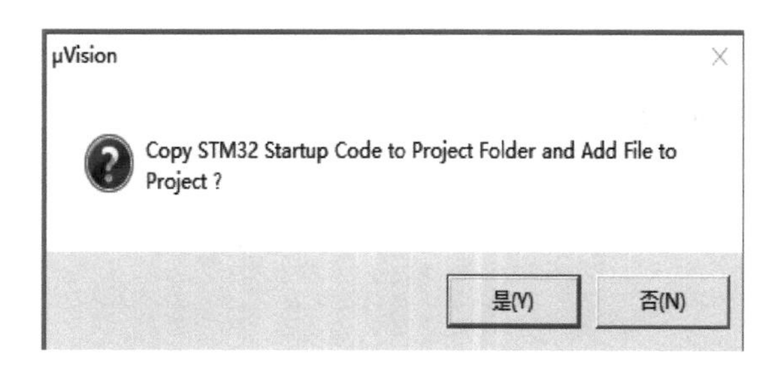

图 1.21　是否加载启动代码

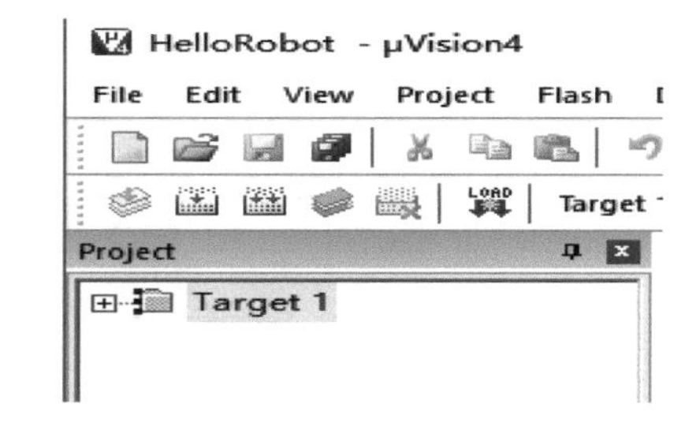

图 1.22　创建的工程窗口

启动代码

启动代码（Bootloader）是嵌入式系统启动时常见的一小段代码，类似于启动计算机时的 BIOS（Basic Input Output System），用于完成 CPU 的初始化工作和自检。其他常见的启动代码有 ARM9 嵌入式系统中的 UBoot 或 Vivi 等。同一型号的 CPU 启动代码会随着控制板设计的不同而略有不同。

STM32 单片机的启动代码主要完成处理器的初始化工作。其中，startup_stm32f10x_hd.s 的作用是定义 Cortex-M3 宏指令操作，这些宏指令操作可供用户在 C 代码中调用。如在 C 代码中有必要使用汇编指令和这些宏指令做预处理时，只要直接在 C 代码中使用

EXPORT 后面的宏指令操作就可以（类似于在 C 代码中嵌入汇编的操作）。初始化堆栈，定义程序启动地址、中断向量表和中断服务程序入口地址，以及系统复位启动时，从启动代码跳转到用户 main 函数入口地址。

查看 HelloRobot 文件夹，会发现 HelloRobot.uv4 工程文件。另外，opt 文件是关于工程开发环境的参数配置和选项设置文件（Option File）；plg 文件是编译日志文件（Compile Log File），存放编译器的编译结果、编译时采用的命令参数、已经编译后得到的错误和警告信息。

工程文件（项目文件）

在开发中，软件系统由工程文件组成，工程文件包含若干个程序文件、头文件，甚至库文件。uvproj 文件是 51、STM32 等单片机或者 ARM 的 Keil 工程文件，打开它就打开了这个工程，即与应用程序相关的全部文件和相应的设置。它包括头文件、源文件、汇编文件、库文件、配置文件等。这些文件的有关信息就保存在称为“工程”的文件中，每次保存工程时，这些信息都会被更新。在 Keil 中使用工程文件来管理构成应用程序的所有文件，而且编译生成的可执行文件与工程文件同名。

任务 5　第一个程序

（1）在添加启动代码（汇编文件）及相关固件文件之前，需要对工程任务添加程序文件并对文件进行项目分组，如图 1.23、图 1.24 所示。

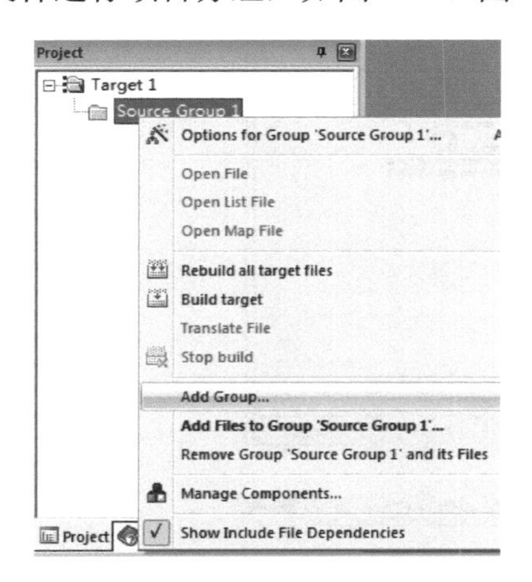

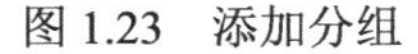
图 1.23　添加分组

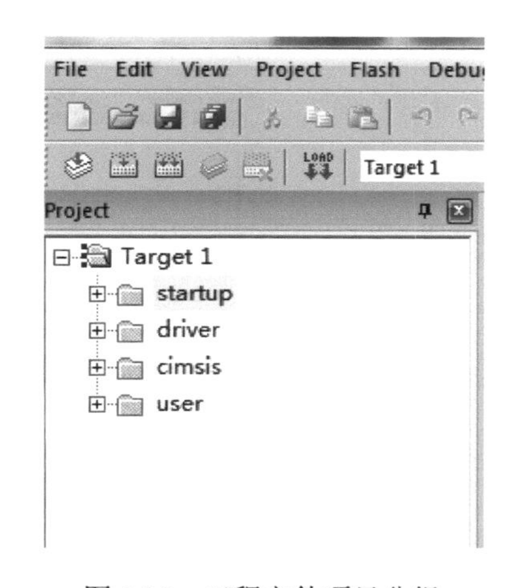

图 1.24　工程文件项目分组

工程文件创建后，这时只有一个框架，紧接着需要向工程文件中添加程序文件内容。Keil μVision4 支持 C 语言程序。程序文件可以是已经建立好的程序文件，也可以是新建的程序文件。如果是已经建立好的程序文件，则直接用后面的方法添加；如果是新建立的程序文件，则先将程序文件保存后再添加。

（2）在完成项目分组之后，用鼠标右键单击 “Target 1”，选择 Manage Components 命令，进行组件管理。为各个组添加文件，如图 1.25（a）～图 1.25（d）所示，单击 Add Files 按钮为各个分组添加相关文件后，单击 OK 按钮，结束。

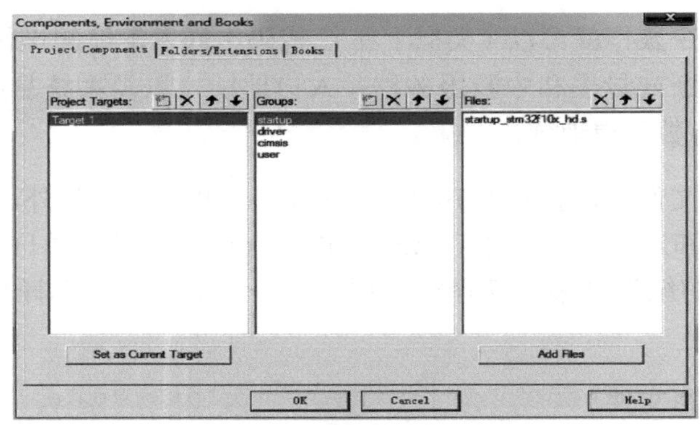

(a) 添加文件(1)

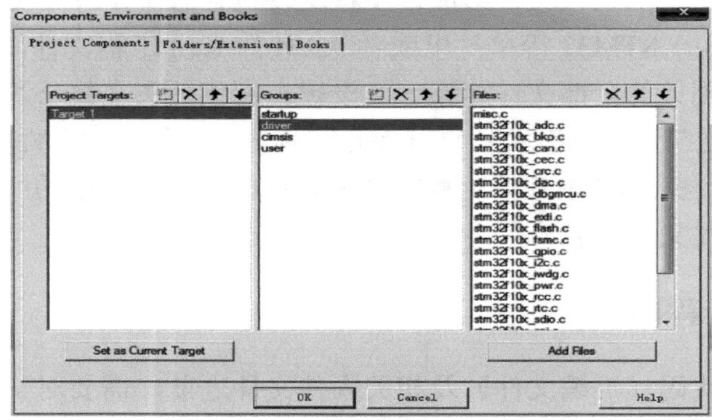

(b) 添加文件(2)

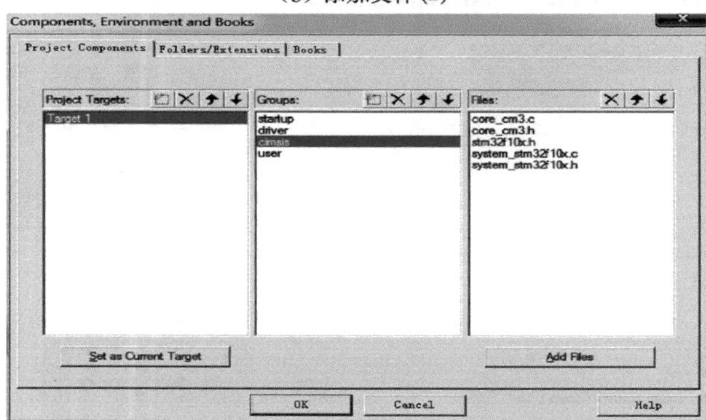

(c) 添加文件(3)

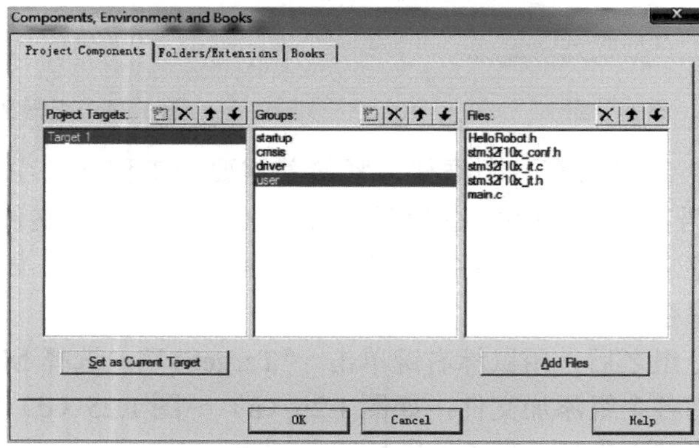

(d) 添加文件(4)

图 1.25 添加文件

需要说明的是，编写代码时，如果只用到了其中某个外设，就可以不用添加没有用到的外设的库文件。例如，只用 GPIO（General-Purpose Input/Output），可只添加 stm32f10x_gpio.c 和 stm32f10x_rcc.c，而不用添加其他的库文件。否则，工程太大，编译速度变慢。本书将所有库文件添加进去，如图 1.26 所示。

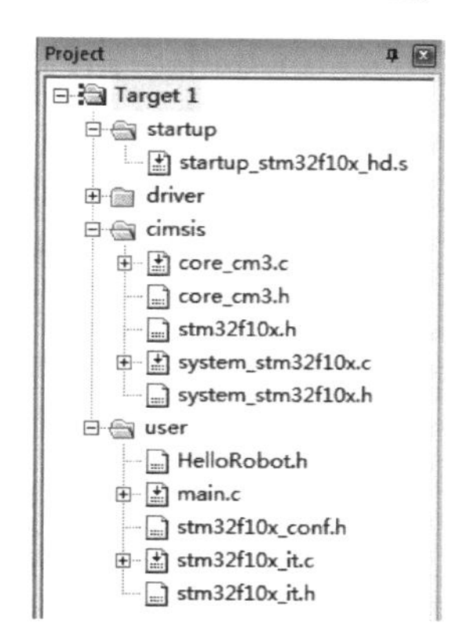

图 1.26　工程文件

（3）接下来要告诉 MDK，在哪些路径之下搜索相应的文件。回到工程主菜单，单击“Target 1”下拉菜单右侧的“魔术棒”图标，弹出 Options for Target ‘Target 1’对话框，然后单击 C/C++选项卡，再单击 Include Paths 右边的按钮，如图 1.27 所示。弹出一个添加路径的 Folder Setup 对话框，如图 1.28 所示，然后将图中的 3 个目录添加进去。注意，μVisisn4 只会在一级目录中查找，如果目录下还有子目录，那么 path 一定要定位到最后一级子目录。添加完 path 后，单击 OK 按钮。

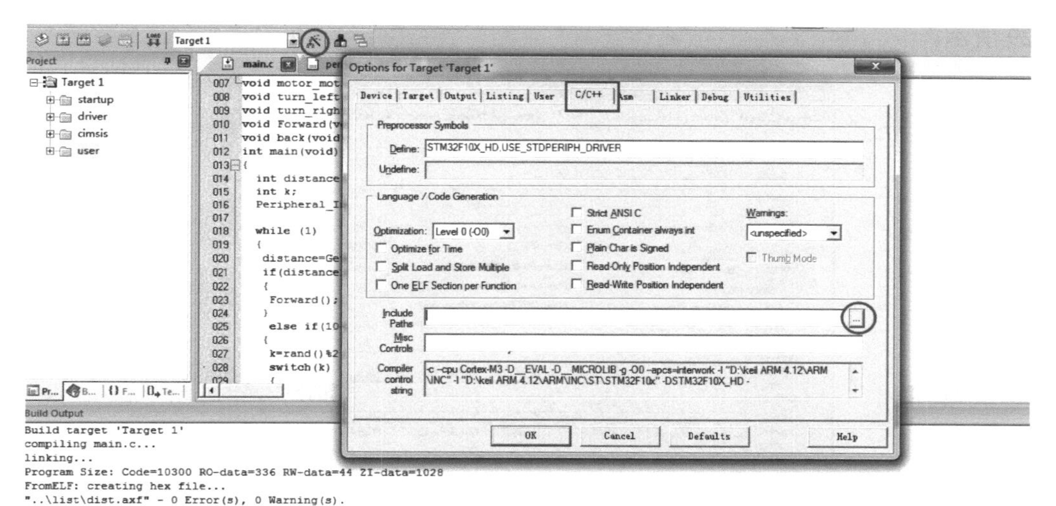

图 1.27　路径设置

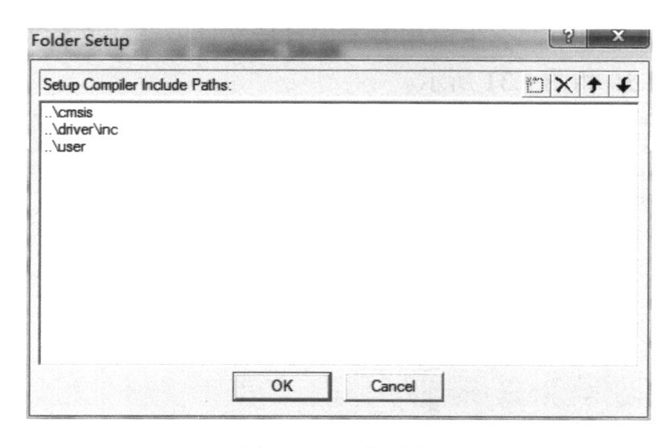

图 1.28　添加路径

STM32F10X_HD、USE_STDPERIPH_DRIVER

通过编译工程，可以看到报了很多错误。为什么呢？双击错误，可自动定位到文件

stm32f10x.h 中出错的地方，可以看到代码如下：

```
#if !defined (STM32F10X_LD) && !defined (STM32F10X_LD_VL)
&& !defined (STM32F10X_MD) && !defined (STM32F10X_MD_VL) && !defined
(STM32F10X_HD) && !defined (STM32F10X_HD_VL) && !defined
(STM32F10X_XL) && !defined (STM32F10X_CL)
#error "Please select first the target STM32F10x device used in your application
(in stm32f10x.h file)"
#endif
```

这是因为库函数在配置和选择外设的时候是通过宏定义来选择的，所以需要配置一个全局的宏定义变量。按照上面的步骤，先进入 Options for Target 'Target 1' 对话框中的 C/C++选项卡，然后添加 STM32F10X_HD、USE_STDPERIPH_DRIVER 到 Define 输入框中。

本书所使用的芯片为大容量芯片，故在配置过程中选择大容量 STM32F10X_HD，如图 1.29 所示。

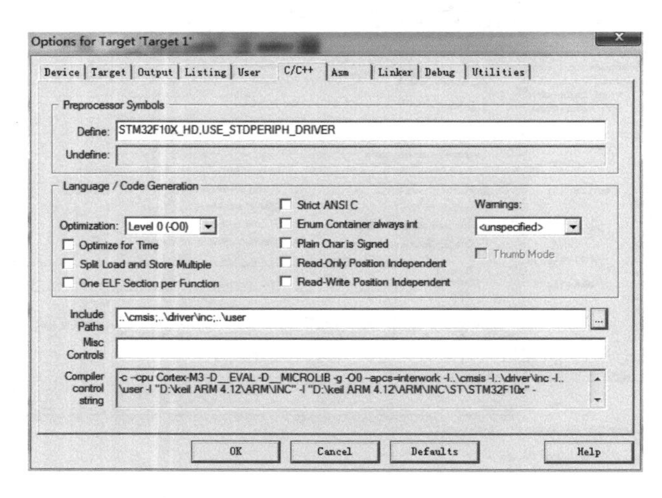

图 1.29　配置一个全局的宏定义变量

（4）在工程编译的过程中，会生成相关工程目标文件及链接文件，需要设置相关参数对应的保存路径，如图 1.30 和图 1.31 所示。

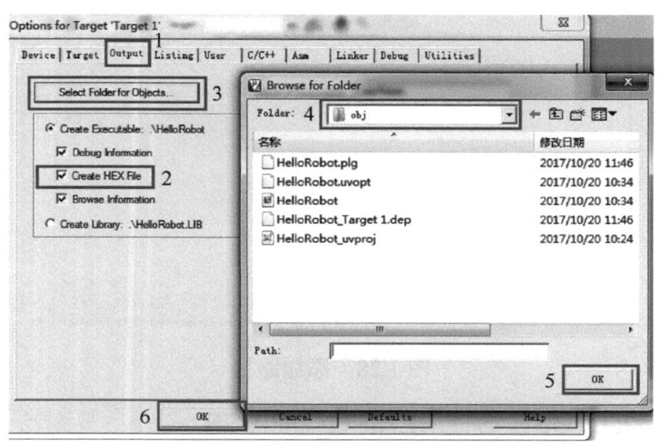

图 1.30　工程目标文件存储路径

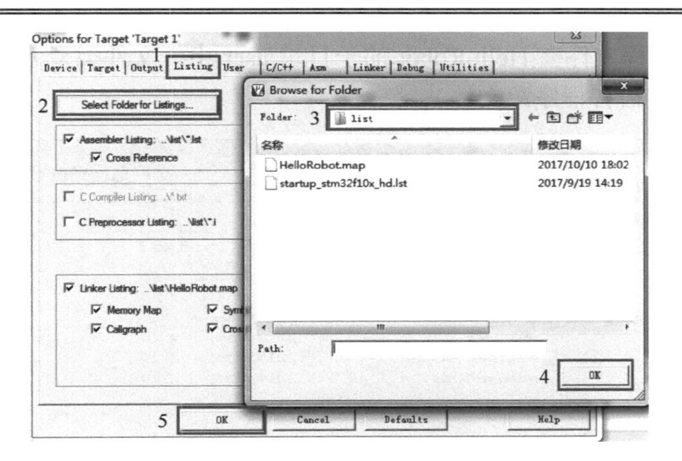

图 1.31　链接文件存储路径

（5）单击工程文件中的 user 文件夹，找到已经建立好的 main.c 程序文件并打开，将相关内容清除，输入代码即可，如图 1.32 所示。

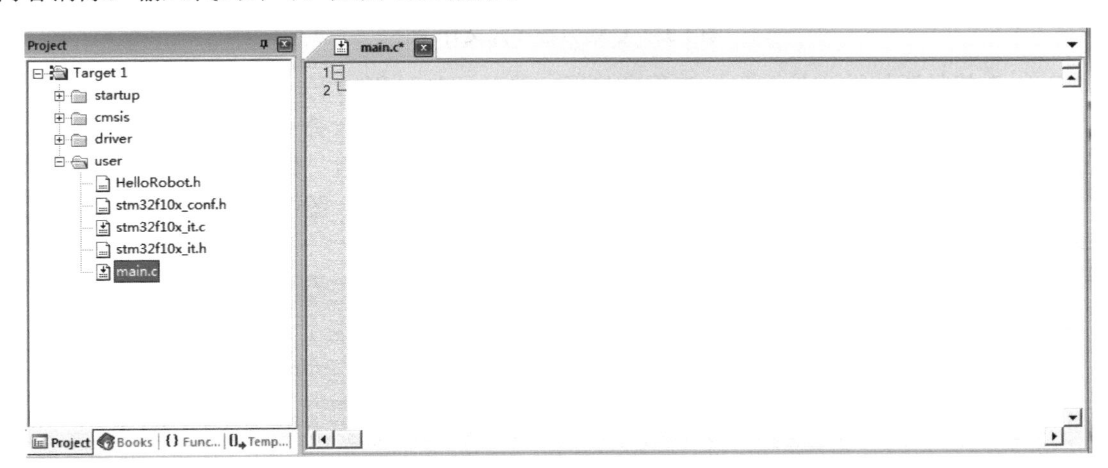

图 1.32　输入代码

如需要新创建主程序文件，则先将项目分组 vser 中的 main.c 文件删除，然后新建主程序文件.c 保存后再添加[参照第（1）、（2）步，在项目分组中进行添加]。

单击按钮（或单击 “File→New” 命令）为该项目新建一个 C 语言程序源文件。将下面的例程输入编辑器中，并以文件名 HelloRobot.c 保存，如图 1.33 所示。

例程：HelloRobot.c

```
#include "HelloRobot.h"
int main(void)
{
    BSP_Init();                       //控制板初始化
    USART_Configuration();            //串口 1（USART1）初始化
    printf("Hello Robot!\n");
    while (1);
}
```

将文件保存在工程文件夹 HelloRobot 的子目录 user 中，文件类型为.c（这里.c 为文件扩展名，表示文件为 C 语言程序源文件）。

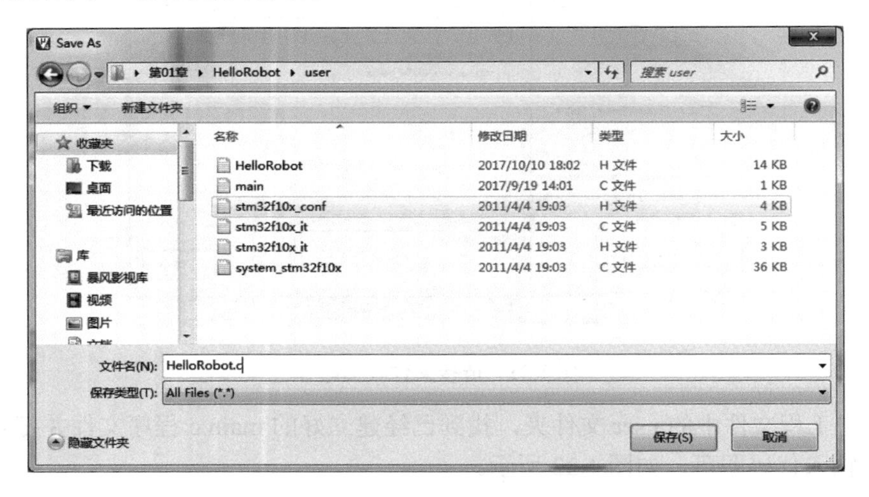

图 1.33　C 语言程序源文件保存

下一步就是添加该文件到目标工程项目了，具体添加过程如下。

（1）用鼠标右键单击“Target 1”，单击 Manage Components 命令，进行组件管理。选中 user 分组并单击 Add Files 按钮，将 HelloRobot.c 文件添加进分组，如图 1.34 所示。

（2）将程序文件添加到工程文件中，如图 1.35 所示（注意：图中显示的文件名是图 1.33 中输入的文件名）。

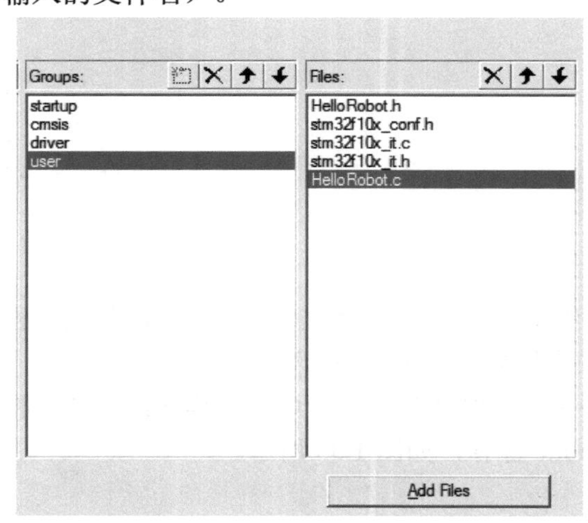

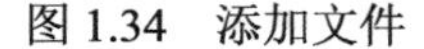

图 1.34　添加文件

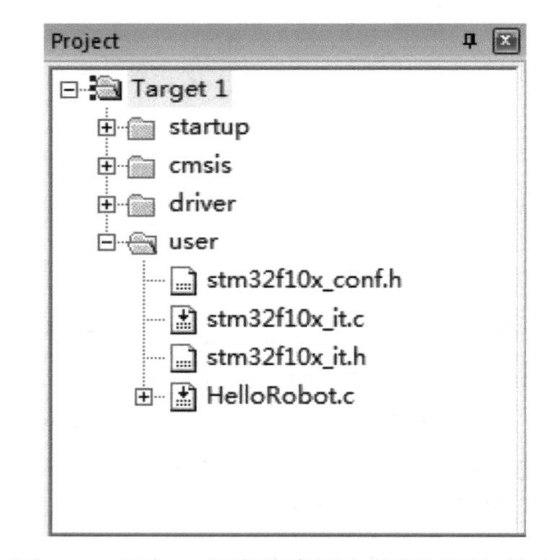

图 1.35　添加 C 语言程序源文件到工程文件中

双击该源文件即可显示源文件的编辑界面，如图 1.36 所示。

源文件经过编译后才能生成可执行文件。图 1.37 为编译的几种方式，图 1.37（a）中的 Translate current file 表示仅编译当前源文件；图 1.37（b）中的 Build target 表示编译整个工程文件，编译时仅编译修改了的或新的源文件；图 1.37（c）中的 Rebuild all target files 表示重新编译整个工程文件，工程中的文件不管是否修改过，都将被重新编译。

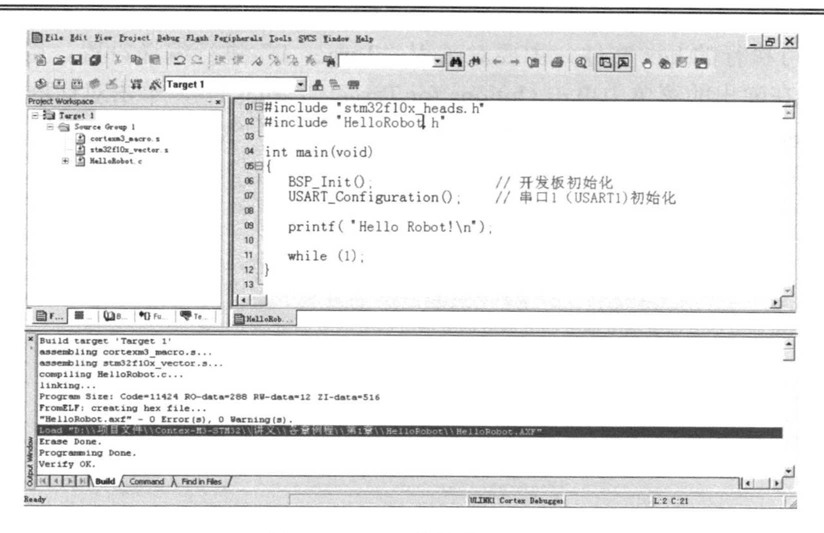

图 1.36　源文件的编辑界面

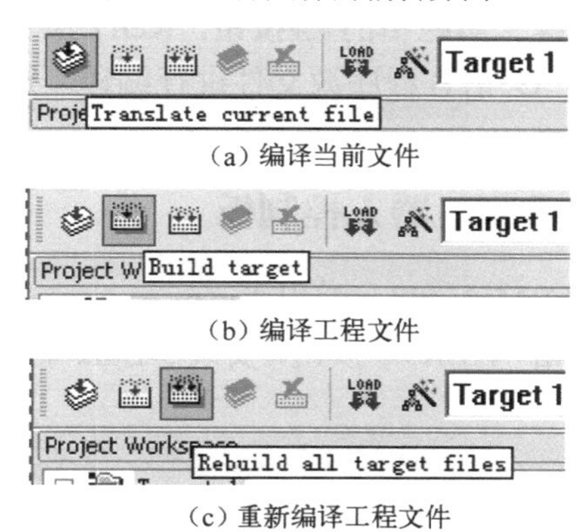

（a）编译当前文件

（b）编译工程文件

（c）重新编译工程文件

图 1.37　编译的几种方式

单击 Keil μVision4 快捷工具栏中的按钮，编译整个工程文件。Keil 的 C 编译器根据要生成的目标文件类型对目标工程文件中的 C 语言程序源文件进行编译。编译过程中，可以检查源文件中有没有错误。如果没有错误，在 IDE 主窗口 Build Output 框下出现“0 Error(s)，0 Warning(s)”提示信息，如图 1.38 所示，表明已成功生成了可执行文件，且存储在 HelloRobot\obj 文件夹中。

```
Build Output
compiling stm32f10x_tim.c...
compiling stm32f10x_usart.c...
compiling stm32f10x_wwdg.c...
compiling stm32f10x_it.c...
compiling HelloRobot.c...
linking...
Program Size: Code=6548 RO-data=336 RW-data=64 ZI-data=1024
FromELF: creating hex file...
"HelloRobot.axf" - 0 Error(s), 0 Warning(s).
```

图 1.38　编译过程的输出信息

查看 HelloRobot\obj 文件夹，会发现生成了 HelloRobot.axf 文件。axf（arm excute file）是 ARM 芯片使用的文件格式，它除包含 bin 代码外，还包括调试信息。与 axf 文件相似，单片机系统开发经常会用到 hex 文件，hex 文件包括地址信息，可直接用于烧写或下载。

如要生成可执行的 hex 文件，需要对工程“Target 1”进行编译设置。用鼠标右键单击“Target 1”，在弹出的菜单中单击 Options for Target ‘Target 1’，单击对话框中的 Output 选项卡，勾选 Create HEX File 复选框，如图 1.39 所示，单击 OK 按钮。

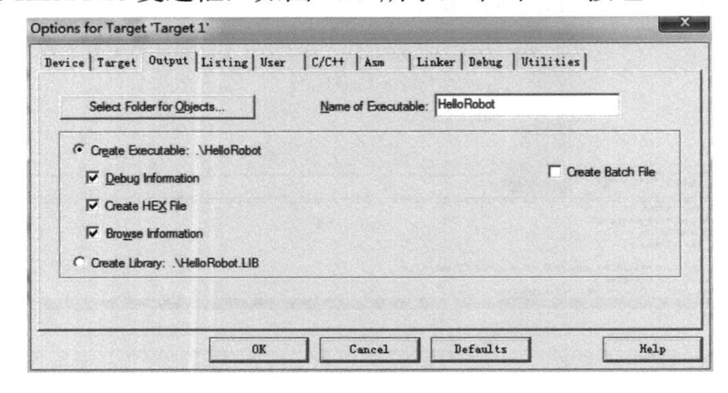

图 1.39　设置目标工程的编译输出文件类型

再次单击 Keil μVision4 快捷工具栏中的按钮，Keil 的 C 编译器开始根据要生成的目标文件类型对目标工程文件中的 C 语言程序源文件进行编译。这时在 HelloRobot\obj 文件夹中，会生成 HelloRoBot.hex 文件。

任务 6　下载可执行文件到机器人控制板

找到并双击 Setup_JLinkARM_V408，弹出 License Agreement 对话框，单击“Yes”按钮，此后在出现的对话框中单击“NEXT”按钮，安装 J-Link 驱动程序，过程如图 1.40（a）～图 1.40（c）所示。

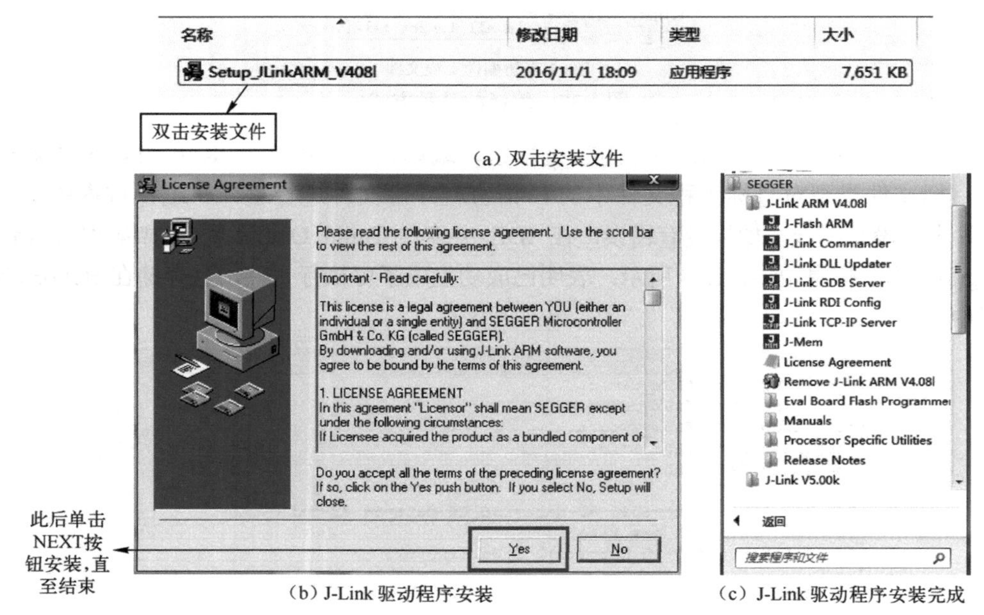

（a）双击安装文件

（b）J-Link 驱动程序安装

（c）J-Link 驱动程序安装完成

图 1.40　J-Link 驱动程序的安装

将 J-Link 下载工具和机器人控制板连接好，打开机器人控制板电源开关。在 Keil μVision4 的 IDE 主界面中单击 Project 下的 Options for Target（工程属性）命令，弹出 Options for Target ‘Target 1’对话框。按照如图 1.41（a）～图 1.41（f）所示进行配置。注意：须勾选 Use MicroLIB 复选框。

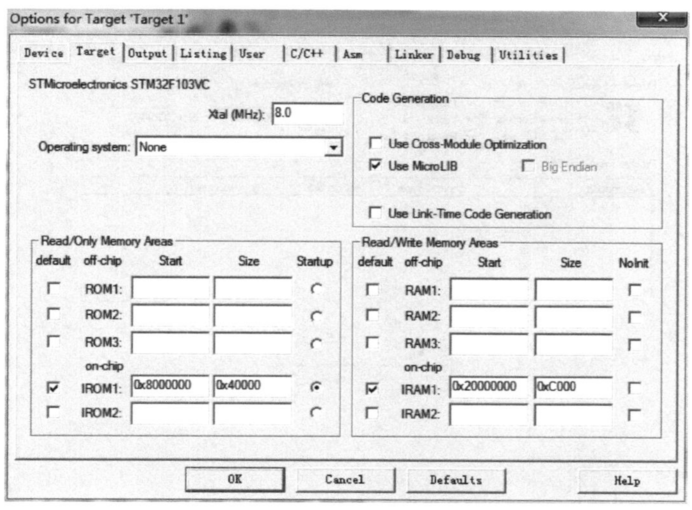

（a）勾选Use MicroLIB复选框

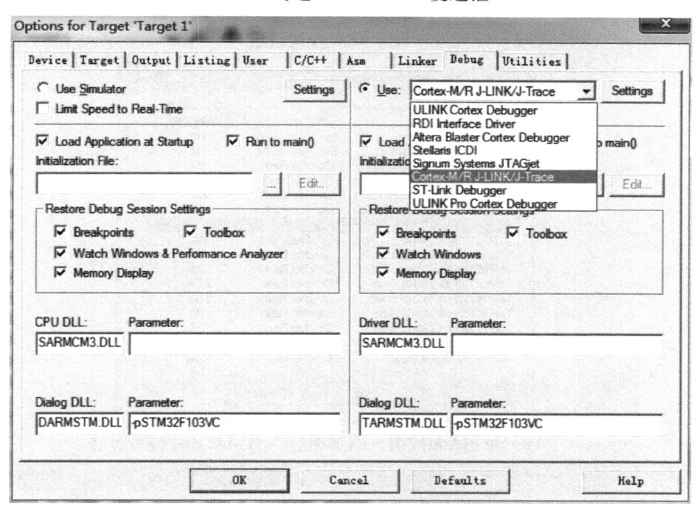

（b）选中Use Cortex-M/R J-LINK/J-Trace

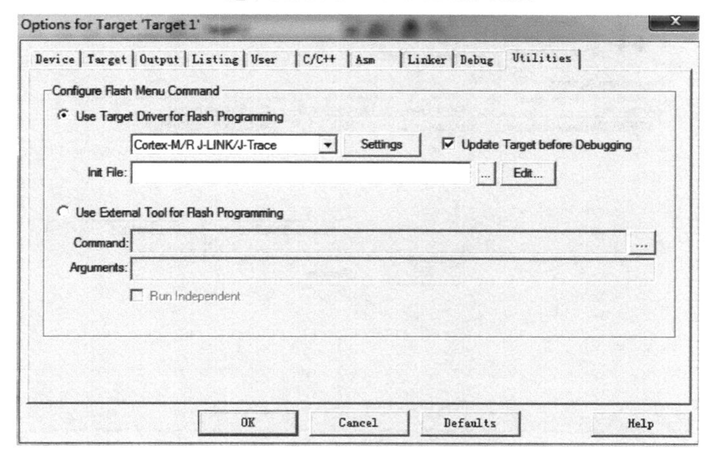

（c）配置Utilities，单击Settings按钮

图 1.41　J-Link 下载工具配置

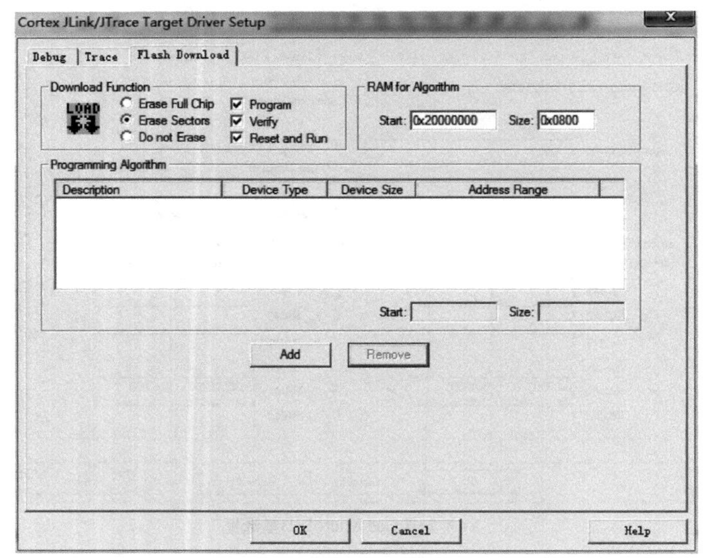

（d）单击Settings按钮后

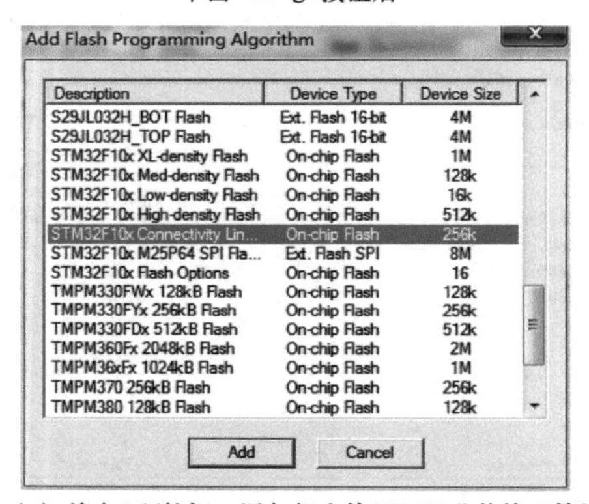

（e）单击Add按钮，添加相应的STM32芯片烧写算法

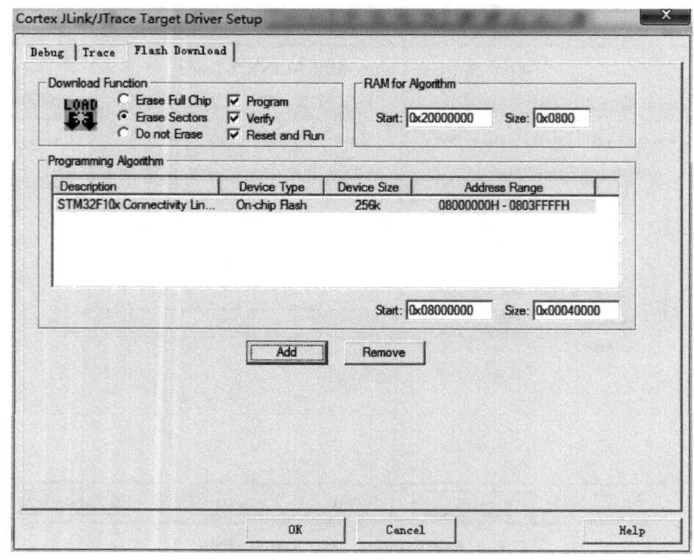

（f）单击OK按钮

图 1.41　J-Link 下载工具配置（续）

这样 J-Link 下载工具就配置好了。单击图 1.42 中 LOAD 按钮（或单击“Flash→Download”命令），开始下载程序。程序下载结束如图 1.43 所示。

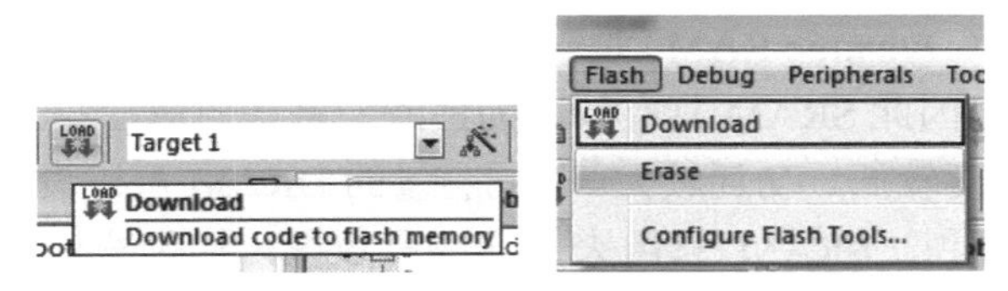

图 1.42　程序下载

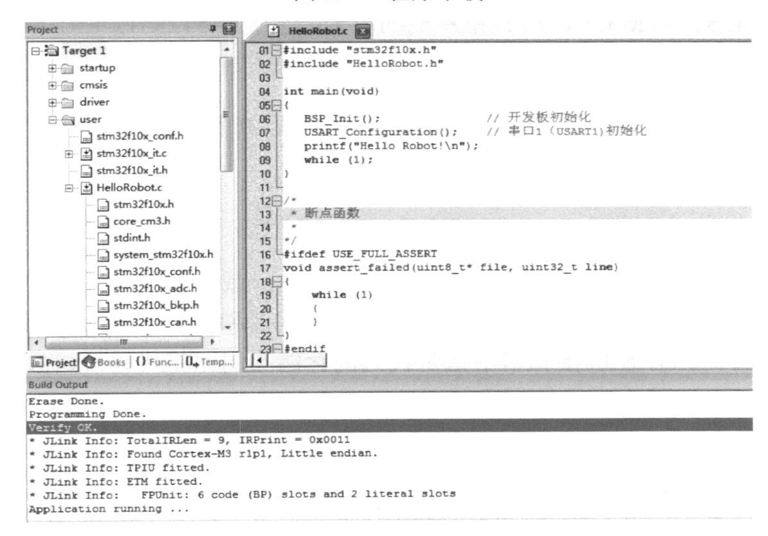

图 1.43　程序下载结束

程序下载结束后，按机器人控制板的 Reset 复位键，运行下载的程序。

Flash 存储器

Flash 存储器又称闪存，它结合了 ROM 和 RAM 的优点，不仅具备电子可擦除、可编程（EEPROM）的性能，还不会断电丢失数据，同时可以快速读取数据（NVRAM 的优势）。U 盘和 MP3 中用的就是这种存储器。嵌入式系统以前一直使用 ROM（EPROM）作为它们的存储设备。20 世纪 90 年代中期开始，Flash 存储器全面代替了 ROM（EPROM）在嵌入式系统中的地位，用于存储程序代码或者 Bootloader 及操作系统，现在则直接用于 U 盘。

目前 Flash 存储器主要有 NOR Flash 和 NAND Flash 两种。NOR Flash 的读取和常见的 SDRAM 的读取是一样的，用户可以直接运行装载在 NOR Flash 里面的代码，这样可以减少 SRAM 的容量，从而节约成本。NAND Flash 没有采取内存的随机读取技术，它一次只能读取 512B。这种 Flash 比较廉价。用户不能直接运行 NAND Flash 上的代码，因此使用 NAND Flash 的嵌入式系统控制板，还需增加一块小的 NOR Flash 运行启动代码。

一般小容量的 Flash 存储器用 NOR Flash，因为其读取速度快，多用来存储操作系统等重要信息，而大容量的 Flash 存储器用 NAND Flash。NAND Flash 最常见的应用是嵌入式系统采用的 DOC（Disk On Chip）和人们常用的“闪盘”，可以在线擦除。目前市面上的 Flash 存储器主要来自 Intel、AMD、Fujitsu 和 Mxic，而生产 NAND Flash 的厂家主要有 Samsung 和 Toshiba 及 Hynix。

SRAM 存储器

SRAM 是英文 Static RAM 的缩写，它是一种静态存储器，不需要刷新电路即能保存它内部存储的数据。DRAM（Dynamic RAM）是一种动态存储器，每隔一段时间要刷新充电一次，否则内部的数据会消失。因此 SRAM 具有较高的性能，且访问速度快。但是 SRAM 也有它的缺点，即价格高、集成度较低、功耗较大。相同容量的 DRAM 可以设计为较小的体积，但是 SRAM 却需要很大的体积。SRAM 只用来存储变量数据，提供给堆栈使用。在嵌入式系统中，Flash 的容量一般大于 SRAM 的容量。STM32F103VB 单片机的 Flash 容量为 128KB，SRAM 容量为 20KB；STM32F103VE 单片机的 Flash 容量为 512KB，SRAM 容量为 64KB。其他 8/16 位单片机、ARM9 或 ARM11 等嵌入式系统也是如此。

当生成的可执行文件大于 Flash 存储容量时，其不能被下载到 Flash 中。如果出现下面的错误，则表示生成的可执行文件大于 Flash 存储空间。

```
Error: L6406W: No space in execution regions with .ANY selector matching Section .text(***.o).
```

这时，可以对程序进行优化。例如，减小缓存容量，减少全局变量，少定义尺寸大的数组而多用指针等方法。此外，合理调整 MDK-ARM 的编译和链接配置，也可以减小生成的可执行文件的大小。例如，在链接脚本中指定代码的存储布局，将代码段、只读数据段、可读写数据段分别存放，以减小生成的可执行文件大小。一般有下面 3 种解决方法。

（1）使用微库（MicroLIB）：在图 1.41（a）所示的对话框中勾选 Use MicroLIB 复选框，以使代码减少。

（2）修改链接脚本：在 Options for Target 'Target 1'对话框的 Linker 选项卡中，勾选 Use Memory Layout from Target Dialog 复选框，如图 1.44 所示。然后在 Target 选项卡中修改存储空间中只读部分（Read/Only Memory Areas）和可读/写部分（Read/Write Memory Areas）的起始（Start）和大小（Size），一般来说加大只读部分的大小（该部分存放程序中的指令），而减小可读/写部分的大小（该部分存放堆栈、局部变量等）。

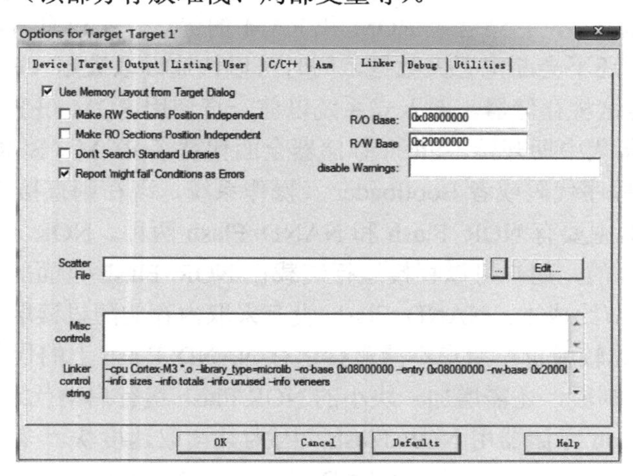

图 1.44　修改链接脚本

（3）修改优化级别：在 Options for Target 'Target 1'对话框的 C/C++选项卡中，可使用编译选项"-Ospace"进行编译，着重对空间进行优化，让编译器自动减小可执行文件大小。另外，还可以选更高的优化级别 Level 3(-O3)，如图 1.45 所示。Level 3 的优化等级最高，最适

合下载到最终的产品芯片中。Level 0 不对代码进行优化，最适合调试。在学习时，使用 Level 0(-O0)，可方便程序的调试。

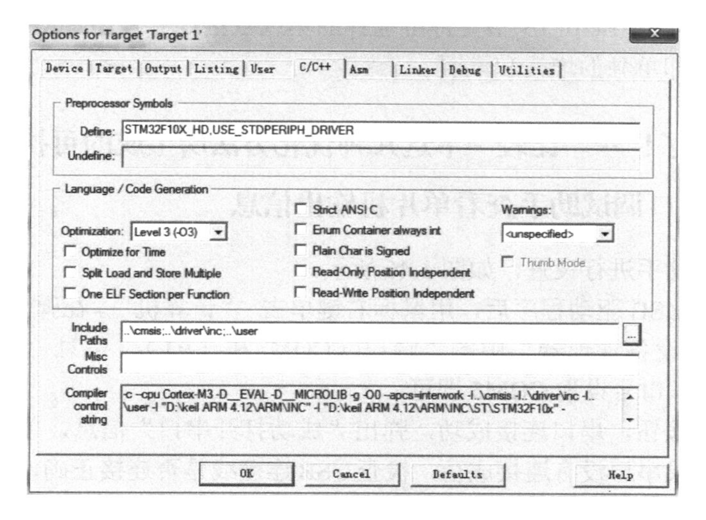

图 1.45　修改优化级别

关于微库（MicroLIB）

使用 MicroLIB，将以更精简短小的 C 库替代标准 C 库，减小代码大小。MicroLIB 是默认 C 库的备选库。它主要用于内存有限的嵌入式应用程序中。这些应用程序不在操作系统中运行。

如果发现使用 printf()函数，却不能向串口输出信息，或者发现可以软件仿真，却不能硬件仿真，注意要在图 1.41（a）所示的对话框勾选 Use MicroLIB 复选框。MicroLIB 提供了一个有限的 stdio 子系统，它仅支持未缓冲的 stdin、stdout 和 stderr。这样，即可使用 printf()函数来显示应用程序中的诊断消息。

要使用高级 I/O 函数，就必须提供自己实现的以下基本函数，以便与自己的 I/O 设备（如串口）配合使用。

所有输出函数 fprintf()、printf()、fwrite()、fputs()、puts()、putc()和 putchar()等需要实现 fputc()函数。

所有输入函数 fscanf()、scanf()、fread()、read()、fgets()、gets()、getc() 和 getchar()等需要实现 fgetc()函数。

为使代码变少，MicroLIB 进行了高度优化。因此，MicroLIB 不完全符合 ISO C99 库的标准，仅提供有限的支持，不具备 ISO C 某些特性，并且其他特性具有的功能比默认 C 库少，MicroLIB 与默认 C 库之间的主要差异如下。

- MicroLIB 不支持 IEEE 754 关于二进制浮点算法的标准，否则会产生不可预测的输出的结果，如 NaN、无穷大。
- MicroLIB 不支持%lc、%ls 和%a 的转换。
- MicroLIB 进行了高度优化，使代码变得很小。
- MicroLIB 不支持与操作系统交互的所有函数，如 abort()、exit()、atexit()、clock()、time()、system()和 getenv()。不能将 main()声明为带参数的，且不能返回内容。
- MicroLIB 不支持与文件指针交互的所有 stdio 函数，否则将返回错误。仅支持 3 个标准流：stdin、stdout 和 stderr。不完全支持 stdio，仅支持未缓冲的 stdin、stdout 和 stderr。

- MicroLIB 不提供互斥锁来防止非线程安全代码。
- MicroLIB 不支持宽字符或多字节字符串。如果使用这些函数，那么会产生链接器错误。
- 与 stdlib 不同，MicroLIB 不支持可选择的单或双区内存模型。MicroLIB 只提供双区内存模型，即单独的堆栈和堆区。

该你了！——比较一下这几种优化方法所生成的可执行文件大小

任务 7　用串口调试助手查看单片机输出信息

打开串口调试助手进行设置，如图 1.46 所示。

安装好对应的 USB 驱动程序后，用鼠标右键单击 “计算机”，在弹出的菜单中单击“属性”命令，查看“设备管理器”中的“端口（COM 和 LPT）”信息，如显示“通信端口（COM5）”，则将串口号设为 COM5 即可。

单击“连接”按钮，串口连接成功，弹出“成功打开串口”信息，单击“确定”按钮，如图1.47所示。如果串口没有连接成功，检查USB连接线是否连接正确，并关闭其他串口调试软件。

图 1.46　串口调试助手设置

图 1.47　串口连接成功

这时，“串口调试助手”窗口还无信息显示。因为当把可执行文件成功地下载到单片机中时，程序就开始运行了：单片机同时向计算机发送信息。若错过之前的信息，则按下机器人控制板上的 Reset 按钮，将在串口调试助手的接收区显示一条信息，如图 1.48 所示。

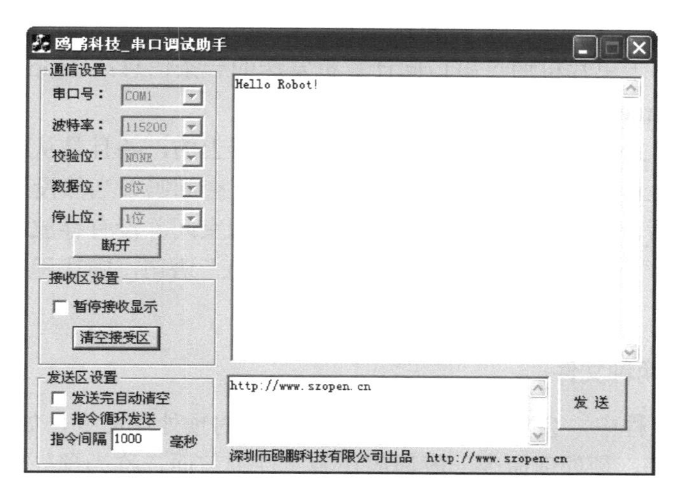

图 1.48　串口调试助手显示的信息

恭喜你！

如果串口调试助手可以显示信息，则说明 STM32 单片机开发环境已成功建立，包括硬件连接和软件配置。

1. HelloRobot.c 是如何工作的

例程中前两行代码是 HelloRobot.c 所包含的头文件 stm32f10x.h 和 HelloRobot.h。这两个头文件在本书的后续章节中都要用到，stm32f10x.h 文件主要包含 STM32 库文件的定义，它在编译过程中用来将程序用到的标准数据类型和一些标准函数、中断服务函数等包括进来，生成可执行代码。头文件中可以嵌套头文件，同时也可以直接定义一些常用的功能函数。

HelloRobot.h 则包含了本例程中及后面例程中都要用到的几个重要函数的定义和实现，在后面的章节中会进一步讲解。HelloRobot.h 包括：

（1）数据结构的定义；

（2）系统时钟配置函数 RCC_Configuration()；

（3）GPIO 模式配置函数 GPIO_Configuration()；

（4）中断控制配置函数 NVIC_Configuration()；

（5）串口 1 配置函数 USART_Configuration()；

（6）将 C 语言 printf 库函数输出重定向到串口的输出函数 fputc()；

（7）控制板初始化函数 BSP_Init()；

（8）微秒延时函数 delay_nus()；

（9）毫秒延时函数 delay_nms()。

main()函数中的第一行语句是控制板初始化函数 BSP_Init()，用来配置系统时钟、GPIO 模式和中断控制，分别是RCC_Configuration()、GPIO_Configuration()、NVIC_Configuration()。这三个函数将在后面的章节讲解。这行语句中“//”后的是注释。注释是一行会被编译器忽视的文字，因为注释是为了给人阅读的，编译器不对其进行编译。

main()函数的第二行语句是串口 1 配置函数 USART_Configuration()，用来规定单片机串口是如何与计算机通信的。串口 1 配置函数将在后面的章节讲解。main()函数的第三行语句是 printf()函数，它用于单片机通过串口向计算机发送的一条信息：Hello Robot!。main()函数的第四行语句是“while(1);”。

编译后的可执行文件是下载到单片机 Flash 存储器上的，并且是从头开始往下加载的。当把可执行文件加载上去的时候，其填满了整个 Flash 空间吗？当然没有！那么，当程序执行完 printf()函数之后，它还将向下继续执行，但后面的空间并没有存放程序代码，这时程序会乱运行，也就发生了“跑飞”现象。若加上“while(1);”语句，则让程序一直停止在这里，防止程序“跑飞”。

2. C 语言中的两种文件

在后面各章节例程中，会多次使用以“#”号开头的预处理命令，如包含命令#include，宏定义命令#define 等。预处理命令一般都放在源文件的前面，称为预处理部分。预处理是指在进行编译的第一遍扫描（词法扫描和语法分析）之前所做的工作。预处理是C语言的一个重要功能，它由预处理程序完成。当对源文件进行编译时，将首先对源文件中的预处理部分做处理，处理完毕后再对源程序进行编译。

常用的预处理命令如下。

1）宏定义

在C语言程序源文件中允许用一个标识符来表示一个字符串，称为“宏”。#define 为宏定义命令，被定义为“宏”的标识符称为“宏名”。在编译预处理时，对程序中所有出现的“宏名”，都用宏定义中的字符串去替换，这称为“宏替换”或“宏展开”。

2）文件包含

文件包含是预处理的另一个重要功能。文件包含命令的功能是把指定的文件插入该命令行位置取代该命令行，从而把指定的文件和当前的源文件连成一个源文件。

在程序设计中，文件包含是很有用的。一个大的程序可以分为多个模块，由多个程序员分别编程。有些公用的符号常量或宏定义等可单独组成一个文件，在其他文件的开头用包含命令包含该文件即可使用。这样，可避免在每个文件开头重复编写那些公用量，从而节省时间，并减少出错。

包含命令中的文件名可以用双引号（“”）括起来，也可以用尖括号（<>）括起来。使用尖括号表示在包含安装软件的目录中查找（这个目录是安装软件时设置的安装路径），而不在源文件目录中查找，一般是安装路径（如 C:\Keil MDK***）下的 Include 目录；使用双引号则表示首先在当前的源文件目录中查找（当前的 HelloRobot 目录），若未找到，则到包含安装软件的目录中查找。用户编程时可根据自己文件所在的目录来选择某一种命令形式，如 stm32f10x.h 和 HelloRobot.h 两个文件在当前源文件所在目录。

一个 include 命令只能指定一个被包含文件，若有多个文件要包含，则需用多个 include 命令。文件包含允许嵌套，即在一个被包含的文件中再包含另一个文件。

任务 8　断开电源

把电源从机器人控制板上断开很重要，原因有几点：首先，如果系统在不使用时没有消耗电能，电池可以用得更久；其次，在以后的学习中，读者将在机器人控制板上的面包板上搭建电路，搭建电路时，应使面包板断电。如果是在教室，老师可能会有额外的要求，如断开串口电缆，把机器人控制板存放到安全的地方等。总之，做完实验后最重要的一步是断开电源。断开电源比较容易，只要将三位开关拨到右边的 OFF 位即可，如图 1.8（a）所示。

通过创建第一个程序，读者已经感觉到学习基于 ARM Cortex-M3 处理器的 STM32 单片机的小型机器人嵌入系统开发不容易！确实不错，学好单片机，要有一定的 C 语言基础，嵌入式系统的开发确实是一项非常具有挑战性的任务。即使是一个简单的程序，也需要进行大量的准备工作，学习大量的计算机知识。万事开头难！

工程素质和技能归纳

（1）STM32 单片机硬件开发环境的建立和 Keil μVision IDE（集成开发环境）的安装。

（2）如何在集成开发环境中创建目标工程文件，并添加和编辑 C 语言程序源文件。

（3）STM32 单片机程序的编译和下载。

（4）串口调试软件的使用。

（5）C 语言知识：数据类型、常量、变量、运算符、表达式等。

第2章　STM32 单片机 I/O 端口与伺服电机控制

本章介绍如何用 STM32 单片机的 I/O 端口来控制 LED 的闪烁，以及控制机器人伺服电机，让它运动起来。为此，需要理解和掌握 STM32 单片机 I/O 端口的配置方法，以及伺服电机方向、速度和运行时间控制的相关原理和编程技术。

2.1　STM32 单片机的 I/O 端口

控制机器人伺服电机以不同速度运动是通过让单片机的 I/O 端口输出不同的脉冲信号来实现的。基于 ARM Cortex-M3 处理器的 STM32 单片机有 5 个 16 位的并行 I/O 端口，分别是 PA、PB、PC、PD 和 PE。这 5 个端口既可以作为输入端口，也可以作为输出端口；既可按 16 位处理，也可按位(1 位)使用。图 2.1 是基于 ARM Cortex-M3 处理器的 STM32F103xx 单片机引脚定义图，这是一个标准的 100 引脚 LQFP 封装的芯片。

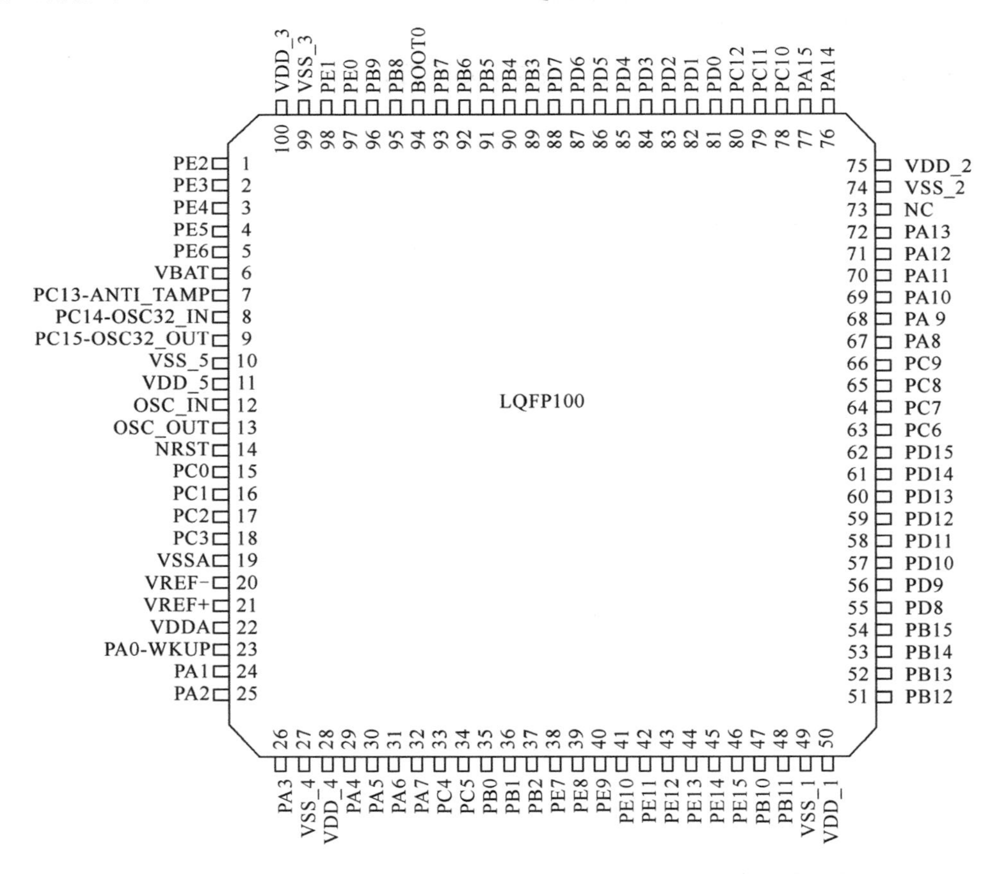

图 2.1　基于 ARM Cortex-M3 处理器的 STM32F103xx 单片机引脚定义图

LQFP（Low-profile Quad Flat Package），也就是薄型 QFP，是指封装本体厚度为 1.4mm 的 QFP。QFP 封装的中文含义为四方扁平式封装，该技术使得 CPU 芯片引脚之间的距离很小，引脚很细。一般大规模或超大规模集成电路采用这种封装形式，其引脚数一般都在 100 以上。该技术封装 STM32F103xx 时操作方便、可靠性高，而且其封装外形尺寸较小，寄生参数较少，适合高频应用。QFP 主要适合用 SMT（表面贴装技术）在 PCB 上安装布线。本书所用机器人控制板上还有 SOT（Small Out-line Transistor）封装的稳压电源芯片、SOP（Small Out-line Package），小外形封装的 RS-232 通信芯片、0603 封装的电阻和电容，这些都是 SMD（表面贴装器件）。

任务 1　认识封装

封装是指把硅片上的电路引脚用导线接引到外部接头处，以便与其他器件连接。安装半导体集成电路芯片用的外壳起着安装、固定、密封、保护芯片及增强电热性能等方面的作用，芯片上的接点用导线连接到封装外壳的引脚上，这些引脚又通过 PCB 上的导线与其他器件相连，从而实现内部芯片与外部电路的连接。芯片内部必须与外界隔离，防止空气中的杂质腐蚀芯片电路而造成电气性能下降。另外，封装后的芯片也更便于安装和运输。

封装

封装主要分为 DIP（Dual In-line Package，双列直插式封装）和 SMT（Surface Mounted Technology，表面贴装技术）两种。SMD 是 SMT 器件中的一种。当前，集成电路的装配方式从通孔插装（Plating Through Hole，PTH）逐渐发展到表面贴装。在结构方面，封装从最早期的 TO（Transistor Out-line，如 TO-89、TO-92）封装发展到了 DIP，随后由 Philips 公司开发出了 SOP；在材料方面，封装的材料包括金属、陶瓷、塑料等。目前很多有高强度工作条件需要的电路，如军工和宇航级别的电路，仍用金属封装。

几种常用的封装如下。

TO：晶体管外形封装。这是早期的封装方式，如 TO-92、TO-220 等。

SIP：Single In-line Package，单列直插式封装。引脚从封装一侧引出，排列成一条直线。当装配到 PCB 上时，封装呈侧立状，如一般的三极管。

DIP：Dual In-line Package，双列直插式封装，引脚从封装两侧引出，所用封装材料有塑料和陶瓷两种。DIP 是较普及的插装型封装，应用范围包括标准逻辑 IC、存储器等。

PLCC：Plastic Leaded Chip Carrier，带引线的塑料芯片载体，是表面贴装型封装之一。

QFP：Quad Flat Package，四方扁平式封装，是表面贴装型封装之一，引脚从四个侧面引出，呈海鸥翼状，所用封装材料有陶瓷、金属和塑料三种。QFP 的缺点是当引脚中心距小于 0.65mm 时，引脚容易弯曲。为了防止引脚变形，出现了几种改进的 QFP 品种，如 BQFP（Quad Flat Package with Bumper），带缓冲垫的 QFP 等。

QFN：Quad Flat Non-leaded Package，四方无引脚扁平式封装，是表面贴装型封装之一。现在多称为 LCC，QFN 是日本电子机械工业会规定的名称。封装四侧配置有电极触点，由于无引脚，贴装占用面积比 QFP 小，高度比 QFP 低。但是，当 PCB 与封装之间产生应力时，在电极接触处就不能得到缓解。因此电极触点难以做到像 QFP 的引脚那样多，一般为 14～

100。封装材料有陶瓷和塑料两种。

BGA：Ball Grid Array，球形触点阵列，是表面贴装型封装之一。

SOP：Small Out-line Package，小外形封装，是从 SMT 技术衍生出来的表面贴装型封装之一。引脚从封装两侧引出，呈海鸥翼状，封装材料有塑料和陶瓷两种。SOP 封装的应用范围很广，后来逐渐派生出 SOJ（Small Out-line J-lead，J 型引脚小外形封装）、TSOP（Thin SOP，薄小外形封装）、VSOP（Very SOP，甚小外形封装）、SSOP（Shrink SOP，缩小型小外形封装）、TSSOP（Thin Shrink SOP，薄的缩小型小外形封装）、SOT（Small Out-line Transistor，小外形晶体管）及 SOIC（Small Out-line Integrated Circuit，小外形集成电路）等，在集成电路发展中都起到了举足轻重的作用。

CSP：Chip Scale Package，芯片级封装。CSP 是新一代内存芯片封装技术，可以让芯片面积与封装面积之比达到 1∶1.14，已经相当接近 1∶1 的理想情况。CSP 封装线路阻抗显著减小，芯片速度随之大幅度提高，而且芯片的抗干扰、抗噪性能也能得到大幅提升，这也使得 CSP 的存取速度比 BGA 快 15%～20%。CSP 是在电子产品的更新换代时提出来的，它的目的是在使用大芯片替代以前的小芯片时，其封装体占用 PCB 的面积保持不变或减小。正是由于 CSP 产品的封装体小且薄，因此它在手持式移动电子设备中迅速获得了应用。

STM32F103xx 引脚

STM32F103xx 单片机后缀的不同表明引脚数量不同，有 36、48、64、100、144 根引脚之分。图 2.1 所示的 STM32F103Vx 单片机共有 100 根引脚，其中 80 根是 I/O 端口引脚。STM32F103Rx 单片机有 64 根引脚，其中 51 根是 I/O 端口引脚。这些 I/O 端口引脚中的部分可以复用，可将它配置成输入端口、输出端口、模数转换端口或者串口等。

与标准 51 单片机比较，基于 ARM Cortex-M3 处理器的 STM32 单片机、基于 ARM9 的 S3C2410/2440 等高级的单片机或者微处理器都需要进行 I/O 端口功能的配置。

对于 STM32F103xxyy 系列单片机而言，末四位字母含义如下。

第一个 x 代表引脚数：x 可用 T、C、R、V、Z 代替，其中 T 代表 36 根引脚，C 代表 48 根引脚，R 代表 64 根引脚，V 代表 100 根引脚，Z 代表 144 根引脚。

第二个 x 代表内嵌的 Flash 容量：x 可用 6、8、B、C、D、E 代替，其中 6 代表 32KB，8 代表 64KB，B 代表 128KB，C 代表 256KB，D 代表 384KB，E 代表 512KB。

第一个 y 代表封装方式：y 可用 H、T、U 代替，其中 H 代表 BGA 封装，T 代表 LQFP 封装，U 代表 QFN 封装。

第二个 y 代表工作温度范围：y 可用 6、7 代替，其中 6 代表-40～85℃，7 代表-40～105℃。

由以上规则可知 F103VB、VC、VE 的含义。但这种组合不是任意的，如没有 STM32F103TC。STM32 单片机详细的编号说明见附录 B。

这些端口的作用在后面的章节会根据不同的任务逐步介绍。本章主要介绍如何用 PA～PE 端口来完成 LED 的闪烁、机器人小车伺服电机的控制。如果将 PA～PE 端口作为输出端口，需要对其进行相关配置。

任务 2　单灯闪烁控制

为验证某个端口的输出电平是否由编写的程序控制，可采用在被验证的端口接一个 LED，观察其亮、灭的方法。本书使用的机器人控制板上正好贴装了一个用 PD7 引脚控制的 LED，当输出高电平时，LED 亮；当输出低电平时，LED 灭。其电路图如图 2.2 所示。

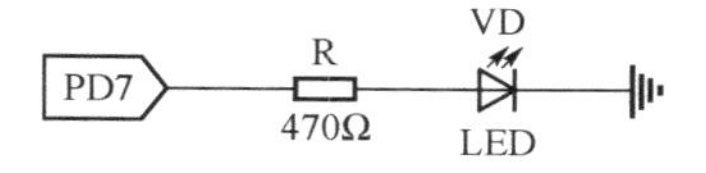

图 2.2　LED 电路图

我们以 1Hz 的频率使用 PD7 引脚控制 LED 周期性闪烁，步骤如下：

（1）接通控制板上的电源；

（2）输入、保存、下载并运行程序 Led_Blink.c（整个过程请参考第 1 章，例程如下）；

例程：Led_Blink.c

```
#include "HelloRobot.h"

int main(void)
{
   BSP_Init();  //机器人控制板初始化函数
   USART_Configuration();
   printf("Program Running!\n");

   while (1)
   {
     GPIO_SetBits(GPIOD, GPIO_Pin_7);          //PD7 输出高电平
     delay_nms(500);                           //延时 500ms
     GPIO_ResetBits(GPIOD,GPIO_Pin_7);         //PD7 输出低电平
     delay_nms(500);                           //延时 500ms
   }
}
```

（3）观察与 PD7 连接的 LED 是否周期性地闪烁。

1. Led_Blink.c 如何工作

先看“while（1）”逻辑块中的语句，两次调用了延时函数，让单片机在 PD7 引脚输出的高电平和低电平之间延时 500ms，即输出的高电平和低电平都保持 500ms，从而达到 LED 以 1Hz 的频率周期性闪烁的效果。

头文件 HelloRobot.h 中定义的两个延时函数如下：

```
void delay_nus(unsigned long n)   //n>=6，最小延时单位为 6μs
{
  unsigned long j;
  while(n--)                      //外部晶振频率：8MHz；PLL：9；8M*9=72MHz
  {
    j=8;                          //微调参数，保证延时的精度
    while(j--);
  }
```

```
}

void delay_nms(unsigned long n)  //延时 n ms
{
  while(n--)                     //外部晶振频率：8MHz；PLL：9；8M*9=72MHz
  delay_nus(1100);               //1ms 延时补偿
}
```

2. 无符号长整型 unsigned long

无符号长整型 unsigned long 的取值范围为 0～4294967295，只能取非负整数。基于 ARM 内核的微处理器（如 S3C2410/2440）或者单片机（如 STM32 系列）是 32 位的，所以 MDK 开发环境中整型 int 与长整型 long 相同，占用 4 字节。若在 Keil μVision4 中开发 8 位的 51 单片机程序，则整型 int 占用 2 字节，与短整型 short 相同。

delay_nus()产生微秒级的延时，而 delay_nms()产生毫秒级的延时。如果需要延时 1s，那么使用语句 delay_nms(1000)；如果需要延时 1ms，那么用 delay_nus(1000)。

注意：上述的延时函数是在外部晶振频率为 8MHz，内部锁相环（Phase Lock Loop，PLL）设置为 9 倍频的情况下设计的，这两个函数所产生的延时都经过示波器测试过。如果外部晶振频率不是 8MHz，调用这两个函数所产生的实际延时就会发生变化。晶振电路如图 2.3 所示。图 2.3（a）是系统晶振电路，图 2.3（b）是实时时钟晶振电路。

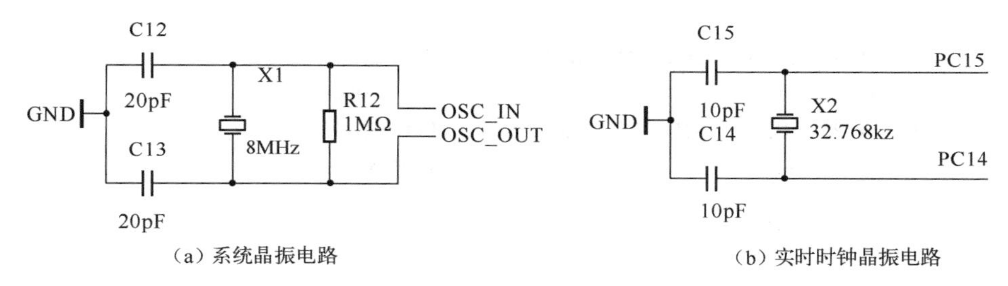

（a）系统晶振电路　　（b）实时时钟晶振电路

图 2.3　晶振电路

晶振的作用

单片机要能工作，就必须有一个标准时钟信号，而晶振能为单片机提供标准时钟信号。晶振的作用类似人的心跳，只有晶振起振了，单片机才能工作、执行代码、实现特定功能，完成应用程序任务。如果系统不工作，应查看晶振是否起振。查看晶振是否起振可以用示波器测量晶振引脚处是否有信号。

如果将晶振比喻为人的心跳，那么电源输出的电流就类似人全身流动的血液。因此晶振和电源在嵌入式系统中的作用，就相当于心脏和血液对于人的作用！晶振不稳定可比作心律不齐。没有电源或电源不能输出电流，好比没有血液或血液不流动。在后面的章节中，将会更详细地介绍晶振。

注意：STM32 单片机默认使用内部高速 RC 时钟（HIS）。因此，判断 STM32 单片机最小系统是否工作时，用示波器检查 OSC 引脚是否有时钟信号是错误的。

3. 如何选择晶振

对于一个高可靠性的系统而言，晶振的选择非常重要，特别是在设计带有睡眠唤醒（往往用低电压确保低功耗）功能的系统时。这是因为低供电电压使提供给晶振的激励功率减小，造成晶振起振慢或不能起振。这一现象在上电复位时并不特别明显，原因是上电时电路有足够的扰动，很容易建立振荡。但在睡眠唤醒时，电路的扰动要比上电时小得多，不容易起振。在振荡回路中，晶振既不能过激励（容易振到高次谐波上）也不能欠激励（不容易起振）。晶振的选择必须考虑谐振频点、负载电容、激励功率、温度特性和长期稳定性。

4. 如何选择晶振的负载电容

（1）因为每一种晶振都有各自的特性，所以最好按芯片制造厂商所提供的数值选择外部元器件。

（2）电容值小，容易起振。但电容值过小，振荡器不稳定。电容值大，有利于振荡器的稳定。但电容值过大，将会增加起振时间，不容易起振。一般选择具有合适的中间值的电容。

2.2 STM32 单片机的时钟配置

一般而言，嵌入式系统在正式工作前，都要进行一些初始化工作。人们常把这个阶段写成一个子函数（机器人控制板初始化函数）的形式，称为 BSP_Init 函数（Board Support Package 的缩写为 BSP，即板级支持包）。

```
void BSP_Init()
{
  RCC_Configuration();        /*Configure the system clocks：复位和时钟配置*/

  GPIO_Configuration();       /*GPIO Configuration：I/O 端口配置*/

  NVIC_Configuration();       /*NVIC Configuration：中断配置*/
}
```

BSP_Init 会调用 RCC_Configuration()（复位和时钟配置）、GPIO_Configuration()（I/O 端口配置）、NVIC_Configuration()（中断配置）3 个函数。先介绍前两个函数，第 3 个函数在后面讲解中断时介绍。

我们先认识一下机器人控制板初始化函数中的复位和时钟配置函数 RCC_Configuration()，它与 STM32 单片机中的时钟有关。

1. STM32 单片机中的 5 个时钟源：HSI、HSE、LSI、LSE、PLL

（1）HSI（High Speed Internal）是高速内部时钟，RC 振荡器频率为 8MHz（精度较差）。

（2）HSE（High Speed External）是高速外部时钟，可接石英/陶瓷谐振器，或者接外部时钟源，频率范围为 4～16MHz（精度高）。

（3）LSI（Low Speed Internal）是低速内部时钟，RC 振荡器频率为 30～60kHz。

（4）LSE（Low Speed External）是低速外部时钟，接频率为 32.768kHz 的石英晶体，供实时时钟 RTC 使用。其电路如图 2.3（b）所示。

（5）PLL（Phase Lock Loop）是锁相环倍频输出时钟，其时钟输入源可选择为 HSI/2、HSE 或者 HSE/2，倍频可选择为 2～16 倍，但其最大输出频率不得超过 72MHz。

锁相环的基本组成

PLL 锁相回路，又称锁相环。锁相环用于振荡器中的反馈技术。许多电子设备正常工作的条件是外部的输入信号与内部的振荡信号同步。利用锁相环就可以实现这个目的。锁相环是一种反馈控制电路，其特点是利用外部输入的参考信号控制环路内部振荡信号的频率和相位。因锁相环可以实现输出信号频率对输入信号频率的自动跟踪，所以锁相环通常用于闭环跟踪电路。

锁相环在工作过程中，当输出信号的频率与输入信号的频率相等时，输出电压与输入电压保持固定的相位差值，即输出电压与输入电压的相位被锁住，这就是锁相环名称的由来。锁相环通常由鉴相器（Phase Detector，PD）、环路滤波器（Loop Filter，LF）和压控振荡器（Voltage Controlled Oscillator，VCO）三部分组成，原理图如图 2.4 所示。图中的鉴相器又称相位比较器，它的作用是检测输入信号和输出信号的相位差，并将检测出的相位差信号转换成 $u_{D(t)}$ 电压信号，该信号经环路滤波器滤波后形成压控振荡器的控制电压 $u_{C(t)}$，对振荡器输出信号的频率实施控制。输出频率 f_{out} 与输入参考频率 f_r 的关系为：$f_{out} = M \times f_r$。

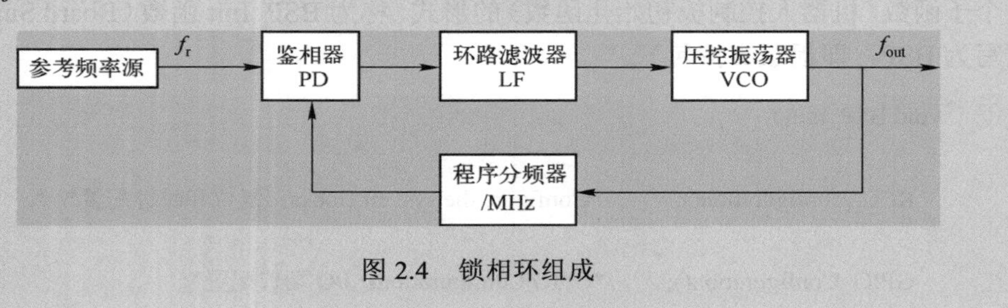

图 2.4　锁相环组成

STM32 单片机将时钟信号（常是 HSE）经过分频或倍频（PLL）后，得到系统时钟。系统时钟经过分频，产生外设所使用的时钟。图 2.5 是 STM32 单片机时钟系统结构图。

其中，40kHz（典型值）的 LSI 供独立看门狗 IWDG 使用。另外它还可以被选择为实时时钟 RTC 的时钟源。实时时钟 RTC 的时钟源也可以选择 LSE，或者 HSE 的 128 分频。RTC 的时钟源通过备份域控制寄存器（RCC_BDCR）的 RTCSEL[1:0]来选择。

STM32 单片机中有一个全速功能的 USB 模块，其串口引擎需要一个频率为 48MHz 的时钟源。该时钟源只能从 PLL 输出端口获取，可以选择 1.5 分频或者 1 分频。因此，当需要使用 USB 模块时，必须使能 PLL 端口，并且时钟频率要配置为 48MHz 或 72MHz。

另外，STM32 单片机还可以选择一个时钟信号输出到 MCO 引脚（PA8）上。时钟源可以选择 PLL 输出的 2 分频、HSI、HSE 或者系统时钟。

系统时钟是 STM32 单片机中绝大部分部件工作的时钟源。系统时钟可选择为 PLL 输出、HSI 或者 HSE。系统时钟最大频率为 72MHz，它通过 AHB 分频器分频后使用。AHB 分频器可选择 1、2、4、8、16、64、128、256、512 分频。AHB 分频器输出的时钟供 8 个模块使用。

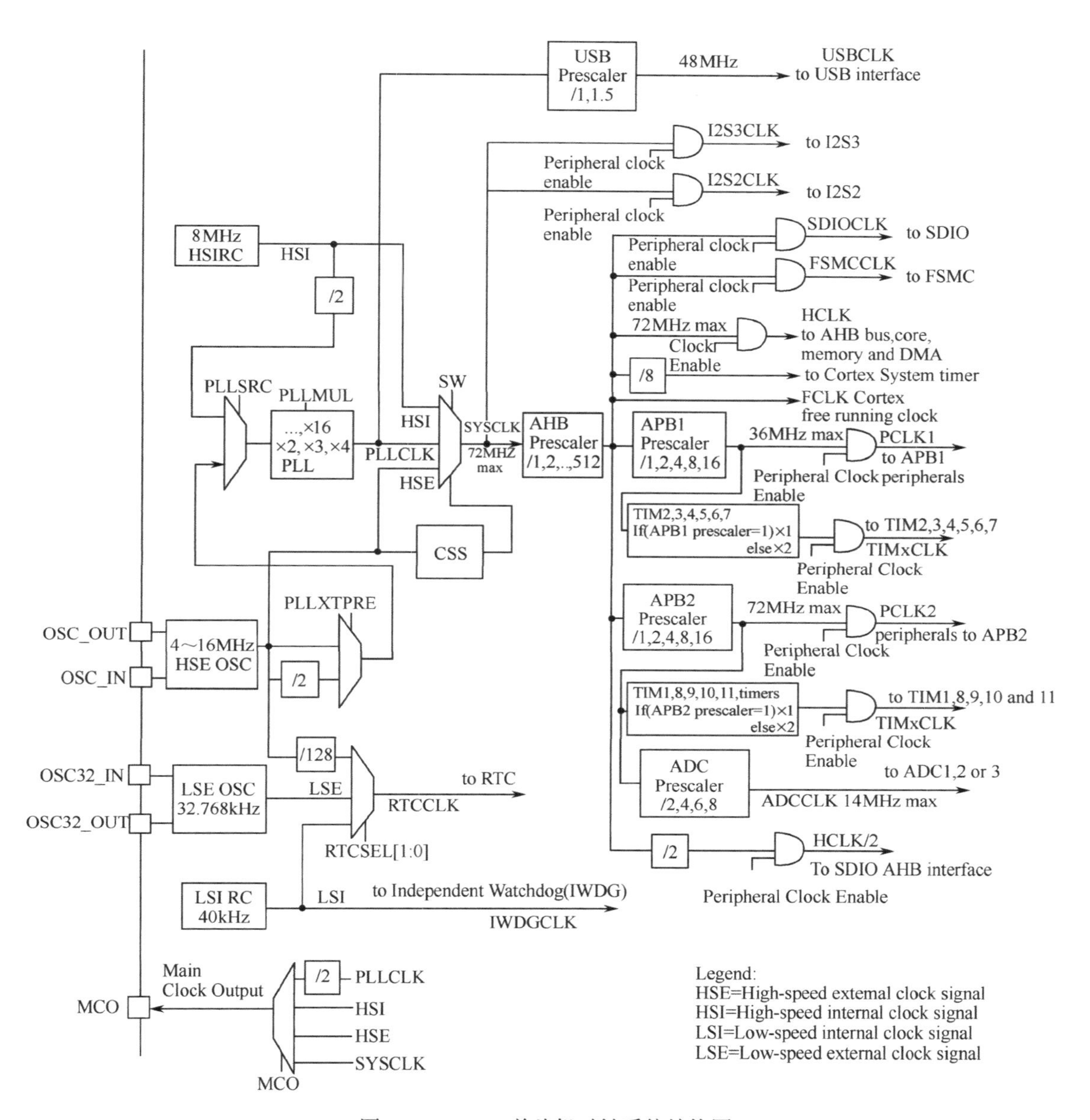

图 2.5　STM32 单片机时钟系统结构图

（1）供 SDIO 使用的 SDIOCLK 时钟。

（2）供 FSMC 使用的 FSMCCLK 时钟。

（3）供 AHB 总线、内核、内存和 DMA 使用的 HCLK 时钟。

（4）通过 8 分频后送给 Cortex 的系统定时器时钟（SysTick）。

（5）直接供 Cortex 的空闲运行时钟 FCLK。

（6）供 APB1 分频器。APB1 分频器可选择 1、2、4、8、16 分频，其一路输出供 APB1 外设使用（PCLK1，最大频率为 36MHz），另一路供定时器 2、3、4、5、6、7 的倍频器使用。该倍频器可选择 1 或者 2 倍频，时钟输出供定时器 2、3、4、5、6、7 使用。

（7）供 APB2 分频器。APB2 分频器可选择 1、2、4、8、16 分频，其一路输出供 APB2 外设使用（PCLK2，最大频率为 72MHz），另一路供定时器 1、8 的倍频器使用。该倍频器可选择 1 或者 2 倍频，时钟输出供定时器 1 使用。另外，APB2 分频器还有一路输出供 ADC 分频器使用（可选择为 2、4、6、8 分频），分频后得到 ADCCLK 时钟，供 ADC 模块使用。

（8）2 分频后供 SDIO AHB 端口使用（HCLK/2）。

AMBA 片上总线

片上总线标准种类繁多，由 ARM 公司推出的 AMBA 片上总线受到了广大 IP 开发商和 SoC（System on Chip，片上系统）集成者的青睐，成为一种流行的工业标准片上结构。AMBA 规范主要包括 AHB 和 APB。二者分别适用于高速与相对低速设备的连接。

时钟输出的使能控制

在以上的时钟输出中，很多带使能控制，如 AHB 总线时钟、内核时钟、APB1 外设、APB2 外设等。当需要使用某个外设模块时，记得一定要先使能对应的时钟，否则这个外设不能工作。因此，使用任何一个外设都必须打开相应的时钟。这样做的好处是，在不使用外设时关掉它的时钟，降低系统的功耗，达到节能的目的。当 STM32 单片机系统时钟频率为 72MHz 时，在运行模式下，打开全部外设时的功耗电流为 36mA，关闭全部外设时的功耗电流为 27mA。

需要注意的是定时器 2、3、4 的倍频器，当 APB1 的分频为 1 分频时，它的倍频值为 1（且只能为 1，因为不能高于 AHB 频率）。此时，定时器的时钟频率等于 APB1 的频率；当 APB1 的预分频系数为其他数值（即预分频系数为 2、4、8 或 16）时，它的倍频值就为 2。连接在 APB1（低速外设）上的设备有电源端口、备份端口、CAN、USB、I^2C1、I^2C2、UART2、UART3、SPI2、窗口看门狗、TIM2、TIM3、TIM4。其中，USB 模块虽然需要一个单独的 48MHz 时钟信号，但它不是供 USB 模块工作的时钟，而是供串口引擎（SIE）使用的时钟。USB 模块工作的时钟是由 APB1 提供的。连接在 APB2（高速外设）上的设备有 UART1、SPI1、TIM1、ADC1、ADC2、所有普通 I/O 端口（PA～PE）、第二功能 I/O 端口。

2. 为什么 ARM 时钟这么复杂

基于 ARM Cortex-M3 处理器的 STM32 单片机的时钟系统很复杂。随着芯片工艺的发展，台式机和嵌入式系统的处理器频率越来越快。处理器除了中央处理单元（CPU）外，还有一些外设端口，它们的时钟频率并没有那么快。如果 CPU 与外设端口公用一样的时钟，那么 CPU 在同一时间内要做很多事情，外设端口才能做一件事情（如数据存取）。CPU 等待很久，外设端口才传来一个数据，这样 CPU 的性能就不能发挥出来，而且外设端口也没必要提供太快的时钟。此外，时钟分开有助于实现低功耗。

因此，现在的嵌入式系统处理器常常将供 CPU 使用的时钟和外设端口使用的时钟分开。不仅是基于 ARM 处理器的芯片如此，很多其他 32 位嵌入式处理器也是这样。

3．RCC 配置寄存器

时钟的具体配置是从 RCC 配置寄存器开始的。定义 RCC 配置寄存器的是结构体 RCC_TypeDef，在文件 stm32f10x.h 中定义了这个结构体、相关地址和枚举类型：

```
typedef struct
{
  __IO uint32_t CR;            //时钟控制寄存器：Clock control register
  __IO uint32_t CFGR;          //时钟配置寄存器：Clock configuration register
  __IO uint32_t CIR;           //时钟中断寄存器：Clock interrupt register
  __IO uint32_t APB2RSTR;      //APB2 外设复位寄存器：APB2 Peripheral reset register
  __IO uint32_t APB1RSTR;      //APB1 外设复位寄存器：APB1 Peripheral reset register
  __IO uint32_t AHBENR;        //AHB 时钟使能寄存器：AHB Clock enable register
  __IO uint32_t APB2ENR;       //APB2 时钟使能寄存器：APB2 Peripheral Clock enable register
  __IO uint32_t APB1ENR;       //APB1 时钟使能寄存器：APB1 Peripheral Clock enable register
  __IO uint32_t BDCR;          //备份域控制寄存器：Backup domain control register
  __IO uint32_t CSR;           //控制/状态寄存器：Control/status register

#ifdef STM32F10X_CL
  __IO uint32_t AHBRSTR;
  __IO uint32_t CFGR2;
#endif /* STM32F10X_CL */

#if defined (STM32F10X_LD_VL) || defined (STM32F10X_MD_VL) || defined (STM32F10X_HD_VL)
  uint32_t RESERVED0;
  __IO uint32_t CFGR2;
#endif /* STM32F10X_LD_VL || STM32F10X_MD_VL || STM32F10X_HD_VL */
} RCC_TypeDef;
....
#define PERIPH_BASE      ((uint32_t)0x40000000) /*!< Peripheral base address in the alias region */
…
#define AHBPERIPH_BASE           (PERIPH_BASE + 0x20000)
…
#define RCC_BASE                 (AHBPERIPH_BASE + 0x1000)
…
#define RCC                  ((RCC_TypeDef *) RCC_BASE)
...
typedef enum {RESET = 0, SET = !RESET} FlagStatus, ITStatus;
typedef enum {DISABLE = 0, ENABLE = !DISABLE} FunctionalState;
#define IS_FUNCTIONAL_STATE(STATE) ((STATE == DISABLE) || (STATE == ENABLE))
typedef enum {ERROR = 0, SUCCESS = !ERROR} ErrorStatus;
```

其中，uint32_t 代表一个 32 位的无符号长整形数，在文件 stdint.h 中定义了：

```
typedef unsigned int uint32_t;
```

而另一个宏__IO 则在内核头文件 core_cm3.h 中定义为：

```
#define     __IO     volatile     /*!< defines 'read / write' permissions     */
```

从上面的几个定义可以看出，在程序中所有写 RCC 的地方，编译器的预处理程序都将它替换成((RCC_TypeDef *) 0x40021000)。这个地址是 RCC 配置寄存器的首地址，RCC 配置寄存器映像和复位值如表 2.1 所示，这些寄存器的具体定义和使用方式参见相关芯片数据手册。关于 STM32 单片机的存储映像地址参见附录 B。

表 2.1　RCC 配置寄存器映像和复位值

偏移	寄存器	31	30	29	28	27	26	25	24	23	22	21	20	19	18	17	16	15	14	13	12	11	10	9	8	7	6	5	4	3	2	1	0
000h	RCC_CR	保留						PLLRDY	PLLON	保留				CSSON	HSEBYP	HSERDY	HSEON	HSICAL[7:0]								HSITRIM[4:0]					保留	HDIRDY	HDION
	复位值							0	0					0	0	0	0	0	0	0	0	0	0	0	0	1	0	0	0	0		1	1
004h	RCC_CFGR	保留					MCO[2:0]			保留	USBPRE	PLLMUL[3:0]				PLLXTPRE	PLLSRC	ADC PRE[1:0]		PRRE2[2:0]			PRRE1[2:0]			HPRE[3:0]				SWS[1:0]		SW[1:0]	
	复位值						0	0	0		0	0	0	0	0	0	0	0	0	0	0	0	0	0	0	0	0	0	0	0	0	0	0
008h	RCC_CIR	保留								CSSC	保留		PLLRDYC	HSERDYC	HSIRDYC	LSERDYC	LSIRDYC	保留			PILRDYIE	HSERDYIE	HSIRDYIE	LSERDYIE	LSTRDYIE	CSSF	保留		PLLRDYF	HSERDYF	HSIRDYF	LSERDYF	LSIRDYF
	复位值									0			0	0	0	0	0				0	0	0	0	0	0			0	0	0	0	0
00Ch	RCC_APB2RSTR	保留																	USARTIRST	保留	SPIRST	TIM1RST	ADC2RST	ADC1RST	保留		IOPERST	IOPDRST	IOPCRST	IOPBRST	IOPARST	保留	AFIORST
	复位值																		0		0	0	0	0			0	0	0	0	0		0
010h	RCC_APB1RSTR	保留			PWRRST	BKPRST	保留	CANRST	保留	USBRST	I2C2RST	I2C1RST	保留		USART3RST	USART2RST	保留		SPI2RST	保留		WWDGRST	保留								TIM4RST	TIM3RST	TIM2RST
	复位值				0	0		0		0	0	0			0	0			0			0									0	0	0
014h	RCC_AHBENR	保留																											FLITFEN	保留	SRAMEN	保留	DMAEN
	复位值																												1		1		0

续表

偏移	寄存器	31	30	29	28	27	26	25	24	23	22	21	20	19	18	17	16	15	14	13	12	11	10	9	8	7	6	5	4	3	2	1	0
018h	RCC_APB2ENR	保留																	USART1EN	保留	SPI1EN	TIM1EN	ADC2EN	ADC1EN	保留		IOPEEN	IOPDEN	IOPCEN	IOPBEN	IOPAEN	保留	AFIOEN
	复位值																		0		0	0	0	0			0	0	0	0	0		0
01Ch	RCC_APB1ENR	保留			PWREN	BKPEN	保留	CANEN	保留	USBEN	I2C2EN	I2C1EN	保留		USART3EN	USART2EN	保留		SPI2EN	保留		WWDGEN	保留								TIM4EN	TIM3EN	TIM2EN
	复位值				0	0		0		0	0	0			0	0			0			0									0	0	0
020h	RCC_BDCR	保留															BDRST	RTCEN	保留					RTC SEL [1:0]		保留					LSEBYP	LSERDY	LSEON
	复位值																0	0						0	0						0	0	0
024h	RCC_CSR	LPWRRSTF	WWDGRSTF	IWDGRSTF	SFTRSTF	PORRSTF	PINRSTF	保留	RMVF	保留																						LSIRDY	LSION
	复位值	0	0	0	0	1	1		0																							0	0

4．关键字 volatile

被关键字“volatile”定义的变量是可变的，变量的值可能因程序以外的事件而改变。这样，编译器就不会去假设这个变量的值了。准确地说，编译器优化时，每次用到此变量须重新读取它的值，即每次读/写都必须访问实际地址存储器的内容，而不是使用保存在寄存器中的备份。

在嵌入式系统中，volatile 大量地用来修饰一个对应于内存映射的 I/O 端口，或者硬件寄存器（如状态寄存器）。

进一步理解 volatile

为什么编译器会将没有被 volatile 修饰的变量在寄存器中保存备份呢？这是基于程序运行效率考虑的。因为寄存器是在嵌入式处理器内核中的，所以从寄存器中取数据要更快，而访问实际的存储器地址（如是外设）会慢些。

这个问题往往是区分 C 程序员和嵌入式系统程序员最基本的问题。嵌入式系统程序员经常同硬件、中断、RTOS 等打交道，所有这些都要求用到 volatile 变量。不懂得 volatile 的含义将会给嵌入式系统软件带来缺陷，发生不可预料甚至灾难性的后果。

其次，中断服务例程中使用的非自动变量或者多线程应用程序中多个任务共享的变量也必须使用 volatile 进行修饰。例如代码：

```
int flag=0;
void f(){
```

```
    while(1){ if(flag) some_action(); }
  }
  void isr_f(){
    flag=1;
  }
```

如果不使用 volatile 限定 flag 变量，编译器看到在 f()函数中并未修改 flag，它可能只执行一次 flag 读操作并将 flag 的值缓存在寄存器中，以后每次访问flag（读操作）都使用寄存器中的缓存值而不进行存储器绝对地址访问，最终导致some_action()函数永远无法执行。

5．复位和时钟配置函数 RCC_Configuration()

下面，我们学习复位和时钟配置函数 RCC_Configuration()。

```
ErrorStatus HSEStartUpStatus;       /*枚举变量，定义高速时钟的启动状态*/
…
void RCC_Configuration (void)
{
/*将外设RCC配置寄存器重设为默认值，即有关寄存器复位，但该函数不改动寄存器RCC_CR的HSITRIM[4:0]位，也不重置寄存器 RCC_BDCR 和寄存器 RCC_CSR*/
RCC_DeInit();
RCC_HSEConfig(RCC_HSE_ON);          /*使能外部 HSE 高速晶振*/
/*等待 HSE 高速晶振稳定，或者在超时的情况下退出*/
HSEStartUpStatus = RCC_WaitForHSEStartUp();
/*SUCCESS：HSE 晶振稳定且就绪，ERROR：HSE 晶振未就绪*/
if (HSEStartUpStatus == SUCCESS)
{
    /*HCLK = SYSCLK  设置高速总线时钟=系统时钟*/
    RCC_HCLKConfig(RCC_SYSCLK_Div1);
    /*PCLK2 = HCLK  设置低速总线 2 的时钟=高速总线时钟*/
    RCC_PCLK2Config(RCC_HCLK_Div1);
    /*PCLK1 = HCLK/2  设置低速总线 1 的时钟=高速时钟的 2 分频*/
    RCC_PCLK1Config(RCC_HCLK_Div2);
    /*设置 FLASH 存储器延时时钟周期数，2 延时周期是针对高频时钟的。
       FLASH_Latency_0：0 延时周期，FLASH_Latency_1：1 延时周期
       FLASH_Latency_2：2 延时周期*/
    FLASH_SetLatency(FLASH_Latency_2);

    /*使能 FLASH 预取指令缓冲区。这两句与 RCC 没直接关系*/
    FLASH_PrefetchBufferCmd(FLASH_PrefetchBuffer_Enable);

    /*Set PLL clock output to 72MHz using HSE (8MHz) as entry clock*/
    /*利用锁相环将 HSE 外部 8MHz 晶振 9 倍频到 72MHz*/
    RCC_PLLConfig(RCC_PLLSource_HSE_Div1, RCC_PLLMul_9);

    /*Enable PLL：使能 PLL 锁相环*/
    RCC_PLLCmd(ENABLE);
```

```
        /*Wait till PLL is ready：等待锁相环输出稳定*/
        /*RCC_FLAG_HSIRDY：HSI 晶振就绪；RCC_FLAG_HSERDY：HSE 晶振就绪；
        RCC_FLAG_PLLRDY：PLL 就绪；RCC_FLAG_LSERDY：LSE 晶振就绪；
        RCC_FLAG_LSIRDY：LSI 晶振就绪；RCC_FLAG_PINRST：引脚复位；
        RCC_FLAG_PORRST：POR/PDR 复位；RCC_FLAG_SFTRST：软件复位；
        RCC_FLAG_IWDGRST：IWDG 复位；RCC_FLAG_WWDGRST：WWDG 复位；
        RCC_FLAG_LPWRRST：低功耗复位*/

        while (RCC_GetFlagStatus(RCC_FLAG_PLLRDY) == RESET) { }

        /*Select PLL as system clock source：将锁相环输出设置为系统时钟*/
        /*RCC_SYSCLKSource_HSI：选择 HSI 作为系统时钟；
        RCC_SYSCLKSource_HSE：选择 HSE 作为系统时钟；
        RCC_SYSCLKSource_PLLCLK：选择 PLL 作为系统时钟*/

        RCC_SYSCLKConfig(RCC_SYSCLKSource_PLLCLK);

        /*等待 PLL 作为系统时钟标志位置位*/
        /*0x00：HSI 作为系统时钟；0x04：HSE 作为系统时钟；
        0x08：PLL 作为系统时钟*/
        while (RCC_GetSYSCLKSource() != 0x08) { }
    }

    /*Enable GPIOA~E and AFIO clocks：使能外围端口总线时钟。注意各外设的隶属情况，不同芯片
的分配不同*/
    RCC_APB2PeriphClockCmd(RCC_APB2Periph_GPIOA | RCC_APB2Periph_GPIOB | RCC_APB2Periph_
GPIOC | RCC_APB2Periph_GPIOD | RCC_APB2Periph_GPIOE | RCC_APB2Periph_AFIO,   ENABLE);

    /*USART1 clock enable：USART1 时钟使能*/
    RCC_APB2PeriphClockCmd(RCC_APB2Periph_USART1, ENABLE);

    /*TIM1 clock enable：TIM1 时钟使能*/
    RCC_APB2PeriphClockCmd(RCC_APB2Periph_TIM1, ENABLE);

    /*TIM2 clock enable：TIM2 时钟使能*/
    RCC_APB1PeriphClockCmd(RCC_APB1Periph_TIM2, ENABLE);

    /*ADC1 clock enable：ADC1 时钟使能*/
    RCC_APB2PeriphClockCmd(RCC_APB2Periph_ADC1, ENABLE);
    }
```

在初始化阶段，RCC_Configuration()函数完成系统的复位和时钟配置。这些函数的具体实现在头文件 HelloRobot.h 中（\user 目录下）。RCC_Configuration() 中的第一条语句是 RCC_DeInit()，其作用是复位定义在结构体 RCC_TypeDef 中的各个 RCC 配置寄存器。机器人控制板上有一个 8MHz 的晶振，将 PLL 设置为 9 倍频，这样系统时钟频率为 72MHz

（STM32F103 增强型单片机的最高工作频率为 72MHz）。高速总线和低速总线 2 的时钟频率都为 72MHz，低速总线 1 的时钟频率为 36MHz。应注意，PLL 的设定应在使能之前，PLL 使能后参数不可更改。

由上述程序可以看出，系统时钟的设定比较复杂。因为外设越多，需要考虑的因素就越多。但这种设定是有规律可循的，设定参数也很规范。例如，加入“RCC_AHBPeriphClockCmd(RCC_AHBPeriph_DMA, ENABLE);”语句，将使能 DMA 外设时钟。如果想给模/数转换器（ADC）设置时钟，那么在“if(HSEStartUpStatus == SUCCESS)”逻辑块中加入“RCC_ADCCLKConfig(RCC_PCLK2_Div6);”，ADC 的时钟频率就为 12MHz，即系统时钟的 6 分频。

注意：因为 USB 时钟的数据传输标准频率为 48MHz，所以需经过 1.5 分频设置才可实现。

时钟设置

一般地，时钟设置需要先考虑系统时钟的来源是内部 RC 振荡器、外部晶振，还是外部振荡器，以及是否需要 PLL，然后再考虑内部总线和外部总线，最后考虑外设时钟信号。遵从先倍频（作为 CPU 时钟）再由内向外分频的原则。

应注意的是，因为 STM32 单片机对低功耗的要求，所以各模块需要分别独立开启时钟，并且确保将用到的模块和引脚使能时钟。

系统复位后，HSI 振荡器被选为系统时钟。当时钟源被直接或通过 PLL 间接作为系统时钟时，它将不能被停止。只有当目标时钟源准备就绪时（经过启动稳定阶段的延迟或 PLL 稳定），才能从一个时钟源切换到另一个时钟源。也就是说，在被选择的时钟源没有就绪前，系统时钟的切换不会发生。时钟控制寄存器（RCC_CR）中的状态位指示了哪个时钟已经就绪，哪个时钟目前被用于系统时钟。

STM32 单片机的时钟安全系统

时钟安全系统（CSS）可以通过软件激活。时钟安全系统一旦被激活，时钟监测器将在 HSE 振荡器启动延迟后使能，并在 HSE 时钟关闭后关闭。如果 HSE 时钟发生故障，HSE 振荡器自动关闭，时钟失效事件将被送到高级定时器（TIM1 和 TIM8）的刹车输入端，并产生时钟安全中断（CSSI），允许软件进行紧急处理操作。此 CSSI 中断连接到 ARM Cortex-M3 处理器的 NMI 中断（不可屏蔽中断）上。关于 STM32 单片机的中断，在后面的章节再做介绍。

注意：一旦 CSS 被激活，并且 HSE 时钟出现故障，CSSI 就会产生，并且 NMII 也自动产生。NMII 将被不断执行，直到 CSSI 挂起位被清除。因此，在 NMI 的处理程序中必须通过设置时钟中断寄存器（RCC_CIR）里的 CSSC 位来清除 CSSI。如果 HSE 振荡器被直接或间接（经 PLL 倍频）地作为系统时钟，时钟故障将导致系统时钟自动切换到 HSI 振荡器，同时外部 HSE 振荡器关闭。在时钟失效时，如果 HSE 振荡器是用于系统时钟的 PLL 的输入时钟，PLL 也将关闭。因此，STM32 单片机的时钟系统具有很高的安全性。

2.3　STM32 单片机的 I/O 端口配置

在例程 Led_Blink.c 中， while(1)逻辑块中的代码是功能主体：

```
while (1)
    {
        GPIO_SetBits(GPIOD, GPIO_Pin_7);    //PD7 输出高电平
        delay_nms(500);                     //延时 500ms
        GPIO_ResetBits(GPIOD,GPIO_Pin_7);   //PD7 输出低电平
        delay_nms(500);                     //延时 500ms
    }
```

先令 PD7 引脚输出高电平，由赋值语句 GPIO_SetBits(GPIOD,GPIO_Pin_7)完成，然后调用延时函数 delay_nms(500)等待 500ms，令 PD7 引脚输出低电平，由赋值语句 GPIO_ResetBits(GPIOD,GPIO_Pin_7)完成，最后再次调用延时 500ms 的函数 delay_nms(500)。这样就完成了一次闪烁。

在程序中，读者没有看到 GPIOD 和 GPIO_Pin_7 的定义，是因为它们已经在固件函数标准库（stm32f10x.h 和 stm32f10x_gpio.h）中定义好了，被头文件 HelloRobot.h 包括进来。GPIO_SetBits()和 GPIO_ResetBits()这两个函数在 stm32f10x_gpio.c 中实现，后面再做介绍。

1. 时序图简介

时序图反映了高、低电平信号按时间顺序交替出现的关系，如图 2.6 所示。此图显示的是 1000ms 的高、低电平信号片段。右边的省略号表示信号片段持续重复出现。

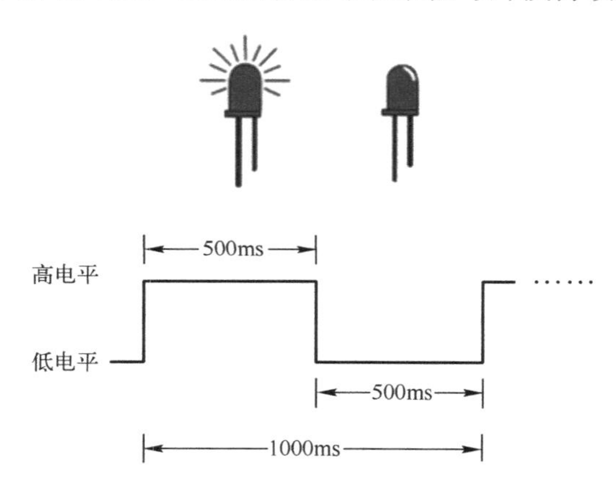

图 2.6　例程 Led_Blink.c 的时序图

单片机的最大优点之一是可以重复做同样的事情。为了让 LED 不断闪烁，需要把控制 LED 闪烁一次的几条语句放在 while(1)循环结构里。这里以 C 语言实现循环结构例程的语句如下：

```
while(表达式)  循环体语句
```

当表达式为非 0 值时，执行循环体语句。其特点是先判断表达式，后执行语句。例程中

直接用 1（非 0 值）代替了表达式，所以保持持续循环，使得 LED 持续闪烁。

注意：循环体语句如果包含一条以上的语句，须用花括号“{ }”括起来以复合语句的形式出现。如果不加花括号，那么 while 语句的范围只到 while 后面的第一个分号处。例如，本例中 while 语句中如果没有花括号，则 while 语句的范围只到“GPIO_SetBits(GPIOD,GPIO_Pin_7);”处。

也可以没有循环体语句，直接用“while(1);”那么程序将一直停在此处。

2. STM32 单片机的 I/O 端口模式

STM32 单片机的 I/O 端口可配置成以下 8 种（4 种输入、2 种输出、2 种复用输出）模式。

（1）浮空输入：In_Floating。

（2）带上拉输入：IPU（In Push-Up）。

（3）带下拉输入：IPD（In Push-Down）。

（4）模拟输入：AIN（Analog In）。

（5）开漏输出：OUT_OD（OD 代表开漏：Open-Drain。OC 代表开集：Open-Collector）。

（6）推挽输出：OUT_PP（PP 代表推挽式：Push-Pull）。

（7）复用功能的推挽输出：AF_PP。AF 代表复用功能：Alternate-Function。

（8）复用功能的开漏输出：AF_OD。

开漏输出与推挽输出

开漏输出：MOS 管（或三极管）漏极开路。要得到高电平状态需要上拉电阻才行。一般用于线或、线与，适合做电流型的驱动，其吸收电流的能力相对强（一般为 20mA 以内）。开漏是对 MOS 管而言的，开集是对双极型管而言的，在用法上没有区别。开漏输出相当于三极管的集电极输出。如果开漏引脚不连接外部的上拉电阻，则只能输出低电平。通常可以利用上拉电阻接不同的电压改变传输电平，再连接不同电平（3.3V 或 5V）的器件或系统，这样就可以进行任意电平转换。

推挽输出：如果输出级的两个参数相同的 MOS 管（或三极管）受两互补信号的控制，始终处于一个导通、一个截止的状态，那么称为推挽相连，这种结构称为推挽输出电路。推挽输出电路输出高电平或低电平时，两个 MOS 管交替工作，可以降低功耗，并提高每个管的承受能力。不论走哪一条通路，管子的导通电阻都很小，使得 *RC* 常数很小，逻辑电平转变速度很快。因此，推挽输出既可以提高电路的负载能力，又能提高开关速度，且导通损耗小、效率高。这种情况输出既可以向负载灌电流（作为输出），也可以从负载抽取电流（作为输入）。

下面我们来介绍 GPIO 端口的初始化配置函数：GPIO_Configuration()。头文件 stm32f10x_gpio.h 中定义了初始化配置函数所需的数据结构和函数原型：

```
typedef enum
{
  GPIO_Speed_10MHz = 1,
  GPIO_Speed_2MHz,
  GPIO_Speed_50MHz
```

```
}GPIOSpeed_TypeDef;
…
typedef enum
{
   GPIO_Mode_AIN = 0x0,
   GPIO_Mode_IN_FLOATING = 0x04,
   GPIO_Mode_IPD = 0x28,
   GPIO_Mode_IPU = 0x48,
   GPIO_Mode_Out_OD = 0x14,
   GPIO_Mode_Out_PP = 0x10,
   GPIO_Mode_AF_OD = 0x1C,
   GPIO_Mode_AF_PP = 0x18
}GPIOMode_TypeDef;
…
typedef struct
{
   u16 GPIO_Pin;
   GPIOSpeed_TypeDef GPIO_Speed;
   GPIOMode_TypeDef GPIO_Mode;
}GPIO_InitTypeDef;
void GPIO_Init(...);
void GPIO_SetBits(...);
void GPIO_ResetBits (...);
```

GPIO 在文件 HelloRobot.h 中定义如下：

```
GPIO_InitTypeDef GPIO_InitStructure;
…
void GPIO_Configuration()
{
   /*Configure USART1 Tx (PA.09) as alternate function push-pull*/
   GPIO_InitStructure.GPIO_Pin = GPIO_Pin_9;
   GPIO_InitStructure.GPIO_Mode = GPIO_Mode_AF_PP;
   GPIO_InitStructure.GPIO_Speed = GPIO_Speed_50MHz;
   GPIO_Init(GPIOA, &GPIO_InitStructure);

   /*Configure USART1 Rx (PA.10) as input floating*/
   GPIO_InitStructure.GPIO_Pin = GPIO_Pin_10;
   GPIO_InitStructure.GPIO_Mode = GPIO_Mode_IN_FLOATING;
   GPIO_Init(GPIOA, &GPIO_InitStructure);

   /*Configure LEDs I/O*/
   GPIO_InitStructure.GPIO_Pin = GPIO_Pin_12|GPIO_Pin_13| GPIO_Pin_14| GPIO_Pin_15;
   GPIO_InitStructure.GPIO_Mode = GPIO_Mode_Out_PP;
   GPIO_InitStructure.GPIO_Speed = GPIO_Speed_50MHz;
   GPIO_Init(GPIOE, &GPIO_InitStructure);
```

```
GPIO_InitStructure.GPIO_Pin = GPIO_Pin_7;
GPIO_InitStructure.GPIO_Mode = GPIO_Mode_Out_PP;
GPIO_InitStructure.GPIO_Speed = GPIO_Speed_50MHz;
GPIO_Init(GPIOD, &GPIO_InitStructure);

/*Configure Motors I/O*/
GPIO_InitStructure.GPIO_Pin = GPIO_Pin_6;
GPIO_InitStructure.GPIO_Mode = GPIO_Mode_Out_PP;
GPIO_InitStructure.GPIO_Speed = GPIO_Speed_50MHz;
GPIO_Init(GPIOC, &GPIO_InitStructure);

GPIO_InitStructure.GPIO_Pin = GPIO_Pin_7;
GPIO_InitStructure.GPIO_Mode = GPIO_Mode_Out_PP;
GPIO_InitStructure.GPIO_Speed = GPIO_Speed_50MHz;
GPIO_Init(GPIOC, &GPIO_InitStructure);

GPIO_InitStructure.GPIO_Pin = GPIO_Pin_9;
GPIO_InitStructure.GPIO_Mode = GPIO_Mode_Out_PP;
GPIO_InitStructure.GPIO_Speed = GPIO_Speed_50MHz;
GPIO_Init(GPIOD, &GPIO_InitStructure);

GPIO_InitStructure.GPIO_Pin = GPIO_Pin_10;
GPIO_InitStructure.GPIO_Mode = GPIO_Mode_Out_PP;
GPIO_InitStructure.GPIO_Speed = GPIO_Speed_50MHz;
GPIO_Init(GPIOD, &GPIO_InitStructure);

/*Configure infrared I/O*/
GPIO_InitStructure.GPIO_Pin = GPIO_Pin_0;
GPIO_InitStructure.GPIO_Mode = GPIO_Mode_Out_PP;
GPIO_InitStructure.GPIO_Speed = GPIO_Speed_50MHz;
GPIO_Init(GPIOE, &GPIO_InitStructure);

GPIO_InitStructure.GPIO_Pin = GPIO_Pin_1;
GPIO_InitStructure.GPIO_Mode = GPIO_Mode_Out_PP;
GPIO_InitStructure.GPIO_Speed = GPIO_Speed_50MHz;
GPIO_Init(GPIOE, &GPIO_InitStructure);

GPIO_InitStructure.GPIO_Pin = GPIO_Pin_2;
GPIO_InitStructure.GPIO_Mode = GPIO_Mode_IN_FLOATING;
GPIO_InitStructure.GPIO_Speed = GPIO_Speed_50MHz;
GPIO_Init(GPIOE, &GPIO_InitStructure);

GPIO_InitStructure.GPIO_Pin = GPIO_Pin_3;
GPIO_InitStructure.GPIO_Mode = GPIO_Mode_IN_FLOATING;
GPIO_InitStructure.GPIO_Speed = GPIO_Speed_50MHz;
GPIO_Init(GPIOE, &GPIO_InitStructure);
```

```
/*Configure ADC I/O*/
GPIO_InitStructure.GPIO_Pin = GPIO_Pin_0;
GPIO_InitStructure.GPIO_Mode = GPIO_Mode_AIN;
GPIO_Init(GPIOB, &GPIO_InitStructure);

/*Configure KEY I/O PC8 to PC11*/
GPIO_InitStructure.GPIO_Pin = GPIO_Pin_8;
GPIO_InitStructure.GPIO_Mode = GPIO_Mode_IN_FLOATING;
GPIO_InitStructure.GPIO_Speed = GPIO_Speed_50MHz;
GPIO_Init(GPIOE, &GPIO_InitStructure);

GPIO_InitStructure.GPIO_Pin = GPIO_Pin_9;
GPIO_InitStructure.GPIO_Mode = GPIO_Mode_IN_FLOATING;
GPIO_InitStructure.GPIO_Speed = GPIO_Speed_50MHz;
GPIO_Init(GPIOE, &GPIO_InitStructure);

GPIO_InitStructure.GPIO_Pin = GPIO_Pin_10;
GPIO_InitStructure.GPIO_Mode = GPIO_Mode_IN_FLOATING;
GPIO_InitStructure.GPIO_Speed = GPIO_Speed_50MHz;
GPIO_Init(GPIOE, &GPIO_InitStructure);

GPIO_InitStructure.GPIO_Pin = GPIO_Pin_11;
GPIO_InitStructure.GPIO_Mode = GPIO_Mode_IN_FLOATING;
GPIO_InitStructure.GPIO_Speed = GPIO_Speed_50MHz;
GPIO_Init(GPIOE, &GPIO_InitStructure);

/*Configure INT I/O PE4*/
GPIO_InitStructure.GPIO_Pin = GPIO_Pin_4;
GPIO_InitStructure.GPIO_Mode = GPIO_Mode_IN_FLOATING;
GPIO_InitStructure.GPIO_Speed = GPIO_Speed_50MHz;
GPIO_Init(GPIOE, &GPIO_InitStructure);

/*Configure INT I/O PE5*/
GPIO_InitStructure.GPIO_Pin = GPIO_Pin_5;
GPIO_InitStructure.GPIO_Mode = GPIO_Mode_IN_FLOATING;
GPIO_InitStructure.GPIO_Speed = GPIO_Speed_50MHz;
GPIO_Init(GPIOE, &GPIO_InitStructure);

/*Configure LCD1602 I/O*/
GPIO_InitStructure.GPIO_Pin = GPIO_Pin_0|GPIO_Pin_1|GPIO_Pin_2|GPIO_Pin_3
                                |GPIO_Pin_4|GPIO_Pin_5|GPIO_Pin_6|GPIO_Pin_7;
GPIO_InitStructure.GPIO_Mode = GPIO_Mode_Out_PP;
GPIO_InitStructure.GPIO_Speed = GPIO_Speed_50MHz;
GPIO_Init(GPIOC, &GPIO_InitStructure);

GPIO_InitStructure.GPIO_Pin = GPIO_Pin_5| GPIO_Pin_6 | GPIO_Pin_4;
```

```
    GPIO_InitStructure.GPIO_Mode = GPIO_Mode_Out_PP;
    GPIO_InitStructure.GPIO_Speed = GPIO_Speed_50MHz;
    GPIO_Init(GPIOD, &GPIO_InitStructure);
}
```

其中，函数 GPIO_Init()的具体实现在库文件 stm32f10x_gpio.c 中（\library\src 目录下），其作用是定义各个通用 I/O 端口引脚的模式。

该配置函数将本书所用例程需要用到的 I/O 端口模式都配置好了。

从上面的程序代码可以看出，对应到外设的 I/O 功能有以下 3 种情况。

（1）外设对应的引脚为输入：根据外围电路的配置可以选择浮空输入模式、带上拉输入模式或带下拉输入模式。

（2）ADC 对应的引脚：配置引脚为模拟输入模式。

（3）外设对应的引脚为输出：需要根据外围电路的配置选择对应的引脚配置是复用功能的推挽输出模式还是复用功能的开漏输出模式。如果把引脚配置成复用功能，那么引脚和输出寄存器断开，并和片上外设的输出信号连接。将引脚配置成复用功能后，如果外设没有被激活，那么它的输出将不确定。

当 GPIO 端口被配置为输入模式时，输出驱动电路与端口是断开的，所以不用配置输出速度。在复位期间和刚复位时，复用功能未开启，I/O 端口被配置为浮空输入模式。所有端口都有外部中断能力。为了使用外部中断线，端口必须被配置成输入模式。

当 GPIO 端口被配置为输出模式时，有 3 种输出引脚速度可选（2MHz、10MHz 和 50MHz）。引脚速度是指 I/O 端口驱动电路的响应速度而不是输出信号的速度，输出信号的速度与程序有关（芯片内部在 I/O 端口的输出部分安排了多个响应速度不同的输出驱动电路，可以根据需要选择合适的驱动电路）。通过选择速度来选择不同的输出驱动模块，可达到最佳的噪声控制和降低功耗的目的。高频驱动电路的噪声也高，当不需要输出高频率时，建议选用低频驱动电路，这样有利于提高系统的电磁干扰（Electromagnetic Interference，EMI）性能。在输出较高频率的信号时选用了较低频率的驱动模块，很可能会得到失真的输出信号。解决问题的关键是 GPIO 端口的引脚速度与应用匹配（推荐 10 倍以上）。

对于串口，如果最大传输速率只需 115.2kbit/s，那么用 2MHz 的 GPIO 引脚速度就够了，既省电，噪声又小；对于 I^2C 端口，如果使用 400kbit/s 的传输速率，若想把余量留大些，那么用 2MHz 的 GPIO 引脚速度或许不够，这时可以选用 10MHz 的 GPIO 引脚速度；对于 SPI 端口，如果使用 18Mbit/s 的或 9Mbit/s 的传输速率，用 10MHz 的 GPIO 引脚速度显然不够，需要选用 50MHz 的 GPIO 引脚速度。

电磁干扰

电磁干扰是指电磁波与电子元件作用后产生的干扰现象，分为传导干扰和辐射干扰。传导干扰是指通过导电介质把一个电网络上的信号耦合（干扰）到另一个电网络上。辐射干扰是指干扰源通过空间把其信号耦合（干扰）到另一个电网络上。在高速系统中，高频信号线、集成电路的引脚、各类接插件等都可能成为具有天线特性的辐射干扰源，能发射电磁波并影响其他系统或本系统内其他子系统的正常工作。

由此可见，STM32 单片机的 GPIO 端口功能很强大，具体功能如下。

（1）可以驱动 LED、产生 PWM 信号、驱动蜂鸣器等。

（2）具有单独的位设置或位清除功能，编程简单。端口配置好以后只需 GPIO_SetBits(GPIOx, GPIO_Pin_x)函数就可以实现令 GPIOx 的 pinx 位为高电平，只需 GPIO_ResetBits(GPIOx, GPIO_Pin_x)函数就可以实现令 GPIOx 的 pinx 位为低电平。

（3）具有外部中断/唤醒能力。端口被配置为输入模式时，具有外部中断能力。

（4）具有复用功能，具有复用功能的端口兼有 I/O 功能等。

（5）具有软件重新映射 I/O 复用功能。为了使不同封装的外设 I/O 功能的数量最多，可以把一些复用功能重新映射到其他引脚上，这通过软件配置相应的寄存器来完成。此时，复用功能就不再映射到它们的原始引脚上了。

（6）GPIO 端口的配置具有锁定机制。当配置好 GPIO 端口后，若在一个端口位上执行了锁定(LOCK)，则可以通过程序锁住配置组合，在下一次复位之前，将不能再更改端口位的配置。

STM32 单片机的每个 GPIO 端口都有两个 32 位配置寄存器(GPIOx_CRL，GPIOx_CRH)、两个 32 位数据寄存器(GPIOx_IDR，GPIOx_ODR)、一个 32 位置位/复位寄存器(GPIOx_BSRR)、一个 16 位复位寄存器（GPIOx_BRR）和一个 32 位锁定寄存器（GPIOx_LCKR）。GPIO 端口的每个位都可以由软件分别配置成多种模式。每个 I/O 端口位可以自由编程。

注意： GPIO 端口寄存器必须按 32 位字被访问（不允许半字或字节访问）。GPIOx_BSRR 和 GPIOx_BRR 寄存器允许对任何 GPIO 寄存器的读/写独立访问。定义这些 GPIO 寄存器组的结构体是 GPIO_TypeDef，其在库文件 stm32f10x.h 中。

```
#define PERIPH_BASE              ((u32)0x40000000)
...
#define APB2PERIPH_BASE           (PERIPH_BASE + 0x10000)
...
typedef struct
{
  __IO uint32_t CRL;      //配置寄存器低 32 位：configuration register low (GPIOx_CRL) (x=A..E)
  __IO uint32_t CRH;      //配置寄存器高 32 位：configuration register high(GPIOx_CRH) (x=A..E)
  __IO uint32_t IDR;      //输入数据寄存器：input data register (GPIOx_IDR) (x=A..E)
  __IO uint32_t ODR;      //输出数据寄存器：output data register (GPIOx_ODR) (x=A..E)
  __IO uint32_t BSRR;     //位置位/复位寄存器：bit set/reset register (GPIOx_BSRR) (x=A..E)
  __IO uint32_t BRR;      //位复位寄存器：bit reset register (GPIOx_BRR) (x=A..E)
  __IO uint32_t LCKR;     //位锁定寄存器：lock register (GPIOx_LCKR) (x=A..E)
} GPIO_TypeDef;
...
#define AFIO_BASE              (APB2PERIPH_BASE + 0x0000)
#define EXTI_BASE              (APB2PERIPH_BASE + 0x0400)
#define GPIOA_BASE             (APB2PERIPH_BASE + 0x0800)
#define GPIOB_BASE              (APB2PERIPH_BASE + 0x0C00)
#define GPIOC_BASE             (APB2PERIPH_BASE + 0x1000)
#define GPIOD_BASE             (APB2PERIPH_BASE + 0x1400)
#define GPIOE_BASE             (APB2PERIPH_BASE + 0x1800)
...
#define GPIOA              ((GPIO_TypeDef *) GPIOA_BASE)
#define GPIOB              ((GPIO_TypeDef *) GPIOB_BASE)
#define GPIOC              ((GPIO_TypeDef *) GPIOC_BASE)
```

```
#define GPIOD                ((GPIO_TypeDef *) GPIOD_BASE)
#define GPIOE                ((GPIO_TypeDef *) GPIOE_BASE)
```

GPIO_Init()函数的第一个参数是 GPIOx(x=A, B, C, D, E)寄存器的存储映射首地址，第二个参数是用户对 GPIO 端口设置的参数所在首地址。这些数据存放在结构体 GPIO_InitTypeDef 中，包括要设置的 GPIO 端口号、类型和速度。STM32 单片机使用固件库函数完成外设（如 GPIO、TIM、USART、ADC、DMA、RTC 等）初始化时，都采用这种规范，如图 2.7 所示。这种固件库结构极大地提高了程序开发效率。

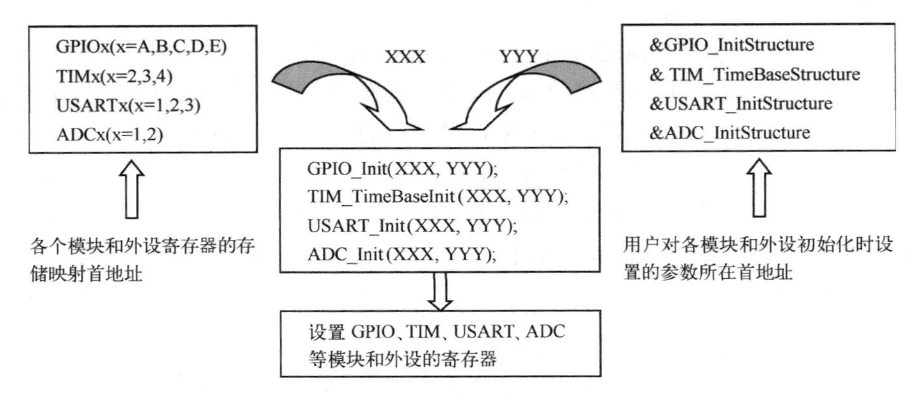

图 2.7　使用固件库函数完成外设初始化示意图

从上面的宏定义可以看出，GPIOx(x=A, B, C, D, E)寄存器的存储映射首地址分别是 0x40010800，0x40010C00，0x40011000，0x40011400，0x40011800；AFIO（复用功能 IO 和调试配置）寄存器的存储映射首地址是 0x40010000。GPIO 和 AFIO 寄存器映像和复位值如表 2.2 和表 2.3 所示。

表 2.2　GPIO 寄存器映像和复位值

偏移	寄存器	31	30	29	28	27	26	25	24	23	22	21	20	19	18	17	16	15	14	13	12	11	10	9	8	7	6	5	4	3	2	1	0
000h	GPIOx_CRL	CNF7	[1:0]	MODE7	[1:0]	CNF6	[1:0]	MODE6	[1:0]	CNF5	[1:0]	MODE5	[1:0]	CNF4	[1:0]	MODE4	[1:0]	CNF3	[1:0]	MODE3	[1:0]	CNF2	[1:0]	MODE2	[1:0]	CNF1	[1:0]	MODE1	[1:0]	CNF0	[1:0]	MODE0	[1:0]
	复位值	0	1	0	1	0	1	0	1	0	1	0	1	0	1	0	1	0	1	0	1	0	1	0	1	0	1	0	1	0	1	0	1
004h	GPIOx_CRH	CNF15	[1:0]	MODE15	[1:0]	CNF14	[1:0]	MODE14	[1:0]	CNF13	[1:0]	MODE13	[1:0]	CNF12	[1:0]	MODE12	[1:0]	CNF11	[1:0]	MODE11	[1:0]	CNF10	[1:0]	MODE10	[1:0]	CNF9	[1:0]	MODE9	[1:0]	CNF8	[1:0]	MODE8	[1:0]
	复位值	0	1	0	1	0	1	0	1	0	1	0	1	0	1	0	1	0	1	0	1	0	1	0	1	0	1	0	1	0	1	0	1
008h	GPIOx_IDR	保留																IDR[15:0]															
	复位值																	0	0	0	0	0	0	0	0	0	0	0	0	0	0	0	0
00Ch	GPIOx_ODR	保留																ODR[15:0]															
	复位值																	0	0	0	0	0	0	0	0	0	0	0	0	0	0	0	0
010h	GPIOx_BSRR	BR[15:0]																BSR[15:0]															
	复位值	0	0	0	0	0	0	0	0	0	0	0	0	0	0	0	0	0	0	0	0	0	0	0	0	0	0	0	0	0	0	0	0
014h	GPIOx_BRR	保留																BR[15:0]															
	复位值																	0	0	0	0	0	0	0	0	0	0	0	0	0	0	0	0

续表

偏移	寄 存 器	31	30	29	28	27	26	25	24	23	22	21	20	19	18	17	16	15	14	13	12	11	10	9	8	7	6	5	4	3	2	1	0
018h	GPIOx_LCKR	保留															LCKK	LCK[15:0]															
	复位值																0	0	0	0	0	0	0	0	0	0	0	0	0	0	0	0	0

表 2.3　AFIO 寄存器映像和复位值

偏移	寄 存 器	31	30	29	28	27	26	25	24	23	22	21	20	19	18	17	16	15	14	13	12	11	10	9	8	7	6	5	4	3	2	1	0
000h	AFIO_EVCR	保留																								EVOE	PORT[2:0]			PIN[3:0]			
	复位值																									0	0	0	0	0	0	0	0
004h	AFIO_MAPR	保留						SWJ_CFG[2:0]			保留							PDO1_REMAP	CAN_REMAP[1:0]		TIM4_REMAP	TIM3_REMAP[1:0]		TIM2_REMAP[1:0]		TIM1_REMAP[1:0]		USART3_REMAP[1:0]		USART2_REMAP	USART1_REMAP	I2C1_REMAP	SPI1_REMAP
	复位值							0	0	0								0	0	0	0	0	0	0	0	0	0	0	0	0	0	0	0
008h	AFIO_EXTICR1	保留																EXTI3[3:0]				EXTI2[3:0]				EXTI1[3:0]				EXTI0[3:0]			
	复位值																	0	0	0	0	0	0	0	0	0	0	0	0	0	0	0	0
00Ch	AFIO_EXTICR2	保留																EXTI7[3:0]				EXTI6[3:0]				EXTI5[3:0]				EXTI4[3:0]			
	复位值																	0	0	0	0	0	0	0	0	0	0	0	0	0	0	0	0
010h	AFIO_EXTICR3	保留																EXTI11[3:0]				EXTI10[3:0]				EXTI9[3:0]				EXTI8[3:0]			
	复位值																	0	0	0	0	0	0	0	0	0	0	0	0	0	0	0	0
014h	AFIO_EXTICR4	保留																EXTI15[3:0]				EXTI14[3:0]				EXTI13[3:0]				EXTI12[3:0]			
	复位值																	0	0	0	0	0	0	0	0	0	0	0	0	0	0	0	0

下面来介绍 stm32f10x_gpio.c 文件中操作 STM32 单片机 I/O 端口的 GPIO_SetBits()、GPIO_ResetBits()等函数。

```
void GPIO_SetBits(GPIO_TypeDef* GPIOx, u16 GPIO_Pin)
{   /*Check the parameters：断言检查是否定义了 GPIO_Pin*/
    assert(IS_GPIO_PIN(GPIO_Pin));
    GPIOx->BSRR = GPIO_Pin;
}
void GPIO_ResetBits(GPIO_TypeDef* GPIOx, u16 GPIO_Pin)
{   /*Check the parameters*/
    assert(IS_GPIO_PIN(GPIO_Pin));
    GPIOx->BRR = GPIO_Pin;
}
void GPIO_Write(GPIO_TypeDef* GPIOx, u16 PortVal)
{
```

```
    GPIOx->ODR = PortVal;
}

void GPIO_WriteBit(GPIO_TypeDef* GPIOx, u16 GPIO_Pin, BitAction BitVal)
{   /*Check the parameters*/
    assert(IS_GET_GPIO_PIN(GPIO_Pin));
    assert(IS_GPIO_BIT_ACTION(BitVal));

    if (BitVal != Bit_RESET)
    {
        GPIOx->BSRR = GPIO_Pin;
    }
    else
    {
        GPIOx->BRR = GPIO_Pin;
    }
}
u16 GPIO_ReadOutputData(GPIO_TypeDef* GPIOx)
{
    return ((u16)GPIOx->ODR);
}

u8 GPIO_ReadOutputDataBit(GPIO_TypeDef* GPIOx, u16 GPIO_Pin)
{
    u8 bitstatus = 0x00;

    assert(IS_GET_GPIO_PIN(GPIO_Pin));          /*Check the parameters*/

    if ((GPIOx->ODR & GPIO_Pin) != (u32)Bit_RESET)
    {
        bitstatus = (u8)Bit_SET;
    }
    else
    {
        bitstatus = (u8)Bit_RESET;
    }
    return bitstatus;
}
```

从上面的程序可以看出，GPIO_SetBits()和 GPIO_ResetBits()函数实际上直接访问了 GPIO 的相关寄存器，对 I/O 端口的对应位置 1 或清 0，使引脚输出高电平或低电平。可以利用这些 STM32 固件库的函数来开发自己的应用程序，当然也可以不使用固件库，而访问寄存器来编写应用程序，这需要读者对 STM32 单片机寄存器的各个位的含义和使用十分熟悉。不使用固件库的 LED 闪烁程序见本书配套例程。读者可以对比一下代码尺寸的变化和程序运行的结果。

对于开发一个系统级的产品而言，建议使用 STM32 固件库。它具有以下良好特性。

（1）兼容性好：使用宏定义能够灵活地兼容各个型号和不同功能。

（2）命名规范：不用注释就能看懂变量或函数，可读性好且不会重名。

（3）通用性强：多数库文件都是只读类型，不用修改便可实现不同功能间的调用。

使用固件库也有缺点，如运行性能有所损失，速度会变慢。对于越来越复杂的嵌入式应用而言，随着处理器存储容量和频率的提高，建议应该更关注项目的整体开发效率，而不是具体的代码尺寸。对于对时序要求严格的地方，完全可以直接访问寄存器，减小代码尺寸，根据实际开发设计的要求来确定。同时，使用固件库进行程序开发，借鉴 ST 固件库函数的命名规范，有助于养成良好的编程习惯，学以致用，提高编程水平。关于 STM32 单片机固件库的介绍参见附录 C。

什么是 assert_param（断言）

编写代码时，我们总是会做出一些假设，断言用于在代码中检验这些假设是否成立。例如，向一个端口写数据，若这个端口不存在，则不能写。又如，向 GPIO_Pin_0 端口写数据是合法的，而向 GPIO_Pin_20 端口写数据就是非法的，因为 STM32 单片机根本不存在这个端口。

可以将断言视为程序进行异常处理的一种高级形式。断言表示为布尔表达式，如果在程序的某个特定点要判断某个表达式的值是否为 TRUE，则可以进行断言验证。可以在任何时候启用和禁用断言验证。一般我们会让断言语句在编译 Debug 版本的程序时生效，而在编译 Release 版本的程序时禁止。同样，最终用户在运行程序遇到问题时可以重新启用断言。使用断言可以创建更稳定、优秀且不易于出错的代码。若需要在一个值为 FALSE 时中断当前操作，则可以使用断言。单元测试必须使用断言（Junit/JunitX）。除类型检查和单元测试外，断言还提供了一种确定各种特性是否在程序中得到维护的好方法。

assert_param 宏的原型定义在 stm32f10x_config.h 中，其作用是在它的条件返回错误时终止执行程序，原型定义为：

```
void assert( int expression );
```

作用是先计算表达式 expression，如果其值为 FALSE，那么它先向 stderr 输出一条出错信息，然后通过调用 abort()来终止程序运行。

使用断言的缺点是频繁调用会极大地影响程序的性能，增加额外的开销。在调试结束后，可以通过以下代码来禁用 assert_param 调用。

通常 STM32 单片机中配置片内外设使用的通用 I/O 端口需经过以下几步。

（1）配置输入的时钟。使能 APB2 总线外设时钟：RCC_APB2PeriphClockCmd(RCC_APB2Periph_GPIOA | RCC_APB2Periph_GPIOB | RCC_APB2Periph_GPIOC, ENABLE)。释放 GPIO 复位：RCC_ APB2PeriphResetCmd(RCC_APB2Periph_GPIOA|RCC_APB2Periph_GPIOB|RCC_APB2Periph_GPIOC, DISABLE)。

（2）初始化后即被激活（开启）。

（3）如果使用该外设的 I/O 端口，则需要配置相应的 GPIO 端口（否则该外设对应的 I/O 端口可以作为普通 GPIO 端口使用）。

（4）配置各个 PIN 端口的模式和速度。

（5）GPIO 端口初始化。

本书所用 STM32 单片机机器人控制板的各个 I/O 端口配置如下。

（1）PA9 和 PA10 分别是串口 1 的发送和接收引脚。

（2）PE12、PE13、PE14、PE15、PD7 是输出引脚，控制 LED。

（3）PC6、PC7 是输出引脚，控制伺服电机。

（4）PB0、PB1 是 AD 输入引脚，PA4 是 AD 输入引脚或 DA 输出引脚。

（5）PE8、PE9、PE10、PE11 是按键输入引脚。

（6）PC0～PC7、PD2、PD5、PD6 是输出引脚，控制 1602 液晶。

（7）PE0、PE1 是输出引脚。

（8）PE2、PE3 是输入引脚。

（9）PE4、PE5 是输入引脚。

其中，PE 端口的 16 个 I/O 引脚并未设计具体电路，开放出来了，读者可在机器人控制板的面包板上自行搭建电路或制作一个扩展板。

注意：PE4、PE5 在函数 NVIC_Configuration()中被定义成了外部中断输入引脚。那些还没有配置的引脚，可以参照上述方法配置。

串口初始化函数 USART_Configuration()，在头文件 HelloRobot.h 中实现，具体内容将在后面章节讲解。调用 printf()是为了在程序运行前给调试终端发送一条提示信息，告诉程序员现在程序开始运行了及程序随后将开始做什么。这在编程开发过程中是一个良好的习惯，非常有助于提高程序的调试效率。

任务 3　让另一个 LED 闪烁

1. LED 电路元件

（1）1 个 LED（红色、绿色、黄色皆可）。

（2）1 个 470Ω电阻（色环：黄-紫-黑-黑）。

2. LED 电路搭建

参照图 2.2 所示电路在机器人控制板的面包板上搭建实际电路。搭建好的电路如图 2.8 所示。

图 2.8　搭建的 LED 电路

搭建电路时注意：

（1）确认电路板电源断开，在搭建好电路后，再打开电源开关；

（2）确认 LED 的短针脚（阴极）通过 470Ω电阻与 PE0 相连；

（3）确认 LED 的长针脚（阳极）通过导线与 5V 或 3.3V 电源相连。注意养成良好习惯，与“电源”相连时用“红色”导线，与“地”相连时用“黑色”导线，与“信号”相连时用其他颜色导线。

在嵌入式系统中，通过 I/O 端口控制 LED 时，尽量考虑使用灌电流的方式，即低电平时 LED 亮。

让另一个连接到 PE0 引脚的 LED 闪烁是一件很容易的事情，把本章任务 2 中 Led_Blink.c 中的 PD7 改为 PE0，重新运行程序即可。参考下面的代码修改程序：

```
while (1)
{    GPIO_SetBits(GPIOE,GPIO_Pin_0);        //PE0 输出高电平
     delay_nms(500);                        //延时 500ms
     GPIO_ResetBits(GPIOE,GPIO_Pin_0);      //PE0 输出低电平
     delay_nms(500);                        //延时 500ms
}
```

运行修改后的程序，确定能让 LED 闪烁。现在，PD7 和 PE0 引脚的 2 个 LED 可以同时闪烁。参考下面代码修改程序：

```
while (1)
{
     GPIO_SetBits(GPIOD,GPIO_Pin_7);         //PD7 输出高电平
     GPIO_SetBits(GPIOE,GPIO_Pin_0);         //PE0 输出高电平
     delay_nms(500);                         //延时 500ms
     GPIO_ResetBits(GPIOD,GPIO_Pin_7);       //PD7 输出低电平
     GPIO_ResetBits(GPIOE,GPIO_Pin_0);       //PE0 输出低电平
     delay_nms(500);                         //延时 500ms
}
```

运行修改后的程序，确定能让两个 LED 同时闪烁。

当然，可以通过修改程序让两个LED交替亮或灭，也可以通过改变延时函数的参数的值来改变 LED 的闪烁频率。尝试一下！

任务 4　流水灯

按照任务 3 的方式在面包板上搭建 4 个 LED 电路，分别连接到 PE12，PE13，PE14，PE15 引脚上，编写和执行下列例程。

例程：流水灯 Led_Shift.c

```
#include
"HelloRobot.h"
int main(void)
{
  BSP_Init();
```

```
    USART_Configuration();
    printf("Program Running!\n");
    while (1)
    {
        GPIO_SetBits(GPIOE, GPIO_Pin_12);
        delay_nms(500);
        GPIO_ResetBits(GPIOE,GPIO_Pin_12);
        delay_nms(500);

        GPIO_SetBits(GPIOE, GPIO_Pin_13);
        delay_nms(500);
        GPIO_ResetBits(GPIOE,GPIO_Pin_13);
        delay_nms(500);

        GPIO_SetBits(GPIOE, GPIO_Pin_14);
        delay_nms(500);
        GPIO_ResetBits(GPIOE,GPIO_Pin_14);
        delay_nms(500);

        GPIO_SetBits(GPIOE, GPIO_Pin_15);
        delay_nms(500);
        GPIO_ResetBits(GPIOE,GPIO_Pin_15);
        delay_nms(500);
    }
}
```

按照上述方法建立新的项目，输入程序 Led_Shift.c，运行并查看结果。读者也可以调整延时时间为 100ms 或 10ms 试试效果。

2.4 STM32 单片机 I/O 端口的应用

任务 5 机器人伺服电机控制信号

控制机器人伺服电机零转速、顺时针全速、逆时针全速旋转的脉冲信号如图 2.9～图 2.11 所示。

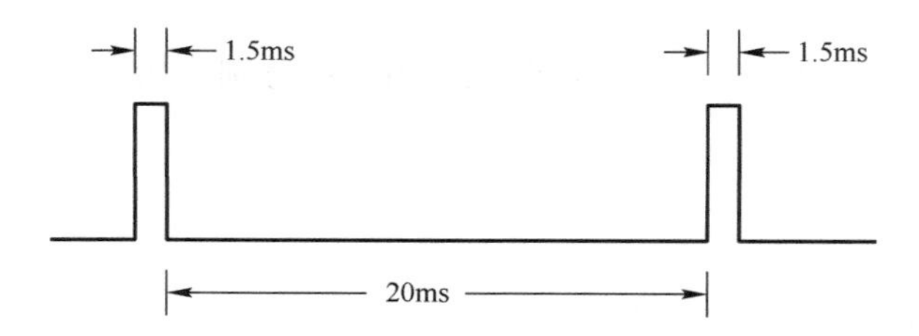

图 2.9 伺服电机零转速的控制脉冲信号

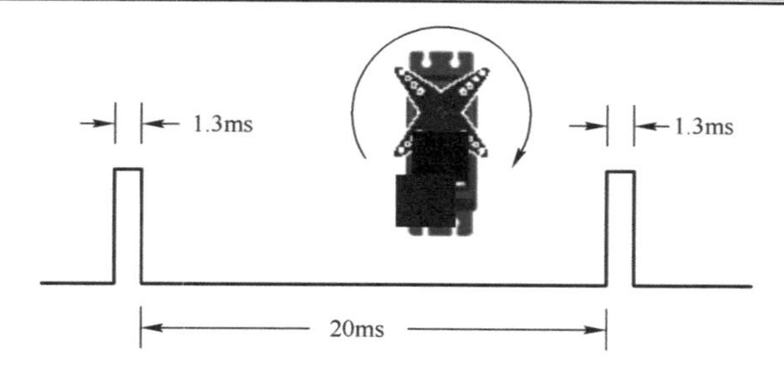

图 2.10　1.3ms 的控制脉冲信号使伺服电机顺时针全速旋转

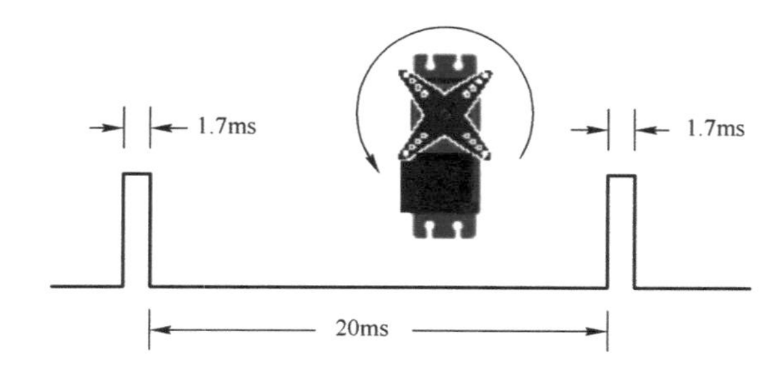

图 2.11　1.7ms 的控制脉冲信号使伺服电机逆时针全速旋转

图 2.9 是高电平持续 1.5ms、低电平持续 20ms，不断重复的控制脉冲信号。该脉冲信号发给经过零点标定后的伺服电机时，伺服电机不会旋转。如果此时伺服电机旋转，表明伺服电机需要标定。此时，通过调节伺服电机的可调电阻使电机停止旋转。高电平持续的时间控制伺服电机转速，当高电平持续时间为 1.3ms 时电机顺时针全速旋转，当高电平持续时间为 1.7ms 时电机逆时针全速旋转。下面介绍如何给 STM32 单片机编程使 PC 端口的 PC7 引脚发出伺服电机的控制信号。

在实验之前，必须确认机器人的两个伺服电机的控制线已经正确地连接到 STM32 单片机机器人控制板的两个专用电机控制端口上。按照图 2.12 所示的电机连接原理图和接线图进行检查。“黑线”表示地线，“红线”表示电源线，“白线”表示信号线。PC6 引脚用来控制机器人控制板左边的伺服电机，PC7 引脚用来控制右边的伺服电机。

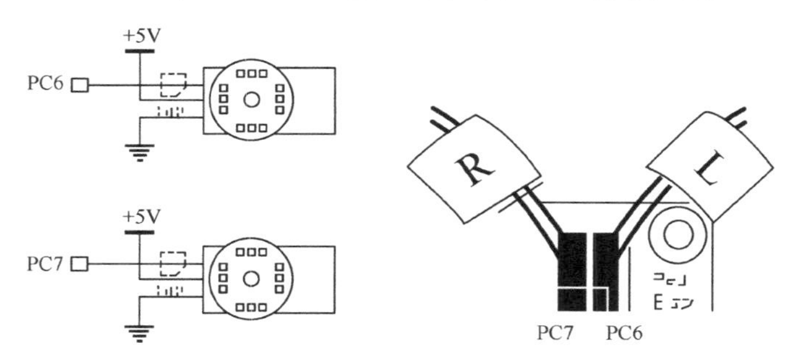

图 2.12　伺服电机与机器人控制板的连接原理图（左）和实际接线图（右）

显然这里发给伺服电机的高、低电平信号必须具备足够精确的时间。因为单片机中只有整数，没有小数，所以要生成伺服电机的控制信号，要求具有比 delay_nms()函数更精确的函数，这就需要用另一个延时函数 delay_nus()。前面已经介绍过，这个函数可以实现更短的延时。它实现的延时单位是微秒，即千分之一毫秒。

看看下面的代码：

```
while (1)
{
    GPIO_SetBits(GPIOC,GPIO_Pin_7);          //PC7 输出高电平
    delay_nus(1500);                          //延时 1500μs
    GPIO_ResetBits(GPIOC,GPIO_Pin_7);        //PC7 输出低电平
    delay_nus(20000);                         //延时 20ms
}
```

如果用上面这段代码代替例程 Led_Blink.c 中相应的代码，它会输出如图 2.6 所示的脉冲信号。如果你手边有示波器，可以用示波器验证 PC7 引脚输出的波形是不是如图 2.6 所示。此时，观察连接到该引脚的机器人轮子（伺服电机）是不是静止不动，如果它慢慢转动，说明实验的机器人伺服电机可能没有经过标定。

同样，用下面的代码代替例程 Led_Blink.c 中相应的代码，经过编译、链接、下载、运行，再观察连接到 PC7 引脚的机器人轮子是不是在顺时针全速旋转。

```
while(1)
{
    GPIO_SetBits(GPIOC,GPIO_Pin_7);      //PC7 输出高电平
    delay_nus(1300);                      //延时 1500μs
    GPIO_ResetBits(GPIOC,GPIO_Pin_7);    //PC7 输出低电平
    delay_nus(20000);                     //延时 20ms
}
```

用下面的代码代替例程 Led_Blink.c 中相应的代码，经过编译、链接、下载、运行，观察连接到 PC7 引脚的机器人轮子是不是在逆时针全速旋转。

```
while (1)
{
    GPIO_SetBits(GPIOC,GPIO_Pin_7);      //PC7 输出高电平
    delay_nus(1700);                      //延时 1700μs
    GPIO_ResetBits(GPIOC,GPIO_Pin_7);    //PC7 输出低电平
    delay_nus(20000);                     //延时 20ms
}
```

该你了——让机器人的两个轮子全速旋转

前面已经实现连接到 PC7 引脚的机器人轮子全速旋转。按照前述方法修改程序也能够实现让连接到 PC6 引脚的机器人轮子全速旋转。

令机器人两个轮子都顺时针全速旋转的程序参考例程 BothServo.c。

（1）接通机器人控制板上的电源，输入、保存、下载并运行程序（过程参考第 1 章）。

（2）观察机器人的运动行为。

例程：BothServo.c

```
#include "HelloRobot.h"
```

```
int main(void)
{
    BSP_Init();
    USART_Configuration();
    printf("Program Running!\n");

    while (1)
    {
        GPIO_SetBits(GPIOC, GPIO_Pin_7);
        GPIO_SetBits(GPIOC, GPIO_Pin_6);
        delay_nus(1300);
        GPIO_ResetBits(GPIOC, GPIO_Pin_7);
        GPIO_ResetBits(GPIOC, GPIO_Pin_6);
        delay_nms(20);
    }
}
```

注意：上述程序同样用到了两个不同的延时函数，效果与前面的例子一样。运行上述程序时，你是否对机器人的运动行为感到惊讶？

任务 6　计数并控制循环次数

在任务 5 中，通过对 STM32 单片机编程实现了对机器人伺服电机的控制，为了让单片机不断发出控制指令，我们用到了以 while(1)开头的死循环（永不结束的循环）。在实际的机器人控制过程中，我们会经常要求机器人运动一段给定的距离或者一段固定的时间。这就要求对代码的运行次数加以控制。

利用 for 语句可以实现对代码运行次数的控制，语法如下：

```
for(表达式 1;表达式 2;表达式 3) 语句
```

下面给出了一个用整型变量 myCounter 来计数的 for 循环代码例子。每执行一次循环，它会显示一次 myCounter 的值。

```
for(myCounter=1; myCounter<=10; myCounter++)
{
    printf("%d",myCounter);
    delay_nms(500);
}
```

该你了——不同的初始值、终值和计数步长

通过修改 for 循环中的表达式 3 使 myCounter 按不同步长计数，比如，不是按 1，2，3，…来计数，可以每次增加 2（1，3，5，…）或增加 5（1，6，…）或任何你想要的步长，递增或递减都可以。下面的例子是每次递减 3。

```
for(myCounter=21; myCounter>=9; myCounter=myCounter-3)
```

```
{
    printf("%d\n",myCounter);
    delay_nms(500);
}
```

现在我们已经学习了利用脉冲宽度调制（Pulse Width Modulation，PWM）来控制伺服电机旋转的速度和方向的原理。控制伺服电机的速度和方向的方法是非常简单的。控制伺服电机运行的时间也非常简单，那就是用 for 循环。下面的例子会使伺服电机运行几秒钟。

```
for(Counter=1;Counter<=100;i++)
{
  GPIO_SetBits(GPIOC, GPIO_Pin_7);
  delay_nus(1700);
  GPIO_ResetBits(GPIOC,GPIO_Pin_7);
  delay_nms(20);
}
```

计算一下上述代码能使伺服电机转动的确切时间。每循环一次，delay_nus(1700)持续 1.7ms，delay_nms(20)持续 20ms，其他语句的执行时间可忽略。那么 for 循环整体执行一次的时间是 1.7ms+20ms=21.7ms，本循环执行 100 次，总循环时间 21.7ms/次乘以 100 次，得到 2170ms，即 2.17s。

输入、保存并运行程序。验证与 PC7 引脚连接的伺服电机逆时针旋转 2.17s，然后与 PC6 引脚连接的伺服电机旋转 4.34s。

例程：ControlServoRunTimes.c

```
int main(void)
{
    int Counter;
    BSP_Init();
    USART_Configuration();
    printf("Program Running!\n");

    for(Counter=1;Counter<=100;Counter++)
    {
        GPIO_SetBits(GPIOC, GPIO_Pin_7);
        delay_nus(1700);
        GPIO_ResetBits(GPIOC,GPIO_Pin_7);
        delay_nms(20);
    }
    for(Counter=1;Counter<=200;Counter++)
    {
        GPIO_SetBits(GPIOC, GPIO_Pin_6);
        delay_nus(1700);
        GPIO_ResetBits(GPIOC,GPIO_Pin_6);
        delay_nms(20);
```

```
    }
    while(1);
}
```

假如想让两个伺服电机同时运行，且向与 PC7 引脚连接的伺服电机发出 1.7ms 的高电平信号，向与 PC6 引脚连接的伺服电机发出 1.3ms 的高电平信号，每次循环用的时间是 23ms，每次循环用时包括：

（1）与 PC7 连接的伺服电机保持高电平 1.7ms；

（2）与 PC6 连接的伺服电机保持高电平 1.3ms；

（3）中断持续时间 20ms。

假如控制伺服电机运行 3s，那么：

$$脉冲数量=3 / 0.023= 130$$

根据计算得到的脉冲数量，可以对 for 循环进行如下修改，程序如下：

```
for(counter=1;counter<=130;i++)
{
  GPIO_SetBits(GPIOC, GPIO_Pin_7);
  delay_nus(1700);
  GPIO_ResetBits(GPIOC, GPIO_Pin_7);
  GPIO_SetBits(GPIOC, GPIO_Pin_6);
  delay_nus(1300);
  GPIO_ResetBits(GPIOC, GPIO_Pin_6);
  delay_nms(20);
}
```

下面是控制伺服电机向一个方向旋转 3s，然后又反向旋转的例子。

例程：BothServosThreeSeconds.c

```
int main(void)
{
    int counter;
    BSP_Init();
    USART_Configuration();
    printf("Program Running!\n");

    for(counter=1;counter<=130;counter++)
    {
        GPIO_SetBits(GPIOC, GPIO_Pin_7);
        delay_nus(1700);
        GPIO_ResetBits(GPIOC, GPIO_Pin_7);

        GPIO_SetBits(GPIOC, GPIO_Pin_6);
        delay_nus(1300);
        GPIO_ResetBits(GPIOC, GPIO_Pin_6);
        delay_nms(20);
    }
```

```
        for(counter=1;counter<=130;counter++)
        {
            GPIO_SetBits(GPIOC, GPIO_Pin_7);
            delay_nus(1300);
            GPIO_ResetBits(GPIOC, GPIO_Pin_7);
            GPIO_SetBits(GPIOC, GPIO_Pin_6);
            delay_nus(1700);
            GPIO_ResetBits(GPIOC, GPIO_Pin_6);
            delay_nms(20);
        }
        while(1);
}
```

运行程序验证伺服电机是否沿一个方向运行 3s 然后又反方向运行 3s。你是否注意到 2 个伺服电机同时反向的时候，它们总保持同步运行。这有什么作用呢？

任务 7　用计算机控制机器人的运动

在工业自动化、测控等领域，经常需要单片机与计算机通信。一方面，单片机需要读取周边传感器的信息，并把数据传给计算机；另一方面，计算机需要解释和分析传感器数据，然后把分析结果或者决策发给单片机以执行某种操作。

在第 1 章中我们已经知道 STM32 单片机可以通过串口向计算机发送信息，本任务将使用串口和串口调试软件，从计算机向单片机发送数据来控制机器人的运动。

在本任务中，读者需要编程控制 STM32 单片机从调试窗口接收两个数据：发给伺服电机的脉冲个数和脉冲宽度（以微秒为单位）。任务步骤如下：

（1）输入、保存、下载并运行程序 ControlServoWithComputer.c；

（2）验证机器人各个轮子的转动是否与期望一样。

例程：ControlServoWithComputer.c

```
#include "HelloRobot.h"

unsigned int idx =0;
unsigned int recdata;
unsigned int tmp[5]={0,0,0,0,0};
int Counter;
unsigned int PulseNumber,PulseDuration;

unsigned int USART_Scanf()
{
   idx=0;
   while(1)
   {
       /*Wait until RXNE = 1*/
       while(USART_GetITStatus(USART1, USART_IT_RXNE)==RESET);
```

```
        tmp[idx] = (USART_ReceiveData(USART1));
        if(tmp[idx] == '#')
        {
          if(idx!=0)        break;
          else              continue;
        }
        idx++;
    }
    /*Calculate the Corresponding value*/
    if(idx==1)
      recdata = (tmp[0] - 0x30);
    if(idx ==2)
      recdata = (tmp[1] - 0x30) + ((tmp[0] - 0x30) * 10);
    if(idx ==3)
      recdata = (tmp[2] - 0x30) + ((tmp[1] - 0x30) * 10)+ ((tmp[0] - 0x30) * 100);
    if(idx ==4)
      recdata = (tmp[3] - 0x30) + ((tmp[2] - 0x30) * 10)+ ((tmp[1] - 0x30) * 100)+
                                    ((tmp[0] - 0x30) * 1000);
    return recdata;
}

int main(void)
{
    BSP_Init();
    USART_Configuration();
    printf("Program Running!\r\n");
    printf("Please input pulse number:\r\n");
    PulseNumber=USART_Scanf();
    printf("Input pulse number is %d\r\n",PulseNumber);
    printf("Please input pulse duration:\r\n");
    PulseDuration=USART_Scanf();
    printf("Input pulse duration is %d\r\n",PulseDuration);
    for(Counter=1;Counter<=PulseNumber;Counter++)
    {
        GPIO_SetBits(GPIOC, GPIO_Pin_7);
        delay_nus(PulseDuration);
        GPIO_ResetBits(GPIOC, GPIO_Pin_7);
        delay_nms(20);
    }
    for(Counter=1;Counter<=PulseNumber;Counter++)
    {
        GPIO_SetBits(GPIOC, GPIO_Pin_6);
        delay_nus(PulseDuration);
```

```
            GPIO_ResetBits(GPIOC, GPIO_Pin_6);
            delay_nms(20);
        }
        while(1);
    }
```

例程 ControlServoWithComputer.c 是如何工作的？在这个程序中，单片机不仅通过串口向计算机传送信息，还通过串口从计算机读取输入的数据。串口接收数据函数 USART_Scanf()的工作机制将在后面的章节讲解，其作用是从计算机接收数据。计算机向单片机发出的数据以“#”作为结束标记，就像使用充值卡给电话（手机）充值时，输入账号和密码后按“#”键表示结束，如图 2.13 所示。

注意程序中 break 和 continue 的区别，break 用于终止整个循环体，而 continue 用于跳出本次循环并执行下一次循环。

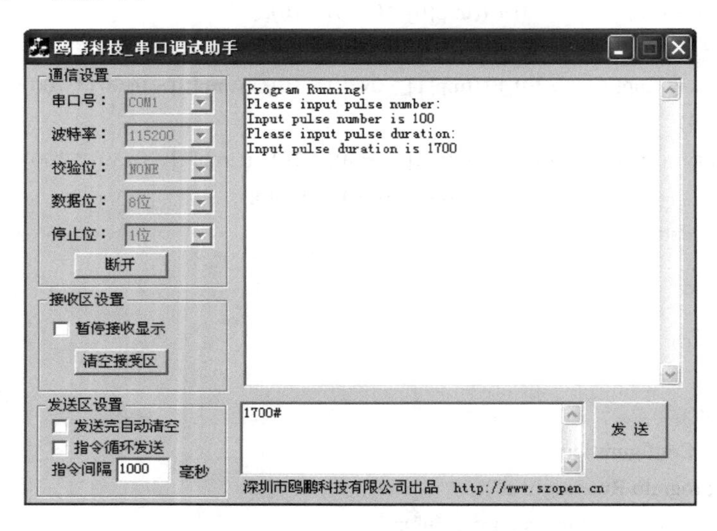

图 2.13　例程运行过程

例程运行过程如下。

（1）首先输出“Program Running!”和“Please input pulse number:”。

（2）程序处于等待状态，等待从串口调试软件输入数据（数据以“#”作为结束标记）。

（3）将输入的数据赋给变量 PulseNumber，再把这个数据回传给计算机显示。

（4）输出“Please input pulse duration:”。

（5）程序又处于等待状态，等待从串口调试软件再次输入数据（数据以“#”作为结束标记）。

（6）将输入的数据赋给变量 PulseDuration，再把这个数据回传给计算机显示。

（7）伺服电机运转。

工程素质和技能归纳

（1）了解 STM32 单片机的引脚定义和分布。

（2）了解 STM32 单片机的时钟系统结构，熟悉给 STM32 单片机不同的外设设置不同的时钟。

（3）熟悉 STM32 单片机 GPIO 端口的配置流程和方法。

（4）了解并会使用 STM32 单片机的端口输出控制 LED 单灯和双灯闪烁。

（5） C 语言复习，内容包括条件判断、循环等流程控制语句，以及 volatile 和 assert 的含义。

（6）理解数字电路中的开漏输出与推挽输出，以及它们的作用。

（7）熟悉机器人伺服电机的控制脉冲信号，通过对 STM32 单片机编程使其输出相应控制脉冲信号。

第3章　STM32单片机程序模块化设计与机器人运动控制

本章将介绍程序调试方法，以及如何利用模块化的程序设计思想设计机器人的运动控制模块，以实现机器人的各种巡航动作。这些编程技术在后面的章节中都会用到，与后面章节不同的是，本章的机器人在无感觉的情况下巡航。在后面的章节中，机器人将根据传感器检测到的信息进行智能巡航。本章要介绍的内容包括STM32单片机程序调试方法，利用模块化设计方法对STM32单片机进行编程，实现一些基本巡航动作函数（向前、向后、左转、右转和原地旋转等），它们能够被多次调用，以使机器人可以完成复杂巡航运动。

3.1　STM32单片机程序调试方法

当程序运行过程中遇到问题时如何判断是哪条语句出了问题呢？从本章开始，我们要编写的程序会越来越复杂，因此要学会调试程序及将一个复杂的程序模块化。模块内的函数代码相对简单，遵循程序设计的“松耦合，强内聚”的原则。内聚是子程序内部的关系，耦合是不同子程序的关系。这种原则要求各个函数模块独立性强，即使修改了其中的某个函数，其他函数也不需要修改。例如，每个程序都要用到两个独立性很强的函数：机器人控制板初始化函数和串口初始化函数。

任务1　程序调试

1．设置断点

打开LED闪烁程序，即工程文件Led_Blink.uvproj，将光标移动到程序运行时需要暂停的语句处，如延时语句处，单击图3.1所示的断点设置图标（或按F9键）给程序加一个断点，如图3.2所示。当想取消断点时，再按一次这个图标（或按F9键）。设置断点时，也可以直接在要设置断点的语句最前面的空白处双击一下。

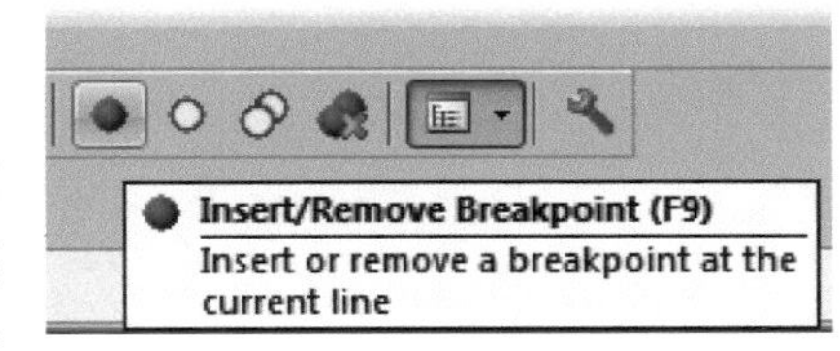

图3.1　断点设置图标

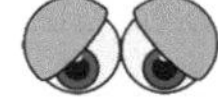注意：断点设置成功后，语句前会有一段红色标识。

断点与调试

程序运行到断点处就会暂停（断点所在的语句不执行）；此时可以检查变量当前的值，判断程序有无逻辑错误或其他问题。

调试是学习语言的好方法。对新手来说，编程过程中难免出错。程序未经调试，如果直

接运行不易发现错误。调试可以为程序中的语句设置断点，开始调试之后，当执行到设置了断点的语句时，程序会停下来。之后可以选择逐条语句执行或逐个方法执行，同时监视每个变量的变化直到程序结束。这样，便于我们定位程序中的错误。

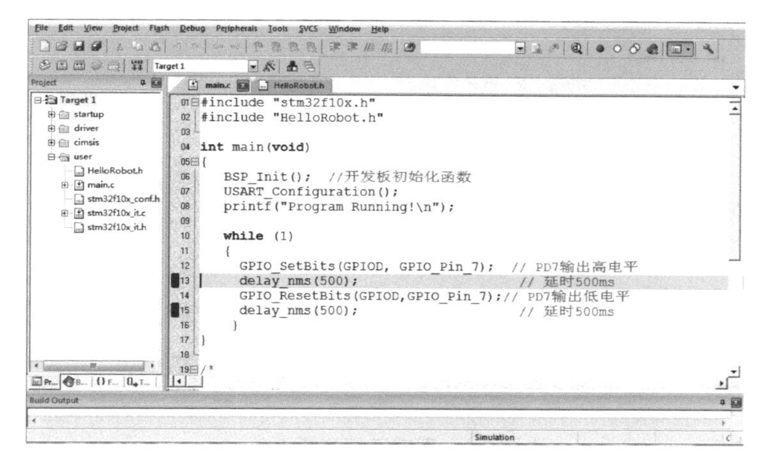

图 3.2　程序加入断点后的效果

调试程序时，先单击图 3.3（a）所示的调试图标（或按 Ctrl+F5 键）进入调试模式，再单击图 3.3（b）所示的调试模式下的运行图标（或按 F5 键）运行程序，这时程序就会停在断点处，如图 3.4 和图 3.5 所示。这时可以通过调试窗口检查程序的运行状态，调试窗口包括寄存器窗口、存储器窗口、查看和调用栈窗口、反汇编窗口和外设窗口等，这里不再赘述。

（a）调试图标

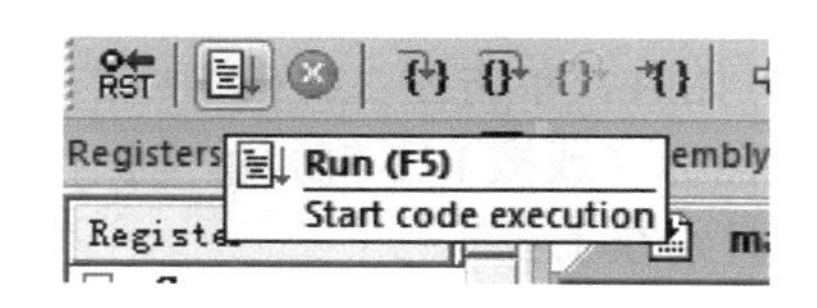

（b）调试模式下的运行图标

图 3.3　程序调试

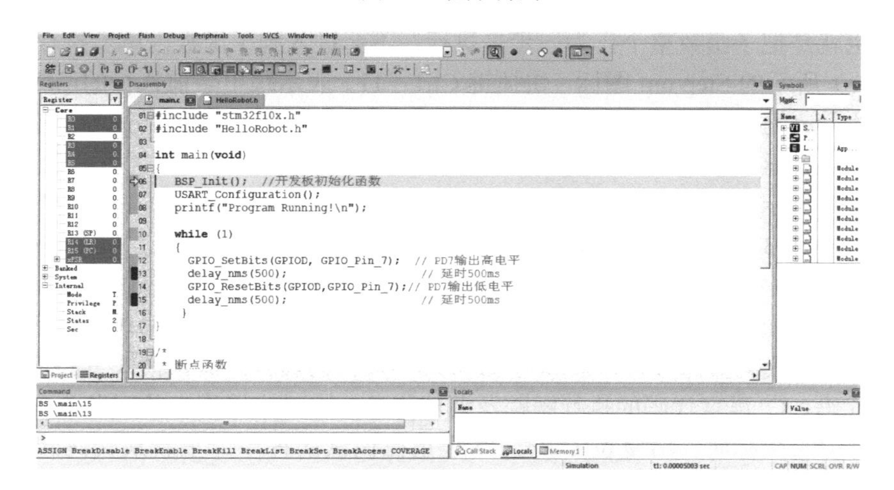

图 3.4　程序调试开始

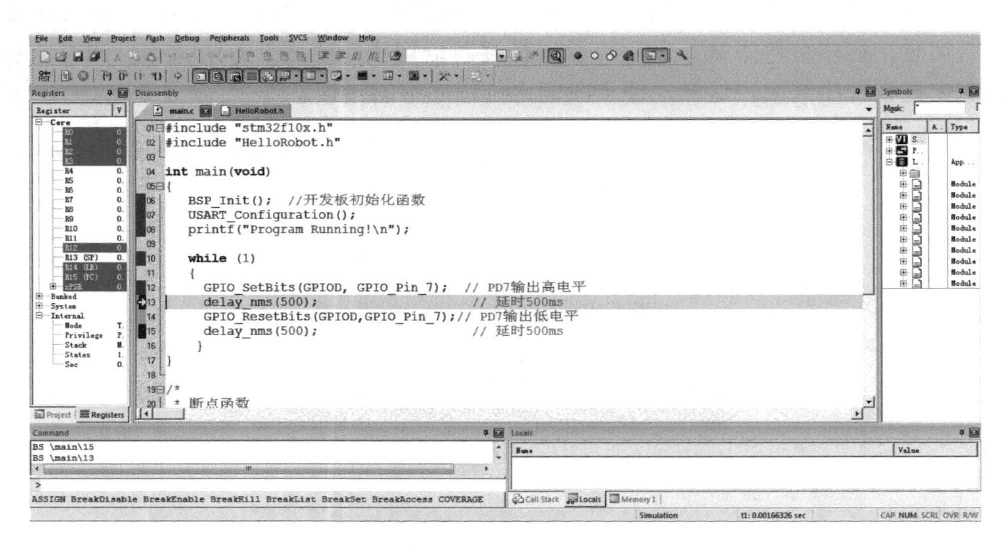

图 3.5　程序运行到断点处

程序开始调试时，会有一个黄色箭头出现在main()函数入口处（见图3.4），表示程序停在这里。单击图3.3（b）所示的运行图标（或按F5键），当黄色箭头出现在第一个断点处时（见图3.5），LED亮；继续按F5键运行程序，当黄色箭头出现在第二个断点处时，LED灭。试试连续按F5键，观察LED会出现什么现象。

2．单步调试

程序调试开始时，单击图3.6（a）中的Step into图标（或按F11键），或单击图3.6（b）中的Step over图标（或按F10键）单步执行程序，即一条语句接一条语句地执行。Step into和Step over的区别在于：

（1）当程序运行到子函数调用时，单击Step into图标会进入子函数，并继续开始单步执行每条语句，直到当前子函数结束，返回上层调用函数；

（2）当程序运行到子函数调用时，单击Step over图标，将“子函数调用”当成一条语句单步执行，也就是把子函数整个作为一步来执行。不会进入到子函数内单步执行每条语句。

图3.6（c）所示的Step out图标（快捷键Ctrl+F11）表示跳出当前执行的函数，即将本函数余下语句执行完返回上层调用函数。当单步执行到子函数内时，用Step out控制执行完子函数余下部分，并返回到上一层函数中。

图3.6（d）所示的图标（快捷键Ctrl+F10）表示执行到当前光标所在语句处。

此时，单击图3.6（e）～图3.6（g）所示的图标，分别打开Stack、Memory、逻辑分析仪对话框可观察程序中各个变量、所用到的寄存器，以及引脚电平的变化，从而判断程序有没有逻辑上的错误或其他问题。单击图3.6（h）所示的图标，打开汇编代码对话框查看汇编代码，可与C语言代码对比分析，加深对STM32单片机的理解。调试模式下的工作区主要用于显示汇编代码、C语言代码的执行跟踪及调试信息，这对应用程序的开发非常重要。单击图3.6（i）所示的图标时，将复位CPU，终止正在调试的程序，重新从代码起始位置开始运行。

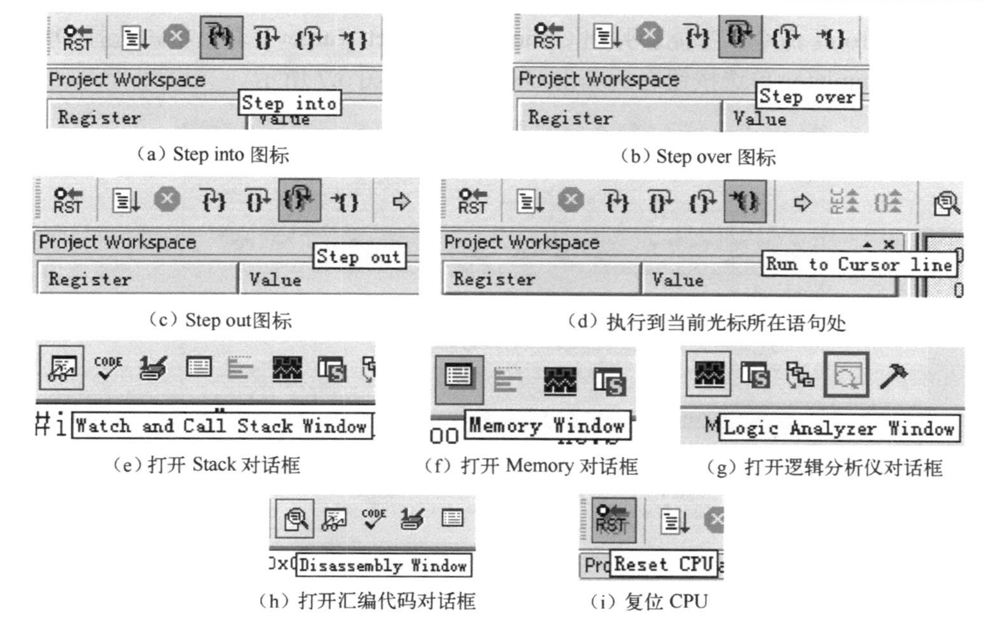

（a）Step into 图标　（b）Step over 图标

（c）Step out图标　（d）执行到当前光标所在语句处

（e）打开 Stack 对话框　（f）打开 Memory 对话框　（g）打开逻辑分析仪对话框

（h）打开汇编代码对话框　（i）复位 CPU

图 3.6　调试模式说明

注意：单击调试图标进入调试模式时，需复位控制板才能开始调试。

设置断点和单步调试对于理解程序运行过程和调试错误都十分有用。程序调试中 Debug 菜单下的常用图标总结如下。

Start/Stop Debug Session：开始或停止调试，如图 3.3（a）所示。

Run：运行程序，直到遇到下一个断点，如图 3.3（b）所示。

Step into：单步执行，如图 3.6（a）所示。

Step over：函数单步执行，即将一个子函数作为一步来执行，如图 3.6（b）所示。

Step out：跳出当前的函数，如图 3.6（c）所示。

Run to Cursor line：执行到当前光标所在语句处，如图 3.6（d）所示。

Stop Running：停止执行。

Breakpoints：打开断点对话框。

Insert/Remove Breakpoint：在当前行插入/删除一个断点，如图 3.1 所示。

Enable/Disable Breakpoint：激活/禁用当前行的断点。

Disable All Breakpoints：使程序禁用所有断点。

Kill All Breakpoints：取消程序的所有断点。

该你了——一条语句一条语句地执行程序！

3．软件仿真

MDK-ARM 开发工具提供了强大的软件仿真功能，用户不需要将程序下载到控制板上进行调试，而可采用 MDK-ARM 的软件仿真功能进行调试，达到事半功倍的效果。

单击图标或右击 Target 1 选项，在弹出的菜单中单击 Options for Target ‘Target 1’命令，或单击 Project 菜单下的 Options for Target（工程选项）命令，或单击 Flash 菜单下的

Configure Flash Tools 命令，都能够弹出 Options for Target ‘Target 1’对话框，选择 Debug 选项卡，选中 Use Simulator 单选按钮之后单击 OK 按钮，如图 3.7 所示。

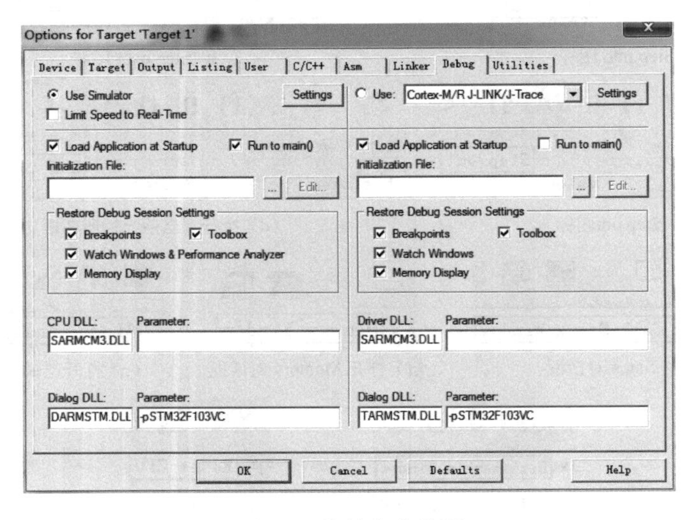

图 3.7　软件仿真设置

编译成功后，进入调试模式，按照前面介绍的方法进入软件仿真模式。这时，可以选择外围模块进行仿真，不同型号的 STM32 单片机会有不同的外设仿真功能。进入 Peripheral 菜单，可以根据需要打开多个外设仿真对话框，如图 3.8 所示。

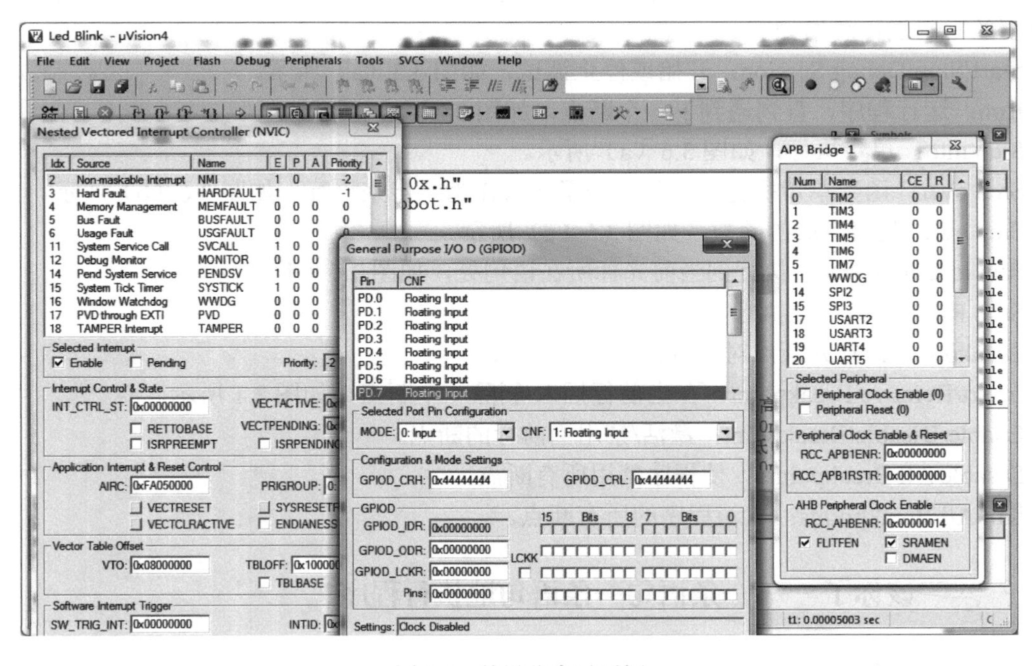

图 3.8　外设仿真对话框

前面介绍的 LED 闪烁程序用到了 GPIOD 端口，关闭其他对话框，仅保留 General Purpose I/O D(GPIOD)外设仿真对话框，如图 3.9 所示。因为此时程序还没有运行，所以 GPIOD 端口是初始值。

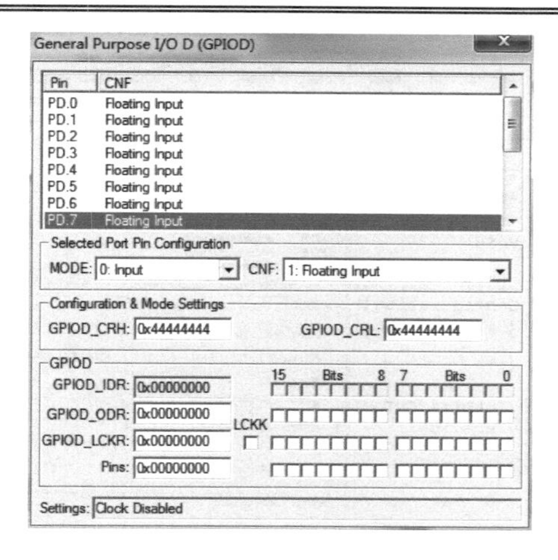

图 3.9　GPIOD 外设仿真对话框

单击调试模式下的 Run 图标，在外设仿真对话框里可以看到程序的运行结果。执行机器人控制板初始化函数 BSP_Init()后，GPIOD 的各项外设参数会发生变化，如图 3.10（a）所示。看看初始化函数 BSP_Init()的代码是不是这样呢？通过单步执行，可以发现 PD7 引脚的参数会发生变化，如图 3.10（b）和图 3.10（c）所示。

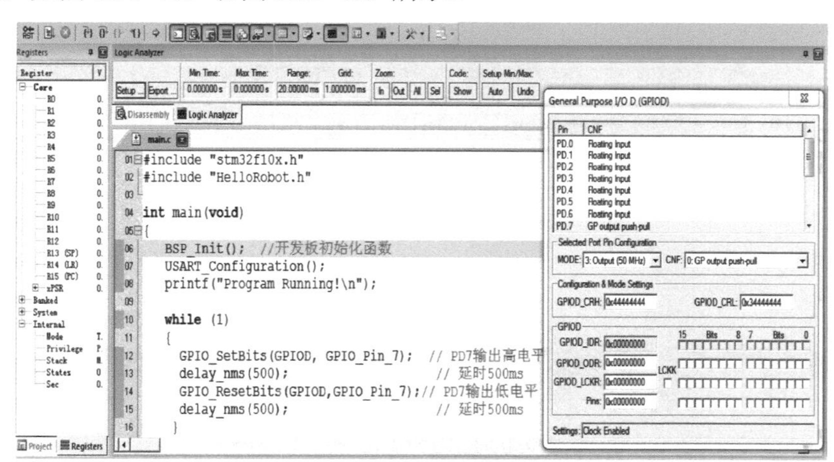

（a）初始化后的GPIOD 外设参数

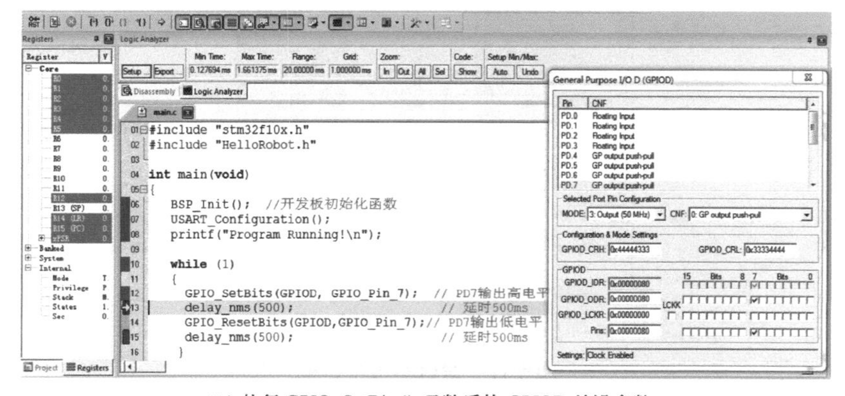

（b）执行 GPIO_SetBits() 函数后的 GPIOD 外设参数

图 3.10　GPIOD 外设参数的变化情况

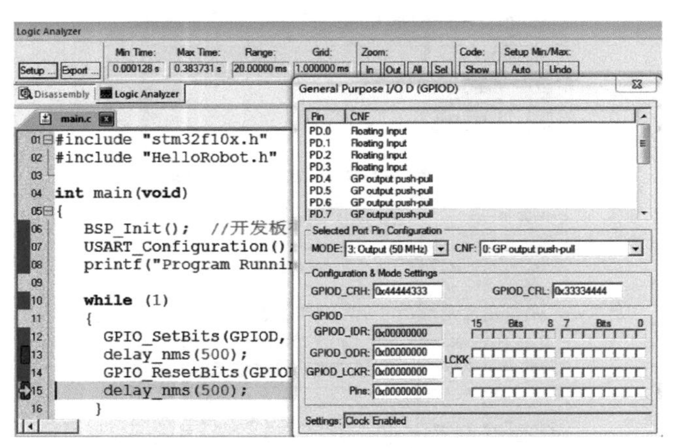

（c）执行 GPIO_ResetBits()函数后的 GPIOD 外设参数

图 3.10 GPIOD 外设参数的变化情况（续）

如果想观察引脚的电平变化，可以单击图 3.6（g）所示的 Logic Analyzer Window 图标打开逻辑分析仪对话框，如图 3.11（a）所示。然后单击逻辑分析仪对话框左上角的 Setup…按钮，在 Setup Logic Analyzer 对话框中添加 GPIOD_IDR 信号，并设置相关参数，如图 3.11（b）所示。

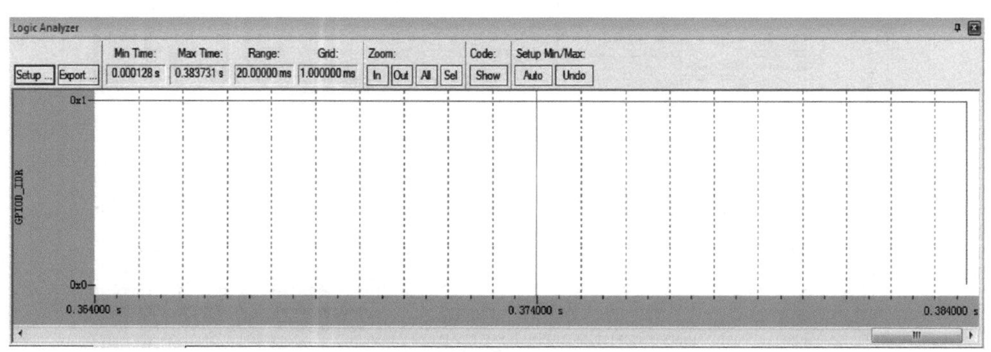

（a）逻辑分析仪对话框

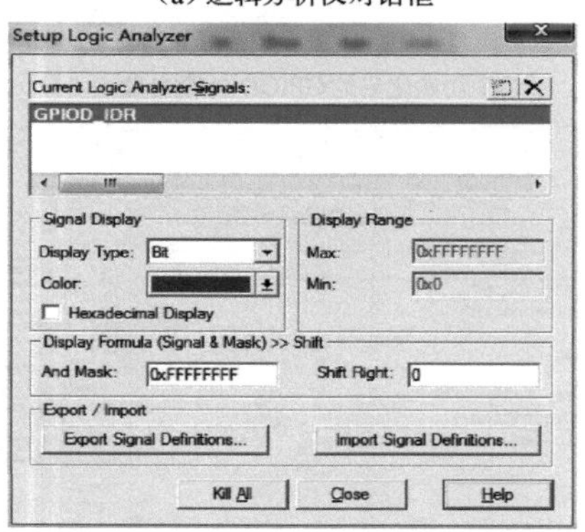

（b）添加 GPIOD_IDR 信号

图 3.11 逻辑分析仪设置

单击 Debug 菜单下的 Run 图标或按 F5 键开始软件仿真。一段时间之后，单击 Debug 菜单下的 Stop Running 图标停止仿真。

单击逻辑分析仪对话框中 Zoom 区域中的 All 按钮可以查看整个仿真期间 PD7 引脚的电平变化情况；单击 In 按钮可以将时间轴网格变小；单击 Out 按钮，可以将时间轴网格变大。通过这两个按钮可以将时间轴网格调整到一个合适的大小，有利于观测显示波形。如图 3.12 所示，PD7 引脚的输出电平每隔一定的时间变化一次，对应 LED 的交替闪烁。从图中可以看出，软件仿真存在一定的误差，最好用示波器验证 PD7 引脚的输出波形。

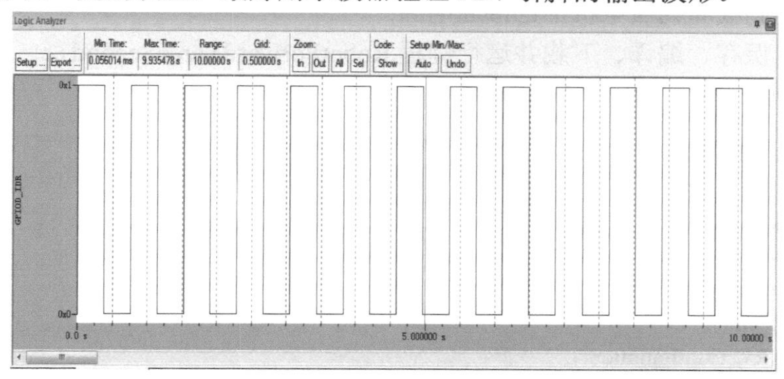

图 3.12　PD7 引脚的电平变化情况

要想得到精确的延时时间，可以使用后面章节中将要学习到的定时器来实现。

3.2　STM32 单片机程序模块化设计

图 3.13 定义了机器人的前、后、左、右 4 个方向。按照图 3.13 定义的方向“前”，机器人向前走时，从机器人的左边看，轮子是逆时针旋转的，从机器人的右边看，轮子则是顺时针旋转的。

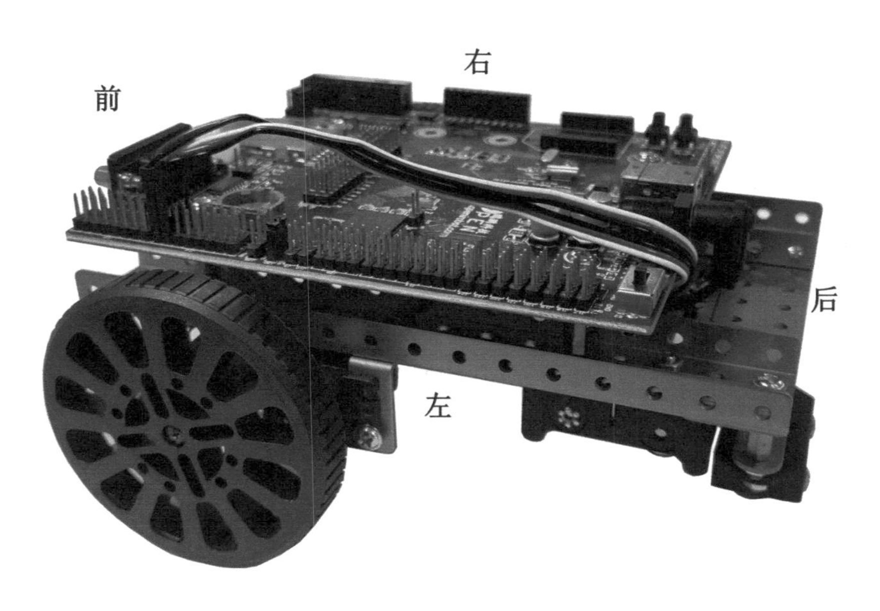

图 3.13　机器人及其 4 个方向的定义

任务 2　基本巡航动作

发给单片机控制引脚的高电平持续时间决定了伺服电机转动的速度和方向。for 循环的参数控制了发送给伺服电机的脉冲数量。由于每个脉冲的时间是相同的，因此 for 循环的参数也控制了伺服电机的运行时间。下面是控制机器人向前走 3 秒的实例。步骤如下：

（1）确保控制板和伺服电机都已接通电源；

（2）输入、保存、编译、下载并运行例程 RobotForwardThreeSeconds.c。

例程：RobotForwardThreeSeconds.c

```
#include "HelloRobot.h"

int main(void)
{
    int counter;
    BSP_Init();
    USART_Configuration();
    printf("Program Running!\n");
    for(counter=0;counter<130;counter++)//运行 3 秒
    {
        GPIO_SetBits(GPIOC, GPIO_Pin_7);
        delay_nus(1700);
        GPIO_ResetBits(GPIOC, GPIO_Pin_7);
        GPIO_SetBits(GPIOC, GPIO_Pin_6);
        delay_nus(1300);
        GPIO_ResetBits(GPIOC, GPIO_Pin_6);
        delay_nms(20);
    }
        while(1);
}
```

1．RobotForwardThreeSeconds.c 是如何工作的？

RobotForwardThreeSeconds.c 中 for 循环的前 3 行语句使左侧伺服电机逆时针转动，接着的 3 行语句使右侧伺服电机顺时针转动。因此两个轮子转向机器人的前端，使机器人向前运动。整个 for 循环执行了 130 次，大约需要 3 秒，从而机器人也向前运动 3 秒。

关于例程的一点说明

例程中使用 printf()函数是为了起提示作用。若读者觉得串口线影响了机器人的运动，可以不用此函数。还有一个进行调试的方法：让机器人的前端悬空，让伺服电机空转，避免机器人乱跑。

该你了——调节距离和速度

上面例程中 delay_nus()函数的参数 n 为 1700 和 1300 时均使伺服电机接近其最大速度。把每个 delay_nus()函数的参数 n 设定得更接近让伺服电机保持停止伺服的值——1500，就可以使机器人减速。

2．向后走，原地转弯和绕轴旋转

将 delay_nus()函数的参数 n 以不同的值组合就可以使机器人以其他方式运动，可以在一个程序中实现机器人向前走、向左转、向右转及向后走。

例程：ForwardLeftRightBackward.c

```
#include "HelloRobot.h"

int main(void)
{
    int counter;
    BSP_Init();
    USART_Configuration();
    printf("Program Running!\n");
    for(counter=1;counter<=65;counter++)//向前
    {
        GPIO_SetBits(GPIOC, GPIO_Pin_7);
        delay_nus(1700);
        GPIO_ResetBits(GPIOC, GPIO_Pin_7);
        GPIO_SetBits(GPIOC, GPIO_Pin_6);
        delay_nus(1300);
        GPIO_ResetBits(GPIOC, GPIO_Pin_6);
        delay_nms(20);
    }

    for(counter=1;counter<=26;counter++)//向左转
    {
        GPIO_SetBits(GPIOC, GPIO_Pin_7);
        delay_nus(1300);
        GPIO_ResetBits(GPIOC, GPIO_Pin_7);
        GPIO_SetBits(GPIOC, GPIO_Pin_6);
        delay_nus(1300);
        GPIO_ResetBits(GPIOC, GPIO_Pin_6);
        delay_nms(20);
    }

    for(counter=1;counter<=26;counter++)//向右转
    {
        GPIO_SetBits(GPIOC, GPIO_Pin_7);
        delay_nus(1700);
        GPIO_ResetBits(GPIOC, GPIO_Pin_7);
        GPIO_SetBits(GPIOC, GPIO_Pin_6);
        delay_nus(1700);
        GPIO_ResetBits(GPIOC, GPIO_Pin_6);
        delay_nms(20);
    }
```

```
        for(counter=1;counter<=65;counter++)//向后
        {
            GPIO_SetBits(GPIOC, GPIO_Pin_7);
            delay_nus(1300);
            GPIO_ResetBits(GPIOC, GPIO_Pin_7);
            GPIO_SetBits(GPIOC, GPIO_Pin_6);
            delay_nus(1700);
            GPIO_ResetBits(GPIOC, GPIO_Pin_6);
            delay_nms(20);
        }
            while(1);
    }
```

该你了——以一个轮子为中心旋转

控制机器人绕一个轮子旋转的诀窍是使一个轮子不动而使另一个轮子旋转。例如，保持左轮不动而让右轮从前面顺时针旋转，机器人将以左轮为轴旋转。

```
GPIO_SetBits(GPIOC, GPIO_Pin_7);
delay_nus(1500);
GPIO_ResetBits(GPIOC, GPIO_Pin_7);
GPIO_SetBits(GPIOC, GPIO_Pin_6);
delay_nus(1300);
GPIO_ResetBits(GPIOC, GPIO_Pin_6);
delay_nms(20);
```

如果想使它以右轮为轴旋转，那么保持右轮不动，让左轮从前面逆时针旋转。

```
GPIO_SetBits(GPIOC, GPIO_Pin_7);
delay_nus(1700);
GPIO_ResetBits(GPIOC, GPIO_Pin_7);
GPIO_SetBits(GPIOC, GPIO_Pin_6);
delay_nus(1500);
GPIO_ResetBits(GPIOC, GPIO_Pin_6);
delay_nms(20);
```

请用上面的代码替代例程 ForwardLeftRightBackward.c 中向前、向左转、向右转和向后相应的代码，通过调整每个 for 循环的循环次数来调整每个动作的执行时间，更改注释来说明每个新的旋转动作。运行更改后的程序，验证上述旋转运动是否不同。

任务 3　匀加速/匀减速运动

在机器人运动过程中，你是否发现机器人每次启动和停止时有些太快，导致机器人几乎倾倒呢？为什么会这样呢？回忆一下曾经学过的物理知识，还记得牛顿第二定律和运动学知识吗？前面的程序总是直接给机器人伺服电机输出最大速度控制命令。根据运动学知识，一个物体从零加速到最大运动速度时，时间越短，所需加速度就越大。前面的程序没有给机器

人足够的加速时间，从而导致机器人在启动和停止时有较大的前倾或者后坐行为。要消除这种情况，必须控制机器人渐渐增加或减小速度。匀加速/匀减速是一种比较好的速度控制策略，这样不仅可以让机器人运动得更加平稳，还可以增加机器人伺服电机的使用寿命。

匀加速运动代码示例如下：

```
for(pulseCount=10;pulseCount<=200;pulseCount=pulseCount+10)
{
    GPIO_SetBits(GPIOC, GPIO_Pin_7);
    delay_nus(1500+pulseCount);
    GPIO_ResetBits(GPIOC, GPIO_Pin_7);

    GPIO_SetBits(GPIOC, GPIO_Pin_6);
    delay_nus(1500-pulseCount);
    GPIO_ResetBits(GPIOC, GPIO_Pin_6);
    delay_nms(20);
}
```

上述 for 循环能使机器人的速度由 0 增加到全速。循环每执行一次，变量 pulseCount 就增加 10。第一次循环时，变量 pulseCount 的值是 10，此时发给 PC7、PC6 引脚的脉冲的宽度分别为 1.51ms、1.49ms；第二次循环时，变量 pulseCount 的值是 20，此时发给 PC7、PC6 引脚的脉冲的宽度分别为 1.52ms、1.48ms。随着变量 pulseCount 值的增加，伺服电机的旋转速度也在逐渐增加。执行到第二十次循环时，变量 pulseCount 的值是 200，此时发给 PC7、PC6 引脚的脉冲的宽度分别为 1.7ms、1.3ms，伺服电机全速旋转。

回顾第 2 章任务 6，for 循环也可以由高向低计数。可以通过使用 for(pulseCount=200; pulseCount>=0; pulseCount=pulseCount-10)来实现速度的逐渐减小。下面是使用 for 循环来实现速度逐渐增加到全速，然后再逐渐减小的例子。步骤如下：

（1）输入、保存并运行程序 StartAndStopWithRamping.c；

（2）验证机器人是否逐渐加速到全速，保持一段时间，然后逐渐减速到停止。

例程：StartAndStopWithRamping.c

```
#include "HelloRobot.h"

int main(void)
{
    int pulseCount;
    BSP_Init();
    USART_Configuration();
    printf("Program Running!\n");
    for(pulseCount=10;pulseCount<=200;pulseCount=pulseCount+10)
    {
        GPIO_SetBits(GPIOC, GPIO_Pin_7);
        delay_nus(1500+pulseCount);
        GPIO_ResetBits(GPIOC, GPIO_Pin_7);
```

```
        GPIO_SetBits(GPIOC, GPIO_Pin_6);
        delay_nus(1500-pulseCount);
        GPIO_ResetBits(GPIOC, GPIO_Pin_6);
        delay_nms(20);
    }

    for(pulseCount=1;pulseCount<=75;pulseCount++)
    {
        GPIO_SetBits(GPIOC, GPIO_Pin_7);
        delay_nus(1700);
        GPIO_ResetBits(GPIOC, GPIO_Pin_7);
        GPIO_SetBits(GPIOC, GPIO_Pin_6);
        delay_nus(1300);
        GPIO_ResetBits(GPIOC, GPIO_Pin_6);
        delay_nms(20);
    }

    for(pulseCount=200;pulseCount>=0;pulseCount=pulseCount-10)
    {
        GPIO_SetBits(GPIOC, GPIO_Pin_7);
        delay_nus(1500+pulseCount);
        GPIO_ResetBits(GPIOC, GPIO_Pin_7);
        GPIO_SetBits(GPIOC, GPIO_Pin_6);
        delay_nus(1500-pulseCount);
        GPIO_ResetBits(GPIOC, GPIO_Pin_6);
        delay_nms(20);
    }
  while(1);
}
```

任务 4　用函数调用简化运动程序

在第 4 章，机器人将要执行各种运动来避开障碍物和完成其他动作。不过，无论机器人要执行何种动作，都离不开前面讨论的各种基本动作。为了便于其他应用程序使用这些基本动作的程序，可以将这些基本动作的程序写入函数中，供其他函数调用，以简化程序。

C 语言提供了强大的函数定义功能。一个 C 语言程序就是由一个主函数和若干个其他函数构成的，主函数可以调用其他函数，其他函数也可以相互调用。同一个函数可以被一个或多个函数调用任意多次。实际上，为了实现复杂的程序设计，在所有的计算机高级语言中都有子程序或者子过程的概念。在 C 语言中，子程序就是由函数来完成的。从函数定义的角度来看，函数有以下两种。

（1）标准函数，即库函数。由开发系统提供。用户不必自己定义，可以直接使用。使用时只需在程序前包含有该函数原型的头文件即可，如前面已经用到的串口标准输出函数

printf()等。需要说明的是，不同的语言编译系统提供的库函数的数量和功能会有一些不同，但许多基本函数是相同的。

（2）用户定义函数，用以解决用户的专门需要。使用用户定义函数时，不仅要在程序中定义函数本身，而且应在main()函数模块中对该被调函数类型进行说明。

main()函数的返回值

前面提到main()函数是不能被其他函数调用的，那它的返回值类型int是怎么回事呢？

其实不难理解，main()函数执行完之后，它的返回值是给操作系统的。虽然在main()函数体内并没有什么语句来指出返回值的大小，但系统默认当 main()函数成功执行后，它的返回值为1，否则为0。

以下给出Forward()函数定义：

```
void Forward(void)
{
    int i;
    for(i=1;i<=65;i++)
      {
        GPIO_SetBits(GPIOC, GPIO_Pin_7);
        delay_nus(1700);
        GPIO_ResetBits(GPIOC, GPIO_Pin_7);
        GPIO_SetBits(GPIOC, GPIO_Pin_6);
        delay_nus(1300);
        GPIO_ResetBits(GPIOC, GPIO_Pin_6);
        delay_nms(20);
      }
}
```

Forward()函数可以使机器人向前运动约1.5s，该函数没有形式参数，也没有返回值。main()函数可以调用它来控制机器人向前运动约1.5s。但是这个函数并没有太大的使用价值。如果想让机器人向前运动2s，该怎么办呢？重新写一个函数来实现这个运动吗？当然不是！我们通过修改上面的函数，给它增加两个形式参数，一个是脉冲数量参数，另一个是速度参数，这样 main()函数调用它时就可以按照要求灵活设置这些参数，从而使该函数真正成为一个有用的模块。重新定义Forward()函数如下：

```
void Forward(int PulseCount，int Velocity)     //Velocity should be between 0 and 200
{
     int i;
     for(i=1;i<=PulseCount;i++)
      {
          GPIO_SetBits(GPIOC, GPIO_Pin_7);
          delay_nus(1500+Velocity);
          GPIO_ResetBits(GPIOC, GPIO_Pin_7);
          GPIO_SetBits(GPIOC, GPIO_Pin_6);
          delay_nus(1500-Velocity);
          GPIO_ResetBits(GPIOC, GPIO_Pin_6);
```

```
            delay_nms(20);
        }
}
```

函数定义旁有一行注释，提醒在调用该函数时，速度参量的值必须在 0～200 之间。

注释符

除“//”外，C 语言还提供了另一种语句注释符——“/*”和“*/”。

“/*”和“*/”必须成对使用，在它们之间的内容将被注释掉。它的作用范围比“//”大，“//”仅对它所在的一行起注释作用；但“/*...*/”可以实现多行注释。

注释是在学习程序设计时要养成的良好习惯。

下面是一个完整的使用向前、向左转、向右转和向后 4 个函数的程序例子。

例程：MovementsWithFunctions.c

```
#include "HelloRobot.h"

void Forward(int PulseCount,int Velocity)    //Velocity should be between 0 and 200
{
    int i;
    for(i=1;i<= PulseCount;i++)
    {
        GPIO_SetBits(GPIOC, GPIO_Pin_7);
        delay_nus(1500+ Velocity);
        GPIO_ResetBits(GPIOC, GPIO_Pin_7);
        GPIO_SetBits(GPIOC, GPIO_Pin_6);
        delay_nus(1500- Velocity);
        GPIO_ResetBits(GPIOC, GPIO_Pin_6);
        delay_nms(20);
    }
}

void Left(int PulseCount,int Velocity)
{
    int i;
    for(i=1;i<= PulseCount;i++)
    {
        GPIO_SetBits(GPIOC, GPIO_Pin_7);
        delay_nus(1500-Velocity);
        GPIO_ResetBits(GPIOC, GPIO_Pin_7);
        GPIO_SetBits(GPIOC, GPIO_Pin_6);
        delay_nus(1500-Velocity);
        GPIO_ResetBits(GPIOC, GPIO_Pin_6);
        delay_nms(20);
    }
}
```

```
void Right(int PulseCount,int Velocity)
{
    int i;
    for(i=1;i<= PulseCount;i++)
    {
        GPIO_SetBits(GPIOC, GPIO_Pin_7);
        delay_nus(1500+Velocity);
        GPIO_ResetBits(GPIOC, GPIO_Pin_7);
        GPIO_SetBits(GPIOC, GPIO_Pin_6);
        delay_nus(1500+Velocity);
        GPIO_ResetBits(GPIOC, GPIO_Pin_6);
        delay_nms(20);
    }
}

void Backward(int PulseCount,int Velocity)
{
    int i;
    for(i=1;i<= PulseCount;i++)
    {
        GPIO_SetBits(GPIOC, GPIO_Pin_7);
        delay_nus(1500-Velocity);
        GPIO_ResetBits(GPIOC, GPIO_Pin_7);
        GPIO_SetBits(GPIOC, GPIO_Pin_6);
        delay_nus(1500+ Velocity);
        GPIO_ResetBits(GPIOC, GPIO_Pin_6);
        delay_nms(20);
    }
}

int main(void)
{
    BSP_Init();
    USART_Configuration();
    printf("Program Running!\n");
    Forward(65,200);
    Left(26,200);
    Right(26,200);
    Backward(65,200);

    while(1);
}
```

这个程序的运行结果与例程 ForwardLeftRightBackward.c 是相同的。你有没有发现 4 个函数的具体实现有些啰唆？4 个函数的具体实现部分几乎一样。我们可以将这些函数进一步归纳，用一个函数来实现这些功能呢。前面 4 个函数都用了两个形式参数，一个是控制时间的脉冲数量参数，另一个是控制运动速度的速度参数。4 个函数实际上代表了 4 个不同的运动方向。如果能够通过参数控制运动方向，那么这 4 个函数完全可以简化成一个通用的函数。它不仅涵盖以上 4 个基本运动，而且可以使机器人按你要求的方向运动。

因为机器人的两个轮子的不同速度组合控制着机器人的运动速度和方向，所以可以直接用两个车轮的速度作为形式参数，将机器人所有的运动用一个函数来实现。

例程：MovementsWithOneFuntion.c

```
#include "HelloRobot.h"

void Move(int counter,int PC1_pulseWide,int PC0_pulseWide)
{
    int i;
    for(i=1;i<=counter;i++)
     {
       GPIO_SetBits(GPIOC, GPIO_Pin_7);
       delay_nus(PC1_pulseWide);
       GPIO_ResetBits(GPIOC, GPIO_Pin_7);
       GPIO_SetBits(GPIOC, GPIO_Pin_6);
       delay_nus(PC0_pulseWide);
       GPIO_ResetBits(GPIOC, GPIO_Pin_6);
       delay_nms(20);
     }
}

int main(void)
{
   BSP_Init();
   USART_Configuration();
   printf("Program Running!\n");
     Move(65,1700,1300);
     Move(26,1300,1300);
     Move(26,1700,1700);
     Move(65,1300,1700);
     while(1);
}
```

任务 5　用数组建立复杂运动

前面我们介绍了三种不同的编程方法控制机器人向前、向左转、向右转和向后，每种方法都有它的优点，但是如果控制机器人执行一个更长、更复杂的动作，用这些方法都很麻烦。下面要介绍的两个例子将用子函数来实现这些动作，将复杂的运动存储在数组中，然后在程序运行过程中读取数组并解码，从而避免重复调用一长串子函数。此时，要用到 C 语言中的数据类型——数组。

在程序设计中，为了处理方便，可以把具有相同类型的若干变量有序组织起来，这些按序排列的同类数据元素的集合称为数组。一个数组可以分解为多个数组元素，根据数组元素数据类型的不同，数组可以分为多种类型。按维度，数组又分为一维数组、二维数组、三维

数组等。本任务只用到一维数组。例如，下面的语句定义了一个字符型数组（该数组有 10 个元素），并对 10 个数组元素进行了初始化。

```
char Navigation[10]={'F','L','F','F','R','B','L','B','B','Q'};
```

字符串和字符串结束标志

在 C 语言中，没有专门的字符串变量，通常用一个字符数组或字符指针来存放一个字符串。字符串常量在存储时，系统自动在字符串的末尾加一个“串结束标志”，即 ASCII 码值为 0 的字符 NULL，常用“\0”表示。因此在程序中，长度为 n 的字符串常量在内存中占用 $n+1$ 字节的存储空间。C 语言允许用字符串的方式对数组进行初始化赋值，如 Navigation[10]的初始化赋值可写为

```
char Navigation[10]={"FLFFRBLBBQ"};
```

或者去掉“{}”，写为

```
char Navigation[10]="FLFFRBLBBQ";
```

要特别注意字符与字符串的区别。除表示形式不同外，其存储性质也不同。字符“A”只占 1 字节，而字符串“A”占 2 字节。

下面的例子采用字符数组定义一系列复杂的运动。

例程：NavigationWithSwitch.c

```
#include "HelloRobot.h"

void Forward(void)
{
      int i;
      for(i=1;i<=65;i++)
      {
        GPIO_SetBits(GPIOC, GPIO_Pin_7);
        delay_nus(1700);
        GPIO_ResetBits(GPIOC, GPIO_Pin_7);
        GPIO_SetBits(GPIOC, GPIO_Pin_6);
        delay_nus(1300);
        GPIO_ResetBits(GPIOC, GPIO_Pin_6);
        delay_nms(20);
      }
}
void Left_Turn(void)
{
      int i;
      for(i=1;i<=26;i++)
      {
```

```
            GPIO_SetBits(GPIOC, GPIO_Pin_7);
            delay_nus(1300);
            GPIO_ResetBits(GPIOC, GPIO_Pin_7);
            GPIO_SetBits(GPIOC, GPIO_Pin_6);
            delay_nus(1300);
            GPIO_ResetBits(GPIOC, GPIO_Pin_6);
            delay_nms(20);
        }
}
void Right_Turn(void)
{
        int i;
        for(i=1;i<=26;i++)
        {
            GPIO_SetBits(GPIOC, GPIO_Pin_7);
            delay_nus(1700);
            GPIO_ResetBits(GPIOC, GPIO_Pin_7);
            GPIO_SetBits(GPIOC, GPIO_Pin_6);
            delay_nus(1700);
            GPIO_ResetBits(GPIOC, GPIO_Pin_6);
            delay_nms(20);
        }
}
void Backward(void)
{
        int i;
        for(i=1;i<=65;i++)
        {
            GPIO_SetBits(GPIOC, GPIO_Pin_7);
            delay_nus(1300);
            GPIO_ResetBits(GPIOC, GPIO_Pin_7);
            GPIO_SetBits(GPIOC, GPIO_Pin_6);
            delay_nus(1700);
            GPIO_ResetBits(GPIOC, GPIO_Pin_6);
            delay_nms(20);
        }
}

int main(void)
{
    char Navigation[10]={'F','L','F','F','R','B','L','B','B','Q'};
```

```
        int address=0;

        BSP_Init();
        USART_Configuration();
        printf(" Program Running!\n");

         while(Navigation[address]!='Q')
         {
              switch(Navigation[address])
              {
                   case 'F':Forward();break;
                   case 'L':Left_Turn();break;
                   case 'R':Right_Turn();break;
                   case 'B':Backward();break;
              }
              address++;
         }
         while(1);
    }
```

运行程序，机器人是否走了一个矩形？如果它走得更像一个梯形，可能需要调节程序中 for 循环的执行次数，使机器人精确旋转 90 度。

在程序 main()函数中定义了一个字符数组。这个数组中存储的是一些命令：F 表示向前，L 表示向左转，R 表示向右转，B 表示向后，Q 表示程序结束。之后，程序还定义了一个 int 型变量 address，作为访问数组的索引，以及一个 while 循环语句。注意这个循环的条件表达式与前面不同，只有当前访问的数组值不为 Q 时，才执行循环体内的语句。在循环内，每次执行 switch 语句后，都要更新 address，以使下次循环时执行新的运动。

当 Navigation[address]为 F 时，执行控制向前的函数 Forward()；当 Navigation[address]为 L 时，执行控制向左转的函数 Left_Turn()；当 Navigation[address]为 R 时，执行控制向右转的函数 Right_Turn()；当 Navigation[address]为 B 时，执行控制向后的函数 Backward()。我们可以增加或删除数组中的字符来获取新的运动路线。注意，数组中最后的字符应该是“Q”。

在下面的例程 NavigationWithValues.c 中，将不使用子函数，而使用 3 个整型数组来存储控制机器人运动的三个变量，即循环的次数和控制左、右伺服电机运动的两个参数。具体定义如下：

```
int Pulses_Count[5]={65,26,26,65,0};
int Pulses_Left[4]={1700,1300,1700,1300};
int Pulses_Right[4]={1300,1300,1700,1700};
```

int 型变量 address 作为访问数组的索引值，每次用 address 提取一组数据：Pulses_Count[address]，Pulses_Left[address]，Pulses_Right[address]，这些变量值被放在下面的代码中，作为机器人运动一次的参数。

```
    for(int counter=1;counter<=Pulses_Count[address];counter++)
```

```
{
    GPIO_SetBits(GPIOC, GPIO_Pin_7);
    delay_nus(Pulses_Left[address]);
    GPIO_ResetBits(GPIOC, GPIO_Pin_7);
    GPIO_SetBits(GPIOC, GPIO_Pin_6);
    delay_nus(Pulses_Right[address]);
    GPIO_ResetBits(GPIOC, GPIO_Pin_6);
    delay_nms(20);
}
```

程序运行，address 加 1，提取下一组数据作为机器人下一次运动的参数。以此类推，直至 Pulses_Count[address]=0，机器人停止运动。

例程：NavigationWithValues.c

```
#include "HelloRobot.h"

int main(void)
{
    int Pulses_Count[5]={65,26,26,65,0};
    int Pulses_Left[4]={1700,1300,1700,1300};
    int Pulses_Right[4]={1300,1300,1700,1700};
    int address=0;
    int counter;

    BSP_Init();
    USART_Configuration();
    printf("Program Running!\n");
    while(Pulses_Count[address]!=0)
    {
      for(counter=1;counter<=Pulses_Count[address];counter++)
      {
          GPIO_SetBits(GPIOC, GPIO_Pin_7);
          delay_nus(Pulses_Left[address]);
          GPIO_ResetBits(GPIOC, GPIO_Pin_7);

          GPIO_SetBits(GPIOC, GPIO_Pin_6);
          delay_nus(Pulses_Right[address]);
          GPIO_ResetBits(GPIOC, GPIO_Pin_6);
          delay_nms(20);
      }
      address++;
    }
 while(1);
}
```

工程素质和技能归纳

（1）掌握 STM32 单片机程序调试方法，学会单步执行。

（2）复习机器人控制板初始化函数及系统时钟配置函数 RCC_Configuration()和 I/O 端口配置函数 GPIO_Configuration()，了解固件库的结构。

（3）复习 C 语言的数组和函数的定义、使用方法，掌握程序模块化设计方法，用数组和函数实现机器人的基本动作和复杂动作。体会程序模块化设计的思想。

（4）学习机器人运动函数的实现，用一个函数定义机器人的所有运动。

第4章　STM32单片机中断编程与机器人触觉导航

通过前面几章的学习，读者已经掌握如何使用单片机的 I/O 端口来控制机器人运动。此时，连接机器人伺服电机的单片机端口作为输出端口使用，而且使用非常简单。

本章读者将学习如何使用这些端口来获取外界信息，即如何将 STM32 单片机端口作为输入端口使用。例如，获取按键的信息进行人机交互，或给机器人小车增加触觉传感器以判断是否触碰了障碍物。实际上，对于任何一个嵌入式系统，如自动控制系统，都需要通过传感器获取外界信息，由计算机或单片机根据反馈的信息进行计算和决策，生成控制命令，然后通过输出端口控制系统相应的执行机构，完成相关任务。因此，学习使用 STM32 单片机的输入端口同学习使用输出端口同等重要。本章除介绍按键检测方法外，还介绍在机器人前端安装并测试一个称为“胡须”的触觉开关，通过编程来监视触觉开关的状态，以及决定当机器人遇到障碍物时如何动作。最终的结果是通过触觉开关实现机器人自动导航。

4.1　STM32 单片机按键输入检测

为了检测按键是否被按下，可以将按键与 STM32 单片机的 I/O 端口相连，按键电路图如图 4.1 所示。当按键被按下时，PE3 为低电平；当没有按键被按下时，PE3 为高电平。

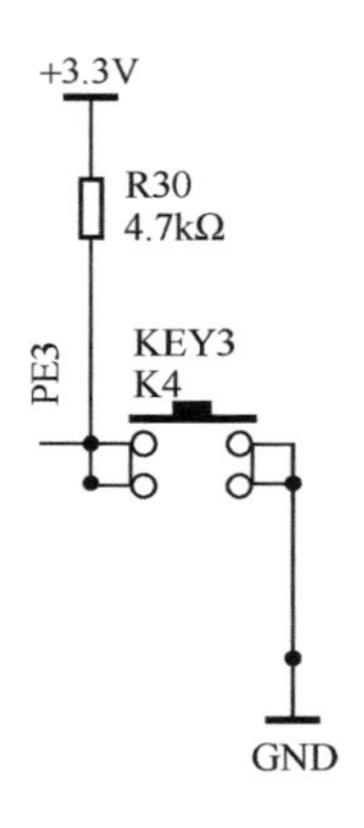

图 4.1　按键电路图

任务 1　按键检测

下面这段程序的功能是当 PE3 按键被按下时，连接到 PD7 上的 LED 亮灭状态交替变化一次。

例程：KeyNoEINT.c

```
#include "HelloRobot.h"
```

```
int main(void)
{
    BSP_Init();  //机器人控制板初始化函数
    USART_Configuration();
    printf("Program Running!\n");
    while (1)
    {
        if(GPIO_ReadInputDataBit(GPIOE, GPIO_Pin_3)==0)
        {
          if(GPIO_ReadOutputDataBit(GPIOD, GPIO_Pin_7)==0)
            GPIO_SetBits(GPIOD, GPIO_Pin_7);
          else
            GPIO_ResetBits(GPIOD, GPIO_Pin_7);
        }

        delay_nms(120);
    }
}
```

在 GPIO 配置函数 GPIO_Configuration()中，我们已将 PE3 设置为按键输入引脚，下面的程序将 PE3 设置为浮空输入模式：

```
GPIO_InitStructure.GPIO_Pin = GPIO_Pin_3;
GPIO_InitStructure.GPIO_Mode = GPIO_Mode_IN_FLOATING;
GPIO_InitStructure.GPIO_Speed = GPIO_Speed_50MHz;
GPIO_Init(GPIOE, &GPIO_InitStructure);
```

触觉开关在自动控制系统中有广泛应用。例如，当机器人触碰障碍物时，触觉开关就会察觉，通过程序让机器人躲开障碍物；为了保护飞机，在登机桥端口安装“触须”（触觉开关），当登机桥离飞机很近时触须就会触碰飞机，立即通知控制器降低靠近速度；工厂利用触觉开关计量生产线上的工件数量。在这些实例中，触觉开关提供的输入通过计算机或者单片机处理后生成其他形式的程序化的输出。

4.2　STM32 单片机输入端口的应用

STM32 单片机有 5 个 16 位的并行 I/O 端口，分别是 PA、PB、PC、PD 和 PE。这 5 个端口既可以作为输入，又可以作为输出；既可按 16 位处理，又可按位方式使用。实际上，在单片机复位期间和刚复位时，复用功能未开启，I/O 端口被配置成浮空输入模式。此时，所有端口都有外部中断能力。为了使用外部中断线，端口必须配置成输入模式。

作为输入，如果 I/O 端口引脚上的电平为高电平（5V 或 3.3V），那么与其相对应的 I/O 端口寄存器中的相应位存储 1。如果电平为低电平（0V），那么存储 0。

设计电路，让“胡须”（机器人触觉开关）达到以下效果：当“胡须”没有被触碰时，I/O 端口引脚上的电平为高电平（5V 或 3.3V）；当“胡须”被触碰时，I/O 端口引脚上的电平为低电平（0V）。单片机读入相应数据，进行分析、处理，控制机器人的运动。安装好“胡须”的机器人小车全貌如图 4.2 所示。

图 4.2　安装好“胡须”的机器人小车全貌

任务 2　安装并测试机器人的触觉开关——“胡须”

控制机器人依靠触觉开关进行导航，首先必须安装并测试“胡须”。图 4.3 所示是所需的硬件元件，包括：

（1）金属丝 2 根；

（2）平头 M3×6 盘头螺钉 2 个；

（3）M3*13+6mm 单通铜螺柱 4 个；

（4）M3 尼龙垫圈 2 个；

（5）3-pin 公-公接头 2 个；

（6）220Ω 电阻 2 个（色环：红-红-黑-黑）；

（7）10kΩ 电阻 2 个（色环：棕-黑-黑-红）。

（8）扩展面包板 1 个。

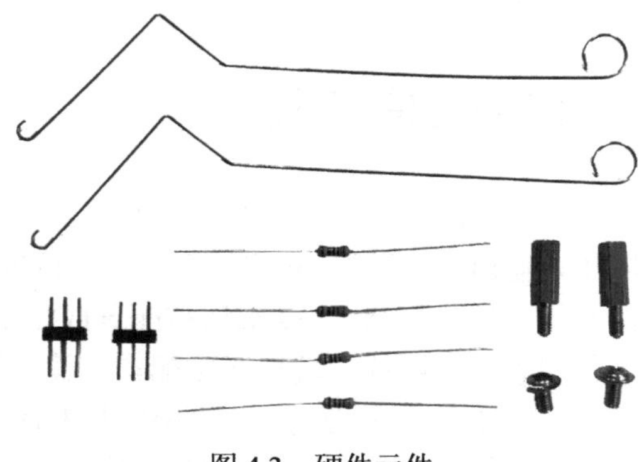

图 4.3　硬件元件

1. 安装“胡须”

参考图 4.4，安装“胡须”。

拧下固定 STM32 机器人控制板前端的两个 M3×6 盘头螺钉，用 M3*13+6mm 单通铜螺柱代替固定，再用剩下的 2 个铜螺柱将扩展面包板固定到铜螺柱上。

把一个金属丝钩在尼龙垫圈之上，另一个钩在尼龙垫圈之下，调整它们的位置使它们横向交叉但又不接触；拧紧螺钉到铜螺柱上。

参考图 4.5，搭建“胡须”电路。注意，“右边胡须”状态信息输入是通过 PE 端口的 PE2 引脚完成的，而“左边胡须”状态信息输入是通过 PE 端口的 PE3 引脚完成的。

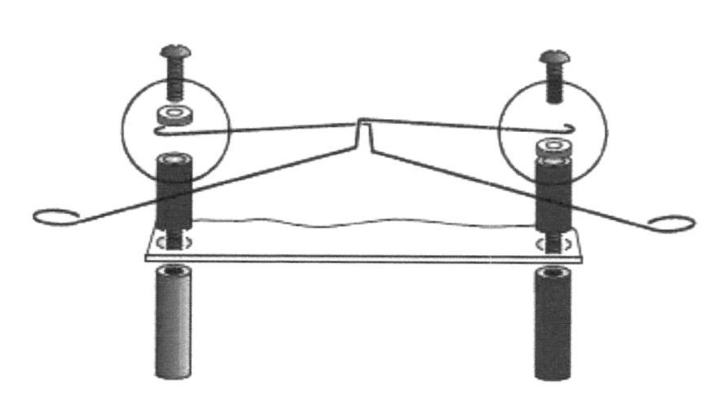

图 4.4　安装“胡须”

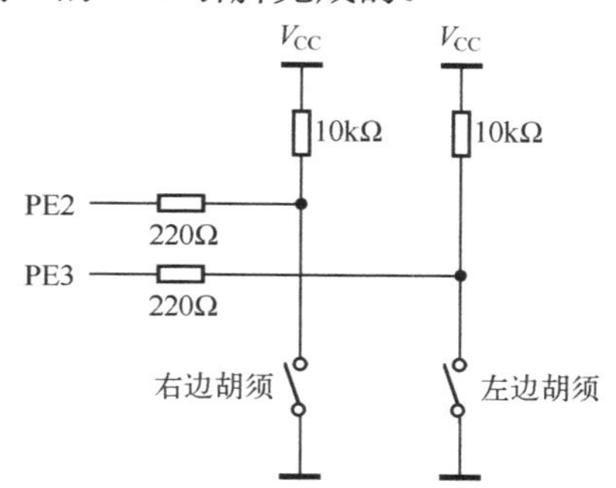

图 4.5　“胡须”电路

确定两条“胡须”比较靠近，但又不接触面包板上的 3-pin 接头，建议保持 3mm 的距离。图 4.6 所示是“胡须”接线图。安装好“胡须”的机器人控制板如图 4.7 所示。

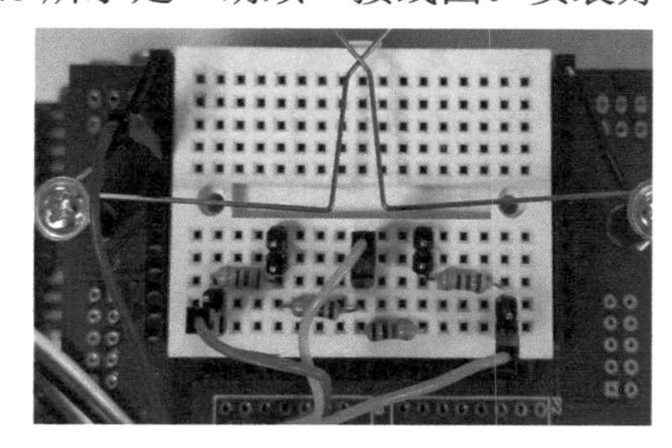

图 4.6　“胡须”接线图

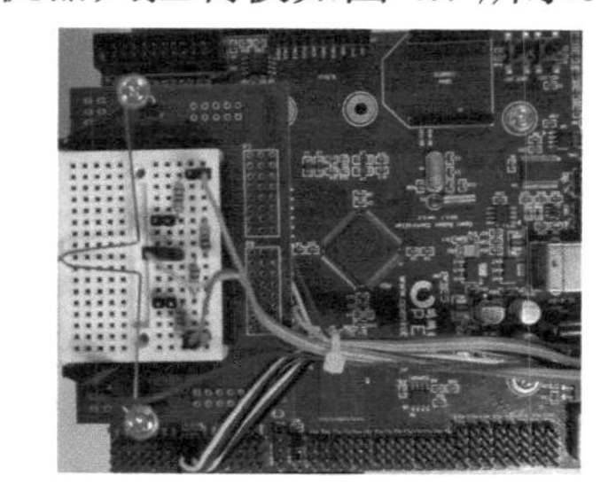

图 4.7　安装好“胡须”的机器人控制板

2. 测试“胡须”

观察一下图 4.5 所示的“胡须”电路，显然每个“胡须”都是一个机械式的、接地（GND）常开的开关（类似按键）。“胡须”接地是因为机器人控制板外围的镀金孔均连接到地。铜螺柱和螺钉给“胡须”提供电气连接。

通过编程让单片机探测什么时候“胡须”被触碰。由图 4.5 可知，连接到每个“胡须”电路的 I/O 端口引脚监视着 10kΩ上拉电阻上的电压变化。当“胡须”没有被触碰时，连接“胡须”的 I/O 端口引脚的电平是高电平；当“胡须”被触碰时，I/O 端口引脚接地，所以 I/O 端口引脚的电平是低电平。

上拉电阻

上拉电阻是与电源相连，起到拉高电平作用的电阻。上拉电阻还起到限流的作用。图 4.5 中的 10kΩ电阻即为上拉电阻。与之对应的还有与地相连的下拉电阻，可把电平拉至低电平。

例程：TestWhiskers.c

```
#include "HelloRobot.h"
```

```
int PE2state(void)//获取 PE2 的状态
{
    return GPIO_ReadInputDataBit(GPIOE,GPIO_Pin_2);
}
int PE3state(void)//获取 PE3 的状态
{
    return GPIO_ReadInputDataBit(GPIOE,GPIO_Pin_3);
}

int main(void)
{
    BSP_Init();
    USART_Configuration();
    printf("Program Running!\r\n");

    while(1)
    {
        printf("右边胡须的状态:%d ", PE2state());
        printf("左边胡须的状态:%d\r\n",PE3state());
        delay_nms(150);
    }
}
```

上面的例程用来测试“胡须”的功能是否正常。首先，定义两个无参数、有返回值的子函数 int PE2state(void)和 int PE3state(void)来获取左右两个“胡须”的状态。STM32 单片机的 5 个端口 PA、PB、PC、PD 和 PE 是可以按位来操作的，从低到高依次为第 0 引脚、第 1 引脚、……、第 15 引脚。

在掌握整个程序的原理后，按照下面的步骤执行程序对“胡须”进行测试。

（1）连接好 USB 口电缆，接通机器人控制板和伺服电机的电源。

（2）输入、保存并运行程序 TestWhiskers.c。

（3）检查图 4.5，弄清楚哪个“胡须”是“左边胡须”，哪个“胡须”是“右边胡须”。

（4）串口调试软件显示：“右边胡须的状态:1 左边胡须的状态:1”，如图 4.8 所示。

图 4.8 左右“胡须”均未触碰

（5）令“右边胡须”接触 3-pin 接头，串口调试软件显示：“右边胡须的状态:0 左边胡须

的状态:1”，如图 4.9 所示。

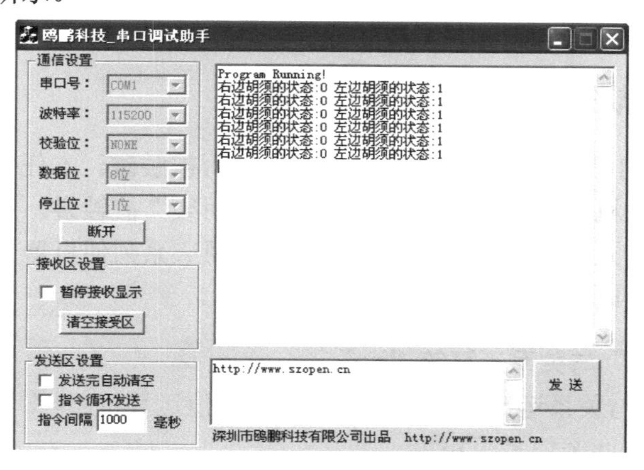

图 4.9 “右边胡须”触碰

（6）令“左边胡须”接触 3-pin 接头，串口调试软件显示：“右边胡须的状态:1 左边胡须的状态:0”，如图 4.10 所示。

图 4.10 “左边胡须”触碰

（7）同时令左右两个“胡须”接触各自的 3-pin 接头，串口调试软件显示：“右边胡须的状态:0 左边胡须的状态:0”，如图 4.11 所示。

图 4.11 左右“胡须”均触碰

（8）如果左右两个“胡须”都通过测试，可以继续下面的内容。否则，检查程序或电路中存在的错误。

任务3　依靠“胡须”的机器人触觉导航

在任务2中，我们已经通过编程探测“胡须”是否被触碰。本任务利用探测的信息对机器人进行运动导航。在机器人运动过程中，如果有“胡须”被触碰，意味着它遇到障碍物。导航程序将接收这些输入的信息，判断它的意义，调用一系列使机器人倒退、旋转、朝不同方向运动的动作子函数以避开障碍物。

赋值运算符“=”与关系运算符“==”

赋值运算符“=”与关系运算符“==”的区别：赋值运算符“=”用来给变量赋值；关系运算符“==”用来判断两个值是否相等。

逻辑与运算符“&&”

运算规则：

A&&B　　　表示若A、B都为真，则A&&B为真。

注意区分位操作符“&”和逻辑运算符“&&”。

下面的程序控制机器人向前走，直到碰到障碍物。在这种情况下，机器人用一个或者两个“胡须”探测障碍物。一旦“胡须”探测到障碍物，机器人将倒退或者旋转，然后再重新向前运动，直到遇到另一个障碍物。

例程：RoamingWithWhiskers.c

```
#include "HelloRobot.h"

int PE2state(void)//获取 PE2 的状态
{
      return GPIO_ReadInputDataBit(GPIOE,GPIO_Pin_2);
}

int PE3state(void)//获取 PE3 的状态
{
      return GPIO_ReadInputDataBit(GPIOE,GPIO_Pin_3);
}

void Forward(void)
{
      GPIO_SetBits(GPIOC, GPIO_Pin_7);
      delay_nus(1700);
      GPIO_ResetBits(GPIOC, GPIO_Pin_7);

      GPIO_SetBits(GPIOC, GPIO_Pin_6);
      delay_nus(1300);
      GPIO_ResetBits(GPIOC, GPIO_Pin_6);
```

```
        delay_nms(20);
    }
    void Left_Turn(void)
    {
        int i;
        for(i=1;i<=26;i++)
        {
            GPIO_SetBits(GPIOC, GPIO_Pin_7);
            delay_nus(1300);
            GPIO_ResetBits(GPIOC, GPIO_Pin_7);

            GPIO_SetBits(GPIOC, GPIO_Pin_6);
            delay_nus(1300);
            GPIO_ResetBits(GPIOC, GPIO_Pin_6);

            delay_nms(20);
        }
    }
    void Right_Turn(void)
    {
        int i;
        for(i=1;i<=26;i++)
        {
            GPIO_SetBits(GPIOC, GPIO_Pin_7);
            delay_nus(1700);
            GPIO_ResetBits(GPIOC, GPIO_Pin_7);

            GPIO_SetBits(GPIOC, GPIO_Pin_6);
            delay_nus(1700);
            GPIO_ResetBits(GPIOC, GPIO_Pin_6);

            delay_nms(20);
        }
    }
    void Backward(void)
    {
        int i;
        for(i=1;i<=65;i++)
        {
            GPIO_SetBits(GPIOC, GPIO_Pin_7);
            delay_nus(1300);
            GPIO_ResetBits(GPIOC, GPIO_Pin_7);

            GPIO_SetBits(GPIOC, GPIO_Pin_6);
            delay_nus(1700);
            GPIO_ResetBits(GPIOC, GPIO_Pin_6 );

            delay_nms(20);
```

```
        }
    }
    int main(void)
    {
        BSP_Init();
        USART_Configuration();
        printf("Program Running!\n");

        while(1)
        {
            if((PE2state()==0)&&( PE3state()==0)) //两胡须同时触碰
            {
                Backward(); //向后
                Left_Turn();//向左
                Left_Turn();//向左
            }
            else if(PE2state()==0)          //右边胡须触碰
            {
                Backward();//向后
                Left_Turn();//向左
            }
            else if(PE3state()==0)   //左边胡须触碰
            {
                Backward();//向后
                Right_Turn();//向右
            }
            else  //胡须没有触碰
                Forward();//向前
        }
    }
```

注意：函数 Forward()在这段程序中有一个变动。它只发送一个脉冲，然后就返回。这点相当重要，因为机器人可以在向前运动中的每两个脉冲之间检测“胡须”的状态。这表明机器人在向前运动的过程中，每秒检查“胡须”状态大概 43 次（1000ms/23ms≈43）。

因为每个全速前进的脉冲都使得机器人前进半厘米，所以只发送一个脉冲，就检查“胡须”状态是一个好方法。每次程序从 Forward()返回后，再次从 while 循环的开始处执行，此时 if...else 语句会再次检测“胡须”状态。

任务 4　机器人进入墙角后的人工智能决策

机器人在运动中会遇到卡在墙角里的情况。当机器人进入墙角时，“左边胡须”触墙，于是它右转，向前行走，然后“右边胡须”触墙，它左转前进，又触碰左墙，再次右转前进，再次触碰右墙……如果不把它从墙角里拿出来，它就会一直困在墙角里出不来。

1．编程逃离墙角

通过修改 RoamingWithWhiskers.c 控制机器人在碰到上述问题时逃离墙角（死区）。编程

技巧是记下“胡须”交替触碰的总次数，关键是必须记住每个“胡须”前一次的触碰状态，并将其和当前触碰状态对比。如果状态相反，就在交替总数上加 1。如果交替总数超过了程序中预先给定的阈值，表示机器人遇到了墙角，那么应该做一个“U”形转弯，并且把“胡须”交替计数器复位。

这个方法的编程实现依赖于 if...else 嵌套语句。换句话说，程序检查一种条件，若该条件成立（条件为真），则再检查包含于这个条件之内的另一个条件。下面用伪代码说明嵌套语句的用法。

```
if (condition1)
{
    commands for condition1
if(condition2)
{
    commands for both condition2 and condition1
}
else
{
    commands for condition1 but not condition2
}
}
else
{
    commands for not condition1
}
```

伪代码

伪代码通常用来描述不依赖于计算机语言的算法。无论是哪种计算机语言，都必须能够描述人类知识的逻辑结构。而人类知识的逻辑结构是统一的，如条件判断就是人类知识核心的逻辑结构之一。因此，各种计算机语言都有语法和关键词来实现条件判别。因此，在写条件判断语句时，经常用一种用于描述人类知识结构逻辑的伪代码来描述在计算机中如何实现这些逻辑算法，以使算法具有通用性。有了伪代码，用具体的语言来实现算法就很简单了。

下面的程序用于探测“胡须”连续的、交替出现的触碰过程。这个程序使机器人在第 4 次或第 5 次交替探测到墙角后完成一个“U”形拐弯，次数依赖于哪个“胡须”先触墙。

例程：EscapingCorners.c

```
#include "stm32f10x.h"
#include "HelloRobot.h"

int PE2state(void)//获取 PE2 的状态
{
     return GPIO_ReadInputDataBit(GPIOE,GPIO_Pin_2);
}

int PE3state(void)//获取 PE3 的状态
```

```
{
    return GPIO_ReadInputDataBit(GPIOE,GPIO_Pin_3);
}

void Forward(void)
{
…  //略，同前
}
void Left_Turn(void)
{
…  //略，同前
}
void Right_Turn(void)
{
…  //略，同前
}
void Backward(void)
{
…  //略，同前
}

int main(void)
{
    int counter=1;   //胡须触碰总次数
    int old2=1;      //右边胡须旧状态
    int old3=0;      //左边胡须旧状态

    BSP_Init();
    USART_Configuration();
    printf("Program Running!\n");

   while(1)
    {
        if(PE3state()!=PE2state())
        {
            if((old2!=PE2state())&&(old3!=PE3state()))
            {
                counter=counter+1;
                old2=PE2state();
                old3=PE3state();
                if(counter>4)
                {
                    counter=1;
                    Backward();//向后
                    Left_Turn();//向左转
                    Left_Turn();//向左转
```

```
                    }
                }
                else
                    counter=1;
            }
            if((PE3state()==0)&&(PE2state()==0))
            {
                Backward();//向后
                Left_Turn();//向左转
                Left_Turn();//向左转
            }
            else if(PE2state()==0)
            {
                Backward();//向后
                Left_Turn();//向左转
            }
        else if(PE3state()==0)
            {
                Backward();//向后
                Right_Turn();//向右转
            }
            else
                Forward();//向前
        }
    }
```

2. EscapingCorners.c 是如何工作的

由于该程序是由 RoamingWithWhiskers.c 修改而来的，下面只讨论与探测和逃离墙角相关的新特征。

```
int counter=1;
int old2=1;
int old3=0;
```

这三个变量用于探测墙角。int 型变量 counter 用来存储交替探测的次数。例程中，设定的交替探测次数的最大值为 4。int 型变量 old2、old3 用来存储“胡须”的旧状态值。

counter 的初值为 1，当机器人卡在墙角，此值累计到 4 时，counter 复位为 1。old2 和 old3 必须被赋值，以至于看起来两个“胡须”其中一个在程序开始之前就触墙了。这些工作之所以必须做，是因为探测墙角的程序总是对比交替触碰的部分，或者 PE2state()==0，或者 PE3state()==0。与之对应，old2 和 old3 的值也相互不同。

下面看探测连续而交替触碰墙角的部分。

首先要检查是否有且只有一个“胡须”被触碰。简单的方法就是询问“PE2state()是否不等于 PE3state()”。用到的判断语句如下：

```
if(PE2state()!=PE3state())
```

假如真有“胡须”触墙，接下来要做的事情就是检查当前状态是否确实与上次不同。换句话说，判断 old2 是否不等于 PE2state()和 old3 是否不等于 PE3state()。如果是，就将“胡须”交替计数器加 1，同时记下当前的状态。设置 old2 等于当前的 PE2state()，old3 等于当前的 PE3state()。

```
if((PE2state()==0)&&(PE3state()==0))
{
    Backward();//向后
    Left_Turn();//向左转
    Left_Turn();//向左转
}
```

如果发现哪个“胡须”连续 4 次触墙，那么将交替计数器置 1，并且控制机器人进行“U”形拐弯。

```
if(counter>4)
{
    counter=1;
    Backward();
    Left_Turn();
    Left_Turn();
}
```

紧接 if 的 else 语句处理机器人没有遇到墙角情况，故需要将交替计数器置 1。之后的程序和 RoamingWithWhiskers.c 一样。

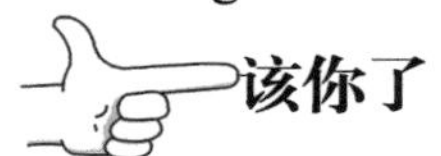

（1）尝试令变量 counter 的值为 5 和 6，观察结果；

（2）尝试令变量 counter 的值为 2 和 3，观察机器人在行走过程中的区别。

4.3 STM32 单片机中断编程

中断是计算机和嵌入式系统中的一个十分重要的概念。现代计算机和嵌入式系统毫无例外地都采用中断技术。什么是中断呢？可以举一个日常生活中的例子来说明。假如你正在看书，电话铃响了。这时，你放下书去接电话。通话完毕，你再继续看书。这个例子就表达了中断及其处理过程。电话铃声使你暂时中止当前的工作，而去处理更为紧急的事情（接电话），紧急的事情处理完毕之后，再回头继续处理原来的事情。在这个例子中，电话铃声称为“中断请求”，你暂停看书去接电话称为“中断响应”，接电话的过程称为“中断处理”。

在计算机执行程序的过程中，在出现某个特殊情况（称为“事件”）时，CPU 中止现行程序，转去执行处理该事件的函数（称为中断处理或中断服务函数），待中断服务函数执行完毕后，再返回断点处继续执行原来的程序，这个过程称为“中断”。

计算机为什么要采用中断技术

为了说明这个问题，再举一个例子。假设有一位朋友来拜访你，但是你不知道他何时到达，你只能在门口等待且做不了其他事。如果在门口装一个门铃，你就不必在门口等待而可以做其他的工作。朋友来了会按门铃通知你，你这时才中断你的工作去开门，就避免等待和浪费时间。计算机也是一样，如打印输出工作，CPU 传送数据的速度快，而打印机打印的速度慢，如果不采用中断技术，CPU 将经常处于等待状态，效率极低。而采用了中断技术，CPU 可以进行其他的工作，只需在打印机缓冲区中的当前内容打印完毕后发出中断请求时，才予以响应，暂时中断当前的工作转去执行向缓冲区传送数据的工作，传送完成后返回执行原来的程序，这样就大大地提高了计算机系统的效率。

中断是单片机实时处理内部或外部事件的一种内部机制。当某种内部或外部事件发生时，单片机的中断系统将迫使 CPU 暂停正在执行的程序，而转去处理中断事件。中断事件处理完毕后，又返回被中断的程序处继续执行。中断是一种在发生了一个事件时调用相应的处理程序的过程。在一定条件下，CPU 响应中断后暂停原程序的执行，转至为这个事件服务的中断处理程序。

通常，外部中断是由外部设备通过请求引脚向 CPU 提出的。中断信号也可以是由 CPU 内部产生的，如定时器、实时时钟信号等。

在 STM32 单片机复位期间和刚复位时，复用功能未开启。I/O 端口被配置成浮空输入模式，所有端口都有外部中断能力。为了使用外部中断线，端口必须被配置成输入模式。

1．STM32 单片机的中断系统

相对于 ARM7 使用的外部中断控制器而言，ARM Cortex-M3 处理器中集成了中断控制器和中断优先级控制寄存器。它支持 256 个中断（16 个内核中断+240 个外部中断）和可编程的 256 级中断优先级的设置。NVIC（Nested Vectored Interrupt Controller，内嵌向量中断控制器）使用的是基于堆栈的异常模型。在处理中断时，将程序计数器、程序状态寄存器、链接寄存器和通用寄存器压入堆栈，中断处理完成后再恢复这些寄存器。堆栈处理是由硬件完成的，无须在中断服务函数中进行堆栈操作。使用尾链（Tail-chaining）连续中断技术只需消耗 3 个时钟周期，相比于 32 个时钟周期的连续压、出堆栈大大降低了延迟，提供了确定的、低延迟的中断处理，提高了性能。

STM32 单片机并没有使用 ARM Cortex-M3 处理器的全部功能（如内存保护单元 MPU、8 位中断优先级等）。因此，它的 NVIC 是 ARM Cortex-M3 处理器的 NVIC 的子集。STM32 单片机的 NVIC 支持 68 个可屏蔽中断通道见表 4.1，其中不包含 Cortex-M3 处理器 16 个中断通道（见表 4.2），支持 16 级可编程的中断优先级的设置（仅使用中断优先级设置 8 位中的高 4 位）。

表 4.1　STM32 单片机的可屏蔽中断通道对应的中断向量表

位　置	优 先 级	优先级类型	名　称	说　明	地　址
0	7	可设置	WWDG	窗口看门狗定时器中断	0x0000_0040
1	8	可设置	PVD	连到 EXTI 的电源电压检测（PVD）中断	0x0000_0044
2	9	可设置	TAMPER	侵入检测中断	0x0000_0048
3	10	可设置	RTC	实时时钟（RTC）全局中断	0x0000_004C

续表

位　置	优 先 级	优先级类型	名　称	说　明	地　址
4	11	可设置	FLASH	闪存全局中断	0x0000_0050
5	12	可设置	RCC	复位和时钟控制（RCC）中断	0x0000_0054
6	13	可设置	EXTI0	EXTI 线 0 中断	0x0000_0058
7	14	可设置	EXTI1	EXTI 线 1 中断	0x0000_005C
8	15	可设置	EXTI2	EXTI 线 2 中断	0x0000_0060
9	16	可设置	EXTI3	EXTI 线 3 中断	0x0000_0064
10	17	可设置	EXTI4	EXTI 线 4 中断	0x0000_0068
11	18	可设置	DMA 通道 1	DMA 通道 1 全局中断	0x0000_006C
12	19	可设置	DMA 通道 2	DMA 通道 2 全局中断	0x0000_0070
13	20	可设置	DMA 通道 3	DMA 通道 3 全局中断	0x0000_0074
14	21	可设置	DMA 通道 4	DMA 通道 4 全局中断	0x0000_0078
15	22	可设置	DMA 通道 5	DMA 通道 5 全局中断	0x0000_007C
16	23	可设置	DMA 通道 6	DMA 通道 6 全局中断	0x0000_0080
17	24	可设置	DMA 通道 7	DMA 通道 7 全局中断	0x0000_0084
18	25	可设置	ADC	ADC 全局中断	0x0000_0088
19	26	可设置	USB_HP_CAN_TX	USB 高优先级或 CAN 发送中断	0x0000_008C
20	27	可设置	USB_LP_CAN_RX0	USB 低优先级或 CAN 接收 0 中断	0x0000_0090
21	28	可设置	CAN_RX1	CAN 接收 1 中断	0x0000_0094
22	29	可设置	CAN_SCE	CAN SCE 中断	0x0000_0098
23	30	可设置	EXTI9_5	EXTI 线[9:5]中断	0x0000_009C
24	31	可设置	TIM1_BRK	TIM1 刹车中断	0x0000_00A0
25	32	可设置	TIM1_UP	TIM1 更新中断	0x0000_00A4
26	33	可设置	TIM1_TRG_COM	TIM1 触发和通信中断	0x0000_00A8
27	34	可设置	TIM1_CC	TIM1 捕获比较中断	0x0000_00AC
28	35	可设置	TIM2	TIM2 全局中断	0x0000_00B0
29	36	可设置	TIM3	TIM3 全局中断	0x0000_00B4
30	37	可设置	TIM4	TIM4 全局中断	0x0000_00B8
31	38	可设置	I^2C1_EV	I^2C1 事件中断	0x0000_00BC
32	39	可设置	I^2C1_ER	I^2C1 错误中断	0x0000_00C0
33	40	可设置	I^2C2_EV	I^2C2 事件中断	0x0000_00C4
34	41	可设置	I^2C2_ER	I^2C2 错误中断	0x0000_00C8

续表

位　置	优 先 级	优先级类型	名　称	说　明	地　址
35	42	可设置	SPI1	SPI1 全局中断	0x0000_00CC
36	43	可设置	SPI2	SPI2 全局中断	0x0000_00D0
37	44	可设置	USART1	USART1 全局中断	0x0000_00D4
38	45	可设置	USART2	USART2 全局中断	0x0000_00D8
39	46	可设置	USART3	USART3 全局中断	0x0000_00DC
40	47	可设置	EXTI15_10	EXTI 线[15:10]中断	0x0000_00E0
41	48	可设置	RTCAlarm	连接到 EXTI 的 RTC 闹钟中断	0x0000_00E4
42	49	可设置	USB 唤醒	连接到EXTI的从USB中待机唤醒中断	0x0000_00E8
43	50	可设置	TIM8_BRK	TIM8 刹车中断	0x0000_00EC
44	51	可设置	TIM8_UP	TIM8 更新中断	0x0000_00F0
45	52	可设置	TIM8_TRG_COM	TIM8 触发和通信中断	0x0000_00F4
46	53	可设置	TIM8_CC	TIM8 捕获比较中断	0x0000_00F8
47	54	可设置	ADC3	ADC3 全局中断	0x0000_00FC
48	55	可设置	FSMC	FSMC 全局中断	0x0000_0100
49	56	可设置	SDIO	SDIO 全局中断	0x0000_0104
50	57	可设置	TIM5	TIM5 全局中断	0x0000_0108
51	58	可设置	SPI3	SPI3 全局中断	0x0000_010C
52	59	可设置	UART4	UART4 全局中断	0x0000_0110
53	60	可设置	UART5	UART5 全局中断	0x0000_0114
54	61	可设置	TIM6	TIM6 全局中断	0x0000_0118
55	62	可设置	TIM7	TIM7 全局中断	0x0000_011C
56	63	可设置	DMA2 通道 1	DMA2 通道 1 全局中断	0x0000_0120
57	64	可设置	DMA2 通道 2	DMA2 通道 2 全局中断	0x0000_0124
58	65	可设置	DMA2 通道 3	DMA2 通道 3 全局中断	0x0000_0128
59	66	可设置	DMA2 通道 4	DMA2 通道 4 全局中断	0x0000_012C
60	67	可设置	DMA2 通道 5	DMA2 通道 5 全局中断	0x0000_0130
61	68	可设置	ETH	以太网全局中断	0x0000_0134
62	69	可设置	ETH_WKUP	连接到 EXTI 的以太网唤醒中断	0x0000_0138
63	70	可设置	CAN2_TX	CAN2 发送中断	0x0000_013C
64	71	可设置	CAN2_RX0	CAN2 接收 0 中断	0x0000_0140
65	72	可设置	CAN2_RX1	CAN2 接收 1 中断	0x0000_0144

续表

位　置	优 先 级	优先级类型	名　称	说　明	地　址
66	73	可设置	CAN2_SCE	CAN2 的 SCE 中断	0x0000_0148
67	74	可设置	OTG_FS	全速的 USB OTG 全局中断	0x0000_014C

表 4.2　ARM Cortex-M3 处理器的 16 个中断通道对应的中断向量表

优 先 级	优先级类型	名　称	说　明	地　址
—	—	—	保留	0x0000_0000
-3（最高）	固定	Reset	复位	0x0000_0004
-2	固定	NMI	不可屏蔽中断，RCC 时钟安全系统（CSS）连接到 NMI 向量	0x0000_0008
-1	固定	硬件失效	所有类型的失效	0x0000_000C
0	可设置	存储管理	存储器管理	0x0000_0010
1	可设置	总线错误	预取指失败，存储器访问失败	0x0000_0014
2	可设置	错误应用	未定义的指令或非法状态	0x0000_0018
—	—	—	保留	0x0000_001C
—	—	—	保留	0x0000_0020
—	—	—	保留	0x0000_0024
—	—	—	保留	0x0000_0028
3	可设置	SVCall	通过 SWI 指令的系统服务调用	0x0000_002C
4	可设置	调试监控	调试监控器	0x0000_0030
—	—	—	保留	0x0000_0034
5	可设置	PendSV	可挂起的系统服务	0x0000_0038
6	可设置	SysTick	系统嘀嗒定时器	0x0000_003C

NVIC 相关寄存器控制 STM32 单片机所有中断开关和中断优先级。NVIC 共支持 1～240 个外部中断输入。除个别中断的优先级被固定外，其他中断的优先级都是可设置的。其中，对于所有的 ARM Cortex-M3 处理器（包括 STM32 单片机），256 个中断（异常）中的前面 16 个（0～15 号）内核中断都是一样的，而 240 个外部中断具体的数值由芯片厂商在设计芯片时决定。一般地，各种芯片的中断源数目不到 240 个，并且优先级的位数也由芯片厂商决定。

编写 STM32 单片机的中断服务函数，首先要知道 stm32f10x_it.c 这个文件。打开固件库目录（\library\src）下的这个文件，可以看到***_IRQHandler()函数的实现。这些函数几乎都是空的、需要开发者填写的中断服务函数。如果用到哪个中断来做相应的处理，就要填写相应的中断处理函数。这应根据 STM32 单片机机器人控制板（嵌入式产品）各外设的实际情况来填写。但是一般都会有关闭、开启中断和清除中断的标记。在这个文件中还有很多系统相关的中断服务函数，如系统时钟函数 SysTickHandler()。

中断通道

每个中断对应一个外围设备，但外围设备通常具备若干个可以引起中断的中断源或中断事件，而该设备的所有的中断都只能通过该指定的“中断通道”向内核申请。STM32 单片机可以支持的 68 个外部中断通道，已固定地分配给相应的外围设备。

2．STM32 单片机的外部中断

STM32 单片机的 80 个通用 I/O 端口连接到 19 个外部中断/事件源上。图 4.12 是 STM32 单片机通用 I/O 端口与外部中断的映射关系。PAx, PBx, PCx, PDx 和 PEx 端口引脚对应的是同一个外部中断/事件源 EXTIx（x：0～15），共 16 个中断/事件。还有三个外部中断/事件控制器的连接如下：

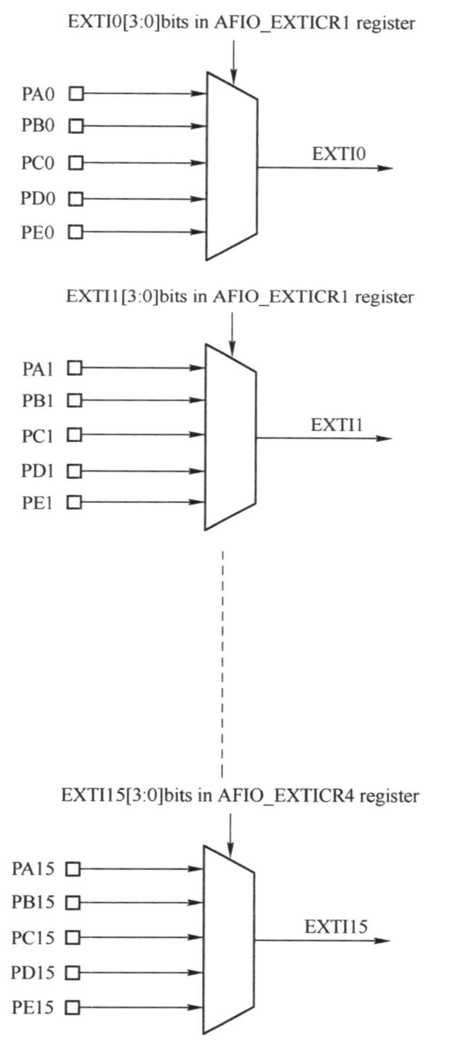

图 4.12　STM32 单片机通用 I/O 端口与外部中断的映射关系

（1）外部中断/事件源 EXTI16 连接到 PVD 电源电压检测输出；

（2）外部中断/事件源 EXTI17 连接到 RTC 闹钟事件；

（3）外部中断/事件源 EXTI18 连接到从 USB 中待机唤醒事件。

将机器人控制板按键实验中按键（PE3 引脚，见图 4.1）设置成可以中断，以实现任务 5 中的按键中断程序。

任务 5　按键中断

例程：KeyWithEINT.c

```
#include "HelloRobot.h"

int main(void)
{
    BSP_Init();  //机器人控制板初始化函数
    USART_Configuration();
    printf("Program Running!\n");

    while (1);//等待中断到来
}
```

在固件库文件 stm32f10x_it.c 中编写中断服务程序：

```
#include "stm32f10x_it.h"
extern void delay_nms(unsigned long n);
…
void EXTI3_IRQHandler(void)
{
  if(GPIO_ReadOutputDataBit(GPIOD, GPIO_Pin_7)==0)
      GPIO_SetBits(GPIOD, GPIO_Pin_7);
  else
      GPIO_ResetBits(GPIOD, GPIO_Pin_7);

  delay_nms(10) ;   //去抖动

  EXTI_ClearITPendingBit( EXTI_Line3) ;//中断结束时清中断标志位
}

/*BSP_Init()开放了 EINT4 中断，如果不需要，为了防止干扰信号，加入以下代码*/
void EXTI4_IRQHandler(void)
{
  EXTI_ClearITPendingBit(EXTI_Line4) ;//中断结束时清中断标志位
}
```

中断的初始化工作放在机器人控制板初始化函数 BSP_Init()中进行。主程序执行到 while(1)时等待中断的到来。当中断到来时，主程序转到中断处理函数***_IRQHandler()中去。

该你了——编写、下载并执行这个程序

按下 PE3 引脚对应的按键，相应的 LED 的亮灭状态会交替变化。

你可能会有疑问，当一个中断到来时，如何被关联到STM32固件库中的***_IRQHandler(void) 函数呢？或者 STM32 单片机的中断执行过程是怎样的呢？这就需要了解 STM32 单片机外部中断/事件控制器中断结构和相关寄存器的配置。

1. STM32 单片机外部中断/事件控制器结构

STM32 单片机有 80 个通用 I/O 端口连接到 19 个外部中断/事件源上，如图 4.13 所示。外部中断/事件控制器由 19 个产生中断/事件请求的边沿检测电路组成。每个输入线可以独立地配置输入类型（脉冲或挂起）和对应的触发事件（上升沿、下降沿或双边沿触发）。每个输入线都可以被独立屏蔽，由登记请求寄存器保持着状态线的中断请求。登记请求寄存器也称为挂起请求寄存器。

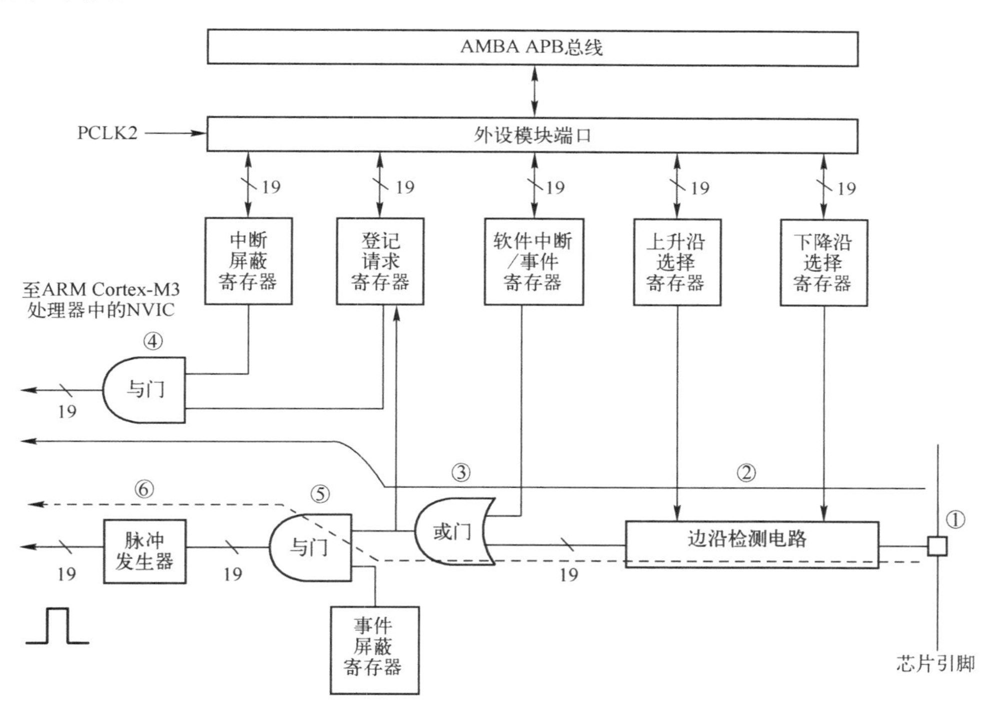

图 4.13　STM32 单片机外部中断/事件控制器结构图

图 4.13 中，信号线上画有一条斜线，旁边标记 19 字样的注释，表示这样的线路共有 19 条。APB 总线和外设模块端口是每个功能模块都有的部分。CPU 通过这些的端口访问各个功能模块。

图 4.13 中的实线箭头标出了外部中断信号的传输路径。首先外部中断信号从编号①的芯片引脚进入，经过编号②的边沿检测电路，通过编号③的或门进入登记请求寄存器，最后经过编号④的与门输出到 ARM Cortex-M3 的 NVIC 中。在这个通道上有 4 个控制部分。

（1）外部中断信号首先经过边沿检测电路，边沿检测电路受“上升沿选择寄存器”或“下降沿选择寄存器”控制。读者可以使用这两个寄存器控制哪一个边沿产生中断。因为上升沿或下降沿分别受两个独立的寄存器控制，所以可以同时选择上升沿和下降沿。

（2）接下来经过或门，这个或门的另一个输入是“软件中断/事件寄存器”。由此看出，软件中断信号优先于外部中断信号。当“软件中断/事件寄存器”的对应位为 1 时，无论外部中断信号如何，编号③的或门都会输出有效信号。

（3）当中断信号经过编号③的或门后，进入登记请求寄存器。中断信号传输通路都是一致的。也就是说，登记请求寄存器中记录了此外部中断信号的电平变化。

（4）外部中断信号最后经过编号④的与门至 ARM Cortex-M3 处理器的 NVIC 中。如果中断屏蔽寄存器的对应位为 0，那么该中断信号不能传输到与门的另一端屏蔽中断。

上述是外部中断信号的请求机制，下面介绍事件的请求机制。图 4.13 中的虚线箭头标出了外部事件信号的传输路径。外部请求信号经过编号③的或门后，进入编号⑤的与门，这个与门的作用与编号④的与门类似，用于引入事件屏蔽寄存器的控制。最后脉冲发生器把一个跃变的信号转变为一个单脉冲，输出到芯片的其他功能模块。

从图 4.13 中可知，从外部信号来看，中断信号和事件信号是没有分别的。区别在于芯片内部一路信号向 CPU 发出中断请求，另一路信号向其他功能模块发出脉冲触发信号。其他功能模块如何响应这个触发信号，由对应的模块决定。

2. STM32 单片机通用 I/O 端口与外部中断的映射关系

在图4.12中的STM32单片机通用I/O端口与外部中断的映射关系中，AFIO_EXTICRx（x：1～4）寄存器映像和复位值见表 4.3，其中包含了 EXTI0[3:0]～EXTI15[3:0]。

表 4.3　AFIO_EXTICRx 寄存器映像和复位值

偏移	寄存器	31	30	29	28	27	26	25	24	23	22	21	20	19	18	17	16	15	14	13	12	11	10	9	8	7	6	5	4	3	2	1	0
000h	AFIO_EVCR	保留																								EVOE	PORT[2:0]			PIN[3:0]			
	复位值																									0	0	0	0	0	0	0	0
004h	AFIO_MAPR	保留					SWJ_CFG[2:0]			保留								PD01_REMAP	CAN_REMAP[1:0]		TIM4_REMAP	TIM3_REMAP[1:0]		TIM2_REMAP[1:0]		TIM1_REMAP[1:0]		USART3_REMAP[1:0]		USART2_REMAP	USART1_REMAP	I^{2}C1_REMAP	SPI1_REMAP
	复位值						0	0	0									0	0	0	0	0	0	0	0	0	0	0	0	0	0	0	0
008h	AFIO_EXTICR1	保留																EXTI3[3:0]				EXTI2[3:0]				EXTI1[3:0]				EXTI0[3:0]			
	复位值																	0	0	0	0	0	0	0	0	0	0	0	0	0	0	0	0
00Ch	AFIO_EXTICR2	保留																EXTI7[3:0]				EXTI6[3:0]				EXTI5[3:0]				EXTI4[3:0]			
	复位值																	0	0	0	0	0	0	0	0	0	0	0	0	0	0	0	0
010h	AFIO_EXTICR3	保留																EXTI11[3:0]				EXTI10[3:0]				EXTI9[3:0]				EXTI8[3:0]			
	复位值																	0	0	0	0	0	0	0	0	0	0	0	0	0	0	0	0
014h	AFIO_EXTICR4	保留																EXTI15[3:0]				EXTI14[3:0]				EXTI13[3:0]				EXTI12[3:0]			
	复位值																	0	0	0	0	0	0	0	0	0	0	0	0	0	0	0	0

举例说明。

AFIO_EXTICR1 寄存器的 EXTI0[3:0]位的含义如下：

0000 代表 PA0 引脚；0001 代表 PB0 引脚；0010 代表 PC0 引脚；0011 代表 PD0 引脚；0100 代表 PE0 引脚。

AFIO_EXTICR1 寄存器的 EXTI1[3:0]位的含义如下：

0000 代表 PA1 引脚；0001 代表 PB1 引脚；0010 代表 PC1 引脚；0011 代表 PD1 引脚；0100 代表 PE1 引脚。

以此类推。

前述 19 个外部中断/事件所对应的控制器寄存器映像和复位值见表 4.4，存储器映射首地址为 0x40010400。

表 4.4　外部中断/事件所对应的控制器寄存器映像和复位值表

偏移	寄存器	31	30	29	28	27	26	25	24	23	22	21	20	19	18	17	16	15	14	13	12	11	10	9	8	7	6	5	4	3	2	1	0
000h	EXTI_IMR	保留												MR[18:0]																			
	复位值													0	0	0	0	0	0	0	0	0	0	0	0	0	0	0	0	0	0	0	0
004h	EXTI_EMR	保留												MR[18:0]																			
	复位值													0	0	0	0	0	0	0	0	0	0	0	0	0	0	0	0	0	0	0	0
008h	EXTI_RTSR	保留												TR[18:0]																			
	复位值													0	0	0	0	0	0	0	0	0	0	0	0	0	0	0	0	0	0	0	0
00Ch	EXTI_FTSR	保留												TR[18:0]																			
	复位值													0	0	0	0	0	0	0	0	0	0	0	0	0	0	0	0	0	0	0	0
010h	EXTI_SWIER	保留												SWIER[18:0]																			
	复位值													0	0	0	0	0	0	0	0	0	0	0	0	0	0	0	0	0	0	0	0
014h	EXTI_PR	保留												PR[18:0]																			
	复位值													0	0	0	0	0	0	0	0	0	0	0	0	0	0	0	0	0	0	0	0

下面简单介绍表 4.4 中寄存器的含义。

硬件中断的选择通过以下过程配置 19 条线路作为中断源，相关的寄存器配置包括：

（1）配置 19 条中断线的中断屏蔽寄存器（EXTI_IMR：Interrupt Mask Register）；

（2）配置触发方式，配置上升沿选择寄存器（EXTI_RTSR：Rising Trigger Selection Register）和下降沿选择寄存器（EXTI_FTSR：Falling Trigger Selection Register）；

（3）配置那些控制 I/O 端口映像到外部中断控制器（EXTI）的 NVIC 中断通道的使能和屏蔽位，使得 19 条中断线中的请求可以被正确地响应。

硬件事件的选择通过以下过程来配置 19 条线路作为事件源，相关的寄存器配置包括：

（1）配置 19 条事件线的事件屏蔽寄存器（EXTI_EMR：Event Mask Register）；

（2）配置触发方式，配置上升沿选择寄存器（EXTI_RTSR）和下降沿选择寄存器（EXTI_FTSR）。

对软件中断/事件的选择使 19 条线路可以被配置成软件中断/事件线，相关寄存器的配置包括：

（1）配置 19 条中断/事件线的中断屏蔽寄存器和事件屏蔽寄存器（EXTI_IMR, EXTI_EMR）；

（2）配置软件中断/事件寄存器（EXTI_SWIER：Software Interrupt Event Register）的请

求位。

如果要产生中断，中断线须事先配置好并被激活。根据需要的边沿，设置两个触发选择寄存器（上升沿选择寄存器和下降沿选择寄存器），并在中断屏蔽寄存器的相应位写 1 以允许中断请求。当需要的边沿在外部中断连接线上发生时，将产生一个中断请求，对应的登记请求寄存器相应位被置 1。

注意：写 1 到登记请求寄存器，而不是写 0 清除该中断请求标记。ARM9 和 ARM11 处理器也是这样。

为产生事件，事件连接线须事先配置好并被激活。根据需要的边沿，设置两个触发选择寄存器（上升沿选择寄存器和下降沿选择寄存器），并在事件屏蔽寄存器的相应位写 1，以允许事件请求。当需要的边沿在事件连接线上发生时，将产生一个事件请求脉冲，对应的登记请求寄存器相应位不被置 1。

通过在软件中断/事件寄存器中写 1，也可以由软件产生中断/事件请求。即软件可以优先于外部信号请求一个中断或事件。当软件中断/事件寄存器的相应位为 1 时，无论外部信号如何，都会产生一个中断/事件请求，对应的登记请求寄存器相应位也被置 1。

嵌套向量中断控制器（NVIC）

在图 4.13 中，中断信号经中断屏蔽寄存器控制后，被送至 ARM Cortex-M3 处理器中的 NVIC 中。NVIC 支持 240 个外部中断输入，这 240 个中断的使能与禁止（除能）分别由各自的寄存器来控制。这与传统的、使用单一位的两个状态来设置中断的使能与禁止是不同的。

NVIC 中有 240 对使能/禁止位，每个中断拥有一对。这 240 对使能/禁止位分布在 8 对 32 位寄存器中（最后一对没有用完），分别是 SETENA0～SETENA7 和 CLRENA0～CLRENA7，其对应的地址是 0xE000E100～0xE000E11C 和 0xE000E180～0xE000E19C，SETENAx 和 CLRENAx 寄存器表见表 4.5。

表 4.5 SETENAx 和 CLRENAx 寄存器表

名　称	类　型	地　址	复 位 值	描　述
SETENA0	R/W	0xE000_E100	0	中断 0～31 的使能寄存器，共 32 个使能位。位[*n*]：中断#*n* 使能（异常号 16+*n*）
SETENA1	R/W	0xE000_E104	0	中断 32～63 的使能寄存器，共 32 个使能位
…	…	…	…	……
SETENA7	R/W	0xE000_E11C	0	中断 224～239 的使能寄存器，共 16 个使能位
CLRENA0	R/W	0xE000_E180	0	中断 0～31 的禁止寄存器，共 32 个禁止位。位[*n*]：中断#*n* 禁止（异常号 16+*n*）
CLRENA1	R/W	0xE000_E184	0	中断 32～63 的禁止寄存器，共 32 个禁止位
…	…	…	…	……
CLRENA7	R/W	0xE000_E19C	0	中断 224～239 的禁止寄存器，共 16 个禁止位

NVIC 欲使能一个中断，需写 1 到 SETENAx 相应位；欲禁止（除能）一个中断，需写 1 到 CLRENAx 相应位。通过这种方式，使能/禁止中断时只需把相应位写成 1，其他位可以全部为零，从而实现每个中断都可以独立设置。

需要注意的是，在特定的芯片中，只有该芯片实现了的中断，其对应 SETENA 位和 CLRENA 位才有意义。因此，如果你使用的芯片支持 32 个中断，那么只有 SETENA0/CLRENA0 需要使用。SETENA/CLRENA 可以按字/半字/字节的方式来访问。前 16 个异常已经分配给系统异常（见表 4.1），故中断 0 的异常号是 16。

回到 STM32 单片机的中断中，STM32 单片机支持 68 个外部中断（见表 4.2）。以串口 1 中断为例，如果要使能串口 1 中断，就要找到串口 1 中断号。查看表 4.2 得知串口 1（UART1）的中断号为 37，那么将寄存器 SETENA1 中的位 5 置 1 就可使能 UART1 中断。

3．外部中断相关寄存器的配置

外部中断相关寄存器的配置在 HelloRobot.h 文件的 GPIO 配置函数 GPIO_Configuration()和中断控制配置函数 NVIC_Configuration()中。以配置 PE3 引脚（GPIOE_3 端口）作为外部中断端口为例，配置外部中断首先需要打开相应的 I/O 端口配置和时钟等，其 GPIO 配置函数 GPIO_Configuration()如下：

```
void RCC_Configuration(void)                //以配置 GPIOE_3 端口作为外部中断端口为例
{  …
   RCC_APB2PeriphClockCmd(RCC_APB2Periph_GPIOE , ENABLE);
}
void GPIO_Configuration(void)               //以配置 GPIOE_3 端口作为外部中断端口为例
{  …
   GPIO_InitStructure.GPIO_Pin = GPIO_Pin_3;
   GPIO_InitStructure.GPIO_Mode = GPIO_Mode_IN_FLOATING;
   GPIO_InitStructure.GPIO_Speed = GPIO_Speed_50MHz;
   GPIO_Init(GPIOE, &GPIO_InitStructure);
   }
```

中断控制配置函数 NVIC_Configuration()如下：

```
NVIC_InitTypeDef NVIC_InitStruct;
EXTI_InitTypeDef EXTI_InitStructure;
…
void NVIC_Configuration(void)               //以配置 GPIOE_3 端口作为外部中断端口为例
{
   …
   GPIO_EXTILineConfig(GPIO_PortSourceGPIOE, GPIO_PinSource3);
   /*调用固件库中的 GPIO_EXTILineConfig()函数，其中两个参数分别是中断端口和中断端口对应的引脚号*/
   EXTI_InitStructure.EXTI_Line=EXTI_Line3;   //将中断映射到中断/事件源 Line12 中
   EXTI_InitStructure.EXTI_Mode = EXTI_Mode_Interrupt;     //中断模式
   EXTI_InitStructure.EXTI_Trigger = EXTI_Trigger_Falling;   //设置为下降沿中断
   EXTI_InitStructure.EXTI_LineCmd = ENABLE;      //中断使能
   EXTI_Init(&EXTI_InitStructure);
   /*调用 EXTI_Init 固件库函数，将结构体写入 EXTI 相关寄存器中*/
   NVIC_InitStruct.NVIC_IRQChannel = EXTI3_IRQn;
   /*选通通道 PE3 作为中断源*/
```

```
    NVIC_InitStruct.NVIC_IRQChannelPreemptionPriority =0; //0 级抢占式优先级
    NVIC_InitStruct.NVIC_IRQChannelSubPriority = 0;       //0 级副优先级
    NVIC_InitStruct.NVIC_IRQChannelCmd =ENABLE;           //使能引脚作为中断源
    NVIC_Init(&NVIC_InitStruct);      //调用 NVIC_Init()固件库函数进行设置
    …
}
```

HelloRobot.h 文件中的中断控制配置函数 NVIC_Configuration()如下：

```
NVIC_InitTypeDef NVIC_InitStruct;
EXTI_InitTypeDef EXTI_InitStructure;
…
void NVIC_Configuration(void)
{
    NVIC_InitTypeDef NVIC_InitStructure;
    #ifdef   VECT_TAB_RAM
    /*Set the Vector Table base location at 0x20000000*/
    NVIC_SetVectorTable(NVIC_VectTab_RAM, 0x0);
    #else   /*VECT_TAB_FLASH*/
    /*Set the Vector Table base location at 0x08000000*/
    NVIC_SetVectorTable(NVIC_VectTab_FLASH, 0x0);
    #endif

    /*Configure the NVIC Preemption Priority Bits[配置优先级组]*/
    NVIC_PriorityGroupConfig(NVIC_PriorityGroup_0);

    /*Enable the TIM1 gloabal Interrupt [允许 TIM1 全局中断]*/
    NVIC_InitStructure.NVIC_IRQChannel = TIM1_UP_ IRQn;
    NVIC_InitStructure.NVIC_IRQChannelPreemptionPriority = 0;
    NVIC_InitStructure.NVIC_IRQChannelSubPriority = 0;
    NVIC_InitStructure.NVIC_IRQChannelCmd = ENABLE;
    NVIC_Init(&NVIC_InitStructure);

    /*Enable the TIM2 gloabal Interrupt [允许 TIM2 全局中断]*/
    NVIC_InitStructure.NVIC_IRQChannel = TIM2_ IRQn;
    NVIC_InitStructure.NVIC_IRQChannelPreemptionPriority = 0;
    NVIC_InitStructure.NVIC_IRQChannelSubPriority = 0;
    NVIC_InitStructure.NVIC_IRQChannelCmd = ENABLE;
    NVIC_Init(&NVIC_InitStructure);

    /*Enable the RTC Interrupt*/
    NVIC_InitStructure.NVIC_IRQChannel = RTC_ IRQn;
    NVIC_InitStructure.NVIC_IRQChannelPreemptionPriority = 0;
    NVIC_InitStructure.NVIC_IRQChannelSubPriority = 0;
```

```
NVIC_InitStructure.NVIC_IRQChannelCmd = ENABLE;
NVIC_Init(&NVIC_InitStructure);

/*Configure INT I/O   PE3 enable exti9_5*/
GPIO_EXTILineConfig(GPIO_PortSourceGPIOE, GPIO_PinSource3);
EXTI_InitStructure.EXTI_Line=EXTI_Line3;
EXTI_InitStructure.EXTI_Mode = EXTI_Mode_Interrupt;
EXTI_InitStructure.EXTI_Trigger = EXTI_Trigger_Falling;
EXTI_InitStructure.EXTI_LineCmd = ENABLE;
EXTI_Init(&EXTI_InitStructure);

NVIC_InitStruct.NVIC_IRQChannel = EXTI3_ IRQn;
NVIC_InitStruct.NVIC_IRQChannelPreemptionPriority =0;
NVIC_InitStruct.NVIC_IRQChannelSubPriority = 0;
NVIC_InitStruct.NVIC_IRQChannelCmd =ENABLE;
NVIC_Init(&NVIC_InitStruct);

/*Configure INT I/O   PE4 enable exti4*/
GPIO_EXTILineConfig(GPIO_PortSourceGPIOE, GPIO_PinSource4);
EXTI_InitStructure.EXTI_Line=EXTI_Line4;
EXTI_InitStructure.EXTI_Mode = EXTI_Mode_Interrupt;
EXTI_InitStructure.EXTI_Trigger = EXTI_Trigger_Falling;
EXTI_InitStructure.EXTI_LineCmd = ENABLE;
EXTI_Init(&EXTI_InitStructure);

NVIC_InitStruct.NVIC_IRQChannel = EXTI4_ IRQn;
NVIC_InitStruct.NVIC_IRQChannelPreemptionPriority =0;
NVIC_InitStruct.NVIC_IRQChannelSubPriority = 0;
NVIC_InitStruct.NVIC_IRQChannelCmd =ENABLE;
NVIC_Init(&NVIC_InitStruct);

/*Configure INT I/O   PE5 enable exti9_5*/
GPIO_EXTILineConfig(GPIO_PortSourceGPIOE, GPIO_PinSource5);
EXTI_InitStructure.EXTI_Line=EXTI_Line5;
EXTI_InitStructure.EXTI_Mode = EXTI_Mode_Interrupt;
EXTI_InitStructure.EXTI_Trigger = EXTI_Trigger_Falling;
EXTI_InitStructure.EXTI_LineCmd = ENABLE;
EXTI_Init(&EXTI_InitStructure);

NVIC_InitStruct.NVIC_IRQChannel = EXTI9_5_ IRQn;
NVIC_InitStruct.NVIC_IRQChannelPreemptionPriority =0;
NVIC_InitStruct.NVIC_IRQChannelSubPriority = 0;
NVIC_InitStruct.NVIC_IRQChannelCmd =ENABLE;
```

```
    NVIC_Init(&NVIC_InitStruct);
}
```

NVIC_Configuration()函数进行了如下中断配置：

（1）定时器 1（TIM1）中断；

（2）定时器 2（TIM2）中断；

（3）实时时钟（RTC）中断；

（4）PE3 按键中断；

（5）PE4 中断和 PE5 中断（I/O 引脚扩展）。

其中，NVIC_InitTypeDef 结构体在固件库文件 misc.h 中定义，EXTI_InitTypeDef 结构体在固件库文件 stm32f10x_exti.h 中定义。

```
typedef struct
{
    uint8_t NVIC_IRQChannel;
    uint8_t NVIC_IRQChannelPreemptionPriority;
    uint8_t NVIC_IRQChannelSubPriority;
    FunctionalState NVIC_IRQChannelCmd;
} NVIC_InitTypeDef;

typedef struct
{
    uint32_t EXTI_Line;
    EXTIMode_TypeDef EXTI_Mode;
    EXTITrigger_TypeDef EXTI_Trigger;
    FunctionalState EXTI_LineCmd;
}EXTI_InitTypeDef;
```

在固件库文件 stm32f10x.h 中还定义了 STM32 单片机 68 个外部可屏蔽中断通道号。

```
#ifdef STM32F10X_HD_VL
    ADC1_IRQn                    = 18,    /*!< ADC1 global Interrupt*/
    EXTI9_5_IRQn                 = 23,    /*!< External Line[9:5] Interrupts*/
    TIM1_BRK_TIM15_IRQn          = 24,    /*!< TIM1 Break and TIM15 Interrupts*/
    TIM1_UP_TIM16_IRQn           = 25,    /*!< TIM1 Update and TIM16 Interrupts*/
    TIM1_TRG_COM_TIM17_IRQn = 26,         /*!< TIM1 Trigger and Commutation and TIM17 Interrupt*/
    TIM1_CC_IRQn                 = 27,    /*!< TIM1 Capture Compare Interrupt*/
    TIM2_IRQn                    = 28,    /*!< TIM2 global Interrupt*/
    TIM3_IRQn                    = 29,    /*!< TIM3 global Interrupt*/
    TIM4_IRQn                    = 30,    /*!< TIM4 global Interrupt*/
    I2C1_EV_IRQn                 = 31,    /*!< I2C1 Event Interrupt*/
    I2C1_ER_IRQn                 = 32,    /*!< I2C1 Error Interrupt*/
    I2C2_EV_IRQn                 = 33,    /*!< I2C2 Event Interrupt*/
```

```
I2C2_ER_IRQn          = 34,    /*!< I2C2 Error Interrupt*/
SPI1_IRQn             = 35,    /*!< SPI1 global Interrupt */
SPI2_IRQn             = 36,    /*!< SPI2 global Interrupt*/
USART1_IRQn           = 37,    /*!< USART1 global Interrupt*/
USART2_IRQn           = 38,    /*!< USART2 global Interrupt*/
USART3_IRQn           = 39,    /*!< USART3 global Interrupt*/
EXTI15_10_IRQn        = 40,    /*!< External Line[15:10] Interrupts*/
RTCAlarm_IRQn         = 41,    /*!< RTC Alarm through EXTI Line Interrupt*/
CEC_IRQn              = 42,    /*!< HDMI-CEC Interrupt*/
TIM12_IRQn            = 43,    /*!< TIM12 global Interrupt*/
TIM13_IRQn            = 44,    /*!< TIM13 global Interrupt*/
TIM14_IRQn            = 45,    /*!< TIM14 global Interrupt*/
TIM5_IRQn             = 50,    /*!< TIM5 global Interrupt*/
SPI3_IRQn             = 51,    /*!< SPI3 global Interrupt*/
UART4_IRQn            = 52,    /*!< UART4 global Interrupt*/
UART5_IRQn            = 53,    /*!< UART5 global Interrupt*/
TIM6_DAC_IRQn         = 54,    /*!< TIM6 and DAC underrun Interrupt*/
TIM7_IRQn             = 55,    /*!< TIM7 Interrupt*/
DMA2_Channel1_IRQn    = 56,    /*!< DMA2 Channel 1 global Interrupt*/
DMA2_Channel2_IRQn    = 57,    /*!< DMA2 Channel 2 global Interrupt*/
DMA2_Channel3_IRQn    = 58,    /*!< DMA2 Channel 3 global Interrupt*/
DMA2_Channel4_5_IRQn  = 59,    /*!< DMA2 Channel 4 and Channel 5 global Interrupt*/
DMA2_Channel5_IRQn    = 60     /*!< DMA2 Channel 5 global Interrupt (DMA2 Channel 5 is
                                    mapped at position 60 only if the MISC_REMAP bit in
                                    the AFIO_MAPR2 register is set)            */
```

4．中断服务函数

当我们用 PE3 引脚作为外部中断源时，应配置相应外部中断/事件源寄存器的第 4 位。它所对应的中断服务函数为 EXTI3_IRQHandler()。

注意：在 STM32 单片机的固件库中，EXTI5～EXTI9 这 5 个外部中断/事件源分成同一组，共用一个中断服务函数 EXTI9_5_IRQHandler()；EXTI10～EXTI15 这 6 个外部中断/事件源分成同一组，共用一个中断服务函数 EXTI15_10_IRQHandler()。基于 ARM9 和 ARM11 的嵌入式处理器也有同样的特性。

中断服务函数的实现在固件库文件 stm32f10x_it.c 中。以 PE9 引脚中断为例，它对应的中断通道为 EXTI9_5_IRQChannel，中断服务函数为 EXTI9_5_IRQHandler()。这样可以在中断服务函数中编写相应的处理代码，例如：

```
void EXTI3_IRQHandler(void)      //中断服务函数的入口
{
        printf("Intterrupt is coming!\n");   //中断到来时打印字符
        delay_nms(100) ;
```

```
        EXTI_ClearITPendingBit( EXTI_Line3) ;    //中断结束时清除中断标志位
    }
```

中断服务函数是指当中断到来时，程序停止执行正在执行的语句，转而跳转执行的函数。这个函数的执行也称为中断响应。中断响应结束时应该清除中断标志位，也称为清除中断源。清除中断源可以防止在中断返回后再次进入中断服务函数出现死循环。这种用软件方法清除中断标志的情况，在 ARM9 和 ARM11 系统中也适用。

5. STM32 单片机中断服务函数关联机制

STM32 单片机中断服务函数的声明不是 C51 中的特定格式。那么，当一个中断到来时，这些中断服务函数是如何被中断请求调用的呢？是在设置 NVIC 时将中断关联到了中断向量表。在文件 misc.c 中初始化 NVIC 的函数 NVIC_Init(&NVIC_InitStruct)中，结构体 NVIC_InitStruct 有一个成员 NVIC_IRQChannel。下面是使能 NVIC_IRQChannel 的程序语句：

```
/*Enable the Selected IRQ Channels*/
    NVIC->Enable[(NVIC_InitStruct->NVIC_IRQChannel >> 0x05)] =
        (u32)0x01 << (NVIC_InitStruct->NVIC_IRQChannel & (u8)0x1F);
```

同时，在工程文件下有个 startup 目录，里面有个*.s 文件，文件中是启动代码，代码是用汇编语言写的，主要完成处理器的初始化工作，其作用已在第 1 章介绍过。其中，启动文件 startup_stm32f10x_hd.s 的作用有初始化堆栈，定义程序启动地址、中断向量表和中断服务程序入口地址及系统复位启动时从启动代码跳转到用户 main()函数的入口地址。

startup_stm32f10x_hd.s 文件里包含中断向量表，它指向中断服务函数，名称已经定义好，编写中断服务函数时要与这里的名称一致。

```
;*******************************************************************************
; Fill-up the Vector Table entries with the exceptions ISR address
;*******************************************************************************
                AREA    RESET, DATA, READONLY
                EXPORT  __Vectors

                DCD  __initial_sp              ; Top of Stack
                DCD  Reset_Handler
                DCD  NMIException
                DCD  HardFaultException
                DCD  MemManageException
                DCD  BusFaultException
                DCD  UsageFaultException
                DCD  0                         ; Reserved
                DCD  0                         ; Reserved
                DCD  0                         ; Reserved
                DCD  0                         ; Reserved
                DCD  SVCHandler
                DCD  DebugMonitor
```

```
DCD   0                    ; Reserved
DCD   PendSVC
DCD   SysTickHandler
DCD   WWDG_IRQHandler
DCD   PVD_IRQHandler
DCD   TAMPER_IRQHandler
DCD   RTC_IRQHandler
DCD   FLASH_IRQHandler
DCD   RCC_IRQHandler
DCD   EXTI0_IRQHandler
DCD   EXTI1_IRQHandler
DCD   EXTI2_IRQHandler
DCD   EXTI3_IRQHandler
DCD   EXTI4_IRQHandler
DCD   DMAChannel1_IRQHandler
DCD   DMAChannel2_IRQHandler
DCD   DMAChannel3_IRQHandler
DCD   DMAChannel4_IRQHandler
DCD   DMAChannel5_IRQHandler
DCD   DMAChannel6_IRQHandler
DCD   DMAChannel7_IRQHandler
DCD   ADC_IRQHandler
DCD   USB_HP_CAN_TX_IRQHandler
DCD   USB_LP_CAN_RX0_IRQHandler
DCD   CAN_RX1_IRQHandler
DCD   CAN_SCE_IRQHandler
DCD   EXTI9_5_IRQHandler
DCD   TIM1_BRK_IRQHandler
DCD   TIM1_UP_IRQHandler
DCD   TIM1_TRG_COM_IRQHandler
DCD   TIM1_CC_IRQHandler
DCD   TIM2_IRQHandler
DCD   TIM3_IRQHandler
DCD   TIM4_IRQHandler
DCD   I2C1_EV_IRQHandler
DCD   I2C1_ER_IRQHandler
DCD   I2C2_EV_IRQHandler
DCD   I2C2_ER_IRQHandler
DCD   SPI1_IRQHandler
DCD   SPI2_IRQHandler
DCD   USART1_IRQHandler
```

```
DCD    USART2_IRQHandler
DCD    USART3_IRQHandler
DCD    EXTI15_10_IRQHandler
DCD    RTCAlarm_IRQHandler
DCD    USBWakeUp_IRQHandler
…
```

中断向量表中每个 item 对应一个中断或异常处理，item 的填写要和 STM32 数据手册中的 Interrupt and exception vectors 列表中的顺序一致。

中断向量表存放在何处呢？如果存放在 RAM 中，则地址是 0x20000000；如果存放在 FLASH 存储器中，则地址是 0x08000000。

```
#ifdef   VECT_TAB_RAM
  /*Set the Vector Table base location at 0x20000000*/
  NVIC_SetVectorTable(NVIC_VectTab_RAM, 0x0);
#else   /*VECT_TAB_FLASH*/
  /*Set the Vector Table base location at 0x08000000*/
  NVIC_SetVectorTable(NVIC_VectTab_FLASH, 0x0);
#endif
```

函数 NVIC_SetVectorTable()在 misc.c 文件中，描述如下：

```
/*******************************************************************************
* Description       : Sets the vector table location and Offset.
* Input              : - NVIC_VectTab: specifies if the vector table is in RAM or
*                        FLASH memory.
*                        This parameter can be one of the following values:
*                           - NVIC_VectTab_RAM
*                           - NVIC_VectTab_FLASH
*                     - Offset: Vector Table base offset field.
*                               This value must be a multiple of 0x100.
*******************************************************************************/
void NVIC_SetVectorTable(uint32_t NVIC_VectTab, uint32_t Offset)
{
  /*Check the parameters*/
  assert_param (IS_NVIC_VECTTAB(NVIC_VectTab));
  assert_param (IS_NVIC_OFFSET(Offset));

  SCB->VTOR = NVIC_VectTab | (Offset & (uint32_t)0x1FFFFF80);
}
```

SCB（System Control Block，系统控制块）定义在文件 core_cm3.h 中，描述如下：

```
typedef struct
```

```
{
    __I   uint32_t CPUID;
    __IO uint32_t ICSR;
    __IO uint32_t VTOR;   // Vector Table Offset Register
    __IO uint32_t AIRCR;
    __IO uint32_t SCR;
    __IO uint32_t CCR;                                                          */
    __IO uint8_t    SHP[12];
    __IO uint32_t SHCSR;
    __IO uint32_t CFSR;
    __IO uint32_t HFSR;
    __IO uint32_t DFSR;
    __IO uint32_t MMFAR;
    __IO uint32_t BFAR;
    __IO uint32_t AFSR;
    __I   uint32_t PFR[2];
    __I   uint32_t DFR;
    __I   uint32_t ADR;
    __I   uint32_t MMFR[4];
    __I   uint32_t ISAR[5];
} SCB_Type;
```

中断向量表里存放的地址就是中断服务函数***_IRQHandler(void)的入口地址，即函数指针。中断被接收之后，处理器通过内部总线端口从中断向量表中获取地址。中断向量表复位时指向零，编程控制寄存器可以使中断向量表重新定位。

6. 中断优先级

中断优先级的概念是针对中断通道的。当中断通道的优先级确定后，该外围设备的中断优先级也就确定了，并且该设备所能产生的所有类型的中断都享有相同的中断优先级。设备本身产生的多个中断的执行顺序，取决于中断服务函数。

ARM Cortex-M3 处理器中有抢先（占）式优先级和子优先级两种优先级的概念。子优先级也称为响应优先级、副优先级或亚优先级。每个中断源都需要被指定这两种优先级。具有高抢占式优先级的中断可以在具有低抢占式优先级的中断处理过程中被响应（即中断嵌套），或者说高抢占式优先级的中断可以嵌套低抢占式优先级的中断。

因为每个中断源都需要被指定这两种优先级，所以需要相应的寄存器位记录每种中断的优先级。在 ARM Cortex-M3 处理器中定义了 8 位用于设置中断源的优先级，它有 8 种分配方式，分别如下：

（1）所有 8 位用于指定响应优先级；

（2）最高 1 位用于指定抢占式优先级，最低 7 位用于指定响应优先级；

（3）最高 2 位用于指定抢占式优先级，最低 6 位用于指定响应优先级；

（4）最高 3 位用于指定抢占式优先级，最低 5 位用于指定响应优先级；

（5）最高 4 位用于指定抢占式优先级，最低 4 位用于指定响应优先级；

（6）最高 5 位用于指定抢占式优先级，最低 3 位用于指定响应优先级；

（7）最高 6 位用于指定抢占式优先级，最低 2 位用于指定响应优先级；

（8）最高 7 位用于指定抢占式优先级，最低 1 位用于指定响应优先级。

ARM Cortex-M3 处理器允许在具有较少中断源时使用较少的寄存器位指定中断源的优先级，因此在 STM32 单片机中，每个中断通道都具备自己的中断优先级控制字节 PRI_n（8 位，STM32 单片机只使用高 4 位），每 4 个通道的 8 位中断优先级控制字（PRI_n）构成一个 32 位的优先级寄存器（Priority Register）。68 个通道的中断优先级控制字至少构成 17 个 32 位的优先级寄存器，它们是 NVIC 中的重要部分。

STM32 单片机使用的 4 位中断优先级控制位分成 2 组：从高位开始，前面是抢占式优先级位，后面是响应优先级位。4 位的组合形式见表 4.6。

表 4.6 STM32 单片机中断优先组合形式

组　别	分　配	说　明
第 0 组	0∶4	所有 4 位用于指定响应优先级 无抢占式优先级，16 个子优先级
第 1 组	1∶3	高 1 位用于指定抢占式优先级，低 3 位用于指定响应优先级 2 个抢占式优先级，8 个子优先级
第 2 组	2∶2	高 2 位用于指定抢占式优先级，低 2 位用于指定响应优先级 4 个抢占式优先级，4 个子优先级
第 3 组	3∶1	高 3 位用于指定抢占式优先级，低 1 位用于指定响应优先级 8 个抢占式优先级，2 个子优先级
第 4 组	4∶0	所有 4 位用于指定抢占式优先级 16 个抢占式优先级，无子优先级

函数 void NVIC_Configuration(void)中，下面的语句用于进行优先级配置。

```
/*Configure the NVIC Preemption Priority Bits[配置优先级组]*/
NVIC_PriorityGroupConfig(NVIC_PriorityGroup_0);
```

通过调用 STM32 单片机固件库中的函数 NVIC_PriorityGroupConfig()选择使用某种优先级分组方式。此函数有 5 个参数，在文件 misc.h 中定义。

```
/*Preemption Priority Group*/
#define NVIC_PriorityGroup_0    ((uint32_t)0x700) /*0bits for pre-emption priority
                                                    4bits for subpriority*/
#define NVIC_PriorityGroup_1    ((uint32_t)0x600) /*1bits for pre-emption priority
                                                    3bits for subpriority*/
#define NVIC_PriorityGroup_2    ((uint32_t)0x500) /*2bits for pre-emption priority
                                                    2bits for subpriority*/
#define NVIC_PriorityGroup_3    ((uint32_t)0x400) /*3bits for pre-emption priority
                                                    1bits for subpriority*/
#define NVIC_PriorityGroup_4    ((uint32_t)0x300) /*4bits for pre-emption priority
                                                    0bits for subpriority*/
```

在一个单片机中，通常只用表 4.6 中 5 种组合形式中的一种，具体采用哪一种，需要在初始化时将被采用的形式写入一个 32 位寄存器，即应用程序中断与复位控制寄存器（Application Interrupt and Reset Control Register，AIRC）的[10:8]这 3 位中。这 3 位称为 PRIGROUP（优先级组）。例如，将 0x50 写到 AIRC 的[10:8]中，也就规定了系统中只有 4 个抢占式优先级，相同的抢占式优先级下还可以有 4 个不同级别的响应优先级。

AIRC 寄存器的[7:0]（低 8 位）用于设置优先级，见表 4.7。

表 4.7　优先级设置说明表

位[7:6]	位[5:4]	位[3:0]
00:0 号抢占式优先级	00:0 号响应优先级	无效
01:1 号抢占式优先级	01:1 号响应优先级	无效
10:2 号抢占式优先级	10:2 号响应优先级	无效
11:3 号抢占式优先级	11:3 号响应优先级	无效

例如，在某系统中使用了 TIM2（中断通道 28）和 EXTI0（中断通道 6）两个中断，要求 TIM2 中断必须优先响应。即使系统在执行 EXTI0 中断时也必须打断（抢先、嵌套），必须设置 TIM2 的抢占式优先级比 EXTI0 的抢占式优先级要高（数目小）。如果 EXTI0 为 2 号抢占式优先级，那么 TIM2 就必须设置成 0 号或 1 号抢占式优先级。确定了整个系统所具有的优先级个数后，再分别对每个中断通道进行设置。

两种优先级的确定和嵌套规则如下：

（1）高抢占式优先级的中断可以打断低抢占式优先级的中断服务，构成中断嵌套。抢占式优先级相同的中断源之间没有嵌套关系。

（2）当 2（n）个相同抢占式优先级的中断出现时，它们之间不能构成中断嵌套关系，但 STM32 单片机首先响应优先级高的中断。当一个中断到来时，如果 STM32 单片机正在处理另一个中断，后到来的中断就要等到前一个中断处理完之后才能被处理。注意，此时与响应优先级大小无关，即响应优先级不决定中断嵌套。

（3）当 2（n）个相同抢占式优先级和相同响应优先级的中断出现时，STM32 单片机首先响应中断通道所对应的中断向量地址低（中断向量表中靠前的）的那个中断。例如，0 号抢占式优先级的中断可以打断任何抢占式优先级为非 0 号的中断；1 号抢占式优先级的中断，可以打断任何抢占式优先级为 2、3、4 号的中断……从而构成中断嵌套。如果两个中断的抢占式优先级相同，先出现先响应，不构成嵌套。如果它们一起出现（或一起等待），就比较它们的响应优先级。如果响应优先级也相同，就比较它们的中断向量地址。

系统上电复位后，AIRC 寄存器中 PRIGROUP[10:8]的值为 0（编号 0）。因此，此时系统使用 16 个抢占式优先级，无响应优先级。另外，由于所有外部中断通道的优先级控制字 PRI_n 也都是 0，所以根据上面的定义可以得出 68 个外部中断通道的抢占式优先级都是 0 号，且无响应优先级的区分。故此时不会发生任何的中断嵌套行为，当前正在执行的中断服务不会被打断。当多个中断同时出现时，它们的中断向量地址越低、级别越高，STM32 单片机越优先响应。

注意：此时内部中断的抢占式优先级都是0号，由于它们的中断向量地址比外部中断向量地址低，所以它们的优先级比外部中断高。但如果此时系统正在执行一个外部中断服务，它们也必须排队等待，当正在执行的中断完成后，它们可以优先得到执行。另外，如果指定的抢占式优先级或响应优先级超出了选定的优先级分组所限定的范围，将可能得到意想不到的结果。

任务6　中断方式测试机器人触觉

在计算机或者单片机运行期间，如果发生了任何非寻常或非预期的急需处理的事件，那么CPU会暂时中断当前正在执行的程序转去执行相应的事件处理程序，处理完毕后再返回中断处继续执行。因此，单片机在非寻常或非预期的急需处理事件发生时采用中断方式。例如，机器人小车遇到障碍物时，采用中断可以提高避障程序执行的实时性。

在HelloRobot.h文件的端口初始化配置函数GPIO_Configuration()中，我们已将PE4和PE5引脚配置成输入模式，并且在中断控制配置函数NVIC_Configuration()中将PE4和PE5引脚配置成中断模式。下面的程序采用中断方式，利用PE4和PE5引脚依次检测机器人小车的“右边胡须”和“左边胡须”是否检测到了障碍物。

例程：TestWhiskersWithEINT.c

```
#include "HelloRobot.h"

int main(void)
{
    BSP_Init();  //机器人控制板初始化函数
    USART_Configuration();
    printf("Program Running!\r\n");

    while (1);//等待中断到来
}
```

在固件库文件stm32f10x_it.c中编写中断服务函数代码，代码如下：

```
#include "stm32f10x_it.h"
#include "stdio.h"
extern void delay_nms(unsigned long n);    //延时 n ms
…
void EXTI4_IRQHandler(void)
{
     printf("右边胡须检查到障碍物 \r\n");
    if(GPIO_ReadOutputDataBit(GPIOE, GPIO_Pin_12)==0)
      GPIO_SetBits(GPIOE, GPIO_Pin_12);
    else
      GPIO_ResetBits(GPIOE, GPIO_Pin_12);
    delay_nms(200);
    EXTI_ClearITPendingBit( EXTI_Line4) ;//中断结束时清除中断标志位
```

```
}

void EXTI9_5_IRQHandler(void)   //PE9 中断服务函数
{
    printf("左边胡须检查到障碍物 \r\n");
    if(GPIO_ReadOutputDataBit(GPIOE, GPIO_Pin_15)==0)
      GPIO_SetBits(GPIOE, GPIO_Pin_15);
    else
      GPIO_ResetBits(GPIOE, GPIO_Pin_15);
    delay_nms(200) ;
    EXTI_ClearITPendingBit( EXTI_Line5) ;//中断结束时清除中断标志位

/*BSP_Init()开放了 EINT9 中断，为了防止干扰信号，加入以下代码*/
EXTI_ClearITPendingBit( EXTI_Line9) ;//中断结束时清除中断标志位
}
```

该你了——编写、下载并执行这个程序

“胡须”是否被触碰可以通过串口调试软件检测，如任务 2。也可以利用两个 LED 检测。

参考任务 2 的例程 TestWhiskers.c，检查左、右两个“胡须”是否被触碰。程序运行结果如图 4.14 所示。

图 4.14　程序运行结果

也可以用以下语句来控制 LED 交替亮灭，判断是否进入中断。

```
GPIO_WriteBit(GPIOE, GPIO_Pin_12, (BitAction) (1-GPIO_Read OutputDataBit (GPIOE, GPIO_Pin_12)));
```

尝试一下，使用光敏电阻和 10kΩ电阻设计一个光引导机器人小车，如图 4.15 所示。在一个较暗的环境下，通过手电筒引导机器人小车寻光。

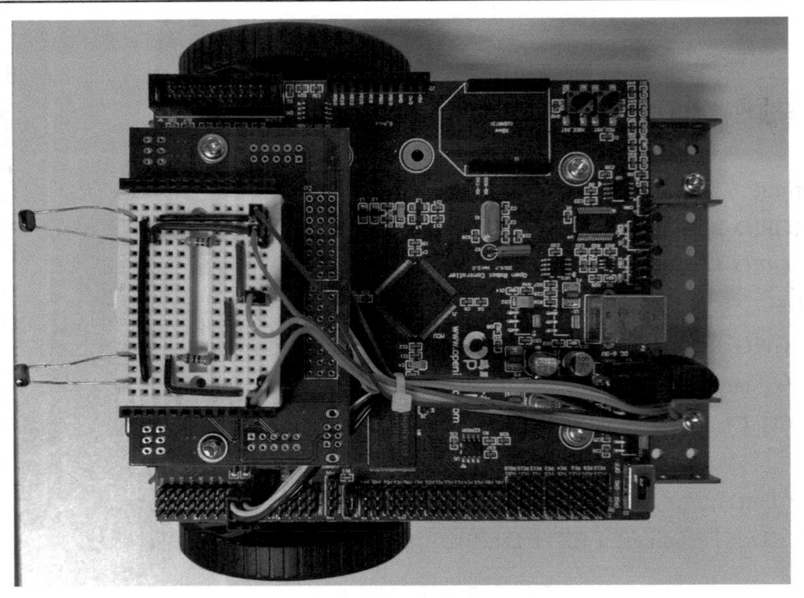

图 4.15　利用光敏电阻设计的寻光机器人小车

工程素质和技能归纳

（1）实现 STM32 单片机检测按键状态的编程。
（2）实现触觉传感器作为输入反馈与 STM32 单片机的编程。
（3）实现机器人的触觉导航。
（4）理解 STM32 单片机的中断机制，中断服务函数调用与普通函数调用的区别。
（5）理解机器人控制板初始化函数中的中断控制配置函数 NVIC_Configuration()。
（6）理解基于 ARM Cortex-M3 处理器的 STM32 单片机的中断优先级。

第 5 章　STM32 单片机 I/O 端口综合应用与机器人红外导航

触觉传感器是机器人在运动中避免碰撞的最后一道保护。为了使机器人能够像人一样在碰到障碍物之前就能发现并避开，需要用到非接触式传感器，如摄像头、红外线传感器或超声波传感器。采用摄像头是一个比较复杂且成本较高的选择。现在许多遥控装置和 PDA 都使用频率低于可见光的红外线进行通信，机器人则可以使用红外线进行导航。本章教学内容使用价格便宜且应用广泛的红外导航部件，让 STM32 单片机可以收发红外线信号，从而实现机器人的红外导航。

第 4 章的触觉导航是依靠“胡须”接触变形来探测物体的。但在许多情况下，我们希望不接触物体就能探测到物体。这时可以使用红外线（Infrared，IR）、声呐（Sonar）或者雷达（Radar）。本章的方法是使用红外线照射机器人前进的路线，确定何时有光线从被探测目标反射回来，通过检测反射回来的红外线确定前方是否有物体。由于红外遥控技术的发展，现在红外线发射器和接收器已经普及且价格便宜。

本章通过对红外线发射器和接收器的使用，完成机器人小车的红外导航，使读者进一步熟悉和巩固 STM32 单片机 I/O 端口编程。

在机器人小车上安装的红外线探测物体系统就像汽车的前灯系统。当汽车前灯射出的光从障碍物体反射回来时，人的眼睛就发现了障碍物，然后大脑处理这些信息控制汽车。机器人使用红外线来探测障碍物，如图 5.1 所示，红外线发射器（二极管）和接收器如图 5.2 所示。

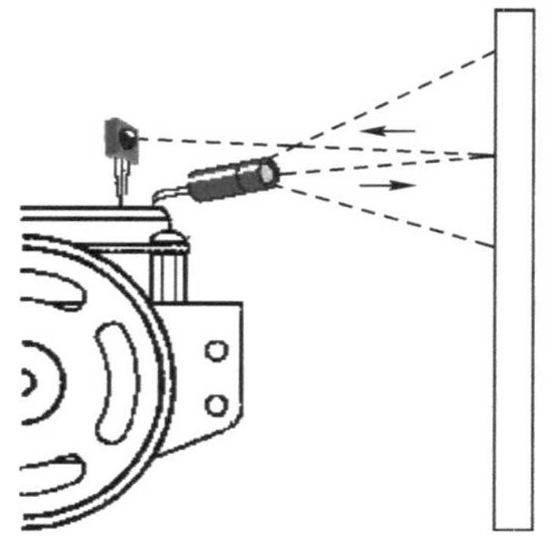

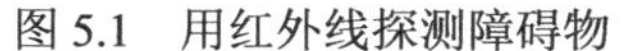

图 5.1　用红外线探测障碍物

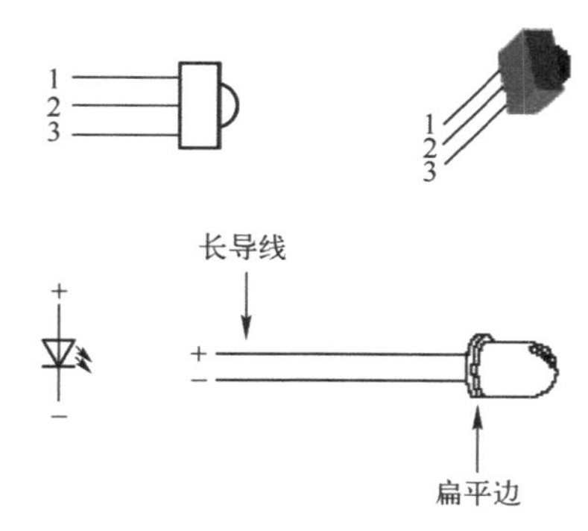

图 5.2　红外线发射器和接收器

红外线发射器发射红外线，如果机器人小车前面有障碍物，红外线从物体反射回来，相当于机器人眼睛的红外线接收器，检测到反射回来的红外线，并向单片机发出信号。机器人的大脑——STM32 单片机基于信号控制伺服电机。

红外线接收器有内置的光滤波器，除需要检测的 980nm 波长的红外线外，它几乎不允许其他光通过。红外线接收器还有一个电子滤波器，它只允许频率约为 38.5kHz 的电信号通过。

所以接收器只响应每秒闪烁 38500 次的红外线。这就防止了普通光源（如太阳光和室内光）对红外线的干涉。太阳光是直流干涉（0Hz）源。而室内照明光线依赖于所在区域的主电源，其常见闪烁频率接近 100Hz 或 120Hz。由于 120Hz 在电子滤波器的 38.5kHz 通带频率之外，因此它完全被红外线接收器忽略。

任务 1　搭建电路并测试红外线发射器和接收器

在本任务中，读者将搭建电路并测试红外线发射器和接收器，元器件清单如下：

（1）两个红外线接收器。

（2）两个红外线 LED。

（3）四个 470Ω 电阻（色环：黄-紫-黑-黑）。

（4）两个 9013 三极管。

1. 搭建红外线收发电路

参照图 5.3 所示的电路，在机器人控制板的扩展面包板上搭建电路。在面包板的每个角安装一个 IR 组[红外线 LED（IRLED）和红外线接收器（IRDETECT）]。

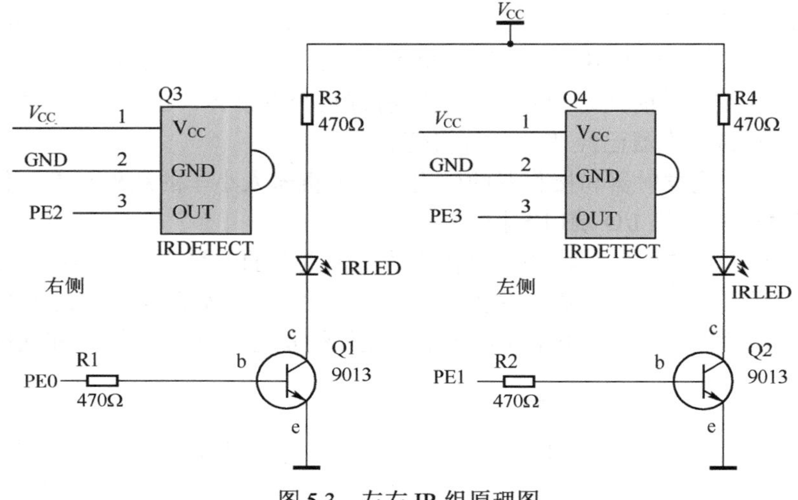

图 5.3　左右 IR 组原理图

搭建电路时注意：

（1）确认面包板电源断开，搭建好电路后再打开电源开关；

（2）右侧对应引脚是 PE0（发）和 PE2（收），左侧对应引脚是 PE1（发）和 PE3（收）；

（3）红外线 LED 引脚长的是正极，引脚短的是负极；红外线接收器引脚的顺序是：接收探头面向自己，从右向左依次是“1—2—3”，分别对应“电源—地—信号”。

搭建好的电路以及加装该电路的机器人小车见图 5.4 和图 5.5。

2. 为何要使用 9013 三极管

STM32 单片机 I/O 端口的电压为 3.3V，为了提高其驱动能力，这里加入三极管（工作电压为 5V）使其工作在开关状态驱动红外线发射器，而不是直接用 STM32 单片机的 I/O 驱动。

（a）搭建了红外线收发电路的机器人控制板全貌

（b）红外线收发电路接线图

图 5.4　搭建好的电路

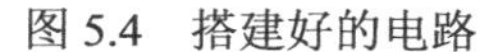

图 5.5　加装红外线收发电路的机器人小车

三极管是一种控制器件，主要用来控制电流大小，简单地说，就是用小电流控制大电流。三极管是由两个二极管背靠背地连接起来组成的。按 PN 结的组合方式不同，分为 PNP 型（如 9012）和 NPN 型（如 9013）。本任务中用到的是 NPN 型 9013 三极管，其结构示意图及符号如图 5.6 所示，引脚图如图 5.7 所示。

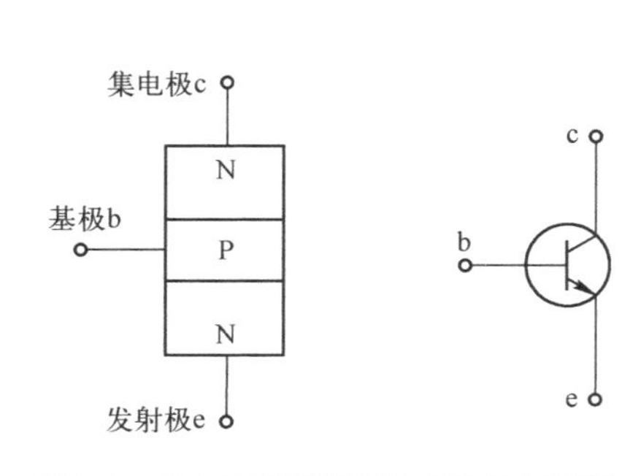

图 5.6　9013 三极管结构示意图及符号

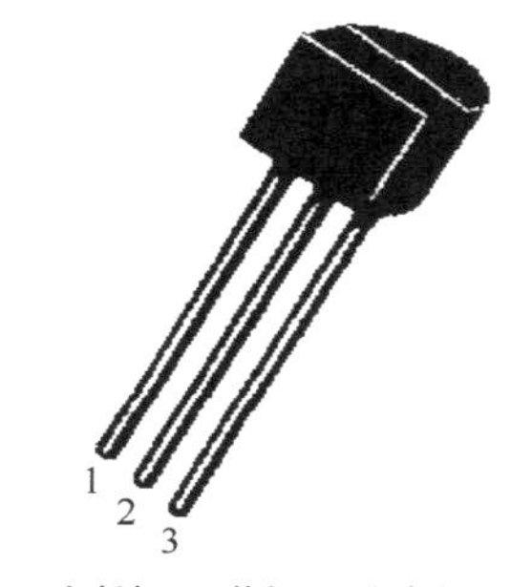

1. 发射极　2. 基极　3. 集电极

图 5.7　9013 三极管引脚图

9013 三极管的工作原理如下。它的基区做得很薄，当按图 5.3 连接时，发射结正偏，集电结反偏，发射区向基区注入电子，这时由于集电结反偏，对基区的电子有很强的吸引力，所以由发射区注入基区的电子大部分进入集电区，于是集电极的电流增大。

在本任务中，9013 三极管相当于一个开关。当 PE0（PE1）引脚为高电平时，从集电区经基区到发射区的电路导通，加载在红外线 LED 上的电压为 5V，红外线 LED 向外发射红外线；当 PE0（PE1）引脚为低电平时，电路断开，红外线 LED 停止发射红外线。

3．测试红外线发射器和接收器

下面用连接到 PE1 引脚的红外线 LED 发送持续 1ms 的 38.5kHz 的红外线，如果红外线被小车行驶方向上的物体反射回来，红外线接收器将向单片机发送一个信号，让它知道已经检测到反射回来的红外线。

让每个 IR 组工作的关键是持续发射 1ms 的 38.5kHz 的红外线，然后立刻将红外线接收器的输出存储到一个变量中。下面是一个例子，连接到 PE1 的红外线 LED 发射持续 1ms 的 38.5kHz 的红外线，然后用整型变量 irDetectLeft 存储连接到 PE3 引脚的红外线接收器的输出。

```
for(counter=0;counter<38;counter++)
{
   GPIO_SetBits(GPIOE, GPIO_Pin_1);
   delay_nus(13);
   GPIO_ResetBits(GPIOE, GPIO_Pin_1);
   delay_nus(13);
}
irDetectLeft= PE3state();
```

上述代码令 PE1 输出高电平 13μs，低电平 13μs，总周期为 26μs，即脉冲信号频率约为 38.5kHz。共输出 38 个周期的信号，即持续时间约为 1ms（$38\times26\approx1000$）。

当没有红外线返回时，接收器的输出为高电平；当它探测到反射回来的 38.5kHz 的红外线时，它的输出为低电平。我们用 PE1 和 PE3 引脚的状态检查是否有红外线返回。由于红外线发射的持续时间为 1ms，因此红外线接收器的输出如果处于低电平，其持续状态也不会超过 1ms。发射完红外线必须立即将红外线接收器的输出存储到变量中，变量的值会显示在调试软件中或用来导航。

例程：TestLeftIrPair.c

```
#include "HelloRobot.h"
int PE3state(void)//获取 PE3 的状态
{
      return GPIO_ReadInputDataBit(GPIOE,GPIO_Pin_3);
}

int main(void)
{
      int counter;
      int irDetectLeft;
      BSP_Init();
      USART_Configuration();
      printf("Program Running!\r\n");
```

```
        while(1)
        {
            for(counter=0;counter<38;counter++)
            {
                GPIO_SetBits(GPIOE, GPIO_Pin_1);
                delay_nus(13);
                GPIO_ResetBits(GPIOE, GPIO_Pin_1);
                delay_nus(13);
            }
            irDetectLeft=PE3state();
            printf("irDetectLeft=%d\r\n",irDetectLeft);
            delay_nms(100);
        }
    }
```

测试步骤如下。

（1）打开机器人控制板的电源，输入、保存并运行例程 TestLeftIrPair.c。

（2）保持机器人与 USB 口电缆的连接，因为需要用串口调试软件进行测试。

（3）在距离左侧 IR 组一段距离处放置一个物体，参考图 5.1。

（4）验证：当有物体在左侧 IR 组前时，串口调试软件是否显示“irDetectLeft=0”；当将物体移开时，它是否显示“irDetectLeft=1”，如图 5.8 所示。

图 5.8　测试左侧 IR 组

（5）如果串口调试软件显示正确，在没发现物体时显示 1，发现物体时显示 0，那么说明搭建的电路和编写的程序没有问题。

（6）如果串口调试软件显示不正确，那么需要进行排错。

4. 排错

（1）如果 irDetectLeft 总是 0，甚至当没有物体在 IR 组前面时也是 0，可能是因为附近的物体反射了红外线。机器人前面的桌面是常见的始作俑者。调整红外线发射器的角度，使红外线 LED 和红外线接收器不会受桌面等物体的影响。

（2）如果在 IR 组前面没有物体时的绝大多数时间内 irDetectLeft 是 1，但偶尔是 0，可能是因为附近日光灯的干扰。关掉附近的日光灯，重新测试。

5. 函数延时的不精确性

如果有数字示波器，可以检测出 PE1 产生的方波频率并不是严格的 38.5kHz，而是略低于 38.5kHz。为什么会这样呢？这是因为例程 TestLeftIrPair.c 中除了延时函数本身严格产生 13μs 的延时外，延时函数的调用过程也会产生延时。因此实际产生的延时会比 13μs 更长。函数调用时，CPU 会先进行一系列的操作，这些操作是需要时间的，一般是微秒级别的；而现在所要求的延时也是微秒级别的，这就造成了延时的不精确。怎么办呢？有没有更精确的方法呢？为解决这个问题，下面介绍一种简单常用的延时调整方法，即用示波器查看延时的误差，然后根据波形调整延时，使之比较精确，如将延时改为 12μs。调整延时还有很多方法，如使用定时器中断，在后续章节中会介绍。

（1）将例程 TestLeftIrPair.c 另存为 TestRightIrPair.c；

（2）更改变量名和注释使之适用于右侧 IR 组；

（3）将变量名 irDetectLeft 改为 irDetectRight；

（4）将红外线发射器连接到 PE0 引脚，红外线接收器连接到 PE2 引脚，重复前面的测试步骤。

任务 2　检测和躲避障碍物

有关红外线接收器的一个有趣的问题是，它们的输出与“胡须”的输出非常像。当没有检测到物体时，输出为高电平；当检测到物体时，输出为低电平。在本任务中，更改例程 RoamingWithWhiskers.c，使它适用于红外线接收器。

进行红外线检测时，要使用 STM32 单片机的 4 个引脚 PE0～PE3。在学习的过程中读者是不是经常疑惑于引脚的用途。下面的介绍能够解决这个问题。

```
#define LeftLaunch_1    GPIO_SetBits(GPIOE, GPIO_Pin_1)          //左边红外线发射
#define LeftLaunch_0    GPIO_ResetBits(GPIOE, GPIO_Pin_1)        //左边红外线发射
#define RightLaunch_1 GPIO_SetBits(GPIOE, GPIO_Pin_0)            //右边红外线发射
#define RightLaunch_0 GPIO_ResetBits(GPIOE, GPIO_Pin_0)          //右边红外线发射
#define LeftIR      GPIO_ReadInputDataBit(GPIOE,GPIO_Pin_3)      //左边红外线接收
#define RightIR     GPIO_ReadInputDataBit(GPIOE,GPIO_Pin_2)      //右边红外线接收
```

上述代码用到了指令#define。它可以声明标识符常量。声明后就可以用 LeftIR 代替 PE3，用 RightIR 代替 PE2，等等。

下面更改例程 RoamingWithWhiskers.c 使其适用于红外线检测和障碍物躲避。

下面的例程与 RoamingWithWhiskers.c 相似，它调用一个函数 void IRLaunch(unsigned char IR)来进行红外线发射。

例程：RoamingWithIr.c

```
#include "HelloRobot.h"

#define LeftLaunch_1    GPIO_SetBits(GPIOE, GPIO_Pin_1)          //左边红外线发射
#define LeftLaunch_0    GPIO_ResetBits(GPIOE, GPIO_Pin_1)        //左边红外线发射
#define RightLaunch_1 GPIO_SetBits(GPIOE, GPIO_Pin_0)            //右边红外线发射
#define RightLaunch_0 GPIO_ResetBits(GPIOE, GPIO_Pin_0)          //右边红外线发射
#define LeftIR      GPIO_ReadInputDataBit(GPIOE,GPIO_Pin_3)      //左边红外线接收
#define RightIR     GPIO_ReadInputDataBit(GPIOE,GPIO_Pin_2)      //右边红外线接收

void IRLaunch(unsigned char IR)
{
    int counter;
    if(IR=='L')   //左边红外线发射
      for(counter=0;counter<1000;counter++)
      {
          LeftLaunch_1;
          delay_nus(12);
          LeftLaunch_0;
          delay_nus(12);
      }
    if(IR=='R')   //右边红外线发射
     for(counter=0;counter<1000;counter++)
     {
         RightLaunch_1;
         delay_nus(12);
         RightLaunch_0;
         delay_nus(12);
     }
}
void Forward(void)
{
     GPIO_SetBits(GPIOC, GPIO_Pin_7);
     delay_nus(1700);
     GPIO_ResetBits(GPIOC,GPIO_Pin_7);

     GPIO_SetBits(GPIOC, GPIO_Pin_6);
     delay_nus(1300);
     GPIO_ResetBits(GPIOC,GPIO_Pin_6);

     delay_nms(20);
}
void Left_Turn(void)
```

```
{
    int i;
    for(i=1;i<=26;i++)
    {
        GPIO_SetBits(GPIOC, GPIO_Pin_7);
        delay_nus(1300);
        GPIO_ResetBits(GPIOC,GPIO_Pin_7);

        GPIO_SetBits(GPIOC, GPIO_Pin_6);
        delay_nus(1300);
        GPIO_ResetBits(GPIOC,GPIO_Pin_6);

        delay_nms(20);
    }
}
void Right_Turn(void)
{
    int i;
    for(i=1;i<=26;i++)
    {
        GPIO_SetBits(GPIOC, GPIO_Pin_7);
        delay_nus(1700);
        GPIO_ResetBits(GPIOC,GPIO_Pin_7);

        GPIO_SetBits(GPIOC, GPIO_Pin_6);
        delay_nus(1700);
        GPIO_ResetBits(GPIOC,GPIO_Pin_6);

        delay_nms(20);
    }
}
void Backward(void)
{
    int i;
    for(i=1;i<=65;i++)
    {
        GPIO_SetBits(GPIOC, GPIO_Pin_7);
        delay_nus(1300);
        GPIO_ResetBits(GPIOC,GPIO_Pin_7);

        GPIO_SetBits(GPIOC, GPIO_Pin_6);
        delay_nus(1700);
        GPIO_ResetBits(GPIOC,GPIO_Pin_6);

        delay_nms(20);
    }
```

```
}
int main(void)
{
    int irDetectLeft,irDetectRight;
    BSP_Init();
    USART_Configuration();
    printf("Program Running!\r\n");
    while(1)
    {
        IRLaunch('R');                    //右边红外线发射
        irDetectRight = RightIR;          //右边红外线接收
        IRLaunch('L');                    //左边红外线发射
        irDetectLeft = LeftIR;            //左边红外线接收

        if((irDetectLeft==0)&&(irDetectRight==0)) //两边同时接收到红外线
        {
            Backward();
            Left_Turn();
            Left_Turn();
        }
        else if(irDetectLeft==0)   //只有左边接收到红外线
        {
            Backward();
            Right_Turn();
        }
        else if(irDetectRight==0)//只有右边接收到红外线
        {
            Backward();
            Left_Turn();
        }
        else
            Forward();
    }
}
```

学习了触觉导航后，不难理解该例程是如何工作的。它采取了与触觉导航相同的导航策略。

有一点需要说明：红外线发射的时间延长了，这是为了更有效地检测障碍物。这个时间可以改动，但发射的频率没有变化，仍是 38.5kHz 左右。

任务 3　高性能的红外导航

在触觉导航中，针对两个“胡须”反馈信息的不同分别调用函数来完成避障动作，但在使用红外线 LED 和红外线接收器时会造成不必要的迟钝。如果在发送运动脉冲之前检测障碍物，可以大大改善机器人的避障行走性能。下面的程序使用传感器输入，为每个瞬间的导航选择最好的动作。这样，机器人会找到绕开障碍物的路线。

红外导航很重要的一点是在机器人撞到障碍物之前给机器人留有绕开它的空间。如果前方有障碍物，机器人避开，换方向再探测，仍有障碍物，再避开。机器人能持续使用电机驱动脉冲和探测障碍物，直到绕开障碍物，然后电机会继续发出向前行走的脉冲。

例程：FastIrRoaming.c

```
#include "HelloRobot.h"

#define LeftLaunch_1    GPIO_SetBits(GPIOE, GPIO_Pin_1)          //左边红外线发射
#define LeftLaunch_0    GPIO_ResetBits(GPIOE, GPIO_Pin_1)        //左边红外线发射
#define RightLaunch_1 GPIO_SetBits(GPIOE, GPIO_Pin_0)            //右边红外线发射
#define RightLaunch_0 GPIO_ResetBits(GPIOE, GPIO_Pin_0)          //右边红外线发射
#define LeftIR      GPIO_ReadInputDataBit(GPIOE,GPIO_Pin_3)      //左边红外线接收
#define RightIR     GPIO_ReadInputDataBit(GPIOE,GPIO_Pin_2)      //右边红外线接收

void IRLaunch(unsigned char IR)
{
    ...    //略，同前
}

int main(void)
{
        int    pulseLeft,pulseRight;
        int irDetectLeft,irDetectRight;
        BSP_Init();
        USART_Configuration();
        printf(" Program Running!\r\n");
        do
        {
            IRLaunch('R'); //右边红外线发射
            irDetectRight = RightIR;//右边红外线接收
            IRLaunch('L'); //左边红外线发射
            irDetectLeft = LeftIR;//左边红外线接收

            if((irDetectLeft==0)&&(irDetectRight==0))//向后退
            {
                pulseLeft=1300;
                pulseRight=1700;
            }
            else if((irDetectLeft==0)&&(irDetectRight==1))//向右转
            {
                pulseLeft=1700;
                pulseRight=1700;
            }
```

```
        else if((irDetectLeft==1)&&(irDetectRight==0))//向左转
        {
            pulseLeft=1300;
            pulseRight=1300;
        }
        else //向前进
        {
            pulseLeft=1700;
            pulseRight=1300;
        }
        GPIO_SetBits(GPIOC, GPIO_Pin_7);
        delay_nus(pulseLeft);
        GPIO_ResetBits(GPIOC,GPIO_Pin_7);

        GPIO_SetBits(GPIOC, GPIO_Pin_6);
        delay_nus(pulseRight);
        GPIO_ResetBits(GPIOC,GPIO_Pin_6);
        delay_nms(20);
    }
    while(1);
}
```

这个程序在 if...else 语句中使用两个整型变量设置两个要发送的运动脉冲的持续时间。在重复循环体之前，程序发送脉冲给伺服电机。这样就实现了在发送脉冲给伺服电机之前探测障碍物，从而大大改善了机器人的避障行走性能。

这里，要用到另一种循环控制语句 do…while，它的一般形式为：

```
do 语句 while(表达式);
```

其中，语句通常为复合语句，称为循环体。do…while 语句的基本特点是先执行后判断。因此，循环体至少会被执行一次。

该你了

（1）将例程 FastIrRoaming.c 另存为 FastIrRoamingYourTurn.c；

（2）尝试用 LED 或者蜂鸣器来指示机器人探测到物体。

任务 4　俯视的接收器

当机器人探测到前方有障碍物时，会做避让动作。但也有一些场合，当机器人没有探测到障碍物时，也必须做避让动作。例如，机器人在桌子上行走，红外线接收器向下检测桌子表面。只要红外线接收器能够“看”到桌子表面，机器人就继续向前走。若桌子表面不能被检测到，机器人就会转弯。

断开机器人控制板和伺服电机的电源，调整 IR 组角度向外、向下，调整后示意图如图 5.9 所示。

实验推荐使用的材料：

（1）卷装黑色聚氯乙烯“电工绝缘带”：宽 19mm；

（2）一张白色招贴板：56cm×71cm。

1．用电工绝缘带模拟桌子的边沿

在白色招贴板上用电工绝缘带制作边框模拟桌子的边沿。布置一块有绝缘带边界的场地（使用至少 3 条电工绝缘带，电工绝缘带边之间连接紧密，没有白色露出来），如图 5.10 所示。

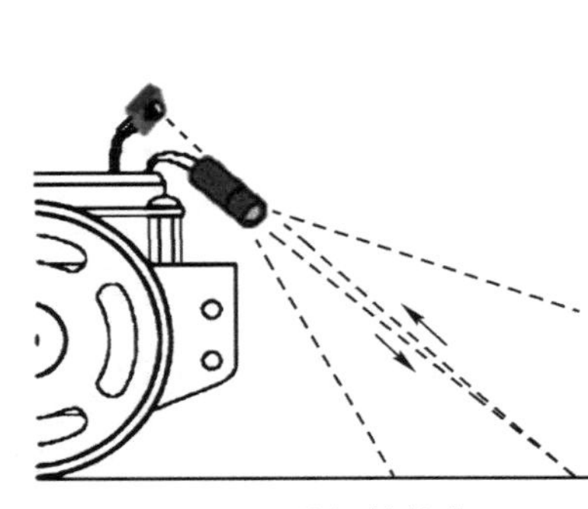

图 5.9　俯视的接收器

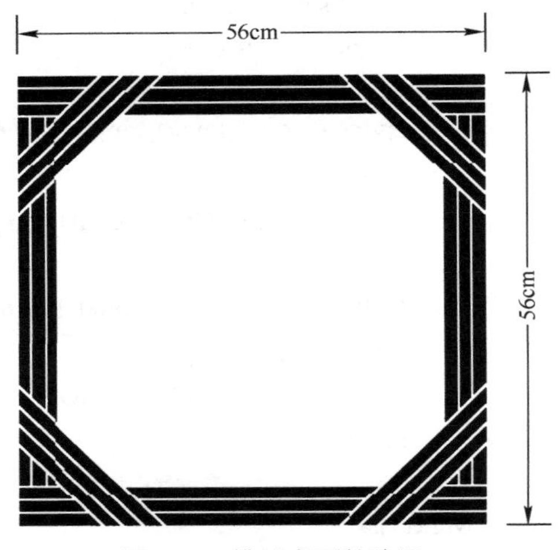

图 5.10　模拟桌面的边沿

用 1kΩ（或 2kΩ）电阻代替图 5.3 中 R3（R4），能够减小流经红外线 LED 的电流，从而降低发射功率，使机器人“看”得近一些。

2．边沿检测编程

通过编程控制机器人在桌面行走而不会走出桌边。修改例程 FastIrRoaming.c 中的 if…else 语句可实现这个目的，主要的修改如下：

当 irDetectLeft 和 irDetectRight 的值都是 0 时，表明在桌子表面检测到物体（桌面）。因为有红外线反射，这时机器人可以向前行走。如果 irDetectLeft 的值是 1，irDetectRight 的值是 0，表明左边的接收器检测到了桌子边缘。因为黑色的聚氯乙烯“电工绝缘带”吸收了红外线，没有红外线反射，这时机器人应向右转。

边沿检测程序的第二个特征是可调整的距离。我们希望机器人在两个红外线发射器之间只响应一个伺服电机向前运动的脉冲。但是只要发现边沿，在下一次检测之前就让它响应多个对伺服电机转动有利的脉冲。

在躲避的动作中使用多个脉冲，并不意味着必须返回触觉导航。相反，可以增加变量 pulseCount 来设置传输给机器人的脉冲数。例如，传输一个向前的脉冲，pulseCount 可以设为 1；传输 10 个向左的脉冲，pulseCount 可以设为 10。

例程：AvoidTableEdge.c

```
#include "HelloRobot.h"

#define LeftLaunch_1    GPIO_SetBits(GPIOE, GPIO_Pin_1)          //左边红外线发射
```

```
#define LeftLaunch_0   GPIO_ResetBits(GPIOE, GPIO_Pin_1)        //左边红外线发射
#define RightLaunch_1 GPIO_SetBits(GPIOE, GPIO_Pin_0)           //右边红外线发射
#define RightLaunch_0 GPIO_ResetBits(GPIOE, GPIO_Pin_0)         //右边红外线发射
#define LeftIR     GPIO_ReadInputDataBit(GPIOE,GPIO_Pin_3)      //左边红外线接收
#define RightIR    GPIO_ReadInputDataBit(GPIOE,GPIO_Pin_2)      //右边红外线接收

void IRLaunch(unsigned char IR)
{
    ...   //略，同前
}

int main(void)
{
     int   i,pulseCount;
     int   pulseLeft,pulseRight;
     int   irDetectLeft,irDetectRight;
     BSP_Init();
     USART_Configuration();
     printf(" Program Running!\n");
     do
     {
          IRLaunch('R');                          //右边红外线发射
          irDetectRight = RightIR;                //右边红外线接收
          IRLaunch('L');                          //左边红外线发射
          irDetectLeft = LeftIR;                  //左边红外线接收

          if((irDetectLeft==0)&&(irDetectRight==0)) //向前走
          {
               pulseCount=1;
               pulseLeft=1700;
               pulseRight=1300;
          }
          else if((irDetectLeft==1)&&(irDetectRight==0)) //向右转
          {
               pulseCount=10;
               pulseLeft=1300;
               pulseRight=1300;
          }
          else if((irDetectLeft==0)&&(irDetectRight==1)) //向左转
          {
               pulseCount=10;
               pulseLeft=1700;
               pulseRight=1700;
```

```
            }
            else //向后退
            {
                pulseCount=15;
                pulseLeft=1300;
                pulseRight=1700;
            }
            for(i=0;i<pulseCount;i++)
            {
                GPIO_SetBits(GPIOC, GPIO_Pin_7);
                delay_nus(pulseLeft);
                GPIO_ResetBits(GPIOC,GPIO_Pin_7);

                GPIO_SetBits(GPIOC, GPIO_Pin_6);
                delay_nus(pulseRight);
                GPIO_ResetBits(GPIOC,GPIO_Pin_6);
                delay_nms(20);
            }
        }
        while(1);
    }
```

在上面的程序中加入了一个 for 循环来控制每次向电机发送脉冲的数量，加入了一个变量 pulseCount 作为循环的次数。在 if...else 语句中设置 pulseCount 的值，就像设置 pulseRight 和 pulseLeft 的值一样。

（1）如果两个红外线接收器都能“看”到桌面，则响应向前走的一个脉冲；

（2）如果左边的红外线接收器没有“看”到桌面，则响应向右转的 10 个脉冲；

（3）如果右边的红外线接收器没有“看”到桌面，则响应向左转的 10 个脉冲；

（4）如果两个红外线接收器都“看”不到桌面，则响应向后退的 15 个脉冲，希望其中一个红外线接收器能够“看”到桌子边沿。

当 pulseCount、pulseLeft 和 pulseRight 的值都已设置，for 循环发送由变量 pulseCount 决定的脉冲数和由变量 pulseLeft 和 pulseRight 决定的脉冲宽度。

尝试在 if...else 语句中给 pulseLeft、pulseRight 和 pulseCount 设置不同的值来做实验。例如，如果机器人走得不远，只是沿着电工绝缘带的边界行走，用向后转代替转弯会让机器人的行为很有趣。

（1）调整例程 AvoidTableEdge.c 中的 pulseCount 的值，使机器人在有电工绝缘带边界的场地中行走但不会避开电工绝缘带太远。

（2）使机器人在场内绕轴旋转，而不是沿边沿行走，做实验尝试一下。

（3）如果要让机器人循线行走，该如何编程？

工程素质和技能归纳

（1）实现红外线发射器和接收器与单片机的编程。

（2）复习数字电路中三极管的基本原理及应用。

（3）单片机 I/O 端口的驱动能力是有限的，因此在设计电子电路或者机电一体化系统时，时刻都要考虑 I/O 端口的驱动能力。单片机 I/O 端口低电平的驱动能力一般要高于高电平的驱动能力。

（4）实现红外导航及边沿检测。

（5）障碍物与道路（桌面）本是两个不同的概念，在本章中却都可以用红外线发射器和接收器对其进行检测，分析一下其中的道理。

第 6 章　STM32 单片机定时器编程与机器人的距离检测

在第 5 章中，我们用红外线发射器和接收器检测是否有障碍物挡在机器人前，且不用接触障碍物。如果能测出机器人与障碍物的距离不是更好吗？声呐能完成此任务。它发送一组声音脉冲并记录下回声反射回来所需的时间，从发送脉冲到接收回声的时间可以用来计算机器人与障碍物的距离。此外，还有一种完成距离检测的方法，它采用与第 5 章相同的电路。

如果机器人可以检测到与前方障碍物之间的距离，那么就可以编程让机器人跟随障碍物行走而不会碰上它。这种技术可以用于汽车中的主动距离检测，提高行车安全。当然我们也可以编程让机器人沿着白色背景上的黑色轨迹行走。

6.1　STM32 单片机通用定时器

在前面的章节中，我们使用延时函数来实现定时功能。这种方法有两个缺点，一是定时时间不精确，二是占用 CPU 时间。本章需要用到 STM32 单片机更精确的定时功能，首先介绍 STM32 单片机定时/计数器的使用方法，以获得更精确的定时时间。

STM32 单片机的定时/计数器可分为定时器模式和计数器模式。其实这两种模式没有本质上的区别，均使用二进制的加一或者减一计数。当定时/计数器的值计满回零（溢出）、递减到零或者达到某个设定值时能自动产生中断的请求，以实现定时或者计数功能。它们的不同之处在于定时器使用单片机的时钟来计数，而计数器使用的是外部信号。

STM32 单片机定时/计数器的控制

STM32 单片机包含若干个定时/计数器。其中，TIM1 和 TIM8 是高级控制定时器（Advanced Control Timer），TIM2～TIM5 为通用定时器（General Purpose Timer），TIM6 和 TIM7 为基本定时器（Basic Timer）。小容量、中容量和 STM32F105xx/STM32F107xx 的互联型 STM32 单片机有一个高级控制定时器，而大容量的 STM32F103xx 单片机则有两个高级控制定时器（TIM1 和 TIM8）。

每个通用定时器都由一个 16 位自动装载计数器来控制计数长度。这个计数器的时钟源通过可编程预分频器将 APB1 时钟信号进一步分频。通用定时器适用于多种场合，包括测量输入信号的脉冲长度或者产生需要的输出波形。使用定时器预分频器和 RCC 时钟控制器预分频器可以调整脉冲长度和波形周期在几微秒到几毫秒之间变化。通用定时器是完全独立的，不会互相共享任何资源，它们可以同步操作。下面介绍通用定时器 TIMx（x=2、3、4、5）的工作机制和编程流程。

1．使能 TIM2 的时钟

在嵌入式系统中，定时器是依靠时钟源来实现定时功能的。图 6.1 是 STM32 单片机定时器时钟源示意图，可以看出定时器 TIM2 的时钟源来自 APB1。在系统时钟初始化时，系统时钟已经通过 PLL 被配置成 72MHz（参见第 2 章）。因此 APB2 时钟源最大是 72MHz，APB1 时钟源最大是 36MHz。通用定时器的时钟使能可以通过固件库函数来完成。在文件 HelloRobot.h 中，函数 RCC_Configuration()使能通用定时器（TIM2）时钟的语句如下：

```
RCC_APB1PeriphClockCmd(RCC_APB1Periph_TIM2, ENABLE);
```

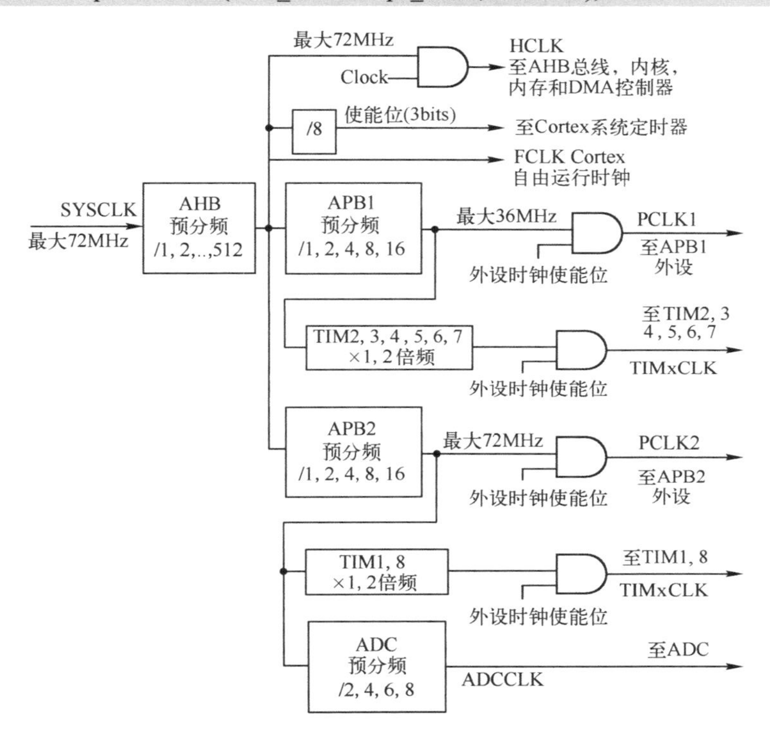

图 6.1　STM32 单片机定时器时钟源示意图

2．定时器寄存器设置

1）定时器的时钟源

从图 6.1 可以看出，定时器的时钟不是直接来自 APB1 或 APB2，而是来自输入为 APB1 或 APB2 的一个倍频器。APB1（最大 36MHz）须经过倍频（×1 或×2）后，才能产生定时器 TIMx 的时钟 TIMxCLK。

需要注意的是，如果 APB1 的预分频系数是 1，则倍频器不起作用（只能为×1，因为倍频后的频率不能高于 AHB 频率），定时器的时钟频率等于 APB1 的频率；如果 APB1 的预分频因子为其他数值（即 2、4、8 或 16），则这个倍频器起作用（×2），定时器的时钟频率等于 APB1 频率的两倍，如图 6.2 所示。

例如，当 AHB=72MHz 时，如果 APB1 的预分频因子=2，产生了 36MHz 的 APB1 总线频率，那么 TIMx_Multiplier 会倍频（×2）输出，TIMxCLK 仍得到 72MHz 的时钟频率。使用更高的时钟频率，可提高定时器的分辨率，这也正是设计倍频器的原因。读者可能会问，既然需要 TIMx 的时钟频率为 36MHz，为什么不直接取 APB1 的预分频因子为 1 呢？这是因为 APB1 不但要为 TIMx 提供时钟，而且还要为其他低速外设提供时钟，设置这个倍频器可以在保证其他外设使用较低时钟频率时 TIMx 仍能得到较高的时钟频率。

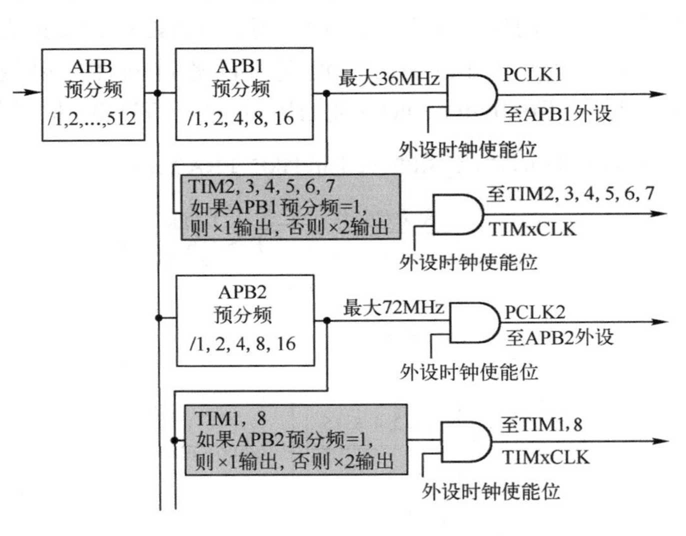

图 6.2　STM32 单片机定时器的倍频器

2）定时时间的计算

与定时器寄存器初始化相关的数据结构在文件 stm32f10x_tim.h 中，程序如下：

```
/*TIM Base Init structure definition*/
typedef struct
{
  uint16_t TIM_Period;              /*定时周期：Period value*/
  uint16_t TIM_Prescaler;           /*预分频因子：Prescaler value*/
  uint16_t TIM_ClockDivision;       /*定时器分频因子：Timer clock division*/
  uint16_t TIM_CounterMode;         /*定时器计数模式：Timer Counter mode*/
} TIM_TimeBaseInitTypeDef;
```

定时器的定时时间主要取决于定时周期和预分频因子。例如，当 TIM_Period 设为 35999，TIM_Prescaler 设为 1999 时，表示累计 36000 个脉冲后产生一个更新或者中断（定时时间到），而脉冲频率是 TIMxCLK 频率经过了 2000 分频后的频率。因此，定时时间 T 为：

$$T=(\text{TIM\_Period}+1)\times(\text{TIM\_Prescaler}+1)/\text{TIMxCLK}=(35999+1)\times(1999+1)/72\text{MHz}=1\text{s}$$

即 1s 溢出一次。注意，TIM_Period 和 TIM_Prescaler 两个变量都是 16 位的无符号整型数，其取值范围是 0～65535。

其中，TIM_ClockDivision 对应控制寄存器 TIMx_CR1 中 bit8 和 bit9 的 CKD[1:0]。图 6.3 是 STM32 单片机定时器的输入滤波器和边沿接收器示意图。当 TIMx 作为计数器使用时，在输入通道都有一个滤波和边沿检测单元，它们的作用是滤除输入信号上的高频干扰。

根据 CKD[1:0]的 00、01、10 三种设置，分别对输入信号进行以下三种频率的采样：

（1）采样频率基准 f_{DTS}=定时器输入频率 f_{CK_INT}；

（2）采样频率基准 f_{DTS}=定时器输入频率 $f_{CK\_INT}/2$；

（3）采样频率基准 f_{DTS}=定时器输入频率 $f_{CK\_INT}/4$。

使用上述频率作为基准对输入信号进行采样，当连续采样到 N 个有效电平时，视为有一个有效的输入电平。

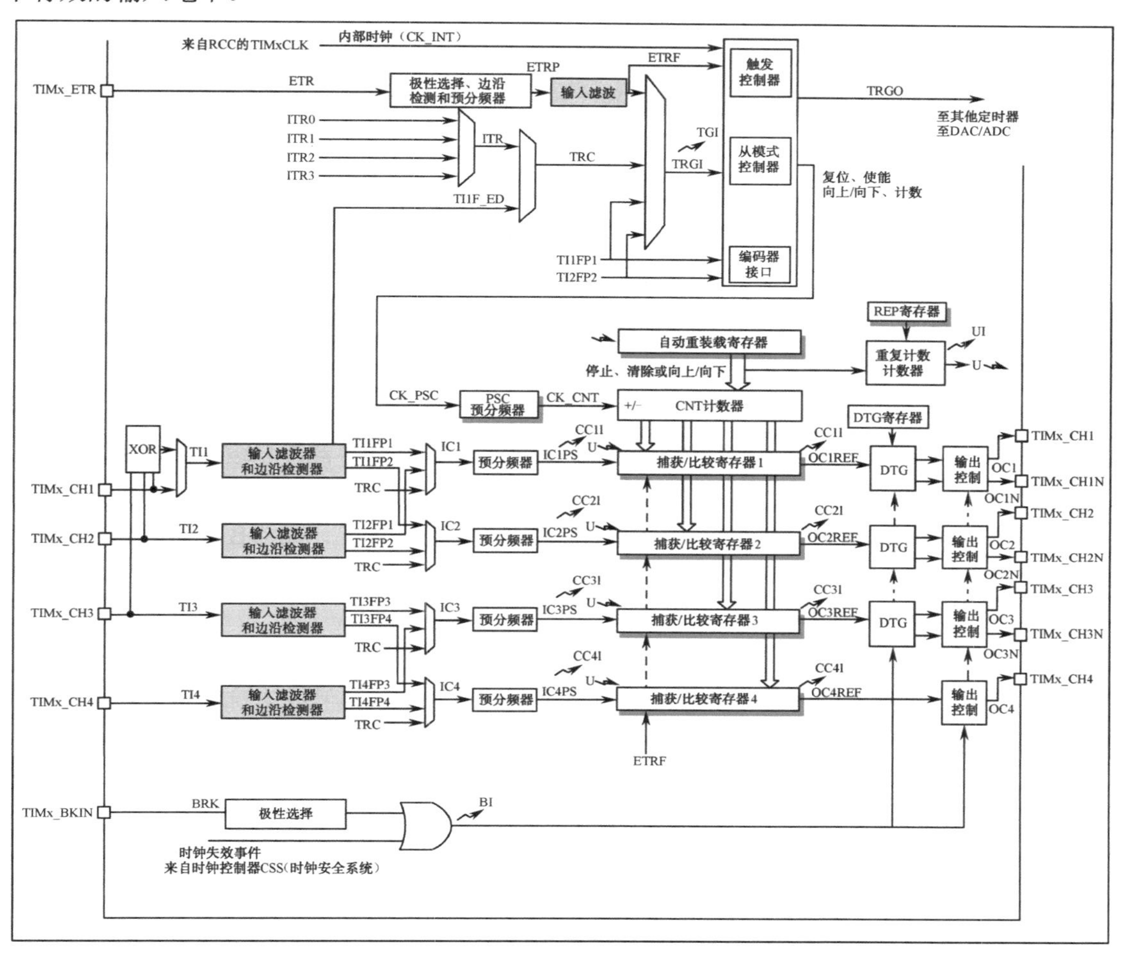

图 6.3　STM32 单片机定时器的输入滤波器和边沿接收器示意图

实际采样频率和采样次数可以由用户程序根据需要选择。外部触发输入通道（TIMx_ETR）的滤波参数在模式控制寄存器（TIMx_SMCR）的 ETF[3:0]中设置，每个输入通道（TIMx_CH1~TIMx_CH4）的滤波参数在捕获/比较模式寄存器 1（TIMx_CCMR1）或捕获/比较模式寄存器 2（TIMx_CCMR2）的 IC1F[3:0]、IC2F[3:0]、IC3F[3:0]和 IC4F[3:0]中设置。

以上输入滤波器实际上是事件计数器，它们记录到 N 个事件后产生一个输出的跳变。例如，当 TIMxCLK=f_{CK_INT}=72MHz，CKD[1:0]=01 时，选择 $f_{DTS}=f_{CK\_INT}/2$=36MHz；ETF[3:0]=0100，则采样频率 $f_{SAMPLING}=f_{DTS}/2$=18MHz，N=6。此时，频率高于 3MHz 的信号将被这个滤波器滤除，这样就有效地屏蔽了高于 3MHz 信号的干扰。

结合输入捕获的中断，可以轻松地实现按键去抖动功能，而不需要软件的干预。这相当于由硬件实现了按键去抖动功能，节省了软件的程序代码开销。从图 6.3 中可以看出，每个定时器最多可以实现 4 个按键的输入，满足矩阵键盘的扫描。由于按键输入是通过中断实现的，因此软件无须频繁地进行扫描操作。

3）定时器寄存器

通用定时器的主要部分是一个16位计数器及与其相关的自动装载寄存器。该计数器可以进行向上计数、向下计数或者中心对称计数。计数器时钟由预分频器分频得到，如图6.4所示。

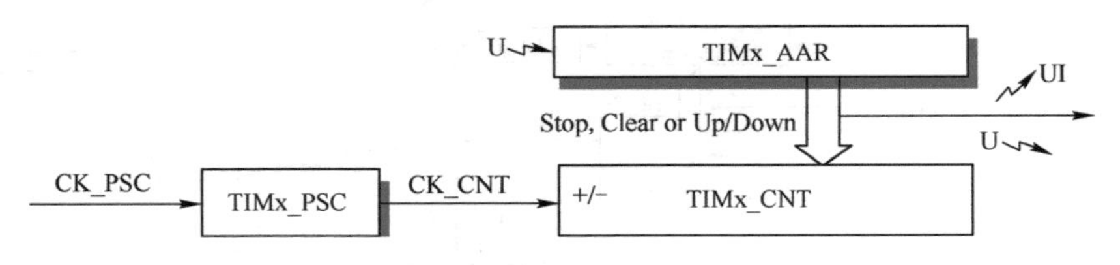

图6.4　定时器寄存器

计数器寄存器（TIMx_CNT）、自动装载寄存器（TIMx_ARR）和预分频寄存器（TIMx_PSC）由软件读/写，即使计数器还在运行，读/写仍然有效。

预分频器可以将计数器的时钟频率按1～65536之间的任意值分频。它是一个（在TIMx_PSC中的）16位寄存器控制的计数器。因为这个控制寄存器带有缓冲器，所以它能在工作时被改变，这样新的预分频器参数会在下一次更新事件到来时被采用。

计数器由预分频器的时钟输出CK_CNT驱动，仅当设置了计数器控制寄存器（TIMx_CR1）中的计数器使能位（CEN）时，CK_CNT才有效。真正的计数器使能信号CNT_EN是在CEN后的一个时钟周期后被设置的。

自动装载寄存器是预先装载的。根据在TIMx_CR1中的自动装载预装载使能位（ARPE）的设置，预装载寄存器的内容永久地或在每次更新事件时被传送到影子寄存器中。自动装载寄存器是预装载寄存器的影子寄存器。当计数器达到溢出条件且TIMx_CR1中的UDIS位等于0时，产生更新事件。更新事件也可以由软件产生。

4）定时器的计数模式

（1）向上计数模式：计数器从0计数到自动装载值（TIMx_ARR中的内容），然后重新从0开始计数，并且产生一个计数器溢出事件。

（2）向下计数模式：计数器从自动装载值（TIMx_ARR中的内容）开始向下计数到0，然后从自动装载值重新开始计数，并且产生一个计数器溢出事件。

（3）中心对称计数模式：计数器从0开始计数到自动装载值（TIMx_ARR中的内容），产生一个计数器溢出事件，然后向下计数到0，又产生一个计数器溢出事件；之后再从0开始重新计数，如此循环。

通过以上分析，我们可以编写函数Timx_Init()进行定时器TIM2的初始化：

```
void Timx_Init(void)
{
    TIM_TimeBaseInitTypeDef    TIM_TimeBaseStructure;
    TIM_DeInit(TIM2);                //复位 TIM2 定时器
    TIM_TimeBaseStructure.TIM_Period = 35999;
    TIM_TimeBaseStructure.TIM_Prescaler = 1999;
    TIM_TimeBaseStructure.TIM_ClockDivision = 0x0;
    TIM_TimeBaseStructure.TIM_CounterMode = TIM_CounterMode_Up;
    TIM_TimeBaseInit(TIM2, & TIM_TimeBaseStructure);
```

```
        /*Clear TIM2 update pending flag，清除 TIM2 溢出中断标志*/
        TIM_ClearFlag(TIM2, TIM_FLAG_Update);

    /*Enable TIM2 Update interrupt，TIM2 溢出中断允许*/
        TIM_ITConfig(TIM2, TIM_IT_Update, ENABLE);

        /*TIM2 enable counter，启动 TIM2 计数*/
        TIM_Cmd(TIM2, ENABLE);
    }
```

在对定时器 TIM2 进行初始化时，要将设置的参数写入有关的寄存器中。通用定时器 TIMx（x=2、3、4、5）寄存器和复位值见表 6.1。

表 6.1　通用定时器 TIMx（x=2、3、4、5）寄存器和复位值表

偏移	寄存器	31	30	29	28	27	26	25	24	23	22	21	20	19	18	17	16	15	14	13	12	11	10	9	8	7	6	5	4	3	2	1	0
000h	TIMx_CR1	保留																						CKD[1:0]		ARPE	CMS[1:0]		DIR	OPM	URS	UDIS	CEN
	复位值																							0	0	0	0	0	0	0	0	0	0
004h	TIMx_CR2	保留																								TI1S	MMS[2:0]			CCDS	保留		
	复位值																									0	0	0	0	0			
008h	TIMx_SMCR	保留																ETP	ECE	ETPS[1:0]		EFT[3:0]				MSM	TS[2:0]			保留	SMS[2:0]		
	复位值																	0	0	0	0	0	0	0	0	0	0	0	0		0	0	0
00Ch	TIMx_DIER	保留																	TDE	保留	CC4DE	CC3DE	CC2DE	CC1DE	DDE	保留	TIE	保留	CC4IE	CC3IE	CC2IE	CC1IE	UIE
	复位值																		0		0	0	0	0	0		0		0	0	0	0	0
010h	TIMx_SR	保留																			CC4OF	CC3OF	CC2OF	CC1OF	保留		TIF	保留	CC4IF	CC3IF	CC2IF	CC1IF	UIF
	复位值																				0	0	0	0			0		0	0	0	0	0
014h	TIMx_EGR	保留																									TG	保留	CC4G	CC3G	CC2G	CC1G	UG
	复位值																										0		0	0	0	0	0
018h	TIMx_CCMR1 输出比较模式	保留																OC2CE	OC2M [3:0]			OC2PE	OC2FE	CC2S [1:0]		OC1CE	OC1M [2:0]			OC1PE	OC1FE	CC1S [1:0]	
	复位值																	0	0	0	0	0	0	0	0	0	0	0	0	0	0	0	0
	TIMx_CCMR1 输入捕获模式	保留																IC2F [3:0]				IC2 PSC [1:0]		CC2S [1:0]		IC1F [3:0]				IC1 PSC [1:0]		CC1S [1:0]	
	复位值																	0	0	0	0	0	0	0	0	0	0	0	0	0	0	0	0

续表

偏移	寄存器	31	30	29	28	27	26	25	24	23	22	21	20	19	18	17	16	15	14	13	12	11	10	9	8	7	6	5	4	3	2	1	0
01Ch	TIMx_CCMR2 输出比较模式	保留																OC4CE	OC4M[3:0]			OC4PE	OC4FE	CC4S[1:0]		OC3CE	OC3M[2:0]			OC3PE	OC3FE	CC3S[1:0]	
	复位值																	0	0	0	0	0	0	0	0	0	0	0	0	0	0	0	0
	TIMx_CCMR2 输入捕获模式	保留																IC4F[3:0]				IC4 PSC[1:0]		CC4S[1:0]		IC3F[3:0]				IC3 PSC[1:0]		CC3S[1:0]	
	复位值																	0	0	0	0	0	0	0	0	0	0	0	0	0	0	0	0
020h	TIMx_CCER	保留																		CC4P	CC4E	保留		CC3P	CC3E	保留		CC2P	CC2E	保留		CC1P	CC1E
	复位值																			0	0			0	0			0	0			0	0
024h	TIMx_CNT	保留																CNT[15:0]															
	复位值																	0	0	0	0	0	0	0	0	0	0	0	0	0	0	0	0
028h	TIMx_PSC	保留																PSC[15:0]															
	复位值																	0	0	0	0	0	0	0	0	0	0	0	0	0	0	0	0
02Ch	TIMx_ARR	保留																ARR[15:0]															
	复位值																	0	0	0	0	0	0	0	0	0	0	0	0	0	0	0	0
030h	保留																																
034h	TIMx_CCR1	保留																CCR1[15:0]															
	复位值																	0	0	0	0	0	0	0	0	0	0	0	0	0	0	0	0
038h	TIMx_CCR2	保留																CCR2[15:0]															
	复位值																	0	0	0	0	0	0	0	0	0	0	0	0	0	0	0	0
03Ch	TIMx_CCR3	保留																CCR3[15:0]															
	复位值																	0	0	0	0	0	0	0	0	0	0	0	0	0	0	0	0
040h	TIMx_CCR4	保留																CCR4[15:0]															
	复位值																	0	0	0	0	0	0	0	0	0	0	0	0	0	0	0	0
044h	保留																																
048h	TIMx_DCR	保留																			DBL[4:0]					保留			DBA[4:0]				
	复位值																				0	0	0	0	0				0	0	0	0	0
04Ch	TIMx_DMAR	保留																DMAB[15:0]															
	复位值																	0	0	0	0	0	0	0	0	0	0	0	0	0	0	0	0

在文件 stm32f10x.h 中定义了定时器寄存器组的结构体 TIM_TypeDef：

```
typedef struct
{
  __IO uint16_t CR1;
  uint16_t    RESERVED0;
  __IO uint16_t CR2;
  uint16_t    RESERVED1;
  __IO uint16_t SMCR;
  uint16_t    RESERVED2;
```

```
        __IO uint16_t DIER;
        uint16_t    RESERVED3;
        __IO uint16_t SR;
        uint16_t    RESERVED4;
        __IO uint16_t EGR;
        uint16_t    RESERVED5;
        __IO uint16_t CCMR1;
        uint16_t    RESERVED6;
        __IO uint16_t CCMR2;
        uint16_t    RESERVED7;
        __IO uint16_t CCER;
        uint16_t    RESERVED8;
        __IO uint16_t CNT;
        uint16_t    RESERVED9;
        __IO uint16_t PSC;
        uint16_t    RESERVED10;
        __IO uint16_t ARR;
        uint16_t    RESERVED11;
        __IO uint16_t RCR;
        uint16_t    RESERVED12;
        __IO uint16_t CCR1;
        uint16_t    RESERVED13;
        __IO uint16_t CCR2;
        uint16_t    RESERVED14;
        __IO uint16_t CCR3;
        uint16_t    RESERVED15;
        __IO uint16_t CCR4;
        uint16_t    RESERVED16;
        __IO uint16_t BDTR;
        uint16_t    RESERVED17;
        __IO uint16_t DCR;
        uint16_t    RESERVED18;
        __IO uint16_t DMAR;
        uint16_t    RESERVED19;
    } TIM_TypeDef;…
    …
    #define PERIPH_BASE                 ((u32)0x40000000)
    …
    #define APB1PERIPH_BASE             PERIPH_BASE
    #define APB2PERIPH_BASE             (PERIPH_BASE + 0x10000)
    #define AHBPERIPH_BASE              (PERIPH_BASE + 0x20000)
    …
    #define TIM2_BASE                   (APB1PERIPH_BASE + 0x0000)
    …
    #ifdef _TIM2
      #define TIM2          ((TIM_TypeDef *) TIM2_BASE)
    #endif
```

从上述程序中的宏定义可以看出，在初始化 TIM2 时，编译器的预处理程序将 TIM2 替换成((TIM_TypeDef *) 0x40000000)。这个地址是通用定时器寄存器组的首地址，参见附录 B。

3．设置 TIM2 的中断通道

在文件 HelloRobot.h 中，函数 NVIC_Configuration()用于配置通用定时器 TIM2 的中断通道：

```
/*Enable the TIM2 gloabal Interrupt [允许 TIM2 全局中断] */
NVIC_InitStructure.NVIC_IRQChannel = TIM2_IRQChannel;
NVIC_InitStructure.NVIC_IRQChannelPreemptionPriority = 0;
NVIC_InitStructure.NVIC_IRQChannelSubPriority = 0;
NVIC_InitStructure.NVIC_IRQChannelCmd = ENABLE;
NVIC_Init(&NVIC_InitStructure);
```

其中，NVIC_Init()函数用于配置中断。

4．中断服务函数

当定时器 TIM2 计数溢出产生中断时，进入中断服务函数 TIM2_IRQHandler()中。通过编程可以实现 PD7 引脚连接的 LED 每隔一定时间闪烁一次。

```
void TIM2_IRQHandler(void)
{
  if( GPIO_ReadInputDataBit(GPIOE, GPIO_Pin_7)==0)
     GPIO_SetBits(GPIOD, GPIO_Pin_7);
  else
     GPIO_ResetBits(GPIOE,GPIO_Pin_7);

  /*Clear TIM2 update pending flag，清除 TIM2 溢出中断标志*/
  TIM_ClearFlag(TIM2, TIM_FLAG_Update);
}
```

此处中断服务函数的主要任务是控制 PD7 引脚的电平变化，进而控制与其连接的 LED 闪烁。在程序的最后需要清除 TIM2 溢出中断标志。这种用软件方法清除中断标志的情况，在 ARM9 和 ARM11 嵌入式系统中也是如此。

任务 1　通用定时器控制 LED 闪烁

在第 2 章中，已经实现通过使用延时函数控制 LED 每隔一段时间闪烁一次。在本任务中，是否可以通过使用定时器 TIM2 来控制 LED 闪烁呢？下面的程序利用定时器中断编程实现 PD7 引脚连接的 LED 闪烁（每过 1s 灭一次，再过 1s 亮一次）。

例程：TimeApplication.c

```
#include "stm32f10x.h"
#include "HelloRobot.h"
void Timx_Init(void);           //子函数声明
```

```
int main(void)
{
    BSP_Init();
    Timx_Init();          //定时器初始化函数
    while (1) ;           //等待中断
}

void Timx_Init(void)
{
    TIM_TimeBaseInitTypeDef   TIM_TimeBaseStructure;

    TIM_DeInit(TIM2);                         //复位 TIM2 定时器
    TIM_TimeBaseStructure.TIM_Period = 35999;
    TIM_TimeBaseStructure.TIM_Prescaler = 1999;
    TIM_TimeBaseStructure.TIM_ClockDivision = 0x0;
    TIM_TimeBaseStructure.TIM_CounterMode = TIM_CounterMode_Up;
    TIM_TimeBaseInit(TIM2, & TIM_TimeBaseStructure);
    /*Clear TIM2 update pending flag[清除 TIM2 溢出中断标志]*/
    TIM_ClearFlag(TIM2, TIM_FLAG_Update);
    /*Enable TIM2 Update interrupt [TIM2 溢出中断允许]*/
    TIM_ITConfig(TIM2, TIM_IT_Update, ENABLE);
    /*TIM2 enable counter [允许 TIM2 计数]*/
    TIM_Cmd(TIM2, ENABLE);
}
```

中断服务函数 TIM2_IRQHandler()在文件 stm32f10x_it.c 中，程序如下：

```
//中断服务程序
void TIM2_IRQHandler(void)
{
  if(GPIO_ReadInputDataBit(GPIOE, GPIO_Pin_7)==0)
      GPIO_SetBits(GPIOD, GPIO_Pin_7);
  else
      GPIO_ResetBits(GPIOE,GPIO_Pin_7);

  /*Clear TIM2 update pending flag[清除 TIM2 溢出中断标志]*/
  TIM_ClearFlag(TIM2, TIM_FLAG_Update);
}
```

在 C 程序中，一个函数的定义既可以放在 main()函数之前，也可以放在 main()函数之后。如果放在 main()函数之后，那么应该在 main()函数的前面加上这个函数的声明：

```
void Timx_Init(void);   //子函数声明
```

例程 TimeApplication.c 中的 main()函数很好理解，其首先对定时器进行初始化设置，然后等待中断。

在单片机应用系统的设计与实现中中断起着非常重要的作用。中断操控系统响应事件并在执行其他程序的过程中处理该事件。定时器中断可以使系统实现看上去能够在同一时间处理许多任务。计算机的多任务操作系统（Windows、Linux、μCOS 等）就需要定时器中断。可以这么说，没有定时器中断，就没有多任务操作系统。

多任务操作系统

多任务操作系统（Multi-task Operation System）内部允许有多个任务同时运行。早期的操作系统（UNIX）的多任务是靠分时（Time Sharing）机制实现的，现在的操作系统除具有分时机制外，还加入了实时（Real Time）机制，用于像实时控制、数据采集等实时性要求较高的场合。系统在执行多任务时，CPU 在某一时刻只能执行一个任务，但操作系统将 CPU 时间分片，并把这些时间片分别安排给多个任务（进程）。因为 CPU 运行得很快，在操作者看来，所有任务（进程）都在同时执行。而任务调度是基于时钟节拍的，CPU 要提供定时器中断来产生时钟节拍，以实现延时和定时期满功能。

在某种程度上，中断服务函数与子函数有些相似。它们最明显的区别是，子函数采用显式调用，而中断服务函数采用隐式调用，由中断（事件）触发。STM32 单片机有 68 个可屏蔽中断通道（不包括 Cortex-M3 处理器的 16 个中断通道）。每个中断源可以单独被允许或禁止。

TIM2 外部中断通道的位置号是 28（35 号优先级）。TIM2 本身能够引起中断的中断源或事件有更新事件（上溢/下溢）、输入捕获、输出匹配、DMA 申请等。所有 TIM2 的中断事件都通过一个 TIM2 中断通道向 Cortex-M3 处理器提出中断申请。Cortex-M3 处理器对于每个外部中断通道都有相应的控制字和控制位，分布在 NVIC 的寄存器组中，用于控制该中断通道，包括：

（1）中断优先级控制字：PRI_28（IP[28]）的 8 位（只用高 4 位）；

（2）中断允许设置位：在 ISER 寄存器中（允许中断）；

（3）中断允许清除位：在 ICER 寄存器中（禁止中断）；

（4）中断登记 Pending 位置位：在 ISPR 寄存器中（硬件自动置位）；

（5）中断登记 Pending 位清除：在 ICPR 寄存器中（软件清除中断通道标志位）；

（6）正在被服务的（Active）中断标志位：在 IABR 寄存器中，可以知道当前内核正在处理哪个中断通道。

TIM2 的中断过程如下。

（1）初始化：首先设置 AIRC 寄存器中 PRIGROUP 的值，设置系统中的抢占式优先级和响应优先级的个数（在 4 位中占用的位数）；设置 TIM2 寄存器，允许相应的中断，如允许 UIE（TIME2_DIER[0]）、设置 TIM2 中断通道的抢占式优先级和响应优先级（IP[28]，在 NVIC 寄存器组中）、允许 TIM2 中断通道。

（2）中断响应：当 TIM2 的 UIE 条件成立（更新，上溢或下溢）时，硬件将 TIM2 本身寄存器中 UIE 中断标志置位，然后通过 TIM2 中断通道向内核申请中断服务。此时内核硬件将 TIM2 中断通道的中断登记 Pending 位置位（中断通道标志置位），表示 TIM2 有中断申请。如果当前有中断在处理，TIM2 的中断级别不够高，那么就保持 Pending 标志位，这时，也可以通过写 ICPR 寄存器中相应的位把本次中断请求清除。如果内核有空，则开始响应 TIM2 的中断，进入 TIM2 的中断服务程序。此时硬件将 IABR 寄存器中相应的标志位置位，表示 TIM2 中断正在被处理。同时硬件清除 TIM2 的中断登记 Pending 位。

（3）执行 TIM2 中断服务程序：所有 TIM2 的中断事件都在一个 TIM2 中断服务程序中完成。所以进入中断服务程序后，如果有多个中断事件，需要先判断是哪个事件引起的中断，

然后转移到相应的服务程序中去。因为硬件不会自动清除 TIM2 寄存器中的中断标志位，所以在中断服务程序退出前，要把该中断事件的中断标志位清除。如果 TIM2 本身的中断事件有多个，那么它们服务的先后次序可通过编写的中断服务程序决定。也就是说，对于 TIM2 本身的多个中断的优先级，系统是不能设置的。在编写中断服务程序时，应根据实际的情况和要求，优先处理重要的中断。

（4）中断返回：内核执行完中断服务程序后，便进入中断返回过程。在这个过程中需要硬件将 IABR 寄存器中相应的标志位清除，表示该中断处理完成。如果 TIM2 本身还有中断标志位置位，表示 TIM2 还有中断在申请，则重新将 TIM2 的中断登记 Pending 位置 1，等待再次被处理。

该你了——流水灯

机器人控制板上已有 4 个 LED，重新编写定时器 TIM2 的中断服务函数，实现 4 个 LED 依次反复亮。即第 1 个亮，其余灭；然后第 2 个亮，其余灭；接着第 3 个亮，其余灭；最后第 4 个亮，其余灭；依此反复。可以参考本书配套例程 Led_ShiftWithTx.c。

6.2　STM32 单片机通用定时器的应用

任务 2　距离检测

1. 红外线接收器灵敏度与频率的关系

图 6.5 是本书所用红外线接收器频率与灵敏度的关系图。它显示了红外线接收器在接收到频率不同于 38.5kHz 的红外线时，灵敏度随频率变化的曲线。例如，当发射频率为 40kHz 的红外线给接收器时，它的灵敏度是频率为 38.5kHz 的 80%；如果红外线 LED 发出 42kHz 的红外线，接收器的灵敏度是频率为 38.5kHz 的 50%左右。对于灵敏度很低的频率，为了让接收器检测到反射的红外线，物体必须离接收器更近。

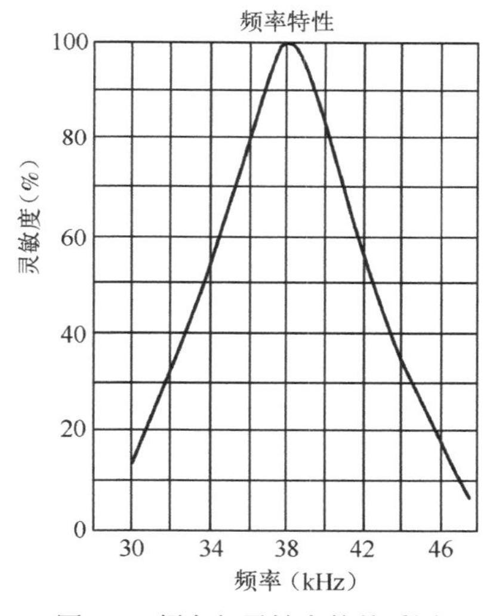

图 6.5　频率与灵敏度的关系图

从另一个角度来考虑：高灵敏度的频率可以用于检测远距离的物体，低灵敏度的频率可以用于检测近距离的物体。这使得距离检测变得简单了。

我们选择 5 个不同频率，从最低灵敏度到最高灵敏度进行测试，根据接收器不能再检测到物体时的红外线频率，就可以推断物体的大概位置。

2. 对频率扫描进行编程以实现距离检测

图 6.6 表示了机器人如何用红外线频率实现距离检测。图中，在区域 3，发送 35700Hz 和 38460Hz 频率的红外线能发现物体，发送 29370Hz、31230Hz 及 33050Hz 频率的红外线就不能发现物体。如果移动物体到区域 2，那么发送 33050Hz、35700Hz 及 38460Hz 频率的红外线可以发现物体，发送 29370Hz 和 31230Hz 频率的红外线不能发现物体。

下面的程序要做两件事情。第一，测试红外线 LED 和接收器（分别与 PE1 和 PE3 连接）以确认它们的距离检测功能正常；第二，完成频率扫描。

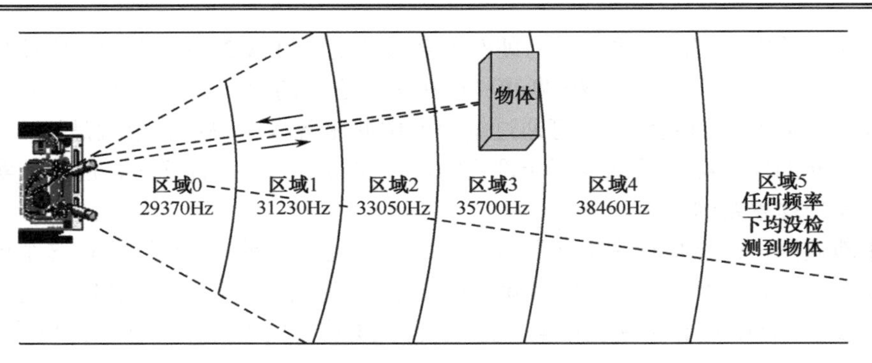

图 6.6　红外线频率和检测区域

例程：TestLeftFrequencySweep.c

```
#include "HelloRobot.h"

void Timx_Init(void);
#define LeftIR      GPIO_ReadInputDataBit(GPIOE,GPIO_Pin_3)     //左边红外线接收

unsigned int time;                          //定时时间值
int leftdistance;                           //左边的距离
int distanceLeft, irDetectLeft;
unsigned int frequency[5]={29370,31230,33050,35700,38460};

void Timx_Init(void)
{
    TIM_DeInit( TIM2);//复位 TIM2 定时器
}

void FreqOut(unsigned int Freq)
{
    TIM_TimeBaseInitTypeDef    TIM_TimeBaseStructure;

    TIM_TimeBaseStructure.TIM_Period = 72000000/2/Freq-1;
    TIM_TimeBaseStructure.TIM_Prescaler = 0;
    TIM_TimeBaseStructure.TIM_ClockDivision = 0x0;
    TIM_TimeBaseStructure.TIM_CounterMode = TIM_CounterMode_Up;
    TIM_TimeBaseInit(TIM2, & TIM_TimeBaseStructure);
    /*Clear TIM2 update pending flag，清除 TIM2 溢出中断标志*/
    TIM_ClearFlag(TIM2, TIM_FLAG_Update);
    /*Enable TIM2 Update interrupt，TIM2 溢出中断允许*/
    TIM_ITConfig(TIM2, TIM_IT_Update, ENABLE);
    /*TIM2 enable counter，允许 TIM2 计数*/
    TIM_Cmd(TIM2, ENABLE);                          //启动定时器

    delay_nus(800);                                 //延时
```

```
        TIM_Cmd(TIM2, DISABLE);                    //停止定时器
    }

    void Get_lr_Distances()
    {
        unsigned int count;
        leftdistance = 0;                          //初始化左边的距离
        for(count = 0;count<5;count++)
        {
            FreqOut(frequency[count]);   //发射红外线
        irDetectLeft = LeftIR;
            printf("irDetectLeft = %d\r\n",irDetectLeft);
            if(irDetectLeft == 1)           //没有检测到物体
            leftdistance++;
        }
    }

    int main(void)
    {
        BSP_Init();
        Timx_Init();//定时器初始化函数
        USART_Configuration();
        printf("Program Running!\r\n");
        printf("FREQENCY DETECTED\r\n");
        while(1)
        {
          Get_lr_Distances();
           printf("distanceLeft = %d\r\n",leftdistance);
          printf("-----------------\r\n");
          delay_nms(1000);
        }
    }
```

中断服务函数 TIM2_IRQHandler()在文件 stm32f10x_it.c 中：

```
    void TIM2_IRQHandler(void)
    {
      if(GPIO_ReadOutputDataBit(GPIOE, GPIO_Pin_1)==0)
        GPIO_SetBits(GPIOE, GPIO_Pin_1);
      else
        GPIO_ResetBits(GPIOE,GPIO_Pin_1);

      /*Clear TIM2 update pending flag[清除 TIM2 溢出中断标志]*/
      TIM_ClearFlag(TIM2, TIM_FLAG_Update);
    }
```

3. TestLeftFrequencySweep.c 是如何工作的

还记得“数组”吗？下面的语句将用整型数组存储 5 个频率值：

```
unsigned int frequency[5]={29370,31230,33050,35700,38460};
```

Timx_Init()是定时器初始化函数。注意，Timx_Init()函数并没有开启定时器。

Get_lr_Distances()的功能是发射某一频率的红外线。定时器应该设定多大的值呢？若频率为 f，则周期 $T=1/f$。高低电平持续时间为 $t=T/2$，根据公式：

$$T=(\text{TIM\_Period}+1)\times(\text{TIM\_Prescaler}+1)/72\text{MHz}/2$$

可得当 TIM_Prescaler=0 时，定时器的初值 TIM_Period：

$$\text{TIM\_Period} = (72000000/2)/\text{Freq}-1$$

根据图 6.6 所描述的原理，如果检测结果 irDetectLeft 为 1，那么没有发现物体，然后距离 leftdistance 加 1，循环扫描。当 5 个频率扫描完后，可根据 leftdistance 的值判断物体离机器人的大致距离。

输入、保存并运行例程 TestLeftFrequencySweep.c。用一张纸或卡片面对机器人红外线 LED 和红外线接收器做距离检测。前后移动白纸，串口调试软件将会显示白纸所在的区域，如图 6.7 所示。

程序通过计算“1”出现的次数，就可以确定目标在哪个区域。

图 6.7　距离检测输出实例

注意：这种距离检测方法是相对的，并非绝对精确。然而，它是完成机器人跟随、跟踪和其他行为的好方法。

该你了——检测右边的红外线 LED 和接收器

（1）修改例程 TestLeftFrequencySweep.c，对右边的红外线 LED 和红外线接收器做距离检测，将其另存为 DisplayBothDistances.c；

（2）检验这对红外线 LED 和红外线接收器能否检测同样的距离；

（3）输入、保存并运行程序 DisplayBothDistances.c；

（4）用一张纸或卡片重复测试与每个红外线 LED 的距离，然后利用两个红外线 LED 同时测试。

尝试检测不同距离的物体，弄清物体的颜色和（或）材质是否会造成距离检测的差异。

当左右两对红外线 LED 和接收器都测试完成后，机器人就可实现障碍物的检测、机器人跟随及路径跟踪等智能行为。也可以在前面电路的基础上增加报警功能。

任务 3　尾随车

一个机器人跟随另一个机器人（引导车）行走，跟随的机器人称为尾随车。尾随车要正常工作必须知道距离引导车有多远。如果尾随车落在后面，它必须能察觉并加速。如果尾随车距离引导车太近，它也要能察觉并减速。如果当前距离正好合适，它会一直等待，直到距离发生变化。

距离仅是机器人和其他自动化系统需要控制的一种变量。当一台机器被设计用来自动维持某一变量时，如距离、压力等，它一般包含一个控制系统。这个系统有时由传感器和阀门组成，有时由传感器和电机组成。机器人系统是由传感器和旋转的电机组成的。机器人系统中还必须有某种处理器可以接收传感器的测量结果并把它们转化为机械运动。它是通过对处理器编程而对传感器的输入做出决定，从而控制输出的。闭环控制是常用的维持控制目标数据的方法，它能很好地帮助机器人保持与一个物体之间的距离。闭环控制算法类型多样，常用的有比例、积分及微分控制。

图 6.8 所示的框图描述了机器人系统中用到的比例控制系统，即机器人用右边的红外线 LED 和接收器检测距离，并用右边的伺服电机调节位置以维持与物体之间适当的距离。

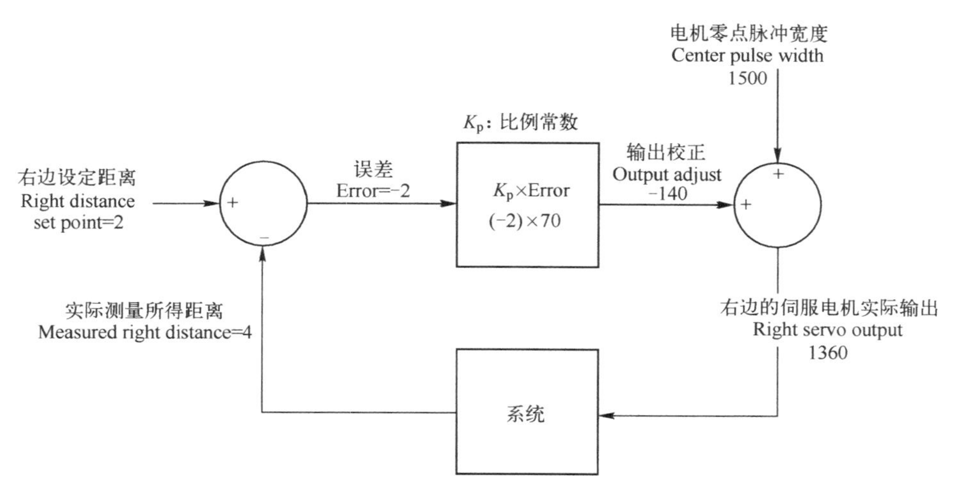

图 6.8　右边的伺服电机及红外线 LED 和接收器的比例控制系统

仔细观察图 6.8 中的数字，学习比例控制的工作原理。右边设定距离为 2，说明希望机器人和任何它检测到的物体之间的距离维持为 2。实际测量所得距离为 4，距离大于设定距离。误差是设定距离减去实际测量所得距离的差。它在圆圈中给出，这个圆圈称为“比较器”。接着，将这个误差传入一个操作框——比例控制。误差将乘以一个比例常数 K_p。K_p 的值为 70。

该操作框的输出为(−2)×70 = −140，称为输出校正。输出校正传入一个求和点，这时它与电机的零点脉冲宽度 1500 相加，结果是 1360。这个脉冲宽度可以让电机大约以全速的 3/4 顺时针旋转，控制机器人右轮向前、朝着物体的方向运动。

再次经过闭环，实际测量所得距离可能发生变化，但是不管实际测量所得距离如何变化，图 6.8 中的控制环路都会计算出一个数值控制电机旋转以纠正误差。

图 6.8 所示的控制过程可由一组方程来描述，下面是归纳出来的方程关系及结果：

$$\text{Error} = \text{Right distance set point} - \text{Measured right distance}$$

$$\text{Output adjust} = \text{Error} \times K_p$$

$$\text{Right servo output} = \text{Output adjust} + \text{Center pulse width}$$

通过运算，上面三个方程可简化为：

Right servo output=(Right distance set point–Measured right distance)×K_p+Center pulse width

左边的伺服电机及红外线 LED 和接收器的比例控制系统如图 6.9 所示，与右边的运算过程类似，不同的是比例常数 K_p 的值由+70 变为−70。假设实际测量所得距离与右边一样，输出修正的脉冲宽度应该为 1640。

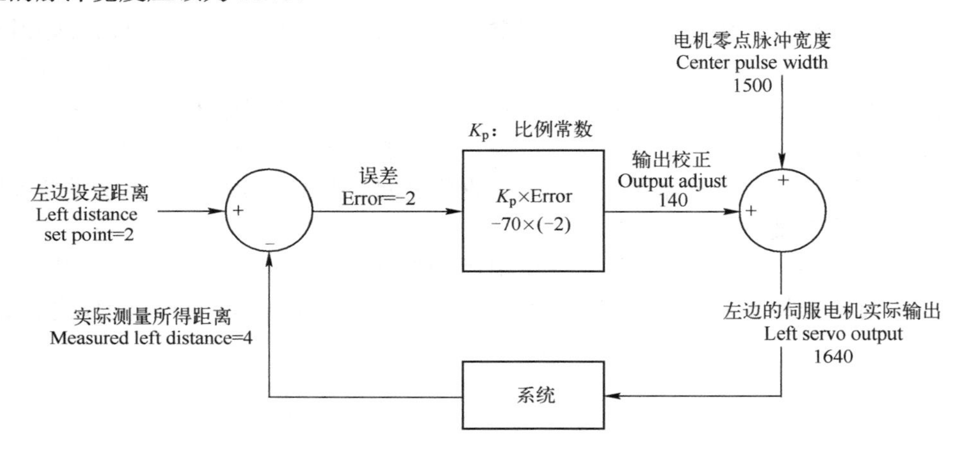

图 6.9 左边的伺服电机及红外线 LED 和接收器的比例控制系统

下面是归纳出来的方程关系及结果：

Left servo output= (Left distance set point – Measured left distance)×K_p+Center pulse width

这个脉冲宽度让电机大约以全速的 3/4 逆时针旋转，控制机器人的左轮向前旋转，朝着物体的方向运动，并保持与物体间隔一定的距离。

1. 对尾随车编程

下面的例子说明如何用 C 语言求解上面的方程。令左、右边设定距离均为 2，实际测量所得距离由变量 distanceRight 和 distanceLeft 存储，右伺服电机的比例常数 K_p 为 70，电机零点脉冲宽度为 1500：

$$\text{pulseRight} = (2 - \text{distanceRight}) \times 70 + 1500$$

左伺服电机的比例常数 K_p 为–70：

$$\text{pulseLeft} = (2 - \text{distanceLeft}) \times (-70) + 1500$$

针对数值–70、70、2 和 1500，在程序中声明如下：

```
#define Kpl –70
#define Kpr 70
#define SetPoint 2
#define CenterPulse 1500
```

那么，比例控制计算公式为：

```
pulseLeft = (SetPoint – distanceLeft)×Kpl + CenterPulse
pulseRight = (SetPoint – distanceRight)×Kpr + CenterPulse
```

数值声明的优势在于，只需在程序开始部分对常量做一次定义。程序开始部分的定义会反映到所有用到该常量的地方。例如，把#define Kpl –70 中的–70 改为–80，程序中所有 Kpl 的值均会由–70 改为–80。对于左、右比例控制系统来说，这是非常方便的。当然还可以用 const 定义常量，如 const int Kpr=70。

const 与#define

两者都可以用来定义常量，常放在头文件中。但用 const 时，还定义了常量的数据类型，所以更规范一些。#define 只进行简单的文本替换，除了可以定义常量外，还可以用来定义一些简单的函数。

#define 缺乏类型检测机制，由于这样的预处理在 C++中成为可能引发错误的隐患，于是引入了 const。想一想，下面的声明都是什么意思？

```
const int a;
int const a;
const int *a;
int * const a;
int const * a const;
```

前两个声明的作用是一样的，定义 a 是一个常整型数。

第三个声明定义 a 是一个指向常整型数的指针，常整型数是不可修改的，但指针可以。

第四个声明定义 a 是一个指向整型数的常指针，指针指向的整型数是可以修改的，但指针是不可修改的。

最后一个声明定义 a 是一个指向常整型数的常指针，指针指向的整型数是不可修改的，同时指针也是不可修改的。

为什么关键字 const 很重要呢？因为：

（1）关键字 const 为读代码的人传达非常有用的信息。实际上，声明一个参数为常量是为了告诉用户这个参数的应用目的。

（2）关键字 const 可能会产生更紧凑的代码，这对嵌入式系统编程很有用。

（3）合理地使用关键字 const 可以使编译器很自然地保护那些不希望被改变的参数，防止其无意的代码修改。简而言之，这样可以减少 bug 的出现。

注意：前面章节介绍的 volatile 和这里介绍的 const 的含义都是嵌入式系统工程师应该知道的基本知识。

下面的程序实现尾随车的功能。

例程：FollowingRobot.c

```
#include "HelloRobot.h"
void Timx_Init(void);

#define LeftLaunch_1    GPIO_SetBits(GPIOE, GPIO_Pin_1)          //左边红外线发射
#define LeftLaunch_0    GPIO_ResetBits(GPIOE, GPIO_Pin_1)        //左边红外线发射
#define RightLaunch_1 GPIO_SetBits(GPIOE, GPIO_Pin_0)            //右边红外线发射
#define RightLaunch_0 GPIO_ResetBits(GPIOE, GPIO_Pin_0)          //右边红外线发射
#define LeftIR      GPIO_ReadInputDataBit(GPIOE,GPIO_Pin_3)      //左边红外线接收
#define RightIR     GPIO_ReadInputDataBit(GPIOE,GPIO_Pin_2)      //右边红外线接收

#define Kpl -70
#define Kpr 70
#define SetPoint 2
#define CenterPulse 1500

unsigned int time;
int delayCount,distanceLeft,distanceRight,irDetectLeft,irDetectRight;
unsigned int frequency[5]={29370,31230,33050,35700,38460};

void Timx_Init(void)
{
    …//略，同前
}

void FreqOut(unsigned int Freq)
{
    …//略，同前
}

void Get_Ir_Distances()
{
       unsigned char count;
        distanceLeft = 0;                            //初始化左边的距离
        distanceRight = 0;                           //初始化右边的距离
        for(count = 0;count<5;count++)
        {
            FreqOut(frequency[count]);
            irDetectRight = RightIR;
            irDetectLeft = LeftIR;
            if (irDetectLeft == 1)            distanceLeft++;
            if (irDetectRight == 1)           distanceRight++;
        }
}
```

```
void Send_Pulse(unsigned int pulseLeft,unsigned int pulseRight)
{
        GPIO_SetBits(GPIOC, GPIO_Pin_7);
        delay_nus(pulseLeft);
        GPIO_ResetBits(GPIOC, GPIO_Pin_7);

        GPIO_SetBits(GPIOC, GPIO_Pin_6);
        delay_nus(pulseRight);
        GPIO_ResetBits(GPIOC, GPIO_Pin_6);
        delay_nms(18);
}

int main(void)
{
    unsigned int pulseLeft,pulseRight;
    BSP_Init();
    Timx_Init();                    //定时器初始化函数
    USART_Configuration();
    printf("Program Running!\r\n");
    printf("FREQENCY DETECTED\r\n");
      while(1)
      {
        Get_lr_Distances();
        pulseLeft=(SetPoint-distanceLeft)*Kpl+CenterPulse;
        pulseRight=(SetPoint-distanceRight)*Kpr+CenterPulse;
        Send_Pulse(pulseLeft,pulseRight);
      }
}
```

本例程实现左、右伺服电机的比例控制系统。换句话说，在每个脉冲发送给电机之前，需要测量距离，计算出误差，然后将误差乘以比例系数 K_p，再将结果加上电机零点脉冲宽度得到输出的脉冲宽度，最后发送给左（或右）伺服电机。

（1）输入、保存并运行例程 FollowingRobot.c；

（2）把卡片置于机器人的前面，就像一面障碍物墙，机器人应该维持它和卡片之间的距离为预定的距离；

（3）尝试轻轻旋转一下卡片，机器人应该随之旋转；

（4）尝试用卡片引导机器人四处运动，机器人应该跟随它；

（5）移动卡片，当其距离机器人特别近时，机器人应该后退，远离卡片。

2．FollowingRobot.c 是如何工作的

主程序调用 Get_lr_Distances()函数。Get_lr_Distances()函数运行完成之后，变量 distanceLeft 和 distanceRight 分别包含一个与区域相对应的数值，该区域中的目标能被左、右红外线接收器检测到。

下面两行代码用于对每个电机执行比例控制计算：

```
pulseLeft =(SetPoint – distanceLeft)*Kpl + CenterPulse
pulseRight =(SetPoint – distanceRight)*Kpr + CenterPulse
```

最后调用子函数 Send_Pulse()对电机的旋转速度进行调节。

因为要做的是尾随实验，串口线的连接影响机器人的运动，可去掉。

该你了

图 6.10 是引导车和尾随车实物图。为提高检测的可靠性，引导车侧面和后面需加上挡板。引导车运行的程序是 FastIrRoaming.c，尾随车运行的程序是 FollowingRobot.c。比例控制系统让尾随车成为忠实的追随者。一辆引导车可以引导 6～7 辆尾随车，只需要把引导车的侧面挡板和后面挡板加到其他的尾随车上。

图 6.10　导引车（左上）和尾随车（右下）实物图

如果只有一个机器人，可以让尾随车跟随一张卡片或你的手来运动，就像跟随引导车一样。

通过调整程序中比例常数 Kpl、Kpr 和 SetPoint 的值来改变尾随车的行为，用手或一张卡片来引导尾随车，做下面的练习：尝试用 40 和 100 这两个值更新 Kpr 和 Kpl 来运行程序 FollowingRobot.c，注意观察尾随车在跟随目标运动时的响应有何差异；尝试调节常量 SetPoint 的值，范围为 0～4，注意观察尾随车跟随目标的间隔距离。

任务 4　跟踪条纹带

如图 6.11 所示，搭建一条路径并编程使机器人循线运动。路径上每个条纹带是由 3 条 19mm 宽的黑色聚乙烯“电工绝缘带”组成的（边对边地并行粘贴在白色招贴板上），“电工绝缘带”条纹之间不能露出白色板。为了成功跟踪该路径，需要测试和调节机器人。

本任务需要的材料包括：

（1）一张招贴板（大概尺寸：56cm×71cm）；

（2）19mm 宽黑色聚乙烯“电工绝缘带”一卷。

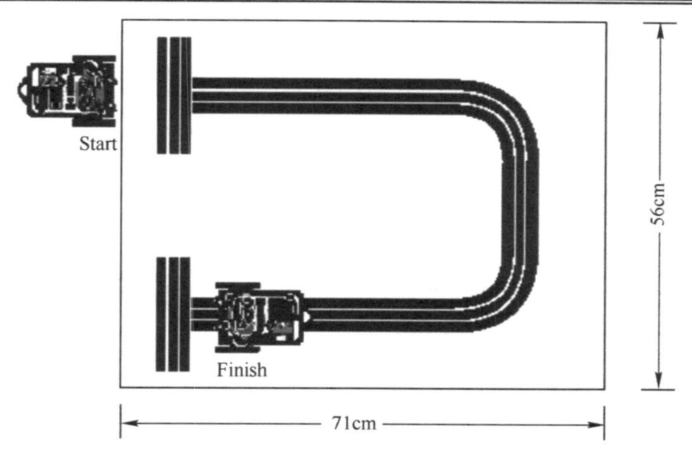

图 6.11　条纹带跟踪

1. 测试条纹带

（1）调节红外线 LED 和接收器的角度向下，如图 6.12 所示。

（2）确保条纹带路径不受日光灯干扰。

（3）用 1kΩ电阻代替与红外线 LED 串联的 470Ω 电阻，使机器人更加“近视”。

（4）运行例程 DisplayBothDistances.c。将机器人与串口电缆相连，以便在串口调试软件中看到显示的距离。

（5）低区域测试：如图 6.13 所示，把机器人放在白色招贴板上；验证区域读数是否表示被检测的物体在很近的区域内，两个接收器的读数是否都是 1 或 0。

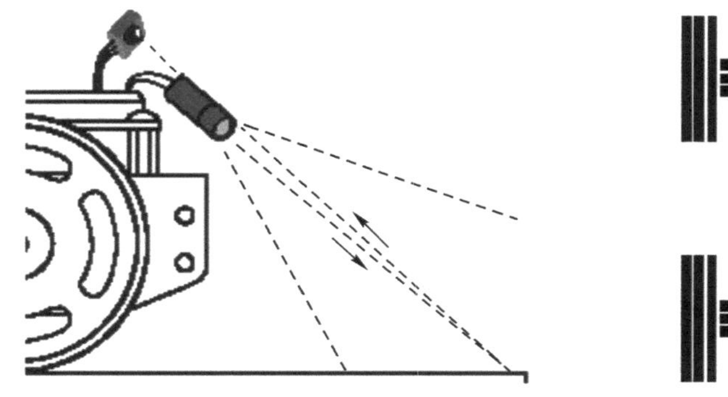

图 6.12　红外线接收器向下扫描条纹带

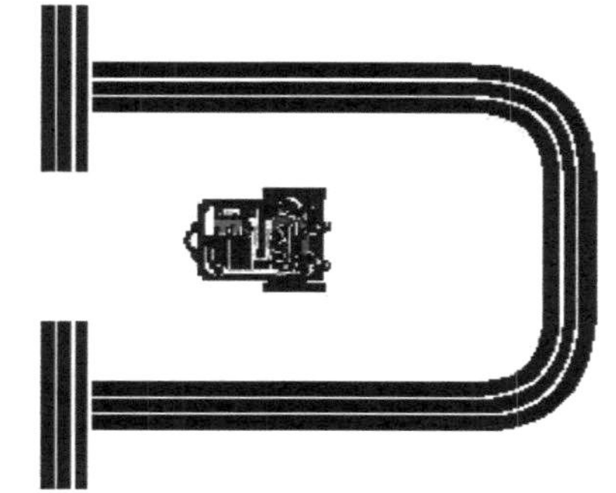

图 6.13　低区域测试俯视图

（6）高区域测试：放置机器人使两个红外线 LED 和接收器都直接指向三条“电工绝缘带”的中心，如图 6.14 和图 6.15 所示。然后调整机器人的位置（靠近条纹带）直到两个接收器的读数都达到 4 或 5，这表明要么发现了一个很远的物体，要么没有发现。因为黑色的聚乙烯“电工绝缘带”会吸收红外线。

如果在条纹带路径上很难获得比较高的读数值，参考下面的条纹带路径排错内容。

2. 条纹带路径排错

如果红外线 LED 和接收器指向条纹带路径中心时不能获得比较高的读数值，则尝试用 4 条绝缘带代替 3 条绝缘带搭建路径。如果读数仍然低，确认串联在红外线 LED 上的电阻的阻值为 1kΩ，或尝试用 2kΩ的电阻使机器人更加“近视”。

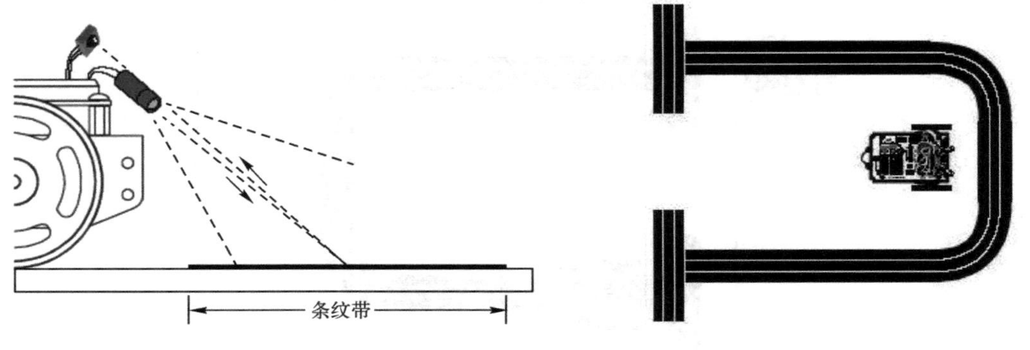

图 6.14　高区域测试侧视图　　　　图 6.15　高区域测试俯视图

如果在低区域测试（检测白色表面）时有问题，调整红外线 LED 和接收器朝招贴板的方向再向下调整。但要注意避免让底盘带来干扰。

现在，将机器人放在条纹带路径上，让它的轮子正好跨在黑色线上，如图 6.16（a）所示。红外线接收器朝向应该稍稍向外，如图 6.16（b）所示。验证两个接收器读数是否是 0 或 1。如果读数较高，意味着红外线接收器需要再稍微朝远离条纹带边缘的方向调整一下。

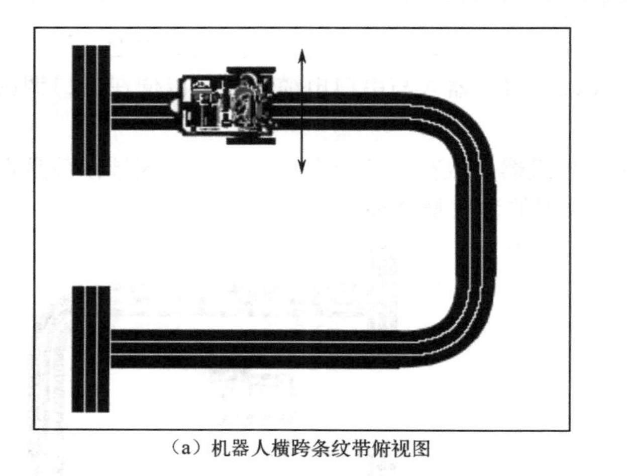

（a）机器人横跨条纹带俯视图

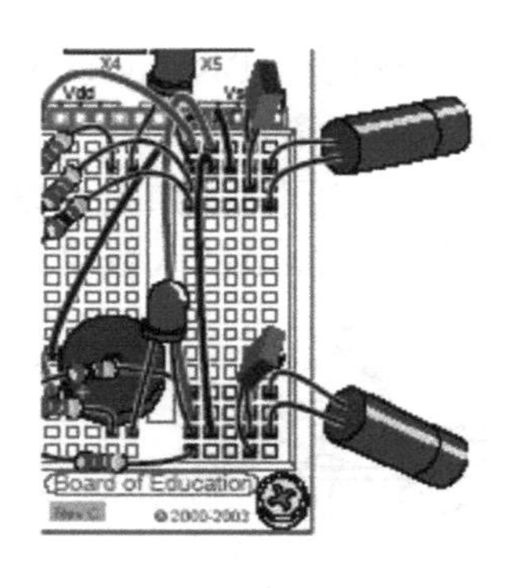

（b）红外线接收器朝向

图 6.16　红外线接收器朝向放大图和俯视图

当机器人沿图 6.16（a）中双箭头所示的任一方向移动时，两个接收器中的一个会指向条纹带。此时，这个指向条纹带的接收器的读数会增加到 4 或 5。如果机器人向左移动，右边红外线接收器的读数会增加；如果机器人向右移动，左边红外线接收器的读数会升高。

3．编程跟踪条纹带

微调程序 FollowingRobot.c，可使机器人沿着条纹带行走。首先，机器人应当向目标靠近，控制其与目标距离小于 SetPoint；或远离目标，使其到目标的距离比 SetPoint 大，这与程序 FollowingRobot.c 的表现不同。当机器人离目标的距离不在 SetPoint 的范围内时，让机器人向相反的方向运动。控制机器人反向运动只需简单地更改 Kpl 和 Kpr 的符号，即将 Kpl 由−70 改为 70；将 Kpr 由 70 改为−70。读者需要做一个实验，当 SetPoint 从 2 到 4 变化时，看看哪个值使系统工作得更稳定。下面修改例程 FollowingRobot.c，将 SetPoint 的值改为 3。

（1）打开程序 FollowingRobot.c，另存为 StripeFollowingRobot.c。

（2）将 SetPoint 的值由 2 改为 3；将 Kpl 由-70 改为 70；将 Kpr 由 70 改为-70。

（3）运行程序，将机器人放在图 6.11 所示的“Start”位置，机器人保持静止。如果把手放在红外线接收器前面，机器人向前移动。当它进入条纹带时，把手移开，它会沿着条纹带继续行走。当它走到“Finish”位置后，停止不动。

（4）假定从条纹带获得的读数为 5，从白色招贴板获得的读数为 0，SetPoint 的值为 2、3 及 4 时机器人都可以正常工作。请尝试不同的 SetPoint 值，注意观察机器人在条纹带上行走时的性能。

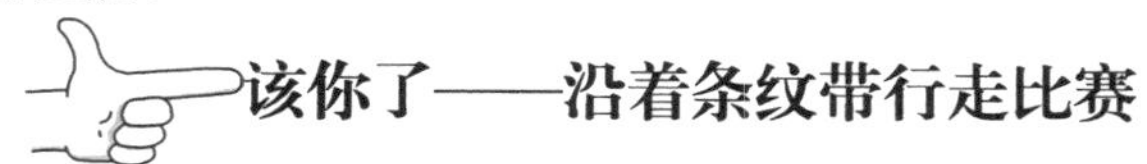

该你了——沿着条纹带行走比赛

读者可以把这个实验转化为比赛，机器人行走用时最少者获胜。读者也可以搭建其他形状的路径，且为了获得更好的性能，可用不同的 SetPoint、Kpl 和 Kpr 值进行实验。

6.3　STM32 单片机高级控制定时器

在系统时钟初始化时，系统时钟频率已经通过 PLL 锁相环被配置成 72MHz(参见第 2 章)，而高级控制定时器 TIM1 的时钟源来自外设总线 APB2。因此高级控制定时器 TIM1 的时钟源频率最大是 72MHz。下面重点介绍高级控制定时器 TIM1 与通用定时器 TIMx 的差异。

STM32 单片机的高级控制定时器 TIM1 除了具有通用定时器的功能外，还具有以下功能：

（1）在指定数目的计数周期后更新定时器寄存器。

（2）刹车（中止）输入信号可以将定时器输出信号置于复位状态或一个已知状态。

（3）紧急故障停机。高级控制定时器 TIMI 可与 2 路 ADC 同步及与其他定时器同步。

（4）死区时间设置。高级控制定时器 TIM1 可以输出 2 路死区时间互补信号，此特性常用于 PWM 电机控制。

（5）为防止软件错误，高级控制定时器 TIM1 提供了 3 级写保护机制，以防止对寄存器的非法写入。

表 6.2 是高级控制定时器 TIM1 寄存器和复位值表，其存储器映射首地址是 0x40012C00。与通用定时器寄存器组相比，它多了以下 2 个寄存器。

（1）TIM1_RCR：周期计数寄存器（Repetition counter register）；

（2）TIM1_BDTR：刹车和死区寄存器（Break and dead-time register）。

表 6.2　高级控制定时器 TIM1 寄存器和复位值表

偏移	寄存器	31	30	29	28	27	26	25	24	23	22	21	20	19	18	17	16	15	14	13	12	11	10	9	8	7	6	5	4	3	2	1	0
000h	TIM1_CR1	保留																						CKD [1:0]		ARPE	CMS [1:0]		DIR	OPM	URS	UDIS	CEN
	复位值																							0	0	0	0	0	0	0	0	0	0
004h	TIM1_CR2	保留																	OIS4	OIS3N	OIS3	OIS2N	OIS2	OIS1N	OIS1	TI1S	MMS [2:0]			CCDS	CCUS	保留	CCPC
	复位值																		0	0	0	0	0	0	0	0	0	0	0	0	0		0

续表

偏移	寄存器	31	30	29	28	27	26	25	24	23	22	21	20	19	18	17	16	15	14	13	12	11	10	9	8	7	6	5	4	3	2	1	0
008h	TIM1_SMCR	保留																ETP	ECE	ETPS[1:0]		EFT[3:0]				MSM	TS[2:0]			保留	SMS[2:0]		
	复位值																	0	0	0	0	0	0	0	0	0	0	0	0		0	0	0
00Ch	TIM1_DIER	保留																	TDE	COMDE	CC4DE	CC3DE	CC2DE	CC1DE	UDE	BIE	TIE	COMIE	CC4IE	CC3IE	CC2IE	CC1IE	UIE
	复位值																		0	0	0	0	0	0	0	0	0	0	0	0	0	0	0
010h	TIM1_SR	保留																			CC4OF	CC3OF	CC2OF	CC1OF	保留	BIF	TIF	COMIF	CC4IF	CC3IF	CC2IF	CC1IF	UIF
	复位值																				0	0	0	0		0	0	0	0	0	0	0	0
014h	TIM1_EGR	保留																								BG	TG	COM	CC4G	CC3G	CC2G	CC1G	UG
	复位值																									0	0	0	0	0	0	0	0
018h	TIM1_CCMR1 输出比较模式	保留																OC2CE	OC2M [3:0]			OC2PE	OC2FE	CC2S [1:0]		OC1CE	OC1M [2:0]			OC1PE	OC1FE	CC1S [1:0]	
	复位值																	0	0	0	0	0	0	0	0	0	0	0	0	0	0	0	0
	TIM1_CCMR1 输入捕获模式	保留																IC2F [3:0]				IC2 PSC [1:0]		CC2S [1:0]		IC1F [3:0]				IC1 PSC [1:0]		CC1S [1:0]	
	复位值																	0	0	0	0	0	0	0	0	0	0	0	0	0	0	0	0
01Ch	TIM1_CCMR2 输出比较模式	保留																OC4CE	OC4M [2:0]			OC4PE	OC4FE	CC4S [1:0]		OC3CE	OC3M [2:0]			OC3PE	OC3FE	CC3S [1:0]	
	复位值																	0	0	0	0	0	0	0	0	0	0	0	0	0	0	0	0
	TIM1_CCMR2 输入捕获模式	保留																IC4F [3:0]				IC4 PSC [1:0]		CC4S [1:0]		IC3F [3:0]				IC3 PSC [1:0]		CC3S [1:0]	
	复位值																	0	0	0	0	0	0	0	0	0	0	0	0	0	0	0	0
020h	TIM1_CCER	保留																		CC4P	CC4E	CC3NP	CC3NE	CC3P	CC3E	CC2NP	CC2NE	CC2P	CC2E	CC1NP	CC1NE	CC1P	CC1E
	复位值																			0	0	0	0	0	0	0	0	0	0	0	0	0	0
024h	TIM1_CNT	保留																CNT[15:0]															
	复位值																	0	0	0	0	0	0	0	0	0	0	0	0	0	0	0	0
028h	TIM1_PSC	保留																PSC[15:0]															
	复位值																	0	0	0	0	0	0	0	0	0	0	0	0	0	0	0	0
02Ch	TIM1_ARR	保留																ARR[15:0]															
	复位值																	0	0	0	0	0	0	0	0	0	0	0	0	0	0	0	0
030h	TIM1_RCR	保留																								REP[7:0]							
	复位值																									0	0	0	0	0	0	0	0

续表

偏移	寄存器	31	30	29	28	27	26	25	24	23	22	21	20	19	18	17	16	15	14	13	12	11	10	9	8	7	6	5	4	3	2	1	0
034h	TIM1_CCR1	保留																CCR1[15:0]															
	复位值																	0	0	0	0	0	0	0	0	0	0	0	0	0	0	0	0
038h	TIM1_CCR2	保留																CCR2[15:0]															
	复位值																	0	0	0	0	0	0	0	0	0	0	0	0	0	0	0	0
03Ch	TIM1_CCR3	保留																CCR3[15:0]															
	复位值																	0	0	0	0	0	0	0	0	0	0	0	0	0	0	0	0
040h	TIM1_CCR4	保留																CCR4[15:0]															
	复位值																	0	0	0	0	0	0	0	0	0	0	0	0	0	0	0	0
044h	TIM1_BDTR	保留																MOE	AOE	BKP	BKE	OSSR	OSSI	LOCK[1:0]		DT[7:0]							
	复位值																	0	0	0	0	0	0	0	0	0	0	0	0	0	0	0	0
048h	TIM1_DCR	保留																			DBL[4:0]					保留			DBA[4:0]				
	复位值																				0	0	0	0	0				0	0	0	0	0
04Ch	TIM1_DMAR	保留																DMAB[15:0]															
	复位值																	0	0	0	0	0	0	0	0	0	0	0	0	0	0	0	0

和通用定时器类似，与计数器相关的寄存器是自动装载寄存器和预装载寄存器。这两个寄存器其实存储同一个值，但时间不同。自动装载寄存器是预装载寄存器的影子寄存器。

计数器溢出事件发生，表示计数器完成了一次计数。此时新的计数值存入预装载寄存器，再更新自动装载寄存器，计数器会从 0 开始计数，直到计到自动装载值（TIMx_ARR 计数器中的内容）。

任务 5　高级控制定时器控制 LED 闪烁

下面的程序实现用高级控制定时控制 LED 闪烁。

例程：Led_BlinkWithT1.c

```
#include "HelloRobot.h"

Tim1_Init()
{
  TIM1_TimeBaseInitTypeDef   TIM1_TimeBaseStructure;
  TIM1_DeInit();

  /*Time Base configuration*/
  TIM1_TimeBaseStructure.TIM1_Period = 35999;
  TIM1_TimeBaseStructure.TIM1_Prescaler = 1999;
  TIM1_TimeBaseStructure.TIM1_ClockDivision = 0x0;
  TIM1_TimeBaseStructure.TIM1_CounterMode = TIM1_CounterMode_Up;
  TIM1_TimeBaseStructure.TIM1_RepetitionCounter = 0x0;   //重复计数

  TIM1_TimeBaseInit(&TIM1_TimeBaseStructure);
  /*Clear TIM1 update pending flag，清除 TIM1 溢出中断标志*/
```

```
    TIM1_ClearFlag(TIM1_FLAG_Update);
    /*Enable TIM1 Update interrupt，TIM1 溢出中断允许*/
    TIM1_ITConfig(TIM1_IT_Update,ENABLE);

    /*TIM1 counter enable*/
    TIM1_Cmd(ENABLE);    //启动高级控制定时器 TIM1 计数
}

int main(void)
{
    BSP_Init();
    USART_Configuration();
    printf("Program Running!\r\n");
    Tim1_Init();//定时器初始化函数

    while (1);
}
```

当定时器 TIM1 计数溢出时，进入中断服务函数 TIM1_UP_IRQHandler()中。这样，可以实现与 PD7 引脚连接的 LED 周期性闪烁，程序如下：

```
void TIM1_UP_IRQHandler(void)
{
    if(GPIO_ReadInputDataBit(GPIOD, GPIO_Pin_7)==0)
        GPIO_SetBits(GPIOD, GPIO_Pin_7);
    else
        GPIO_ResetBits(GPIOD, GPIO_Pin_7);

    /*Clear TIM2 update pending flag，清除 TIM1 溢出中断标志*/
        TIM1_ClearFlag(TIM1_FLAG_Update);
}
```

此处中断服务函数的主要任务是翻转 PD7 引脚的电平，控制 LED 闪烁。在程序最后需清除 TIM1 溢出中断标志。

注意：在 V1.0 版本的固件库中，通用定时器使用的是 TIM_XXX 函数（见 stm32f10x_tim.c 文件）；高级控制定时器 TIM1 使用的是 TIM1_XXX 函数（见 stm32f10x_tim1.c 文件）。而在 V2.0 版本之后的固件库中，定时器的所有库函数增加了 1 个参数：TIMx，x=1～8。同时，将 TIM1_XXX 函数统一成 TIM_XXX 函数。

定时器的作用

定时器除控制 LED 闪烁外，还有什么作用呢？在嵌入式系统中，我们常用定时器进行采样频率控制。由于 STM32 单片机内部的定时器非常强大，每个定时器又有 4 个通道，再加上独立的预分频器，实际上可以实现任意分频。因此，可以用定时器产生指定频率的时钟，用来触发 ADC 的连续采样。

如果仅利用 TIM1 控制 LED 闪烁，那就大材小用了。STM32 单片机的定时器还有一个重

要的作用是产生 PWM（Pulse Width Modulation）波进行脉冲宽度调制。这种作用常用于电机控制和电力电子领域，如空调、冰箱、电梯、变频器等。PWM 技术靠改变脉冲宽度来控制输出电压，而输出频率的变化可通过改变此脉冲的调制周期来实现，以等效地获得所需要的波形（含形状和幅值）。这样，调压和调频两个作用配合一致可实现变频调速系统（VVVF）。关于 PWM 的详细介绍，请参考有关书籍，这里不再赘述。STM32 单片机的定时器都具有 PWM 功能，但高级定时器 TIM1/8 更适用于电机控制。

我们知道，通过不断地自动装载预装载寄存器的值，然后自动计数，就可实现一个周期性的计数。当计数器溢出时产生中断，这样就可以完成一个定时器的功能。想实现用 PWM 控制电机怎么办呢？计数器已经可以实现周期性地循环计数了，下面要做的是利用 TIM1 定义 PWM 占空比。首先介绍通道（channel）的概念。

一个定时器可以支持一个 PWM，要支持多个 PWM 的前提是各 PWM 周期相同而占空比不同。利用定时器的“通道”概念可以实现支持多个 PWM。STM32 单片机的定时器有 4 个通道，每个通道都是一样的。在计数器的同一层面上有 4 个捕获/比较寄存器 TIM1_CCRx（x=1、2、3、4），也就是每个通道一个。

在每个通道的 TIM1_CCRx 中放一个值，计数器从 0 开始计数，该通道的 PWM 输出为 0，当计数器的计数值与这个寄存器中的数相同时，此 PWM 输出 1（电平发生翻转）。通过这种方法，可以设置占空比产生 PWM 波。如果在每个通道的 TIM1_CCRx 中存入不同的占空比，就可以产生 4 路 PWM 波。

任务 6　使用高级控制定时器实现 PWM 控制

使用高级控制定时器 TIM1 进行 PWM 控制，使其各对应通道输出带有死区的互补 PWM。TIM1 定时器通道 1～4 的输出分别对应 PA8、PA9、PA10 和 PA11 引脚，而通道 1～3 的互补输出分别对应 PB13、PB14 和 PB15 引脚，中止（刹车）输入引脚为 PB12。其中，通道 1 输出的占空比为 50%，通道 2 输出的占空比为 25%，通道 3 输出的占空比为 12.5%。各通道互补输出为反相输出。

由于 TIM1 定时器的时钟频率为 72MHz，要想让各通道 PWM 输出频率 f_{TIM1} 为 20kHz，根据公式 f_{TIM1}=TIM1CLK/(TIM1_Period+1)，可以让 TIM1 预分频器的值 TIM1_Period 为 3600−1。

由输出占空比等于 TIM1_CCRx/(TIM1_Period+1)可得各通道比较/捕获寄存器的计数值。其中，通道 1 的 TIM1_CCR1 的值为 1800，通道 2 的 TIM1_CCR2 的值为 900，通道 3 的 TIM1_CCR3 的值为 450。

在电机控制时，还需要在各通道互补输出中插入一个死区，如 1.625μs 的死区。

例程：T1_PWM.c

```
#include "HelloRobot.h"

TIM1_TimeBaseInitTypeDef   TIM1_TimeBaseStructure;
TIM1_OCInitTypeDef   TIM1_OCInitStructure;
TIM1_BDTRInitTypeDef TIM1_BDTRInitStructure;

u16 capture = 0;
```

```
    u16 CCR1_Val = 1800;          //设置 TIM1 通道 1 输出占空比：50%
    u16 CCR2_Val = 900;           //设置 TIM1 通道 2 输出占空比：25%
    u16 CCR3_Val = 450;           //设置 TIM1 通道 3 输出占空比：12.5%

    Tim1_Init()
    {   TIM1_DeInit();               //将外设 TIM1 寄存器重设为默认值

        /*Time Base configuration，设置时间基准*/
        TIM1_TimeBaseStructure.TIM1_Prescaler = 0x0;   //TIM1 时钟频率的预分频值
        TIM1_TimeBaseStructure.TIM1_CounterMode = TIM1_CounterMode_Up;
        TIM1_TimeBaseStructure.TIM1_Period = 3600-1;  //自动装载寄存器周期值
        TIM1_TimeBaseStructure.TIM1_ClockDivision = 0x0;   //时钟分割值
        TIM1_TimeBaseStructure.TIM1_RepetitionCounter = 0x0;

        TIM1_TimeBaseInit(&TIM1_TimeBaseStructure);  //初始化 TIM1 的时间基数

        //Channel 1, 2,3 and 4 Configuration in PWM mode
        /*选择定时器输出比较模式为 PWM 模式 2。在向上计数时，当 TIM1_CNT<TIM1_CCR1 时，
通道 1 为无效电平，否则为有效电平；在向下计数时，当 TIM1_CNT>TIM1_CCR1 时，通道 1 为有效电平，
否则为无效电平。如果选择 PWM 模式 1，则相反。*/
        TIM1_OCInitStructure.TIM1_OCMode = TIM1_OCMode_PWM2;

        //选择输出比较模式，以及互补输出比较模式
        TIM1_OCInitStructure.TIM1_OutputState = TIM1_OutputState_Enable;
        TIM1_OCInitStructure.TIM1_OutputNState = TIM1_OutputNState_Enable;

        //设置通道 1 捕获/比较寄存器的脉冲值，占空比为 50%
        TIM1_OCInitStructure.TIM1_Pulse = CCR1_Val;

        //输出极性和互补输出极性的有效电平为低
        TIM1_OCInitStructure.TIM1_OCPolarity = TIM1_OCPolarity_Low;
        TIM1_OCInitStructure.TIM1_OCNPolarity = TIM1_OCNPolarity_Low;

        //选择空闲状态下的非工作状态（MOE=0 时，设置 TIM1 输出比较空闲状态）
        TIM1_OCInitStructure.TIM1_OCIdleState = TIM1_OCIdleState_Set;
        TIM1_OCInitStructure.TIM1_OCNIdleState = TIM1_OCIdleState_Reset;

        TIM1_OC1Init(&TIM1_OCInitStructure);

        //设置通道 2 捕获/比较寄存器的脉冲值，占空比为 25%
        TIM1_OCInitStructure.TIM1_Pulse = CCR2_Val;
        TIM1_OC2Init(&TIM1_OCInitStructure);

        //设置通道 3 捕获/比较寄存器的脉冲值，占空比为 12.5%
        TIM1_OCInitStructure.TIM1_Pulse = CCR3_Val;
        TIM1_OC3Init(&TIM1_OCInitStructure);

        /*Automatic Output enable, Break, dead time and lock configuration*/
        //设置在运行模式下的非工作状态
```

```
        TIM1_BDTRInitStructure.TIM1_OSSRState = TIM1_OSSRState_Enable;
        TIM1_BDTRInitStructure.TIM1_OSSIState = TIM1_OSSIState_Enable;

        //写保护：锁定级别为 1，不能写入 TIM1_BDTR 寄存器的 DTG/BKE/BKP/AOE 位、TIM1_CR2
寄存器的 OISx/OISxN 位。系统复位后，只能写入一次 LOCK 位，其内容冻结直至复位。
        TIM1_BDTRInitStructure.TIM1_LOCKLevel = TIM1_LOCKLevel_1;
        TIM1_BDTRInitStructure.TIM1_DeadTime = 0x75;   //互补输出的死区时间 1.625μs
        TIM1_BDTRInitStructure.TIM1_Break = TIM1_Break_Enable;  //刹车（中止）输入使能

        //配置刹车（中止）输入信号特性：高电平有效，允许自动输出
        TIM1_BDTRInitStructure.TIM1_BreakPolarity = TIM1_BreakPolarity_High;
        TIM1_BDTRInitStructure.TIM1_AutomaticOutput = TIM1_AutomaticOutput_Enable;
        TIM1_BDTRConfig(&TIM1_BDTRInitStructure);
    }

    int main(void)
    {
        BSP_Init();
        Tim1_Init();                            //定时器初始化函数
        TIM1_Cmd(ENABLE);                       //TIM1 counter enable，启动 TIM1
        TIM1_CtrlPWMOutputs(ENABLE);            //TIM1 Main Output Enable，输出 PWM
        while (1);
    }
```

在 HeloRobot.h 文件中配置 TIM1 定时器的 PWM 引脚的输入/输出模式，程序如下：

```
    void GPIO_Configuration()
    {  …  //略
        /*Configure TIM1 PWM Pins*/
        /*GPIOA Configuration: Channel 1, 2, 3 and 4 Output*/
        GPIO_InitStructure.GPIO_Pin = GPIO_Pin_8 | GPIO_Pin_9 | GPIO_Pin_10 | GPIO_Pin_11;
        GPIO_InitStructure.GPIO_Mode = GPIO_Mode_AF_PP;
        GPIO_InitStructure.GPIO_Speed = GPIO_Speed_50MHz;
        GPIO_Init(GPIOA, &GPIO_InitStructure);

        /*GPIOB Configuration: Channel 1N, 2N and 3N Output*/
        GPIO_InitStructure.GPIO_Pin = GPIO_Pin_13 | GPIO_Pin_14 | GPIO_Pin_15;
        GPIO_InitStructure.GPIO_Mode = GPIO_Mode_AF_PP;
        GPIO_InitStructure.GPIO_Speed = GPIO_Speed_50MHz;
        GPIO_Init(GPIOB, &GPIO_InitStructure);

        /*GPIOB Configuration: BKIN pin*/
        GPIO_InitStructure.GPIO_Pin = GPIO_Pin_12;
        GPIO_InitStructure.GPIO_Mode = GPIO_Mode_IN_FLOATING;
        GPIO_InitStructure.GPIO_Speed = GPIO_Speed_50MHz;
        GPIO_Init(GPIOB, &GPIO_InitStructure);
    }
```

编译成功后，单击“Debug”菜单下的“Start/Stop Debug Session”命令或按 Ctrl+F5 键，

进入调试模式。单击图标，打开逻辑分析仪，然后单击“Setup…”按钮，在“Setup Logic Analyzer”对话框中添加 GPIOA8、GPIOA9、GPIOA10、GPIOB13、GPIOB14、GPIOB15 这 6 个引脚，如图 6.17 所示。

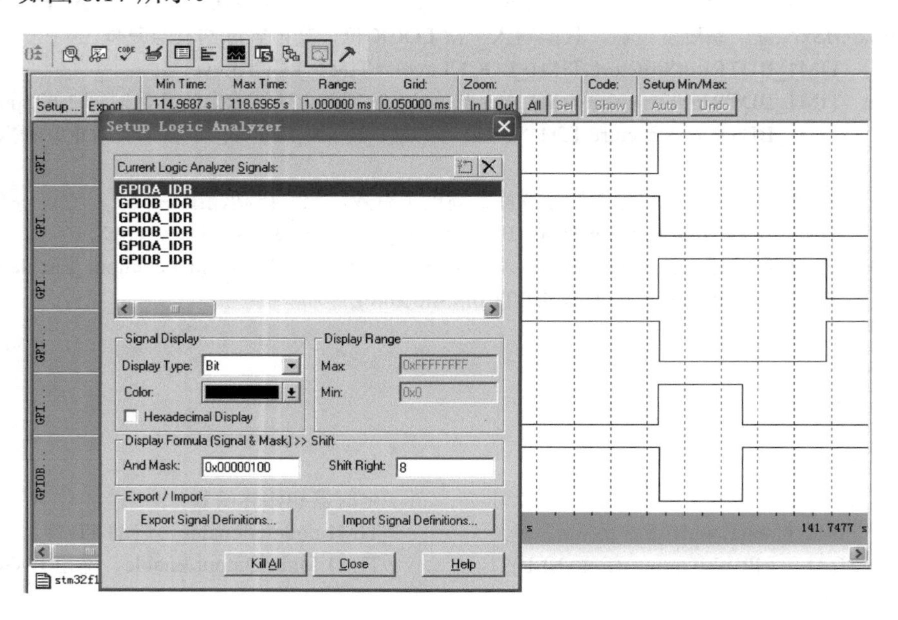

图 6.17 “Setup Logic Analyzer”对话框

以上 6 个引脚分别对应 TIM1 的 PWM 输出：TIM1_CH1、TIM1_CH2、TIM1_CH3、TIM1_CH1N、TIM1_CH2N、TIM1_CH3N。其中，TIM1_CH1 与 TIM1_CH1N 为互补输出，其余类似。单击“Debug”菜单下的“Run”命令或按 F5 键，开始软件仿真。一段时间之后，单击“Debug”菜单下的“Stop Running”命令停止仿真，查看逻辑分析仪对话框中的输出波形，如图 6.18 所示。

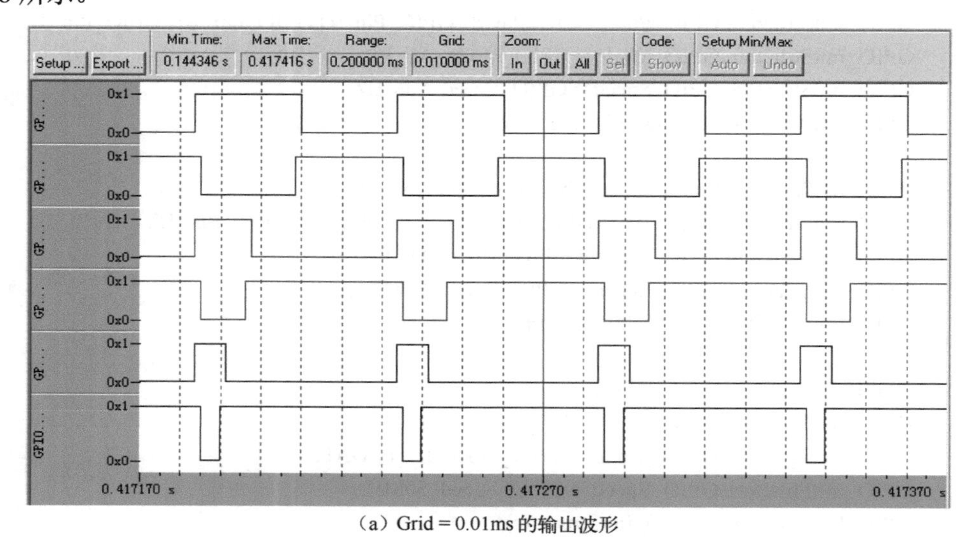

(a) Grid = 0.01ms 的输出波形

图 6.18 高级控制定时器 TIM1 的 6 路 PWM 输出波形

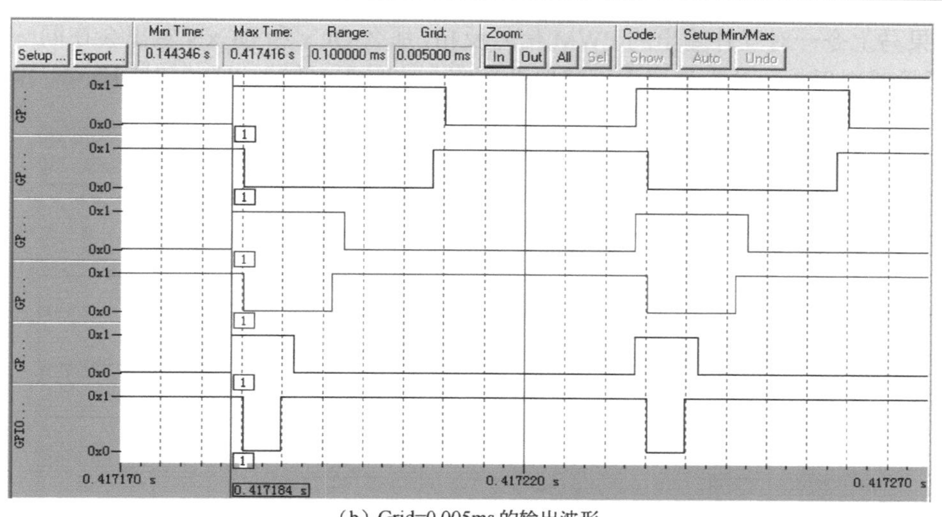

（b）Grid=0.005ms 的输出波形

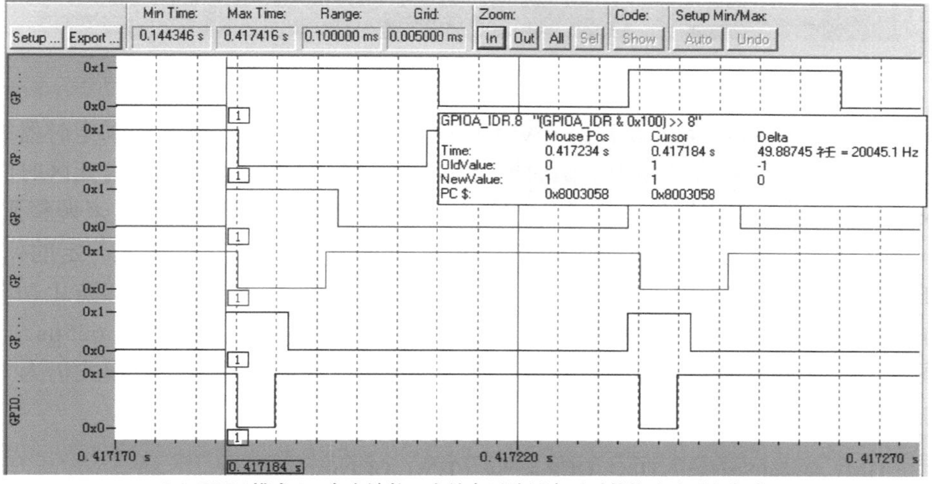

（c）PWM 模式 2，向上计数，有效电平为低电平时的输出波形和频率

图 6.18　高级控制定时器 TIM1 的 6 路 PWM 输出波形（续）

可以看到，高级控制定时器 TIM1 的 6 路 PWM 输出波形两两互补。其中，图 6.18（a）是时间轴网格为 0.01ms 的输出波形，图 6.18（b）是时间轴网格为 0.005ms 的输出波形。由图 6.18 可知 PWM 周期为 50μs，即 PWM 频率为 20kHz。将鼠标置于 PWM 输出波形的边沿时会出现提示框显示有关参数，如图 6.18（c）所示。

图 6.18 中，程序选择定时器输出比较模式为 PWM 模式 2，向上计数，有效电平为低电平。即当 TIM1_CNT<TIM1_CCR1 时，通道 1 为高电平（无效电平），反之为低电平（有效电平）。也可以选择定时器输出比较模式为 PWM 模式 1，即当 TIM1_CNT<TIM1_CCR1 时，通道 1 为低电平（有效电平）；反之为高电平（无效电平），如图 6.19 所示。

该你了——改变定时器输出比较模式试试！

在 PWM 模式 1 或 PWM 模式 2 中，只有当比较结果改变或者输出比较模式从冻结模式切换到 PWM 模式时，参考信号 OCxREF 的电平才改变。当比较结果改变时，参考信号电平改变，如果马上令一对互补输出的 PWM 信号反相，那么 OCx 和 OCxN 输出会在同一时间（瞬间）处于导通电平上，从而造成主回路电源短路。这时需要加入“死区时间”。

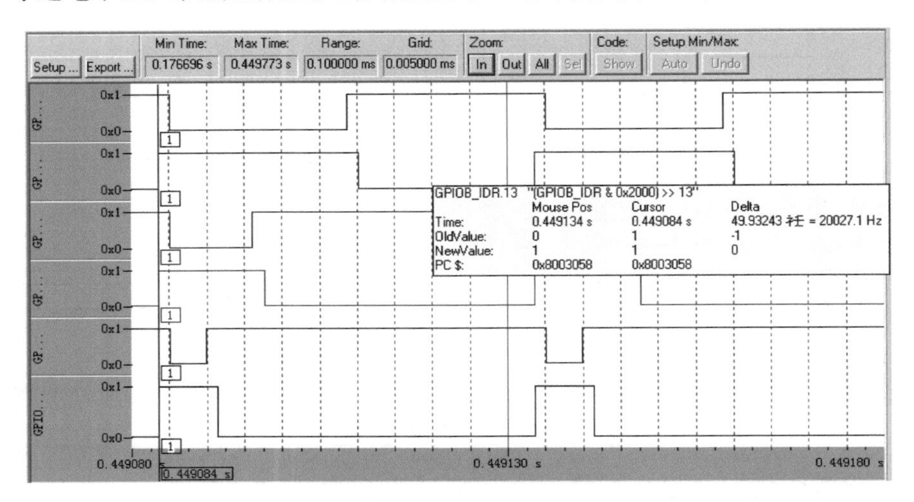

图 6.19　PWM 模式 1，向上计数，有效电平为低电平时的输出波形和频率

从图 6.18 和图 6.19 中也可以看出 PWM 输出波形的死区时间。高级控制定时器能够输出两路互补信号，并且能够管理输出的瞬时断开和接通。这段时间通常被称为死区时间。开发者需要根据连接的功率输出器件特性（电平转换的延时、电源开关的延时等）来调整死区时间。

在一对互补的功率输出器件（如 PMOS 管和 NMOS 管）开通点之间加入一定的死区时间，也就是在前一个管子改变状态延时一定的时间后，另一个管子再导通，能够防止功率输出管子瞬时导通而造成的主回路电源短路问题。上面的程序设置的死区时间为 1.625μs。

如果将 PWM 输出信号极性的有效电平改为高电平，定时器输出比较模式仍为 PWM 模式 2，向上计数，程序如下，那么 6 路 PWM 输出波形如图 6.20 所示。

```
TIM1_OCInitStructure.TIM1_OCPolarity = TIM1_OCPolarity_High;
TIM1_OCInitStructure.TIM1_OCNPolarity = TIM1_OCNPolarity_High
```

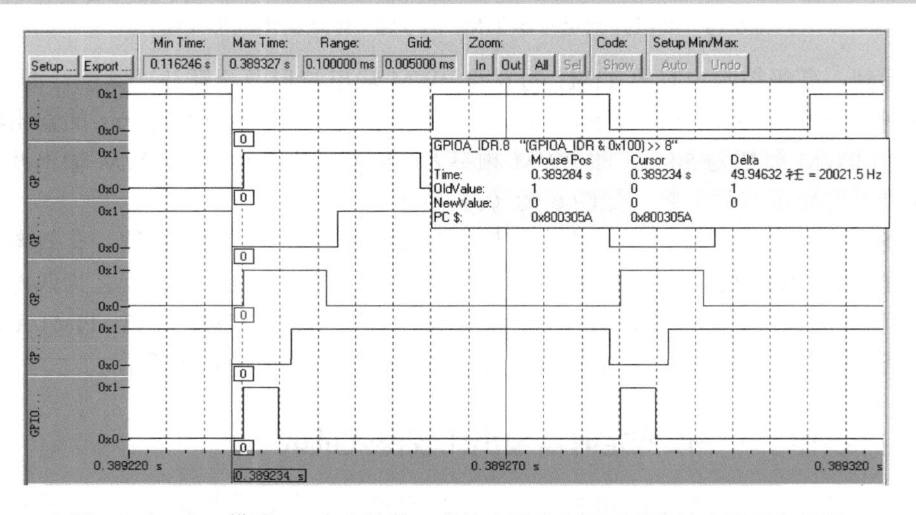

图 6.20　PWM 模式 2，向上计数，有效电平为高电平时的输出波形和频率

与图 6.18（c）对比，可以看出两者之间的区别。如果 OCx 和 OCxN 为高电平有效，那么 OCx 输出信号与参考信号相同，只是它的上升沿相对于参考信号的上升沿有延时；OCxN 输出信号与参考信号相反，只是它的上升沿相对于参考信号的下降沿有延时，如图 6.21 所示。某一个通道的上升沿相对于同一个通道的下降沿有延时，是因为通道的下降沿和参考信号是同步的，但相对互补信号则有一个延时。

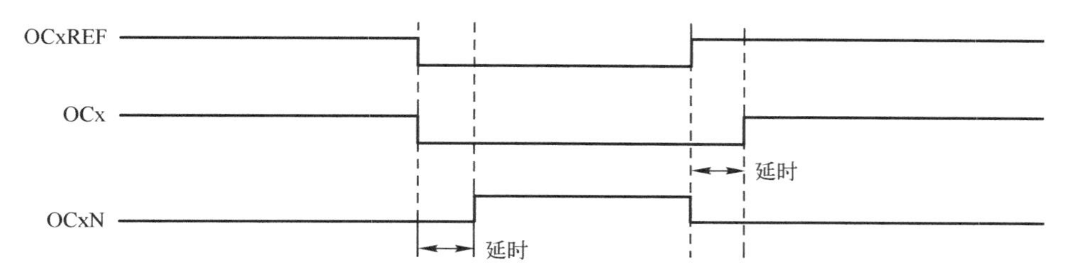

图 6.21　带死区插入的互补输出

如果 PWM 输出信号极性的有效电平为高电平，定时器输出比较模式为 PWM 模式 1，向上计数，则 6 路 PWM 输出波形如图 6.22 所示。

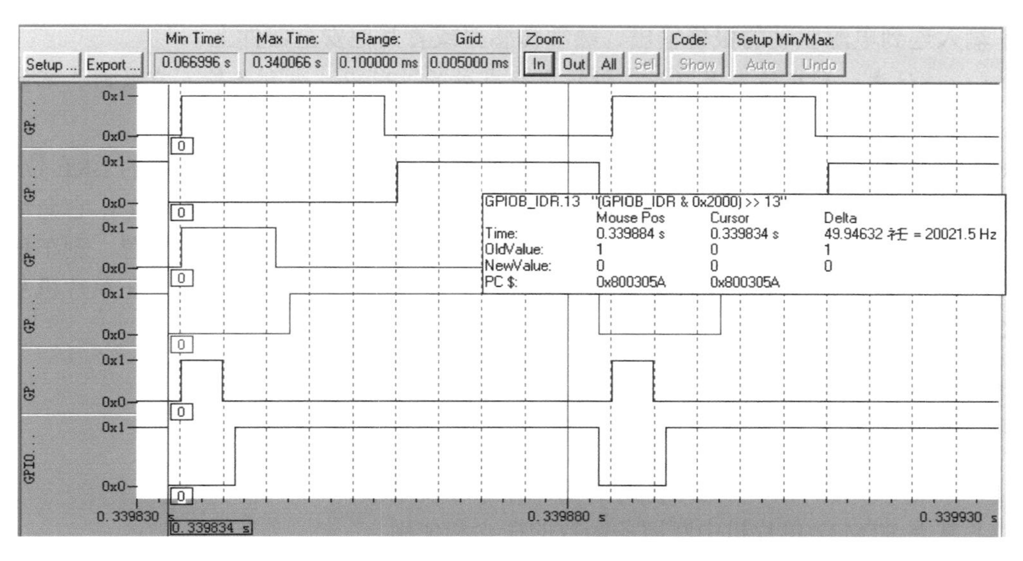

图 6.22　PWM 模式 1，向上计数，有效电平为高电平时的输出波形和频率

注意：通道引脚输出极性的有效电平与功率输出器件的导通电平不是一个概念，即有效电平不一定与导通电平一样，这需要根据具体电路来设计。导通电平的时序设计与定时器输出比较 PWM 模式的选择，以及输出信号极性的有效电平设置有关。

在电机控制领域，有时需要紧急刹车，防止发生事故。刹车源既可以是刹车输入引脚（PB12），也可以是一个时钟失败事件。系统复位后，刹车电路被禁止，主输出使能 MOE 位为低电平。设置 TIMx_BDTR 寄存器中的 BKE 位可以使能刹车功能，刹车输入信号的极性可以通过配置同一个寄存器中的 BKP 位选择。BKE 和 BKP 可以同时被修改。当发生刹车时（在刹车输入引脚出现设置的电平时），执行下述操作：

（1）MOE 位被异步清除，将输出置于无效状态、空闲状态或者复位状态（由 OSSI 位选择）。这个特性在单片机的振荡器关闭时依然有效。

（2）一旦 MOE=0，每个输出通道输出由 TIMx_CR2 中的 OISx 位设定的电平。如果 OSSI=0，那么定时器释放使能输出，否则使能输出始终为高电平。

（3）当使用互补输出时：

◆ 输出首先被置于复位状态，即无效状态（取决于极性），因此保证了安全。这是异步操作，即使定时器没有时钟，此功能也有效。

◆ 如果定时器的时钟依然存在，死区生成器将会重新生效，在死区之后根据 OISx 和 OISxN 位指示的电平驱动输出端口。即使在这种情况下，OCx 和 OCxN 也不能被同时驱动为有效电平。因为重新同步 MOE，死区时间比通常情况下长一些（大约为 2 个 ck_tim 的时钟周期）。

◆ 如果 OSSI=0，定时器释放使能输出，否则保持使能输出；一旦 CCxE 与 CCxNE 之一变为高电平，使能输出变为高电平。

（4）如果设置了 TIMx_DIER 中的 BIE 位，当刹车状态标志位（TIMx_SR 中的 BIF 位）为 1 时，会产生一个中断。如果设置了 TIMx_DIER 中的 BDE 位，则产生一个 DMA 请求。

（5）如果设置了 TIMx_BDTR 中的 AOE 位，在下一次产生更新事件时，MOE 位被自动置位。否则，MOE 位始终保持低电平直到被再次置 1；此时，这个特性可以被用在安全方面，把刹车输入连到电源驱动的报警输出、热敏传感器或者其他安全器件上。

注意：刹车输入是（高、低）电平有效的。所以，当刹车输入有效时，不能同时（自动地或者通过软件）设置 MOE 位。同时，状态标志位 BIF 不能被清除。

刹车由 BRK 输入产生，它的有效极性是可编程的，且由 TIMx_BDTR 中的 BKE 位开启。除了刹车输入和输出管理，刹车电路中还实现了写保护以保证应用程序的安全，它允许用户冻结几个配置参数（死区时间、OCx/OCxN 极性和被禁止的状态、OCxM 配置、刹车使能和极性）。用户可以通过 TIMx_BDTR 中的 LOCK 位，从 3 级保护中选择一种。在单片机复位后 LOCK 位只能被修改一次。

工程素质和技能归纳

（1）掌握 STM32 单片机通用定时器的工作原理及编程。

（2）掌握 STM32 单片机中断服务函数的概念和使用。

（3）掌握机器人红外测距及跟随策略的实现。

（4）掌握 C 语言中 const 与#define 的区别。

（5）掌握 STM32 单片机高级控制定时器的 PWM 电机控制编程。

第 7 章　STM32 单片机串口编程及其应用

读者对“串口”（串行通信端口）应该已经不陌生了，在前面的章节中，我们经常需要在串口调试软件上显示数据，这些数据就是机器人的大脑——STM32 单片机通过串口向计算机传送的。

USART（Universal Synchronous/Asynchronous Receiver/Transmitter）通用同步/异步串行收发器是一种把二进制数据按位（bit）传送的通信装置。STM32 单片机拥有 3 个串口，即 USART1，串口 1；USART2，串口 2；USART3，串口 3。每个串口可在很宽的频率范围内以多种模式工作。其主要功能是，在输出数据时，对数据进行并-串转换，即将 8 位并行数据送到串口输出；在输入数据时，对数据进行串-并转换，即从串口读入外部串行数据并将其转换为 8 位并行数据。

7.1　STM32 单片机串口

STM32 单片机的 USART 支持同步单向通信、半双工单向通信和全双工模式（同时收发），也支持 LIN（Local Interconnection Network，局域网）、智能卡协议和 IrDA（红外数据组织）SIR ENDEC 规范，以及调制解调器（CTS/RTS）操作。STM32 单片机的 USART 还具有用于多缓冲器配置的 DMA 方式，用以实现高速数据通信。

STM32 单片机的 USART 结构如图 7.1 所示。其中：

RX 引脚是接收数据串行输入端口。通过采样技术区别数据和噪声，从而恢复数据。

TX 引脚是发送数据串行输出端口。当发送器被禁止时，TX 引脚恢复它的 I/O 端口配置。当发送器被激活，并且没有数据发送时，TX 引脚处于高电平。

STM32 单片机 USART 的主要特性如下。

（1）分数波特率发生器：发送和接收共用的可编程波特率最高可达到 4.5Mbps。

（2）可编程数据字长度（8 位或 9 位）：具有可配置的停止位，支持 1 个或 2 个停止位。

（3）LIN 主发送同步断开功能、LIN 从检测断开功能：当 USART 硬件被配置成 LIN 时，可以生成 13 位断开符，检测 10/11 位断开符。

（4）发送方为同步传输提供时钟。

（5）IrDA SIR 编码器、解码器：在正常模式下支持 3/16 位宽时间的脉冲长度。

（6）智能卡模拟功能：支持 ISO 7816-3 标准中定义的异步协议智能卡，以及 0.5 个和 1.5 个停止位。

（7）单独的发送器和接收器使能位。

（8）检测标志：接收缓冲器满标志、发送缓冲器空标志、传输结束标志。

（9）校验控制：发送校验位、接收校验位。

（10）4 个错误检测标志：溢出错误标志、噪声错误标志、帧错误标志、校验错误标志。

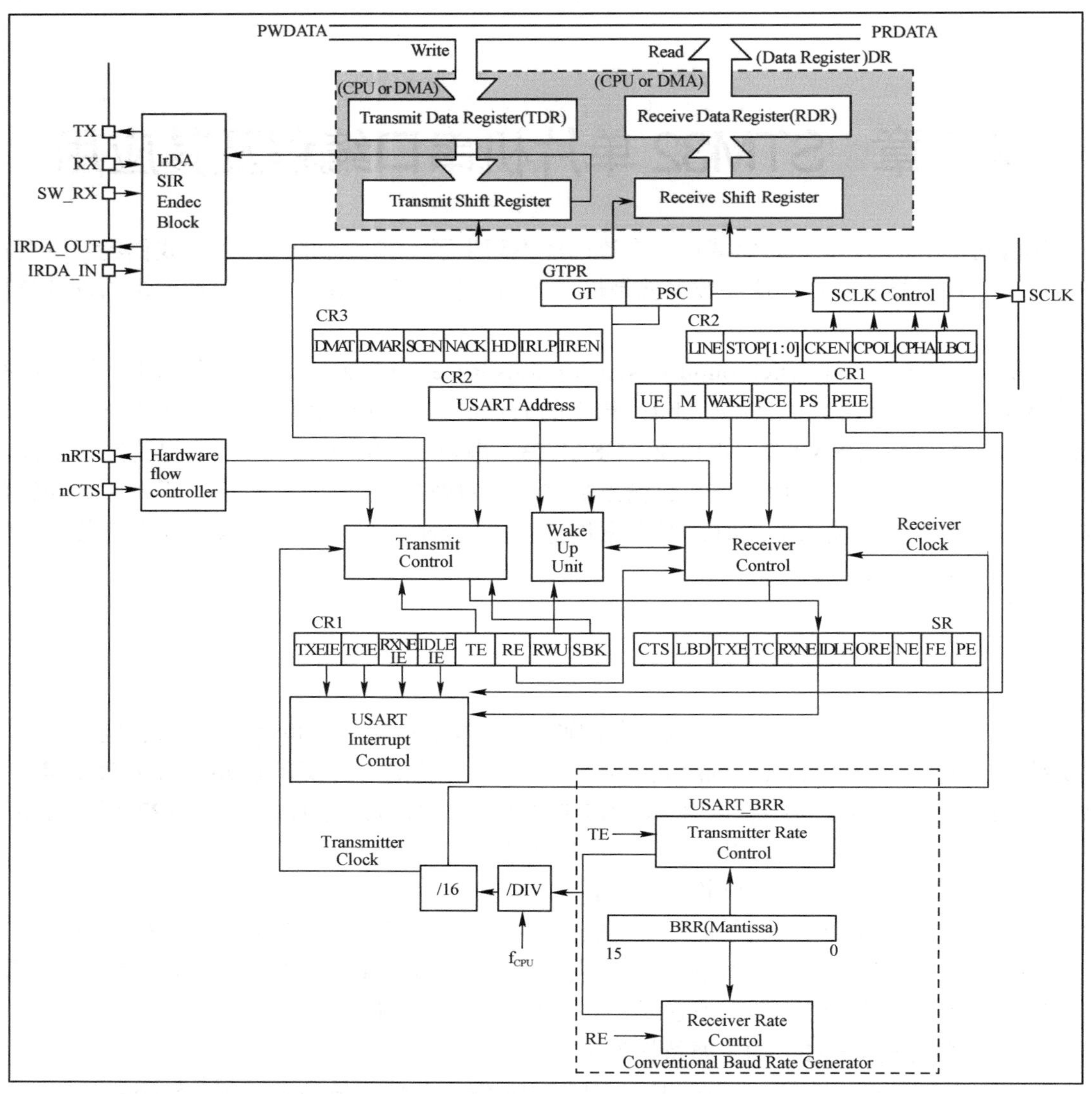

图 7.1　STM32 单片机的 USART 结构

（11）10 个带标志的中断源：CTS 改变、LIN 断开符检测、发送数据寄存器空、发送完成、接收数据寄存器满、检测到总线为空闲、溢出错误、帧错误、噪声错误、校验错误。

下面介绍 STM32 单片机 USART 的工作机制和编程流程。

1．使能 USART 的时钟

在第 2 章中，我们介绍了连接在 APB1（低速外设总线）上的设备有电源端口、备份端口、CAN、USB、I²C1、I²C2、USART2、USART3、SPI2、窗口看门狗、TIM2、TIM3、TIM4；连接在 APB2（高速外设总线）上的设备有 USART1、SPI1、TIM1、ADC1、ADC2、所有普通 I/O 端口（PA～PE）、第二功能 I/O 端口。另外，STM32 单片机外设一般带有时钟输出使能控制，如 AHB 总线时钟、内核时钟、各种 APB1 外设、APB2 外设等。各模块需要分别独立开启时钟，当需要使用某模块和引脚时，一定要先使能对应的时钟。这样的好处是，当一个外设不使用时，关掉它的时钟，从而实现低功耗的效果。

在嵌入式系统中，串口既然能以某个速率发送数据，就一定要有时钟源。前面介绍了 STM32 单片机 USART1 的时钟源来自高速外设总线 APB2。USART 的时钟使能可以通过固件函数来完成，该函数在文件 HelloRobot.h 中。函数 RCC_Configuration()使能 USART1 时钟的代码如下：

```
RCC_APB2PeriphClockCmd(RCC_APB2Periph_USART1, ENABLE);
```

2．设置 USART 复用端口

第 2 章的图 2.1 展示了 STM32 单片机各个引脚的定义。其中大部分引脚都有第二功能，串口就用到了第二功能。PA9（TXD，第 68 号引脚）用来向串口发送数据，PA10（RXD，第 69 号引脚）用来接收从串口传来的数据。因此我们要将 PA9（TXD，发送）设置成复用功能的推挽输出模式：AF_PP（Alternate-Function Push-Pull）；将 PA10（RXD，接收）设置成浮空输入模式：IN_FLOATING。在文件 HelloRobot.h 中，函数 GPIO_Configuration()用于初始化这两个引脚：

```
/*Configure USART1 Tx (PA.09) as alternate function push-pull*/
GPIO_InitStructure.GPIO_Pin = GPIO_Pin_9;
GPIO_InitStructure.GPIO_Mode = GPIO_Mode_AF_PP;
GPIO_InitStructure.GPIO_Speed = GPIO_Speed_50MHz;
GPIO_Init(GPIOA, &GPIO_InitStructure);

/*Configure USART1 Rx (PA.10) as input floating*/
GPIO_InitStructure.GPIO_Pin = GPIO_Pin_10;
GPIO_InitStructure.GPIO_Mode = GPIO_Mode_IN_FLOATING;
GPIO_Init(GPIOA, &GPIO_InitStructure);
```

3．串口寄存器设置

与 STM32 单片机串口编程有关的主要寄存器如下。

（1）分数波特率发生寄存器：USART_BRR（Baud Rate Register）。

（2）状态寄存器：USART_SR（Status Register）。

（3）数据寄存器：USART_DR（Data Register）。

波特率是衡量通信速度的参数，它表示每秒传送的位数，单位是 bps。例如，波特率 9600bps 表示每秒传送 9600 位。串口的工作频率（即波特率）可以是固定的，也可以是变化的。如果使用可变的波特率，波特率的时钟信号由系统时钟提供，需要对其进行相应的编程。STM32 单片机的 USART 利用分数波特率发生器（包括 12 位整数部分和 4 位小数部分）提供宽范围和更精确的波特率选择。USART 波特率与 USART_BRR 中的值 USARTDIV（无符号定点数）的关系如下：

$$\text{波特率}=f\_clk / (16\times USARTDIV)$$

其中，f_clk 为 USART1 的时钟源频率。例如，USART_BRR 的值为 0x1BC，其整数部分 USARTDIV_Inter 为 27，小数部分 USARTDIV_Fraction 为 12，则 USARTDIV 为 27.75。

由于 STM32 单片机 USART1 的时钟源来自 APB2，所以最高波特率为 72Mbps/16=4.5Mbps。

与串口寄存器初始化相关的数据结构在库文件 stm32f10x_usart.h 中，程序如下：

```
/*UART Init Structure definition*/
typedef struct
{
  uint32_t USART_BaudRate;
  uint16_t USART_WordLength;
  uint16_t USART_StopBits;
  uint16_t USART_Parity;
  uint16_t USART_HardwareFlowControl;
  uint16_t USART_Mode;
} USART_InitTypeDef;
```

我们通过 HelloRobot.h 文件中的函数 USART_Configuration()进行串口初始化：

```
void USART_Configuration(void)
{
  USART_InitTypeDef USART_InitStructure;
  USART_InitStructure.USART_BaudRate = 115200;                    //设置波特率为 115200bps
  USART_InitStructure.USART_WordLength = USART_WordLength_8b;     //8 位传输
  USART_InitStructure.USART_StopBits = USART_StopBits_1;          //1 个停止位
  USART_InitStructure.USART_Parity = USART_Parity_No;             //无校验位
  USART_InitStructure.USART_HardwareFlowControl = USART_HardwareFlowControl_None;
  //禁止硬件流控制，禁止 RTS 和 CTS 信号
  /*允许接收、发送*/
  USART_InitStructure.USART_Mode = USART_Mode_Rx | USART_Mode_Tx;

  /*初始化 USARTx：配置串口的波特率、校验位、停止位和时钟等基本功能*/
  USART_Init(USART1, &USART_InitStructure);

  /*清除发送完成标志位*/
  USART_ClearFlag(USART1, USART_FLAG_TC);
  /*Enable USART1，使能串口 1*/
  USART_Cmd(USART1, ENABLE);
}
```

定义串口寄存器组的结构体是 USART_TypeDef，定义在文件 stm32f10x.h 中，程序如下：

```
typedef struct
{
  __IO uint16_t SR;
  uint16_t   RESERVED0;
  __IO uint16_t DR;
  uint16_t   RESERVED1;
  __IO uint16_t BRR;
```

```
    uint16_t   RESERVED2;
    __IO uint16_t CR1;
    uint16_t   RESERVED3;
    __IO uint16_t CR2;
    uint16_t   RESERVED4;
    __IO uint16_t CR3;
    uint16_t   RESERVED5;
    __IO uint16_t GTPR;
    uint16_t   RESERVED6;
} USART_TypeDef;
…
#define PERIPH_BASE                 ((u32)0x40000000)
…
#define APB1PERIPH_BASE             PERIPH_BASE
#define APB2PERIPH_BASE             (PERIPH_BASE + 0x10000)
#define AHBPERIPH_BASE              (PERIPH_BASE + 0x20000)
…
#define USART1_BASE                 (APB2PERIPH_BASE + 0x3800)
…
#ifdef _USART1
  #define USART1                    ((USART_TypeDef *) USART1_BASE)
#endif
```

从上面的宏定义可以看出，在初始化 USART1 时，编译器的预处理程序将 USART1 替换成(TIM_TypeDef *) 0x40013800。这个地址是 USART1 寄存器组的首地址，参见附录 B 中 STM32 处理器的存储映射。USART 寄存器和复位值见表 7.1。

表 7.1　USART 寄存器和复位值表

偏移	寄 存 器	31	30	29	28	27	26	25	24	23	22	21	20	19	18	17	16	15	14	13	12	11	10	9	8	7	6	5	4	3	2	1	0
000h	USART_SR	保留																						CTS	LBD	TXEIE	TC	RXNE	IDLE	ORE	NE	FE	PE
	复位值																							0	0	1	1	0	0	0	0	0	0
004h	USART_DR	保留																							DR[8:0]								
	复位值																								0	0	0	0	0	0	0	0	0
008h	USART_BRR	保留																DIV_Mantissa[15:4]												DIV_Fraction [3:0]			
	复位值																	0	0	0	0	0	0	0	0	0	0	0	0	0	0	0	0
00Ch	USART_CR1	保留																		UE	M	WAKE	PCE	PS	PEIE	TXEIE	TCIE	RXNEIE	IDLEIE	TE	RE	RWU	SBK
	复位值																			0	0	0	0	0	0	0	0	0	0	0	0	0	0

续表

偏移	寄存器	31	30	29	28	27	26	25	24	23	22	21	20	19	18	17	16	15	14	13	12	11	10	9	8	7	6	5	4	3	2	1	0
010h	USART_CR2	保留																	LIEN	STOP [1:0]		CLKEN	CPOL	CPHA	LBCL	保留	LBDIE	LBDL	保留	ADD[3:0]			
	复位值																		0	0	0	0	0	0	0		0	0		0	0	0	0
014h	USART_CR3	保留																					CTSIE	CTSE	RTSE	DMAT	DMAR	SCEN	NACK	HDSEL	IRLP	IREN	EIE
	复位值																						0	0	0	0	0	0	0	0	0	0	0
018h	USART_GTPR	保留																GT[7:0]								PSC[7:0]							
	复位值																	0	0	0	0	0	0	0	0	0	0	0	0	0	0	0	0

任务 1　编写串口通信程序

下面的程序将初始化串口并与上位机进行通信。串口通信程序要和串口调试软件配合使用。串口调试软件的设置，如“串口选择”“波特率”“数据位”等是针对计算机串口而言的，并不是对单片机串口的设置，对单片机串口的设置是在程序中进行的。

一个完整的数据帧包括起始位、数据位（8 或 9 位）、停止位（1 或 2 位）。注意有两个特殊的数据帧：一是完全由“1”组成的数据帧，称为空闲字符帧；二是完全由“0”组成的帧，称为断开字符帧。

例程：uart.c

```
#include "stm32f10x.h"
#include "HelloRobot.h"
int main(void)
{
    int n=0;
    BSP_Init();
    USART_Configuration();
    printf("Program Running!\n");

    while(1)
    {
        printf("%d\n",n);   //注意：有些串口调试软件中的“\r\n”表示回车，用“\n”不会回车
        delay_nms(500);

        n++;
        if(n==10) n=0;
    }
}
```

（1）确保 RS-232 端口连接好；

（2）输入、保存程序 uart.c，下载并运行。程序运行结果如图 7.2 所示。

uart.c 是如何工作的

printf()默认的输出设备是显示器。如果我们想用这个标准的输出函数向串口发送数据，

需要改写 fputc()函数。在 HelloRobot.h 头文件中，改写的 fputc()函数如下：

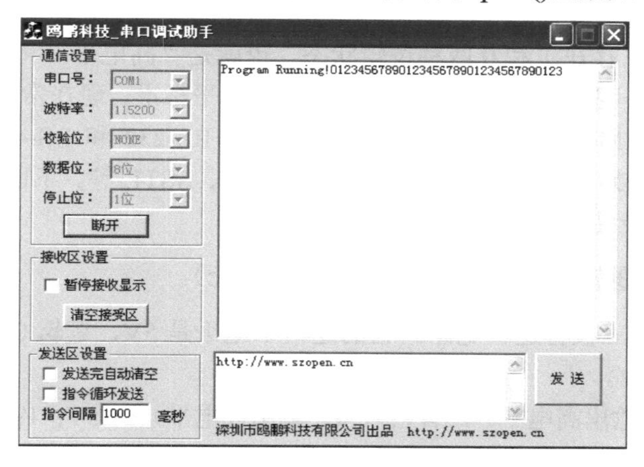

图 7.2　程序运行结果

```
int fputc(int ch, FILE *f)
{
  /*Place your implementation of fputc here, e.g. write a character to the USART*/
  USART_SendData(USART1, (u8) ch);

  /*waiting here until the end of transmission*/
  while(USART_GetFlagStatus(USART1, USART_FLAG_TC) == RESET) ;
  return ch;
}
```

修改 fputc()函数，使标准输出函数 printf()从默认的显示器输出设备重定向到串口。当然，也可以直接参考 fputc()的代码编写自己的数据发送和接收程序。

在 STM32 单片机中，将发送数据写入 USART_DR 寄存器，此动作可清除 TXE 位（发送允许位）。软件读 RXNE 位完成对 RXNE 位（接收寄存器非空位）清零。RXNE 位必须在下一个字符接收结束前清零。

数据寄存器（USART_DR）实际上由两个寄存器组成，一个用于发送（TDR 只写），另一个用于接收（RDR 只读）。这两个寄存器可合并成一个数据寄存器，即物理上是两个寄存器，逻辑上是一个寄存器。那么程序如何区分呢？如果对这个寄存器读，那么是接收；如果对它写，那么是发送。注意，在 ARM9 和 ARM11 中，这两个寄存器是分开的。

注意：在 C 语言中回车和换行是两个概念，回车是指光标由行中任意位置移动到行首，换行是指光标换到下一行。回车（不换行）的字符是“\r”，换行的字符是“\n”，在 Linux/UNIX 环境下严格区分，但在 Windows 环境下，使用“\n”同时表示回车和换行，因此，很多 C 语言程序为了保持兼容性，常写成：

```
char c = getchar();
if(c = = '\r' || c = = '\n') ...... ;
```

C 语言程序中的“\n”包含两个字节，依次为：0x0d 和 0x0a。0x0d 仅表示回车“\r”，0x0a 仅表示换行“\n”。有一些串口调试软件把 0x0a 解释成了回车和换行，而对 0x 0d 却不给予解释。因此，要加入回车“\r”与“\n”一起构成回车和换行。但是在另外一些串口调试软件中，0x0d 被自动解释为回车和换行。在调试时，应注意这个问题。

7.2 串行 RS-232 电平与 TTL 电平转换

在数字电路中，只存在 1 和 0 两种逻辑状态，也就是“高电平”和“低电平”。那么，何为高电平，何为低电平呢？应用中，人们提出了许多电平标准，现在常用的电平标准有 TTL、LVTTL、CMOS、LVCMOS、ECL、PECL、LVPECL、RS-232 和 RS-485 等。还有一些速度比较高的标准，如 LVDS、GTL、PGTL、CML、HSTL、SSTL 等。下面简单介绍常用标准的供电电源、电平标准及使用注意事项。

1. TTL：三极管逻辑（Transistor-Transistor Logic）

TTL 是指三极管-三极管逻辑电路。它的逻辑 1 电平是 5V，逻辑 0 电平是 0V。

供电电源 V_{CC}：5V。

电平标准：V_{OH}（输出高电平）≥2.4V；V_{OL}（输出低电平）≤0.5V；V_{IH}（输入高电平）≥2V；V_{IL}（输入低电平）≤0.8V。

因为 2.4V 与 5V 之间还有很大空闲，对改善噪声容限没有好处，又会白白增大系统功耗，且会影响速度。所以后来人们就把一部分空闲“砍”掉，变成下面的 LVTTL。

2. LVTTL：低电压 TTL（Low Voltage TTL）

LVTTL 可分为 3.3V、2.5V 及更低电压的 LVTTL。

对于 3.3V LVTTL：

V_{CC}：3.3V；V_{OH}≥2.4V；V_{OL}≤0.4V；V_{IH}≥2V；V_{IL}≤0.8V。

对于 2.5V LVTTL：

V_{CC}：2.5V；V_{OH}≥2.0V；V_{OL}≤0.2V；V_{IH}≥1.7V；V_{IL}≤0.7V。

TTL 和 LVTTL 使用注意事项：TTL 电平过冲比较严重；TTL 电平输入脚悬空时，内部认为其是高电平；要下拉的话应用 1kΩ以下的电阻下拉；TTL 输出不能驱动 CMOS 输入。

3. CMOS：互补性氧化金属半导体（Complementary Metal Oxide Semiconductor）

V_{CC}：5V；V_{OH}≥4.45V；V_{OL}≤0.5V；V_{IH}≥3.5V；V_{IL}≤1.5V。

相对 TTL 有了更大的噪声容限，输入阻抗远大于 TTL 的输入阻抗。

4. LVCMOS：低电压 CMOS（Low Voltage CMOS）

对应 3.3V LVTTL，出现了 LVCMOS，其可以与 3.3V 的 LVTTL 直接相互驱动。

对于 3.3V LVCMOS：

V_{CC}：3.3V；V_{OH}≥3.2V；V_{OL}≤0.1V；V_{IH}≥2.0V；V_{IL}≤0.7V。

对于 2.5V LVCMOS：

V_{CC}：2.5V；V_{OH}≥2V；V_{OL}≤0.1V；V_{IH}≥1.7V；V_{IL}≤0.7V。

CMOS 和 LVCMOS 使用注意事项：当输入引脚电平高于 V_{CC} 一定值（如在一些芯片中是 0.7V）时，如果电流足够大，可能引起闩锁效应，导致芯片烧毁。

5. ECL：发射极耦合逻辑（Emitter Coupled Logic）

V_{CC}=0V；V_{EE}= −5.2V；V_{OH}= −0.88V；V_{OL}= −1.72V；V_{IH}= −1.24V；V_{IL}= −1.36V。

ECL 采用差分结构，因此速度快、驱动能力强、噪声小、很容易达到几百兆的应用。但是其功耗大，需要负电源。为简化电源，出现了 PECL（改用正电压供电）和 LVPECL。

6．PECL：正 ECL（Pseudo/Positive ECL）

V_{CC}=5V；V_{OH}=4.12V；V_{OL}=3.28V；V_{IH}=3.78V；V_{IL}=3.64V

7．LVPELC：低电压正 ECL（Low Voltage PECL）

V_{CC}=3.3V；V_{OH}=2.42V；V_{OL}=1.58V；V_{IH}=2.06V；V_{IL}=1.94V

ECL、PECL、LVPECL 使用注意事项：不同电平不能直接驱动，中间可用交流耦合、电阻网络或专用芯片进行转换；均为射随输出结构，必须有上拉电阻以获得直流偏置电压。

前面介绍的电平标准摆幅都比较大，为降低电磁辐射，同时提高开关速度又出现了 LVDS 电平标准。

8．LVDS：低电压差分信号（Low Voltage Differential Signaling）

LVDS 采用差分结构，内部有一个 3.5～4mA 恒流源。通过在差分线上改变方向来表示 0 和 1，通过外部的 100Ω匹配电阻（并在差分线上靠近接收端）将电平转换为±350mV 的差分电平。

LVDS 使用注意事项：高速电路对 PCB 要求较高，要求差分线严格等长，布线差最好不超过 0.25mm，100Ω电阻离接收端距离不能超过 12.7mm，最好控制在 7.62mm 以内。

9．RS-232

RS-232 的全称是 EIA-RS-232C，其中 EIA（Electronic Industry Association）代表美国电子工业协会；RS（Recommend Standard）代表推荐标准；232 是标识号；C 代表 RS-232 的最新一次修改（1969 年），在这之前有 RS-232B、RS-232A。

RS-232 标准是 1969 年由 EIA 联合一些调制解调器厂家及计算机终端生产厂家共同制定的用于串行通信的标准。它采用负逻辑，即逻辑 1 电平是-5～-15V，逻辑 0 电平是+5～+15V。目前计算机后面的串口即为 RS-232 标准串口。串口数据帧的逻辑电平转换如图 7.3 所示。

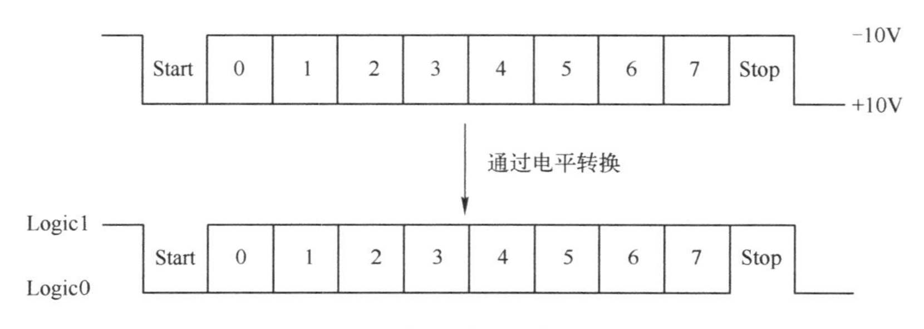

图 7.3　串口数据帧的逻辑电平转换

10．RS-485

RS-485 采用差分结构，有 V+和 V- 2 根信号线，它比 RS-232 具有更高的抗干扰能力。传输距离可以达到上千米。差分结构抗干扰能力强、传输距离远的原因如下：

（1）它的抗外部电磁干扰（EMI）能力强。一个干扰源几乎相同程度地影响差分信号对的每一端。由于电压差决定信号值，因此电路将忽视（过滤）在两根导线上出现的任何同样干扰。网线、USB 线、CAN 总线也是如此。

（2）它可以控制“基准”电压，很容易识别小信号。从差分信号恢复的信号值在很大程度上与“地”的精确值无关，而在某一范围内，也不容易受“地”线的干扰。

（3）在一个单电源系统中，它能够从容精确地处理“双极”信号。为了处理单端、单电源系统的双极信号，必须在“地”与电源线之间任意电压处（通常是中点）建立一个“虚地”。用高于“虚地”的电压表示正极信号，用低于“虚地”的电压表示负极信号。而对于差分信号，不需要这样一个“虚地”，这就使处理和传播双极信号无须依赖“虚地”的稳定性。

为了让单片机与计算机能相互通信，必须让 RS-232 和 TTL 这两种电平相互转换，如图 7.4 所示。

图 7.4　计算机串口与单片机串口电平转换

图 7.4 中的电平转换电路部分可以用两个三极管加一些外围电路进行反相和电压匹配，也常采用 MAX3232、SP3232、ST3232 等专用转换芯片。其所完成的主要工作是，计算机串口输出的 RS-232 电平进入单片机串口之前变成 TTL 电平；单片机串口输出的 TTL 电平进入计算机串口之前变成 RS-232 电平。

如在 TTL 5V 系统中，电平转换芯片用 MAX3232；STM32 单片机采用 LVTTL 标准，3.3V 供电，MAX3232 芯片。STM32 单片机串口电路如图 7.5 所示。

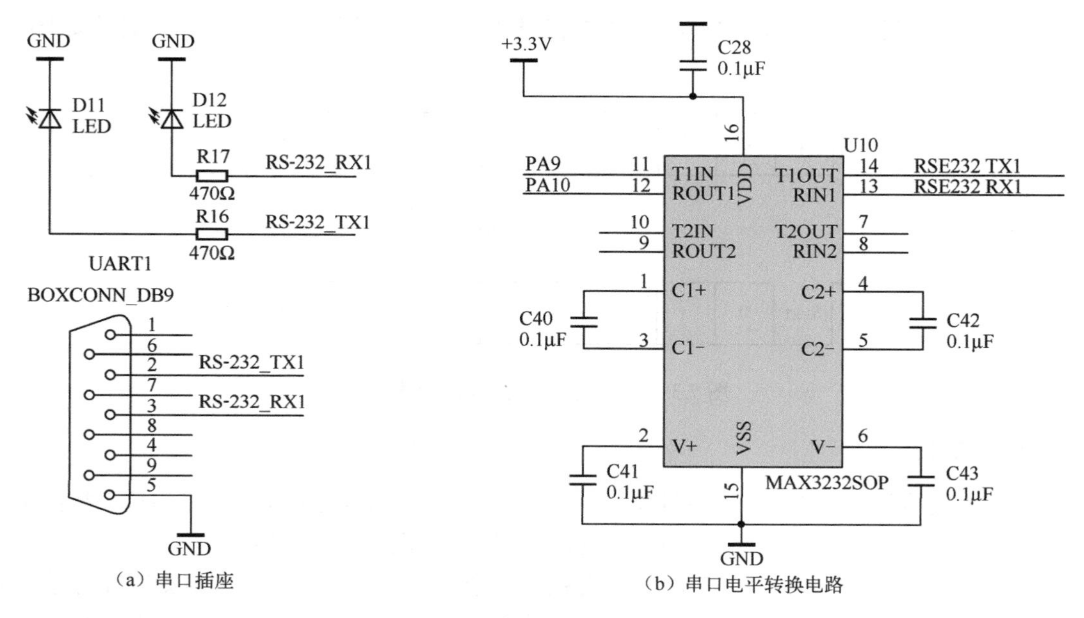

（a）串口插座　　（b）串口电平转换电路

图 7.5　STM32 单片机串口电路

DB9 串口共由 9 个信号引脚组成，如图 7.6 和表 7.2 所示。DB9 串口常用于连接电子设备（如计算机与外设），因形状类似于英文字母 D，故得名 D 型口，简称 DB 口。DB9 串口有两种接头：针型口和孔型口，分别如图 7.6（b）、图 7.6（c）所示。注意，它们的引脚顺序是不一样的，想想这是为什么？这种现象在电子产品、嵌入式系统中比较常见，USB 口也是如此。

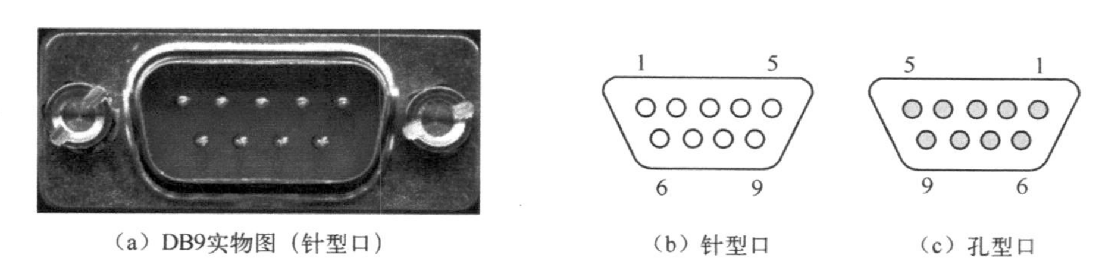

（a）DB9实物图（针型口）　（b）针型口　（c）孔型口

图 7.6　RS-232（DB9）串口示意图

表 7.2　RS-232（DB9）串口引脚说明

引　脚	英文缩写和含义	描　述
1	DCD：Data Carrier Detect	接收数据载波检测
2	RXD：Received Data	接收数据
3	TXD：Transmit Data	发送数据
4	DTR：Data Terminal Ready	数据终端准备
5	SG：Signal Ground	信号地线
6	DSR：Data Set Ready	数据准备
7	RTS：Request To Send	请求发送
8	CTS：Clear To Send	清除发送
9	RI：Ring Indicator	振铃指示

要完成信号的收发，只需用 RXD、TXD。连接时需要注意：计算机的接收端（RXD）与单片机的发送端（TXD）相连，计算机的发送端（TXD）与单片机的接收端（RXD）相连。此外，两者的“地”端（GND）相连。两者的 TXD 和 RXD 是交叉连接的，要么在电路板上交叉，要么通过连接线交叉。如果单片机的串口接收电路（板上）已经将两者交换了，那么连接时使用直通线即可。

任务 2　串口 Echo 回应程序

从图 7.1 可以看出，STM32 单片机有一个发送寄存器和一个接收寄存器，将数据写到发送寄存器时，数据通过串口发送，发送完毕后相关的状态寄存器会通知处理器发送完毕，读者可以查询这个状态寄存器或采用中断的方式编程。类似地，接收寄存器接收完一个数据后也会通知处理器接收到了一个数据，供程序处理。同样，读者也可以查询这个状态寄存器或采用中断的方式编程。

下面的程序实现了串口 Echo 回应功能：从计算机的串口调试软件向 STM32 单片机发送一个字符，STM32 单片机收到后，将这个字符回传给计算机，程序运行结果如图 7.7 所示。

例程：USART_Char_Echo.c

```
#include "stm32f10x.h"
#include "HelloRobot.h"
int main(void)
{
    BSP_Init();
    USART_Configuration();
    printf("Program Running!\r\n");
    while(1)
    {
        if(USART_GetFlagStatus(USART1,USART_FLAG_RXNE))
        {
            USART_ClearFlag(USART1,USART_FLAG_TC);
            USART_SendData(USART1,USART_ReceiveData(USART1));
            USART_ClearFlag(USART1, USART_FLAG_RXNE);
        }
    }
}
```

图 7.7　串口 Echo 回应（字符）程序运行结果

该你了——字符串 Echo 回应

可以参考第 2 章例程 ControlServoWithComputer.c 中的 USART_Scanf()函数实现串口字符串 Echo 回应功能，即从计算机向单片机发出一串字符，以#作为结束标记（就像使用充值卡给电话（手机）充值那样，输入完账号和密码后，按#键表示结束）。STM32 单片机收到这个字符串后，再回传给计算机，程序运行结果如图 7.8 所示。详细代码参见教材配套资源包。

USART 2 和 USART 3 连接在 APB1 上，USART 1 连接在 APB2 上。当使用 USART 2 或者 USART 3 时，要注意相关时钟的配置。同时，每个串口对应的引脚也不同，需要进行引脚的定义。例如，USART 3 的发送端（TXD）对应 PB10，接收端（RXD）对应 PB11。文件 HelloRobot.h 中的相关函数如下，完整的代码参见教材配套资源包。

图 7.8　串口 Echo 回应（字符串）程序运行结果

```
void RCC_Configuration()
{
  …
  RCC_APB2PeriphClockCmd(RCC_APB2Periph_USART1, ENABLE);
  RCC_APB1PeriphClockCmd(RCC_APB1Periph_USART3, ENABLE);
  …
}

void GPIO_Configuration()
{
  …
  /*Configure USART3 Tx (PB.10) as alternate function push-pull*/
  GPIO_InitStructure.GPIO_Pin = GPIO_Pin_10;
  GPIO_InitStructure.GPIO_Mode = GPIO_Mode_AF_PP;
  GPIO_InitStructure.GPIO_Speed = GPIO_Speed_50MHz;
  GPIO_Init(GPIOB, &GPIO_InitStructure);

  /*Configure USART3 Rx (PB.11) as input floating*/
  GPIO_InitStructure.GPIO_Pin = GPIO_Pin_11;
  GPIO_InitStructure.GPIO_Mode = GPIO_Mode_IN_FLOATING;
  GPIO_Init(GPIOB, &GPIO_InitStructure);
  …
}

void USART_Configuration(void)
{
  …
  USART_Init(USART3, &USART_InitStructure);
  USART_ClearFlag(USART3, USART_FLAG_TC);
  USART_Cmd(USART3, ENABLE);
}
```

```
int fputc(int ch, FILE *f)
{
  USART_SendData(USART3, (u8) ch);

  /*Loop until the end of transmission*/
  while(USART_GetFlagStatus(USART3, USART_FLAG_TC) == RESET) ;    //waiting here
  return ch;
}
```

文件 USART3_Char_Echo.c 中的程序如下，程序运行结果如图 7.9 所示。

```
#include "stm32f10x.h"
#include "HelloRobot.h"
int main(void)
{
  int i;
  BSP_Init();
  USART_Configuration();

  printf("Please input a character from keyboard:\r\n");
  while(1)
  {
     if(USART_GetFlagStatus(USART3,USART_IT_RXNE)==SET)
     {
          i = USART_ReceiveData(USART3);
          printf("%c\r\n",i);             //echo the input character
     }
  }
}
```

图 7.9 使用 USART3 的串口 Echo 回应（字符）程序运行结果

**注意**：STM32 单片机的 USART3 与 RS-485 端口复用，因此要注意选择开关的设置，参见附录 A。

工程素质和技能归纳

（1）熟悉 STM32 单片机串口的结构、串口波特率的计算。

（2）分析头文件中 STM32 单片机串口的初始化代码及使用方法（发送和接收数据的流程）。

（3）掌握改写 fputc()函数将 printf()的输出重定向为串口的工作原理。

（4）掌握 TTL 电平与 RS-232 电平转换芯片的功能。

（5）掌握 USART_Scanf()函数，回顾如何通过串口输入数据控制机器人的运动。

（6）掌握 USART 2 或 USART 3 与 USART 1 编程的不同之处。

第 8 章　STM32 单片机 LCD 显示接口编程及其应用

LCD（Liquid Crystal Display，液晶显示器）是各种嵌入式智能设备广泛应用的显示设备，手机、测控仪表仪器、电器遥控器、笔记本电脑等普遍用 LCD。LCD 在家用电器和办公设备中十分常见，如电视机、传真机、打印机、计算器等。本章介绍 LCD 显示接口编程，向用户显示系统数据和信息。应用 LCD 作为机器人状态显示窗口，使机器人在运行过程中通过 LCD 显示状态信息。通过本章，读者可以掌握 STM32 单片机的 LCD 显示接口编程技术。

8.1　LCD 介绍

我们知道物质一般分固态、液态、气态三种形态。液态分子的排列虽然不具有规律性，但是如果这些分子是长形或扁形的（杆状），则它们的分子指向就可能有规律。分子具有方向性的液体称为“液态晶体”（Liquid Crystal），简称液晶（LC）。液晶是在 1888 年由奥地利植物学家 Friedrich Reinitzer 发现的，是一种介于固态与液态之间，分子排列具有规则性的有机化合物。一般最常用的液晶形态为向列型，分子形状为细长棒形，长、宽为 1～10nm，在不同电流作用下，液晶分子会做规则旋转，呈 90° 排列，产生透光度的差别，如此在电源 ON/OFF 下产生明暗的区别。依此原理在 LCD 上控制每个像素，便可构成所需图像。

LCD 的原理是在两片平行的玻璃当中放置液态的晶体，两片玻璃中间有许多垂直和水平的细小电线，通过电源导通、关断来控制分子改变方向，将光线折射出来产生画面，如图 8.1 所示。

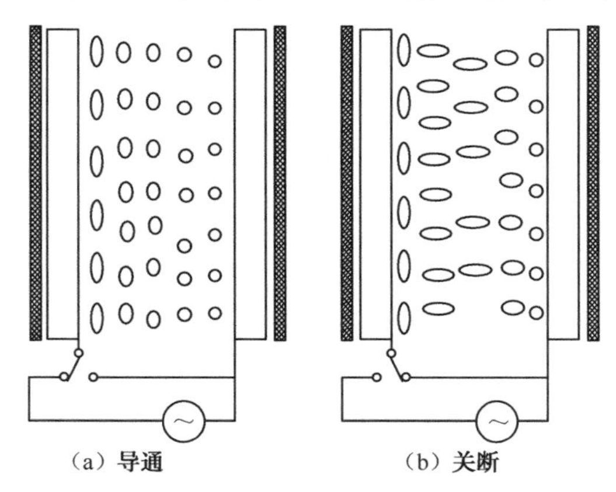

图 8.1　液晶分子的导通和关断

利用液晶的电光效应，可通过电路控制液晶单元的透射率及反射率，从而产生不同灰度层次或者及多达 1670 万种色彩的靓丽图像（24 位）。根据液晶的电光效应，液晶材料可分为活性液晶和非活性液晶两类，其中活性液晶具有较高的透光性和可控制性。LCD 使用的是活

性液晶，LCD 的亮度和颜色可以通过相关控制电路来控制。

在 LCD 背面有一块背光板（或称匀光板）和反光膜。背光板是由荧光物质组成的，可以发射光线，其作用主要是提供均匀的背景光源。背光板发出的光线在穿过第一层偏振过滤层（偏光板）之后进入包含成千上万液晶的液晶层。液晶层中的液滴都被包含在细小的单元格结构中，一个或多个单元格构成屏幕上的一个像素。在液晶材料之间是透明的电极，电极分为行和列。在行与列的交叉点上，通过改变电压来改变液晶的旋光状态。液晶材料的作用类似于一个个小的光阀。在液晶材料周边是控制电路部分和驱动电路部分。当电极产生电场时，液晶分子就会产生扭曲，从而将穿越其中的光线进行有规则的折射，然后经过第二层过滤层（滤光板）的过滤在屏幕上显示出来，如图 8.2 所示。

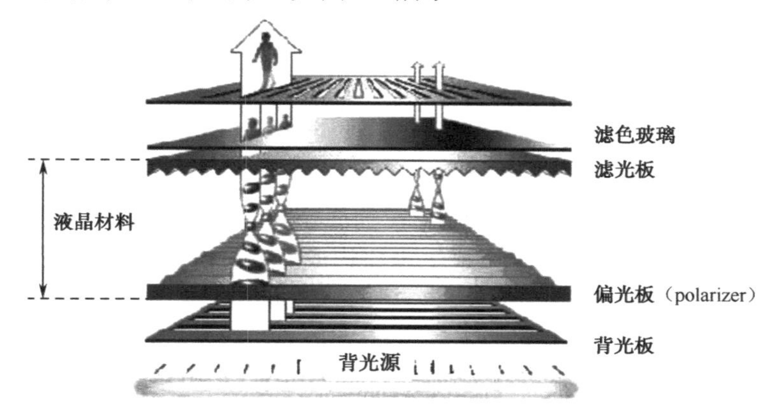

图 8.2　LCD 的工作原理

LCD 具有如下特点：

（1）采用低压、微功耗，平板型结构，显示信息量大（因为像素可以做得很小）。

（2）被动显示（无眩光、不刺眼，不会引起眼睛疲劳）。

（3）易于彩色化（可以非常准确地复现色谱上的颜色）。

（4）无电磁辐射（对人体安全，以及有利于信息保密）。

（5）寿命长（液晶几乎没有劣化问题，但是背光板寿命有限，需要更换）。

背光和对比度

液晶本身不发光，需借助外来光源才能发光。因此，在 LCD 背面需要有背光源。同时，LCD 制造时选用的控制电路和滤光板等配件，与液晶显示的对比度有关。对一般的应用，对比度达到 350∶1 就可以了。对比度十分重要，LCD 显示的明暗对比，就靠对比度的高低来实现。

在调试程序时，如果 LCD 没有显示，不一定是程序的问题，也可能是背光源或者对比度的调节有问题。

任务 1　认识 LCD 模块

目前，LCD 模块（Liquid Crystal Display Module，LCM）的显示方式主要分为段码型和点阵型两种。段码型是最早、最普通的显示方式，如计算器，电子表中应用的就是段码型显示方式。随着电子技术的发展，出现了越来越多点阵型 LCM 的数码产品，如 MP3、手机、数码相册等。点阵型 LCM 又分为字符点阵型 LCM 和图形点阵型 LCM，分别如图 8.3（a）和图 8.3（b）所示。

（a）字符点阵型 LCM

（b）图形点阵型 LCM

图 8.3　LCM 实物图

本章介绍的字符点阵型 LCM 是一种专门用于显示字母、数字、符号等的点阵型 LCM。每个显示的字符（或字母、数字等）由 5×7 或 5×10 点阵组成。点阵字符位之间有一个点距的间隔，起到字符间距和行距的作用。

图 8.3（a）是一个字符点阵型 LCM 实物图。模块组件内部主要由 LCD、控制器（Controller）、驱动器（Driver）和偏压产生电路构成。常见的控制器有 HITACHI（日立）公司的 HD44780U、SAMSUNG（三星）公司的 KS0066U 及 SUNPLUS（凌阳）公司的 SPLC780D。这 3 种控制器互相兼容，主要由指令寄存器 IR、数据寄存器 DR、忙标志 BF、地址计数器 AC、显示数据缓冲区 DDRAM、字符发生器 CGROM、CGRAM 及时序发生电路等组成。CGRAM 可用来存储自己定义的最多 8 个 5×8 点阵的图形字符的字模数据。LCM 提供了丰富的指令设置，如清除显示、光标回原点、显示开/关、光标开/关、显示字符闪烁、光标移位、显示移位等。LCM 可设置 4 位或 8 位数据传输模式。图 8.3（a）中的 LCD 可以显示 2 行，每行显示 16 个点阵字符，俗称 LCD1602。LCM 中带有字库，能显示所有 ASCII 字符。

8.2　STM32 单片机 LCD 显示接口编程

1．LCD1602 与 STM32 单片机连接

表 8.1 为 LCD1602 的引脚说明。部分引脚说明如下。

V0：接可调电位器，调节对比度。若直接接地，则对比度最高。

RS：数据/指令选择。当单片机要写入指令给 LCM 或者从 LCM 中读状态时，应置 RS 为低电平；当单片机要给 LCM 写入数据时，应置 RS 为高电平。

R/W：读/写选择。R/W 为高电平时，表示读；R/W 为低电平时，表示写。

E：模块使能端。单片机需要通过 RS、R/W、E 三个端口来控制 LCM。

D0～D7：8 位数据总线，三态双向，用于接收指令和数据。该模块也可以只使用 4 位数据总线 D4～D7 端接收数据，此时 D0～D3 引脚内部是断开的。在嵌入式系统的实际应用中一般采用 8 位模式，只有当系统引脚不够时，才使用 4 位模式（使用此模式传送数据时，需分两次进行）。

LED+：需要背光时，LED+串联一个限流电阻接至 V_{CC}，LED-接地。

表 8.1　LCD1602 引脚说明

编　　号	符　　号	引 脚 说 明	编　　号	符　　号	引 脚 说 明
1	VSS	电源地	9	D2	双向数据端
2	VDD	电源正极	10	D3	双向数据端
3	V0	对比度调节	11	D4	双向数据端
4	RS	数据/指令选择	12	D5	双向数据端
5	R/W	读/写选择	13	D6	双向数据端
6	E	模块使能端	14	D7	双向数据端
7	D0	双向数据端	15	LED+	背光源正极
8	D1	双向数据端	16	LED−	背光源地

图 8.4 所示为 LCD1602 引脚与 STM32 单片机引脚连接示意图。

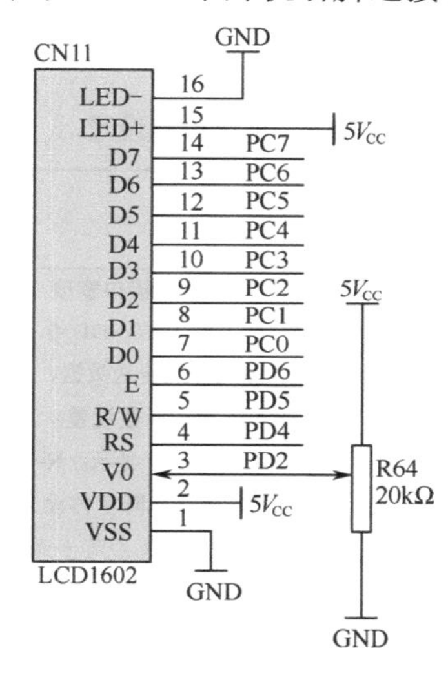

图 8.4　1602 LCM 引脚与 STM32 单片机引脚连接示意图

2．LCD1602 控制器接口基本操作时序图说明

LCD1602 控制器接口基本操作时序图如图 8.5 所示。从图中可以看出，在把引脚 E 置为高电平前，须先设置好引脚 RS 和 R/W 的信号，在引脚 E 下降沿到来之前，准备好写入的指令或数据。注意，LCD1602 内部根据指令进行操作需要一定的时间，此时 LCM 处于“Busy”（忙）状态。只有当内部操作完成后，即 LCM 处于“Not Busy”（空闲）状态时，才能执行下一步的指令或数据处理。因此可以编程查询这个“Busy”或“Not Busy”状态标记，或者加上适当的延时后再操作。

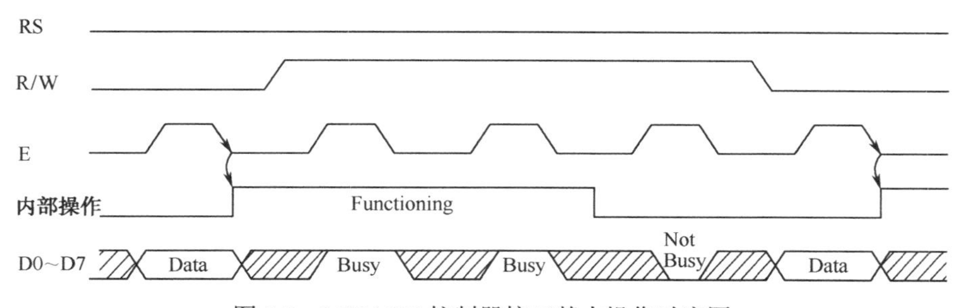

图 8.5　LCD1602 控制器接口基本操作时序图

时序图说明如下。

写指令　输入：RS=L，R/W=L（L表示低电平，H表示高电平），E=下降沿脉冲，D0～D7=指令码
　　　　输出：无

读状态　输入：RS=L，R/W=H，E=H
　　　　输出：D0～D7=状态字，（状态字的位7表示“Busy”或“Not Busy”）

写数据　输入：RS=H，R/W=L，E=下降沿脉冲，D0～D7=数据
　　　　输出：无

读数据　输入：RS=H，R/W=H，E=H
　　　　输出：D0～D7=数据（一般无必要从LCM读数据）

3. LCD1602控制器指令和状态字说明

（1）数据位宽设置如表8.2所示。

表8.2　数字位宽设置

指令码（D0～D7）								功　能
D7	D6	D5	D4	D3	D2	D1	D0	
0	0	1	DL	N	F	X	X	**DL：数据接口宽度** DL=1，8位；DL=0，4位，此时使用D7～D4，不用D3～D0，使用此方式传送数据，需分两次进行 **N：显示行数设置** N=1，两行显示；N=0，单行显示 **F：字符点阵字体设置** F=1，5×10点阵＋光标显示模式；F=0，5×7点阵＋光标显示模式 **X：代表任意，下同**

注：一般设为0x38（0x表示十六进制数，下同）：8位数据接口宽度，两行显示（采用的LCD1602），5×7点阵+光标显示模式。

（2）显示开/关及光标设置如表8.3所示。

表8.3　显示开/关及光标设置

指令码（D0～D7）								功　能
D7	D6	D5	D4	D3	D2	D1	D0	
0	0	0	0	1	D	C	B	**D：显示开/关控制** D=1，开显示；D=0，关显示。关显示后，显示数据仍保持在数据显示DDRAM（Display Data RAM）中，立即开显示可以再现 **C：光标显示控制** C=1，显示光标；C=0，不显示光标 显示5×7点阵字符时，光标在第8行显示；显示5×10点阵字符时，光标在第11行显示 **B：闪烁显示控制** B=1，光标闪烁，交替显示字符及其下方的全黑点阵光标，产生闪烁效果。LCM内部频率为250kHz时，闪烁频率为0.4ms左右。通过设置，光标可以与其所指位置字符一起闪烁 B=0，光标不闪烁

注：① 在对LCM初始化时先设为0x08：关显示。② 待初始化完成后再设为0x0C：开显示。对于光标的显示和闪烁，可以根据实际应用的需要设置。

（3）光标或显示移位设置如表 8.4 所示。

表 8.4　光标或显示移位设置

指令码（D0～D7）								功　能
D7	D6	D5	D4	D3	D2	D1	D0	
0	0	0	1	S/C	R/L	X	X	S/C=0，R/L=0：光标向左移，AC（数据指针）自动减 1 S/C=0，R/L=1：光标向右移，AC 自动加 1 S/C=1，R/L=0：光标和显示一起向左移位，AC 不变 S/C=1，R/L=1：光标和显示一起向右移位，AC 不变

注：① 光标或显示移位指令可使光标或显示在没有读/写显示数据的情况下，向左或向右移位；运用此指令可以实现显示的查找或替换；在双行显示方式下，第 1 行和第 2 行会同时移位；当移位越过第 1 行第 40 位时，光标会从第 1 行跳到第 2 行，显示数据只在本行内水平移位。② 对于光标和显示的移位，可以根据实际应用的需要设置。

（4）清屏及数据指针设置如表 8.5 所示。

表 8.5　清屏及数据指针设置

指令码（D0～D7）								功　能
D7	D6	D5	D4	D3	D2	D1	D0	
0	0	0	0	0	0	0	1	**清屏设置** 清除所有显示，将空位字符码 20H 送入全部 DDRAM 地址中，即清除了全部 DDRAM 中的内容，使显示消失；且 DDRAM 数据指针 AC 清零（归位），光标回到原点（显示屏左上角）
0	0	0	0	0	0	1	X	**AC 清零设置** 数据指针 AC 清零（归位），但 DDRAM 中的内容不变
0	0	0	0	0	1	I/D	S	**I/D：完成一个字符写入或者读出 DDRAM 后的 DDRAM 数据指针 AC 变化方向设置** I/D=1，光标加 1，右移，AC 自动加 1 I/D=0，光标减 1，左移，AC 自动减 1 **S：显示移位设置** S=1，当写一个字符时，整屏显示左移（I/D=1）或者右移（I/D=0），以得到光标不移动而屏幕移动的效果 S=0，当写一个字符时，整屏显示不发生移位

注：① 在开显示前，给 LCM 发送 0x01 指令，进行清屏操作，即清除 LCD 数据缓冲区中保存的数据，并把数据指针清零，指向第一个数据缓冲区地址。② 如果只想把数据指针清零，而让 DDRAM 中的内容不变，则发送 0x02 指令。③ 为了让 LCM 在读或写一个字符后，能自动地进行地址指针和光标加 1 操作，常把 LCM 设为 0x06：在写入或读出一个字符后光标加 1 右移，且地址指针加 1。④ 对于屏幕显示是否需要移动，可以根据实际应用设置，如公交车上或候车（机）室屏幕上文字的左移效果。

（5）状态查询如表 8.6 所示。

表 8.6　状态查询

状态字（D0～D7）								功　能
D7	D6	D5	D4	D3	D2	D1	D0	
BF	A	A	A	A	A	A	A	**BF：代表内部操作是否完成（Busy Flag）** BF=1，忙，内部操作未完成 BF=0，空闲，内部操作已完成

每次对 LCM 进行读/写操作前，都必须进行状态查询，或者加上适当的延时。一般来说，在 LCM 内部频率为 270kHz（有些制造厂家定为 250kHz）时，大部分指令的执行时间为 37μs（250kHz 时为 40μs）左右，只有清屏和 DDRAM 数据指针 AC 清零（归位）指令的执行时间为 1.52ms（250kHz 时为 1.64ms）左右。因此延时可以取大点（如 5ms），以保证操作可靠，满足要求。

4．初始化过程（复位过程）

根据上面的指令码和状态字说明，LCM 的初始化过程（复位过程）如下。

（1）写指令 38H：设置 8 位数据宽度（或 28H：设置 4 位数据宽度）。

（2）检测状态，等待 LCD 控制器内部操作完成（或者延时 5ms）。

注意，以后每次写指令、读/写数据操作之前均需检测。

（3）写指令 08H：显示关。

（4）检测状态，等待 LCD 控制器内部操作完成（或者延时 5ms）。

（5）写指令 06H：数据指针和光标移位设置。

（6）检测状态，等待 LCD 控制器内部操作完成（或者延时 5ms）。

（7）写指令 01H：清除所有显示，且数据指针 AC 清零。

（8）检测状态，等待 LCD 控制器内部操作完成（或者延时 5ms）。

（9）写指令 0CH：显示开及光标设置。

（10）检测状态，等待 LCD 控制器内部操作完成（或者延时 5ms）。

注意：如果系统在刚上电时就初始化 LCM，需要加入 20ms 以上的延时，否则初始化过程会失败。因为在电源电压还没上来前，LCM 尚未准备好接收初始化指令。

5．数据指针（地址）设置

LCD1602 控制器内部带有 80×8 位（80 字节）的 DDRAM 缓冲区，其容量大小决定着模块最多可显示的字符数目。4 行显示，每行可显示 40 字符的控制器内部的 DDRAM 容量为 2×80×8 位（160 字节），其他型号的 DDRAM 容量均为 80×8 位。LCD1602 模块中的数据显示 DDRAM 地址映射如图 8.6 所示。从图中可以看出，每行只用了 16 个字节单元，即显示 16 个字符，因为 LCD1602 每行只做了 16 个液晶显示段。

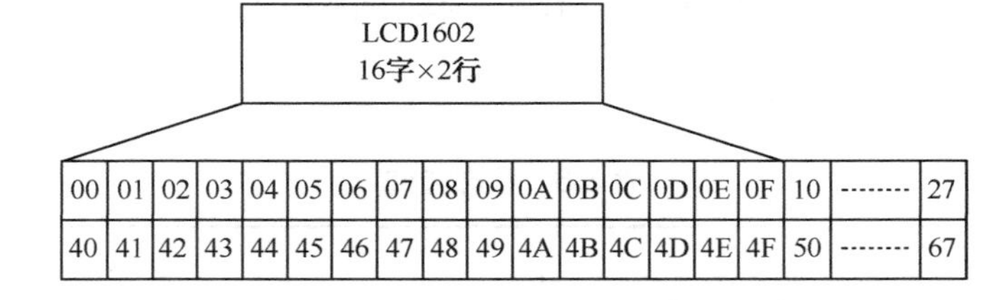

图 8.6　LCD1602 模块中的数据显示 DDRAM 地址映射

DDRAM 数据指针设置如表 8.7 所示。

表 8.7　DDRAM 数据指针设置

状态字（D0～D7）								功能
D7	D6	D5	D4	D3	D2	D1	D0	
1	A	A	A	A	A	A	A	**A：代表当前数据指针的值（D7=1）** 将 DDRAM 存储显示字符的地址 ADD6～ADD0 送入 AC 中，于是显示字符的字符码就被写入 DDRAM 中了

注：由于 DDRAM 地址指针设置指令码的最高位 D7＝1，对于 LCD1602 模块，数据在显示屏第一行显示时，地址范围是 80H+地址码（00H～0FH）；在显示屏第二行显示时，地址范围是 80H+地址码（40H～4FH）。如果采用 40×2 的 LCD1602 模块，则内部的 DDRAM 可以用满，数据在显示屏第一行显示时，地址范围是 80H+地址码（00H～27H）；在显示屏第二行显示时，地址范围是 80H+地址码（40H～67H）。

任务 2　编写 LCD 驱动程序

在本任务中，读者将通过编程来驱动 LCD，使其显示机器人所要显示的字符或字符串，这样就不需要串口调试软件的帮助而显示字符或者字符串了。程序如下：

例程：LCDdisplay.c

```
#include "HelloRobot.h"
/*------------------------------------------------
函数名：Write_Command_ LCM ()，功能：对 LCD1602 写指令
------------------------------------------------*/
void Write_Command_LCM(u8 com)
{
    GPIO_ResetBits(GPIOD,GPIO_Pin_5);   //RW=0，写操作
    GPIO_ResetBits(GPIOD,GPIO_Pin_2);   //RS=0，指令
    GPIO_Write(GPIOC, com);
    GPIO_ResetBits(GPIOD,GPIO_Pin_6);   //E=0，形成写脉冲
    delay_nms(5);
    GPIO_SetBits(GPIOD,GPIO_Pin_6)      //E=1，形成写脉冲
    delay_nms(5);
    GPIO_ResetBits(GPIOD,GPIO_Pin_6);   //E=0，下降沿写
delay_nms(5);
}
/*------------------------------------------
            函数名：Write_Data_LCM ()，功能：对 LCD1602 写数据
------------------------------------------*/
void Write_Data_LCM(u8 info)
{
    GPIO_ResetBits(GPIOD,GPIO_Pin_5);   //RW=0，写操作
    GPIO_ResetBits(GPIOD,GPIO_Pin_6);   //E=0，形成写脉冲
    GPIO_Write(GPIOC, info);
    GPIO_SetBits(GPIOD,GPIO_Pin_2);     //RS=1，数据
    delay_nms(5);
    GPIO_SetBits(GPIOD,GPIO_Pin_6);     //E=1，形成写脉冲
    delay_nms(5);
    GPIO_ResetBits(GPIOD,GPIO_Pin_6);   //E=0，下降沿写
```

```
delay_nms(5);
 }
/*--------------------------------------------
函数名：LCM_Init()，功能：对 LCD1602 初始化
--------------------------------------------*/
void LCM_Init(void) //LCM 初始化
{
    Write_Command_LCM(0x38);            //显示模式设置
    Write_Command_LCM(0x08);            //关闭显示
    Write_Command_LCM(0x01);            //显示清屏
    Write_Command_LCM(0x06);            //显示光标移动设置
    Write_Command_LCM(0x0C);            //显示开及光标设置
}
/*-----------------------------------------
函数名：Set_xy_LCM ()，功能：设定显示坐标位置
-----------------------------------------*/
void Set_xy_LCM(unsigned char x, unsigned char y)
{
    unsigned char address;
    if(x == 0)
        address = 0x80+y;
    if(x == 1)
        address = 0xc0+y;
    Write_Command_LCM(address);
}
/*-----------------------------------------
函数名：Display_List_Char()，功能：按指定位置显示一串字符
-----------------------------------------*/
void Display_List_Char(unsigned char x, unsigned char y, unsigned char *s)
{
    Set_xy_LCM(x,y);
    while(*s)
    {
        Write_Data_LCM(*s);
        s++;
    }
}

int main()
{
   BSP_Init();
   LCM_Init();        //LCM 初始化
   Display_List_Char(0, 0, "www.szopen.cn");
   Display_List_Char(1, 0, "Robot-STM32");
```

```
    while(1);
}
```

（1）输入、保存并运行 LCDdisplay.c；

（2）连接 LCD，验证 LCD 是否显示字符串。

LCDdiaplay.c 是如何工作的

程序运行结果如图 8.7 所示。整个程序分为两步：先对 LCM 进行初始化，再显示字符串。

图 8.7　程序运行结果

研究初始化函数 LCM_Init()会发现，该函数完全是按照 LCM 初始化要求编写的。初始化工作完成后，主函数调用函数 Display_List_Char()来显示字符串。在显示字符串前，需调用函数 Set_xy_LCM()设置写入的位置，根据 DDRAM 数据指针设置指令，数据若在第一行显示，则写 0x80+y；若在第二行显示，则写 0xc0+y。

传送所要显示的字符的 ASCII 码，可以通过查找字符发生器 CGROM 中的字模，在 LCD 上显示出字符。

单片机与 LCM 之间的数据传送是双向（可读可写）的。那么在 STM32 单片机中双向 I/O 端口是如何设置的？在 GPIO()初始化函数中，将 LCD1602 模块的 I/O 端口设置成推挽输出模式，这样 I/O 端口既可以作为输出，也可以作为输入（见本书第 2 章相关内容）。

```
    /* Configure LCD1602 IO*/
    GPIO_InitStructure.GPIO_Pin = GPIO_Pin_0|GPIO_Pin_1|GPIO_Pin_2|GPIO_Pin_3
                                  |GPIO_Pin_4|GPIO_Pin_5|GPIO_Pin_6|GPIO_Pin_7;
    GPIO_InitStructure.GPIO_Mode = GPIO_Mode_Out_PP;
    GPIO_InitStructure.GPIO_Speed = GPIO_Speed_50MHz;
    GPIO_Init(GPIOC, &GPIO_InitStructure);

    GPIO_InitStructure.GPIO_Pin = GPIO_Pin_5| GPIO_Pin_6 | GPIO_Pin_2;
    GPIO_InitStructure.GPIO_Mode = GPIO_Mode_Out_PP;
    GPIO_InitStructure.GPIO_Speed = GPIO_Speed_50MHz;
    GPIO_Init(GPIOD, &GPIO_InitStructure);
```

此处用到了 C 语言的指针数据类型。指针是 C 语言中被广泛使用的一种数据类型。运用指针编程是 C 语言主要的风格之一。利用指针变量可以表示各种数据结构，能很方便地使用数组和字符串，并能像汇编语言一样处理内存地址，从而编写出精练而高效的程序。因此嵌入式系统中常用到指针变量。

能否正确理解和使用指针变量是读者是否掌握 C 语言的一个标志。但是，指针也是 C 语言中较难理解的一部分，在学习中除了要正确理解基本概念，还要多编程和上机调试。

函数 Display_List_Char(0, 0, "www.szopen.cn")先为字符串定位（0,0），再通过指针依次将字符串"www.szopen.cn"的每个字符显示在 LCD 上，直到显示完全部字符。

任务 3　用 LCD 显示机器人运动状态

例程 LCDdiaplay.c 仅完成了静态的 LCD 显示，在实际工程应用中意义不大。它应与具体的应用，如机器人的环境检测和运动控制结合起来，带 LCD 模块的机器人小车如图 8.8 所示。

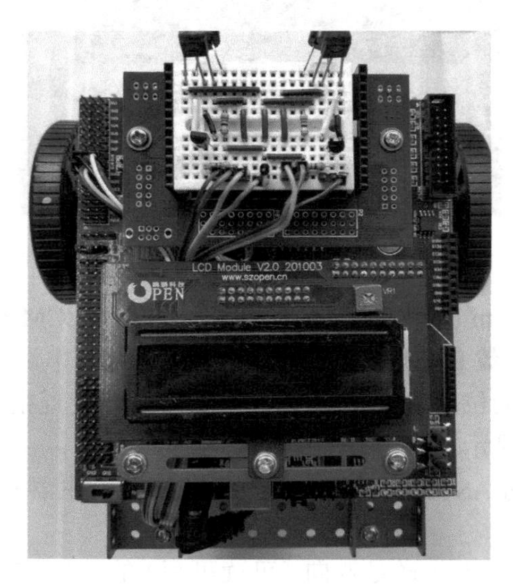

图 8.8　带 LCD 模块的机器人小车

现在，我们将与 LCD 显示有关的操作函数作为头文件 LCD.h 保存，程序如下：

```
void Write_Command_LCM(u8 com)
{
  …  //略，同前
}

void Write_Data_LCM(u8 info)
{
  …  //略，同前
}

void LCM_Init(void) //LCM 初始化
{
  …  //略，同前
}

void Set_xy_LCM(unsigned char x, unsigned char y)
{
  …  //略，同前
```

```
}

void Display_List_Char(unsigned char x, unsigned char y, unsigned char *s)
{
  …  //略，同前
}
```

下面的程序以第 3 章的例程 NavigationWithSwitch.c 为模板，删除了串口显示语句，添加了 LCD 显示代码头文件。

例程：MoveWithLCDDisplay.c

```
#include "HelloRobot.h"
#include "LCD.h"

void Forward(void)
{
  …  //略，同前
}

void Left_Turn(void)
{
  …  //略，同前
}

void Right_Turn(void)
{
  …  //略，同前
}
void Backward(void)
{
  …  //略，同前
}

int main(void)
{
    char Navigation[10]={'F','L','F','F','R','B','L','B','B','Q'};
    int address=0;

    BSP_Init();

    while(Navigation[address]!='Q')
    {
        LCM_Init();
        switch(Navigation[address])
        {
            case 'F':Forward();
```

```
                    Display_List_Char(0,0,"case:F");
                    Display_List_Char(1,0,"Forward");
                    delay_nms(500);
                    break;
            case 'L':Left_Turn();
                    Display_List_Char(0,0,"case:L");
                    Display_List_Char(1,0,"Turn Left");
                    delay_nms(500);
                    break;
            case 'R':Right_Turn();
                    Display_List_Char(0,0,"case:R");
                    Display_List_Char(1,0,"Turn Right");
                    delay_nms(500);
                    break;
            case 'B':Backward();
                    Display_List_Char(0,0,"case:B");
                    Display_List_Char(1,0,"Backward");
                    delay_nms(500);
                    break;
        }
        address++;
    }
    while(1);
}
```

MoveWithLCDDisplay.c 是如何工作的

在第 3 章例程 NavigationWithSwitch.c 的基础上，该例程不难理解。switch 处理每个 case 后，调用 Display_List_Char()函数在 LCD 上显示相关信息，之后做了 0.5s 的延时。如果不延时，LCD 显示时间过短，运行结果不明显。程序运行结果如图 8.9 所示。

图 8.9　程序运行结果

该你了

（1）将主函数 main()之前的 4 个行走子函数作为头文件加入程序，以优化程序；
（2）思考为什么不将 LCM 初始化函数 LCM_Init()放在 while 循环体之外。

工程素质和技能归纳

（1）理解LCD的原理。如果LCD没有显示，可能是什么原因？

（2）在介绍LCD数据总线时，说它是“三态双向”的，第三态是什么？

（3）单片机与LCM之间的数据是双向（可读可写）的，在STM32单片机系统中双向I/O端口是如何设置的？

（4）掌握STM32单片机的LCD编程，掌握LCD1602的使用方法。

（5）指针作为C语言重要的一种数据类型，有许多用法，复习C语言中关于指针的用法，并进行归纳总结。

第 9 章　STM32 单片机 A/D 转换编程及其应用

在单片机应用中，常常需要测量温度、湿度、压力、速度、液位、流量等物理参数，这些数据通常都是模拟量，也就是连续变化的量。但单片机是个数字系统，内部用 0 和 1 两个数字量进行运算。因此，模拟量需要通过输入端口，经模数转换器（Analog Digital Converter，ADC，又称 A/D 转换器）转换成数字量传送给单片机。有时，单片机还需要通过输出端口，经数模转换器（Digital Analog Converter，DAC，又称 D/A 转换器）将数字量转换成模拟量，才能控制被控对象或用于数据显示（如模拟式仪表）。

模拟量是连续变化的，数字量是离散的，两者有本质的区别。模拟量往往是一些弱信号，需经过放大、滤波、线性化、信号变换等一系列的处理变换成指定范围的电压信号，通过 A/D 转换电路转换成相应的数字量后才能输入单片机进行处理。因此，A/D 转换技术是单片机应用系统的重要内容之一。本章介绍 STM32 单片机 A/D 转换编程，并使用内置温度传感器测量工作环境温度，并与外部数字式温度传感器测量结果比较。通过本章，读者可以掌握 STM32 单片机 A/D 转换编程技术。

9.1　A/D 转换介绍

A/D 转换，即模拟-数字转换，与 D/A 转换相反，是将连续的模拟量（如电压、电流、图像的灰阶等）通过取样转换成离散的数字量。例如，可以将环境温度通过传感器转换成电压，然后再根据电压的大小经 A/D 转换成数字量进行处理。又如，常见的摄像头、数码相机、扫描仪等采用 CCD（Charge-Coupled Device，电荷耦合元件）将光线感应到像素（Pixel）阵列上，然后把每个像素的亮度（灰阶）经过 A/D 转换成相应的数字表示。

模拟信号的数字化是对原始信号进行数字近似，它需要用一个时钟和一个 ADC 来实现。数字近似是指以 N 位的数字信号代码来量化表示原始信号，这种量化以位为单位。时钟决定对模拟信号波形的采样速度和 ADC 的转换速率。目前，转换精度可以做到 24 位，采样频率也能高达 1GHz 以上。但这两者不能同时做到，转换精度越高，转换速率越慢。

A/D 转换过程包括采样、保持、量化和编码四个步骤。

（1）对模拟信号进行测量称为采样。根据香农定理可知，当采样频率大于或等于被测信号频率的 2 倍时，才能复原信号。

（2）通常采样脉冲的宽度是很小的，要把一个采样到的信号数字化，需要将采样所得的瞬时模拟信号保持一段时间，称为保持。

（3）量化是将连续幅度信号转换成离散时间、离散幅度的数字信号。量化的主要问题是存在量化误差。其中最高有效位（Most Significant Bit，MSB）以最大的尺度量化电压变量；最低有效位（Lest Significant Bit，LSB）则以最小尺度量化电压变量。

（4）编码是将量化后的信号编码成二进制代码。

这些过程有些是合并进行的，例如，采样和保持常利用一个电路完成，量化和编码也是

在转换过程中同时实现的，且所用时间又是保持时间的一部分，即在量化和编码的同时进行下一个周期的采样。

ADC 的主要性能指标如下。

（1）分辨率（Resolution）：表示输出数字量变化一个最小量时输入模拟信号电压的变化量。定义为满刻度电压与 2^n 的比值，其中，n 为 ADC 的位数。例如，一个 8 位 ADC，若模拟输入电压的范围是 0～5V，则其能分辨的最小电压值为 $5/2^8≈20$mV。

在同样的输入电压下，ADC 的位数越多，它的分辨率或转换灵敏度越高。

（2）量化误差（Quantizing Error）：ADC 对模拟信号进行离散取值（量化）而引起的误差。量化误差一般为±1/2×分辨率，即数字量的最低有效位所表示的模拟量的一半。提高分辨率可减少量化误差。

（3）转换精度：ADC 在量化值上与理想 A/D 转换的差值，可以用以下两种方式表示：

a. 绝对精度：用最低有效位（LSB）的分数表示，如±1/2LSB 等。

b. 百分比：用绝对精度除以满量程值的百分数来表示。

（4）转换时间与转换速率（Conversion Rate）：转换时间为完成一次 A/D 转换所需要的时间，即从输入端采样信号开始到输出端出现相应数字量的时间。转换时间越短，适应输入信号快速变化的能力越强。转换速率是转换时间的倒数，如果转换时间长，则转换速率低。不同结构类型 ADC 的转换时间有所不同。转换时间最短的为全并行型（纳秒级），界于中间的是逐次逼近型（微秒级），较长的是双积分型（毫秒级）。

（5）采样时间与采样速率：两次转换的间隔时间。为了保证转换的正确完成，采样速率必须小于或等于转换速率。采样速率常用的单位是 ksps 或 Msps，表示每秒采样千/百万次（Kilo/Million Samples per Second）。

A/D 转换种类繁多，按其转换原理可分为逐次逼近型、双积分型和 V/F 转换型，特点如下：

（1）逐次逼近型（Successive Approximation Register，SAR）属于直接式 A/D 转换，转换精度高，转换速度快，是目前应用最为广泛的 A/D 转换。它的缺点是抗干扰能力较差。逐次逼近型芯片如并行的 AD0809（8 位）、AD574（12 位），串行的 TLC549（8 位）、TLC1543（10 位/11 路）等。

（2）双积分型是一种间接 A/D 转换，其优点是抗干扰能力强，转换精度高，缺点是转换时间长，速度较慢。双积分型 ADC 芯片如 3 位半的 MC14433 和 4 位半的 ICL7135。

（3）V/F 转换型将模拟电压信号转换成频率信号，转换精度高，抗干扰能力强。V/F 转换型 ADC 芯片如 AD650、LM331 等。

ADC 的选择考虑以下几个方面。

（1）分辨率、转换速率及精度，这是 ADC 的基本参数。

（2）模拟量的输入通道数，可以根据实际情况来选择单通道或多通道 ADC。

（3）与微处理器的数据端口（有并行和串行总线之分）。串行总线有 SPI、I2C 等协议，但转换速率一般小于并行总线。

（4）模拟量输入（包括差分或单端输入）及输入电平范围等。

任务 1　认识传感器

传感器是一种物理装置，能够探测、感受外界的信号、物理条件（如光、热、湿度）或化学组成（如烟雾），并将探测的信息传递给其他装置。国家标准 GB7665—87 中传感器的定义是，能感受规定的被测量并按照一定的规律转换成可用信号的器件或装置，通常由敏感元件和转换元件组成。

对于嵌入式系统，传感器是能感受到被测量的信息（物理量、化学量、生物量等），并将之按一定规律转换成另一种与之有确定对应关系的物理量（通常是电量）的装置，以满足信息的传输、处理、存储、显示、记录和控制等要求。它是测量和控制系统中的重要装置。

按被测量参数的性质来分，传感器可分为：热量类传感器，用于测量温度、热量、比热、压力、流量、风速等；机械量类传感器，用于测量位移、应力、振动、加速度等；成分量类传感器，用于测量各种气体、液体的成分、浓度、密度等。按传感器测量原理来分，传感器可分为电阻式、电感式、电容式、阻抗式、磁电式、光电式、热电式、压电式等。图 9.1 中列举了 9 种常见的传感器。

（a）位置传感器　（b）速度传感器　（c）加速度传感器

（d）微压力传感器　（e）超声波传感器　（f）光敏电感器

（g）光电传感器　（h）霍尔传感器　（i）热释电红外传感器

图 9.1　9 种常见的传感器

衡量传感器的基本参数如下。

（1）测量范围：传感器的正常工作范围。在使用中不应使传感器过载，以免损坏元件，或造成大的测量误差。

（2）线性度：传感器输入、输出之间的关系。大部分传感器的输入、输出关系是非线性的，在使用时，要进行线性化处理。在嵌入式系统中，可以采用硬件或软件的方法进行线性化处理：硬件方法处理速度快，电路较复杂；软件方法灵活，效果较好，可以简化电路。

（3）灵敏度：传感器的输出、输入信号之比。灵敏度高的传感器，信号强度好，电路处

理方便。

（4）精确度：被测量的测量结果与真值间的一致程度，与 ADC 内部电路、参考电压精度等有关。

（5）互换性：在传感器生产时由于工艺不可避免地会有微小差异，所以同种传感器的特性参数会不一致。如果传感器的一致性差，会造成互换性差，给应用带来不便。

（6）重复性：对同一被测量进行多次全量程连续测量所得特性曲线之间的一致程度。

（7）漂移：在输入量不变的情况下，传感器输出量随着时间变化。产生漂移的因素有两个，一是传感器自身结构参数，二是周围环境（如温度、湿度等）。

9.2　STM32 单片机 A/D 转换编程

STM32 单片机带有两个独立的 12 位 ADC。它们是逐次逼近型的，有 18 个通道，可测量 16 个外部和 2 个内部信号源，其结构如图 9.2 所示。各通道的 A/D 转换可以单次、连续、扫描或间断执行。这意味着 STM32 单片机可以同时对多个模拟量通道进行采集。A/D 转换的结果可以按左对齐或右对齐方式存储在 16 位数据寄存器中。STM32 单片机 ADC 的主要特征如下：

（1）12 位分辨率、自校准、带内嵌数据一致的数据对齐功能。

（2）转换结束、注入转换结束和发生模拟看门狗事件时产生中断。

（3）支持单次和连续转换模式，从通道 0 到通道 n 的自动扫描模式。

（4）支持非连续模式，双重模式（带两个 ADC 的器件）。

（5）转换速率可达 1MHz，转换时间最快为 1μs，通道之间采样间隔可编程。

（6）规则通道转换期间有 DMA 请求产生。

（7）V_{DD} 与 V_{DDA} 之间的压差不大于 300mV，ADC 的工作电压范围为 2.4～3.6V，供电电压 V_{DD} 的范围为 2.0～3.6V。

下面介绍 STM32 单片机 A/D 转换的工作机制和编程流程。

1. 使能 ADC 的时钟

STM32 单片机外设带有时钟输出使能控制，如 AHB 总线时钟、内核时钟、各种 APB1 外设、APB2 外设等。A/D 转换是需要时钟的，这个时钟 ADCCLK 决定了对模拟信号波形的采样速度和 ADC 的转换速率。由于 ADC1 和 ADC2 连接在 APB2（高速外设）总线上，因此当需要使用 ADC 模块时，应先使能对应的时钟。CLK 控制器为 ADC 时钟提供一个专用的可编程预分频器。时钟配置寄存器（RCC_CFGR）中的 ADCPRE（15:14 位）存放 ADC 预分频值。在 STM32 单片机上电（或复位）后，预分频值为“00”，表示将 APB2 时钟 2 分频后作为 ADCCLK。若预分频值为“01”“10”“11”，则对应的分频依次为 4 分频、6 分频、8 分频。当系统时钟频率为 72 MHz 时，如果没有分频，那么 ADCCLK 频率为 36 MHz。STM32 单片机的 ADC 时钟频率（f_{ADC}）最大为 14 MHz。如果设置的 f_{ADC} 超过 14 MHz，那么 ADC 精度会降低。综上所述，需要使用固件库函数 RCC_ADCCLKConfig() 进行预分频。

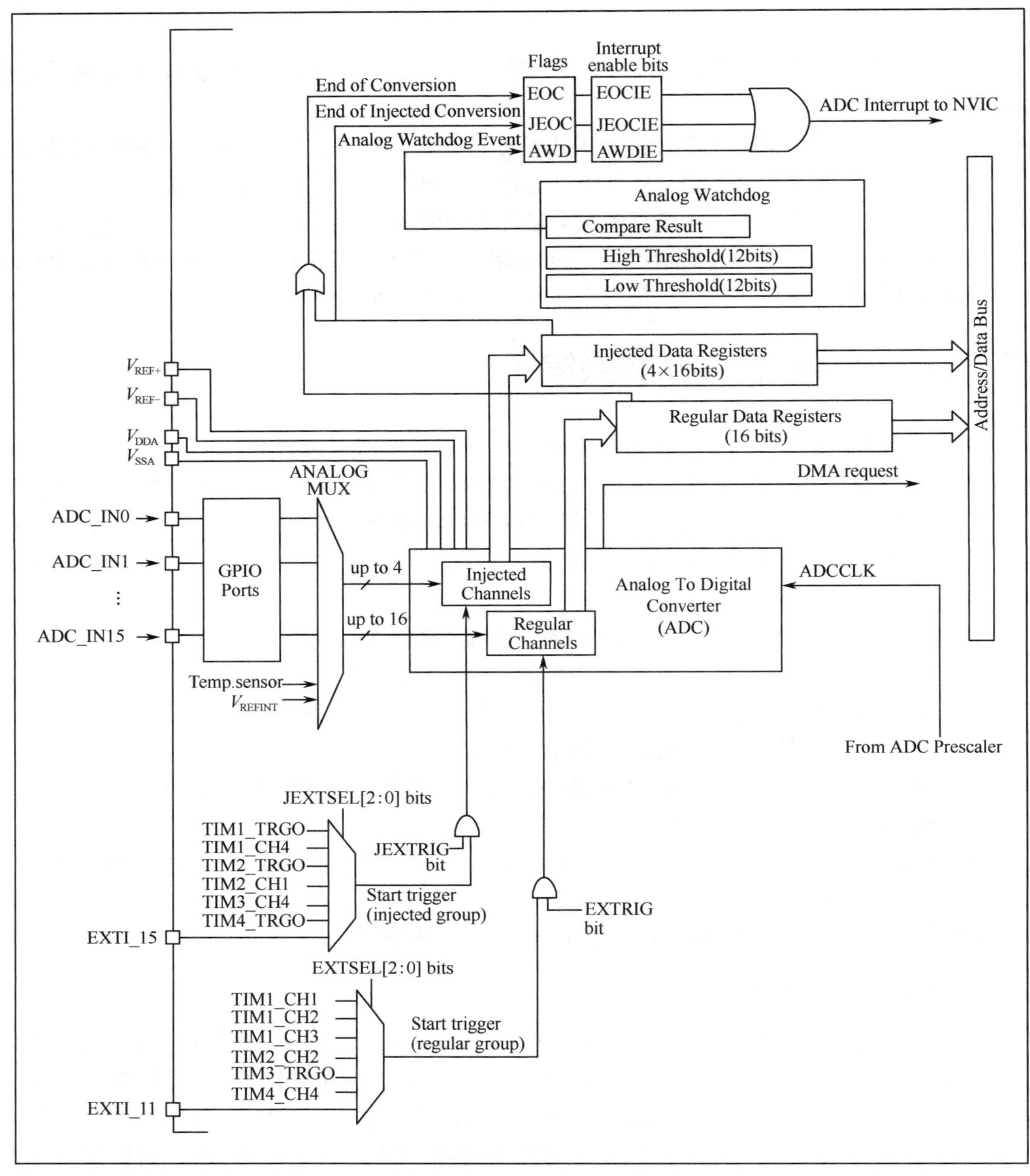

图 9.2 ADC 结构

ADC 的时钟使能可以通过固件库函数来完成。在文件 HelloRobot.h 中，函数 RCC_Configuration()用于使能 ADC1 时钟：

```
RCC_APB2PeriphClockCmd(RCC_APB2Periph_ADC1, ENABLE);
```

2. 设置 ADC 复用端口

STM32 单片机的大部分端口都有第二功能，其 ADC 模块可测量 16 个外部通道，它们的具体分布如下：

PA0～PA7：ADC_IN0～ADC_IN7。

PB0～PB1：ADC_IN8～ADC_IN9。

PC0～PC5：ADC_IN10～ADC_IN15。

将机器人控制板 PB0 设置为模拟量输入端口，用一个外接电位器的分压提供模拟量输入，如图 9.3（a）所示。注意，上面的若干 I/O 端口都不具有多功能双向 5V 兼容的能力，仅支持 3.3V。换句话说，A/D 转换的输入信号量程为 V_{REF-}～V_{REF+}，即 0～3.3V，如图 9.3（b）所示。

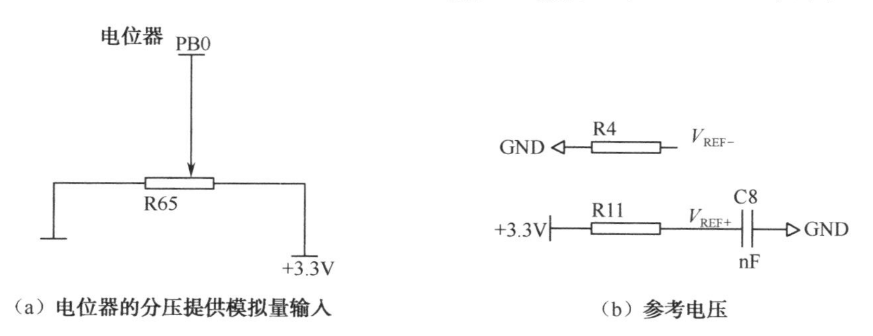

（a）电位器的分压提供模拟量输入　　（b）参考电压

图 9.3　ADC 模拟量输入与参考电压电路图

根据电路图，我们要使 PB0 具有模拟输入功能：AIN（Analog In）。需注意 PB0 输入信号源选择开关的设置。函数 GPIO_Configuration 用于初始化这个引脚：

```
 /* Configure ADC IO*/
GPIO_InitStructure.GPIO_Pin = GPIO_Pin_0;
GPIO_InitStructure.GPIO_Mode = GPIO_Mode_AIN;
GPIO_Init(GPIOB, &GPIO_InitStructure);
```

3．ADC 寄存器设置

与 STM32 单片机 A/D 转换编程有关的主要寄存器如下。

（1）ADC 状态寄存器：ADC_SR（Status Register）。

（2）ADC 控制寄存器：ADC_CRx（Control Register），x=1,2。

（3）ADC 采样时间寄存器：ADC_SMPRx（Sample Time Register），x=1,2。

（4）ADC 规则序列寄存器：ADC_SQRx（Regular Sequence Register），x=1,2,3。

（5）ADC 规则数据寄存器：ADC_DR（Regular Data Register）。

（6）ADC 注入序列寄存器：ADC_JSQR（Injected Sequence Register）。

（7）ADC 注入数据寄存器：ADC_JDRx（Injected Data Register），x=1,2,3,4。

注意： STM32 单片机 ADC 有 16 个外部通道。可以把转换分成规则组和注入组。每组可以是这 16 个通道中的任意通道以任意顺序进行的组合。

规则组最多由 16 个通道组成。通道和它们的转换顺序在 ADC 规则序列寄存器 ADC_SQRx 中选择。例如，可以按如下顺序完成 A/D 转换：通道 3、通道 8、通道 2、通道 0 和通道 15。规则组中转换通道的总数将写入 ADC_SQR1 的 L[3:0]位中。

注入组最多由 4 个通道组成。注入通道和它们的转换顺序在 ADC 注入序列寄存器 ADC_JSQR 中选择，注入组中转换通道的总数将写入 ADC_JSQR 的 JL[1:0]位中。

JL[1:0]=00～11 分别表示 1～4 个规则转换，转换通道在 ADC_JSQR 中的 JSQx（x=1,2,3,4）

中定义，每个 JSQx 占 5 位。如果 JL[1:0]的长度小于 4，那么转换序列顺序从（4-JL[1:0]）开始。例如，ADC_JSQR[21:0] = 10 0001 1000 1100 1110 0010，JL[1:0]=2，意味着扫描将按 7、3、3 通道顺序转换，而不是 2、7、3 通道。

与 A/D 转换寄存器初始化相关的数据结构在库文件 stm32f10x_adc.h 中。

```
typedef struct
{
  uint32_t ADC_Mode;
  FunctionalState ADC_ScanConvMode;
  FunctionalState ADC_ContinuousConvMode;
  uint32_t ADC_ExternalTrigConv;
  uint32_t ADC_DataAlign;
  uint8_t ADC_NbrOfChannel;
}ADC_InitTypeDef;       /* ADC Init structure definition */
```

可以通过函数 ADC_Configuration()进行 ADC 初始化，程序如下：

```
void ADC_Configuration()
{
  ADC_InitTypeDef ADC_InitStructure;
  /* 将 ADC1 配置在独立转换、连续转换模式下，转换数据右对齐，关闭外部触发 */
  ADC_InitStructure.ADC_Mode = ADC_Mode_Independent;       //每个 ADC 独立工作

  //扫描转换模式开启：ADC 扫描所有 ADC_SQRx 寄存器（规则转换通道）和 ADC_JSQR 寄存器（注入转换通道）
  ADC_InitStructure.ADC_ScanConvMode = ENABLE;
  ADC_InitStructure.ADC_ContinuousConvMode = ENABLE;       //连续转换模式开启

  /* 关闭 ADC 外部触发，即禁止由外部触发模数转换 */
  ADC_InitStructure.ADC_ExternalTrigConv = ADC_ExternalTrigConv_None;
  ADC_InitStructure.ADC_DataAlign = ADC_DataAlign_Right;   //转换数据右对齐
  ADC_InitStructure.ADC_NbrOfChannel = 1;                  //开启 1 个通道
  ADC_Init(ADC1, &ADC_InitStructure);                      //调用固件库函数完成初始化

  /* 规则转换通道设置：将 ADC1 的通道设为 Channel_8(PB0)，采样周期设为 71.5 */
  ADC_RegularChannelConfig(ADC1, ADC_Channel_8, 1, ADC_SampleTime_71Cycles5);
  ADC_Cmd(ADC1, ENABLE);                                   //使能 ADC1

  ADC_ResetCalibration(ADC1);                              //ADC1 复位校准
  while(ADC_GetResetCalibrationStatus(ADC1));              //检测 ADC1 复位校准是否结束

  ADC_StartCalibration(ADC1);                              //启动 ADC1 校准
  while(ADC_GetCalibrationStatus(ADC1));                   //检测 ADC1 校准是否结束

  ADC_SoftwareStartConvCmd(ADC1, ENABLE);                  //软件启动 ADC1 进行连续转换
}
```

定义 A/D 转换寄存器组的结构体是 ADC_TypeDef，在文件 stm32f10x.h 中。

```
/*------------------------ Analog to Digital Converter -----------------------*/
typedef struct
{
  __IO uint32_t SR;          //ADC 状态寄存器：status register
  __IO uint32_t CR1;         //ADC 控制寄存器 1：control register1
  __IO uint32_t CR2;         //ADC 控制寄存器 2：control register2
  __IO uint32_t SMPR1;       //ADC 采样时间寄存器 1：sample time register1
  __IO uint32_t SMPR2;       //ADC 采样时间寄存器 2：sample time register2
  __IO uint32_t JOFR1;       //ADC 注入通道数据偏移寄存器 1：injected channel data offset register1
  __IO uint32_t JOFR2;       //ADC 注入通道数据偏移寄存器 2：injected channel data offset register2
  __IO uint32_t JOFR3;       //ADC 注入通道数据偏移寄存器 3：injected channel data offset register3
  __IO uint32_t JOFR4;       //ADC 注入通道数据偏移寄存器 4：injected channel data offset register4
  __IO uint32_t HTR;         //ADC 看门狗高阈值寄存器：watchdog high threshold register
  __IO uint32_t LTR;         //ADC 看门狗低阈值寄存器：watchdog low threshold register
  __IO uint32_t SQR1;        //ADC 规则序列寄存器 1：regular sequence register1
  __IO uint32_t SQR2;        //ADC 规则序列寄存器 2：regular sequence register2
  __IO uint32_t SQR3;        //ADC 规则序列寄存器 3：regular sequence register3
  __IO uint32_t JSQR;        //ADC 注入序列寄存器：injected sequence register
  __IO uint32_t JDR1;        //ADC 注入数据寄存器 1：injected data register1
  __IO uint32_t JDR2;        //ADC 注入数据寄存器 2：injected data register2
  __IO uint32_t JDR3;        //ADC 注入数据寄存器 3：injected data register3
  __IO uint32_t JDR4;        //ADC 注入数据寄存器 4：injected data register4
  __IO uint32_t DR;          //ADC 规则数据寄存器：regular data register
} ADC_TypeDef;
…
#define PERIPH_BASE                ((u32)0x40000000)
#define APB1PERIPH_BASE            PERIPH_BASE
#define APB2PERIPH_BASE            (PERIPH_BASE + 0x10000)
#define AHBPERIPH_BASE             (PERIPH_BASE + 0x20000)
…
#define ADC1_BASE                  (APB2PERIPH_BASE + 0x2400)
#define ADC2_BASE                  (APB2PERIPH_BASE + 0x2800)
…
#ifdef _ADC1
  #define ADC1                     ((ADC_TypeDef *) ADC1_BASE)
#endif
#ifdef _ADC2
  #define ADC2                     ((ADC_TypeDef *) ADC2_BASE)
#endif
```

从上面的宏定义可以看出，在初始化 ADC1 时，编译器的预处理程序将 ADC1 替换成((TIM_TypeDef *) 0x40012400)。这个地址是 ADC1 寄存器组的首地址，参见附录 B 中 STM32 处理器的存储映射。ADC 寄存器和复位值见表 9.1。

表 9.1 ADC 寄存器和复位值

偏移	寄存器	31	30	29	28	27	26	25	24	23	22	21	20	19	18	17	16	15	14	13	12	11	10	9	8	7	6	5	4	3	2	1	0
00h	ADC_SR	保留																											STRT	JSTRT	JEOC	EOC	AWD
	复位值																												0	0	0	0	0
04h	ADC_CR1	保留								AWDEN	JAWDEN	保留		DUALMOD [3:0]				DISC NUM [2:0]			JDISCEN	DISCEN	JAUTO	AWDSGL	SCAN	JEOCIE	AWDIE	EOCIF	AWDCH[4:0]				
	复位值									0	0			0	0	0	0	0	0	0	0	0	0	0	0	0	0	0	0	0	0	0	0
08h	ADC_CR2	保留								TSVRFFE	SWSTART	JSWSTART	EXTTRIG	EXTSEL [2:0]			保留	JEXTTRIG	JEXTSEL [2:0]			ALIGN	保留		DMA	保留				RSTCAL	CAL	CONT	ADON
	复位值									0	0	0	0	0	0	0		0	0	0	0	0			0					0	0	0	0
0Ch	ADC_SMPR1	采样时间位 SMPx_x																															
	复位值	0	0	0	0	0	0	0	0	0	0	0	0	0	0	0	0	0	0	0	0	0	0	0	0	0	0	0	0	0	0	0	0
10h	ADC_SMPR2	采样时间位 SMPx_x																															
	复位值	0	0	0	0	0	0	0	0	0	0	0	0	0	0	0	0	0	0	0	0	0	0	0	0	0	0	0	0	0	0	0	0
14h	ADC_JOFR1	保留																				JOFFSET1[11:0]											
	复位值																					0	0	0	0	0	0	0	0	0	0	0	0
18h	ADC_JOFR2	保留																				JOFFSET2[11:0]											
	复位值																					0	0	0	0	0	0	0	0	0	0	0	0
1Ch	ADC_JOFR3	保留																				JOFFSET3[11:0]											
	复位值																					0	0	0	0	0	0	0	0	0	0	0	0
20h	ADC_JOFR4	保留																				JOFFSET411:0]											
	复位值																					0	0	0	0	0	0	0	0	0	0	0	0
24h	ADC_HTR	保留																				HT[11:0]											
	复位值																					0	0	0	0	0	0	0	0	0	0	0	0
28h	ADC_LTR	保留																				LT[11:0]											
	复位值																					0	0	0	0	0	0	0	0	0	0	0	0
2Ch	ADC_SQR1	保留								L[3:0]				规则通道序列 SQx_x 位																			
	复位值									0	0	0	0	0	0	0	0	0	0	0	0	0	0	0	0	0	0	0	0	0	0	0	0
30h	ADC_SQR2	保留		规则通道序列 SQx_x 位																													
	复位值	0	0	0	0	0	0	0	0	0	0	0	0	0	0	0	0	0	0	0	0	0	0	0	0	0	0	0	0	0	0	0	0
34h	ADC_SQR3	保留		规则通道序列 SQx_x 位																													
	复位值	0	0	0	0	0	0	0	0	0	0	0	0	0	0	0	0	0	0	0	0	0	0	0	0	0	0	0	0	0	0	0	0
38h	ADC_JSQR	保留										JL [1:0]		注入通道序列 JSQx_x 位																			
	复位值											0	0	0	0	0	0	0	0	0	0	0	0	0	0	0	0	0	0	0	0	0	0	0	0
3Ch	ADC_JDR1	保留																				JDATA[15:0]											
	复位值																					0	0	0	0	0	0	0	0	0	0	0	0
40h	ADC_JDR2	保留																				JDATA[15:0]											
	复位值																					0	0	0	0	0	0	0	0	0	0	0	0

续表

偏移	寄存器	31	30	29	28	27	26	25	24	23	22	21	20	19	18	17	16	15	14	13	12	11	10	9	8	7	6	5	4	3	2	1	0
44h	ADC_JDR3	保留																				JDATA[15:0]											
	复位值																					0	0	0	0	0	0	0	0	0	0	0	0
48h	ADC_JDR4	保留																				JDATA[15:0]											
	复位值																					0	0	0	0	0	0	0	0	0	0	0	0
4Ch	ADC_DR	ADC2DATA[15:0]																				规则 DATA[15:0]											
	复位值	0	0	0	0	0	0	0	0	0	0	0	0	0	0	0	0	0	0	0	0	0	0	0	0	0	0	0	0	0	0	0	0

4．注意事项

（1）通过设置 ADC 控制寄存器 2（ADC_CR2）的 ADON 位（复位值为 0）可以打开 ADC。第一次设置 ADON 位（写 1）时，将把 ADC 从断电状态下唤醒。ADC 上电延迟一段时间后，再次设置 ADON 位（写 1）时，将启动转换。通过清除 ADON 位（写 0）可以停止转换，并将 ADC 置于断电模式。在这个模式中，ADC 几乎不耗电。

（2）如果 ADC_SQRx 或 ADC_JSQR 在转换期间被更改，那么当前的转换被清除。当一个新的启动脉冲到达时，将启动 ADC 以新的组进行转换。

（3）STM32 单片机的 ADC 有一个内置校准模式。利用校准可大幅减少因内部电容器的变化而造成的误差。在校准期间，每个电容器上都会计算出一个误差修正码（数字值），这个修正码可用于消除在随后的转换中每个电容器上产生的误差。

通过设置控制寄存器（ADC_CR2）的 CAL 位启动校准。一旦校准结束，CAL 位被硬件复位，可以开始正常转换。建议在每次上电时执行一次 ADC 校准。启动校准前，ADC 必须处于关电状态（ADON=0）超过至少两个 ADC 时钟周期。校准阶段结束后，校准码存储在数据寄存器（ADC_DR）中。

（4）采样时间越长，转换结果越稳定。可以根据需要将采样时间设置为 1.5 个周期、7.5 个周期、13.5 个周期、28.5 个周期、41.5 个周期、55.5 个周期、71.5 个周期、239.5 个周期。单位周期时间根据 f_{ADC} 计算得到。

（5）STM32 单片机的 ADC 时钟频率（f_{ADC}）最大为 14MHz。如果设置的 f_{ADC} 超过 14MHz，则 ADC 精度会降低，误差可能会超过±2 位。

ADC 的完整转换时间 T_{CONV} 由采样时间和转换时间两个参数决定，而转换时间需要 12.5 个 ADC 时钟周期，因此有：

$$T_{CONV} = \text{采样时间} + 12.5\times\text{ADC 时钟周期}$$

当 f_{ADC} =14MHz，采样时间设为 1.5 个周期时（107ns），完整转换时间：

$$T_{CONV} = 1.5\text{ 个周期} + 12.5\text{ 个周期} = 14\text{ 个周期} = 1\mu s$$

这样，当 f_{ADC} =14MHz 时，可达到 ADC 的最快采样、转换速率 1MHz。为保证 ADC 的转换精度，f_{ADC} 不要超过 14MHz，因此当系统时钟频率为 72MHz 时，APB2 时钟为系统时钟，最合适的 f_{ADC} 为 12MHz，此时 ADC 的完整转换时间 T_{CONV} 为 1.17μs。

任务 2　编写 A/D 程序

A/D 转换程序如下：

例程：ADC.c

```
#include "HelloRobot.h"
void ADC_Configuration()
{
…  //略，同前
}

int main(void)
{
    int AD_value;
    BSP_Init();
    ADC_Configuration();
    USART_Configuration();
    printf(" Program Running!\r\n");

    while(1)
    {
        AD_value=ADC_GetConversionValue(ADC1);       //读取转换的结果
        printf(" AD value = 0x%04X\r\n", AD_value);
        delay_nms(1000);
    }
}
```

在函数 RCC_Configuration()中，使用固件库函数 RCC_ADCCLKConfig()进行预分频：

```
void RCC_Configuration(void)
{
…
  if(HSEStartUpStatus == SUCCESS)
  {
…
    RCC_ADCCLKConfig(RCC_PCLK2_Div6);       //配置 ADC 时钟频率=PCLK2*1/6=12MHz
    RCC_PLLCmd(ENABLE);
…
  }
…
RCC_APB2PeriphClockCmd(RCC_APB2Periph_ADC1, ENABLE);    //使能 ADC 时钟
}
```

程序每隔 1s 读取一次 A/D 转换结果。调节接在 PB0 上的电位器，改变分压值，会发现 A/D 转换结果在变化，如图 9.4 所示。如果不进行分频，采集到的 A/D 转换结果将存在一定的波动；而 6 分频后，f_{ADC} =12 MHz，A/D 转换结果较为稳定。采用不同 A/D 采样频率的程序运行结果对比如图 9.5 所示。

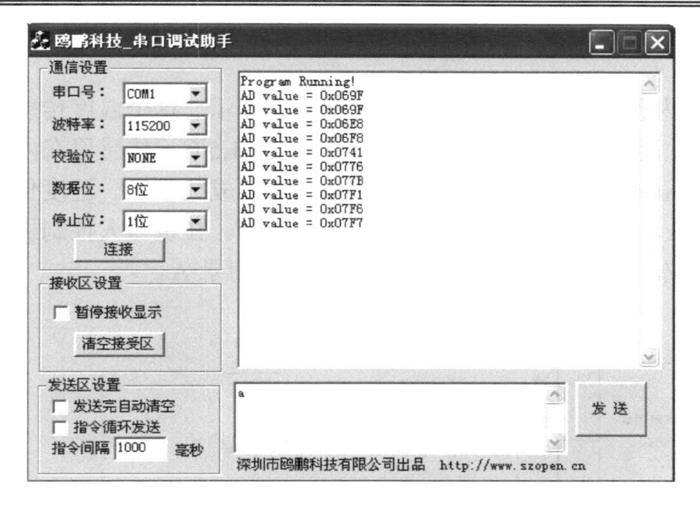

图 9.4　程序运行结果

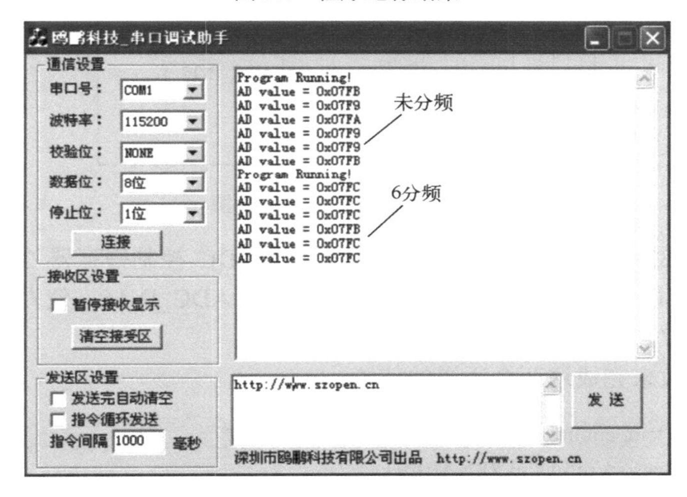

图 9.5　采用不同 A/D 采样频率的程序运行结果对比

以上对比说明，STM32 单片机的 ADC 时钟频率（f_{ADC}）最好不要超过 14 MHz。此外，实验发现将采样周期分别设为 71.5 个周期和 239.5 个周期，对 A/D 转换结果的稳定性基本没有影响。

在实际系统设计中，往往已知信号频率，来设置采样频率。例如，某电力参数测量系统将交流电信号经霍尔传感器变换和滤波电路处理后，接到 STM32 单片机的某个模拟量输入通道上来分析电力系统参数。这时，输入信号频率是 50Hz，即周期为 20ms。若要求每周期采样 1000 个点，则每两个采样点之间的间隔为 20ms /1000= 20μs。

将 ADC 时钟频率设为 12MHz（6 分频），采样时间设为 239.5 个周期，则采样时间为 $239.5/12 \approx 20\mu s$。

上面的程序所采集到的模拟量并没有具体的含义，只是电位器的分压值。读者可以利用传感器自行搭建一些电路，如利用光敏传感器进行光线感知，实现一个光引导机器人小车，或者根据光线强弱控制电动窗帘实现一个简单的智能家居系统。

在单片机的应用系统中，常常需要测量环境温度，下面介绍如何利用 STM32 单片机进行环境温度测量。

任务 3　环境温度测量

STM32 单片机内置了一个温度传感器，如图 9.6 所示。这个温度传感器能产生一个随温度线性变化的电压，测量范围在−40～+125℃，精度为±1.5℃。传感器在内部被连接到输入通道 ADC_IN16 上，ADC_IN16 用于将传感器的输出转换成数字量。温度传感器模拟输入的采样时间需大于 2.2 μs，推荐采样时间（最大）为 17.1 μs。在机器人控制板上，模拟部分的供电电源 V_{DDA} 接 3.3 V，模拟地与系统 GND 相连，参见附录 A。

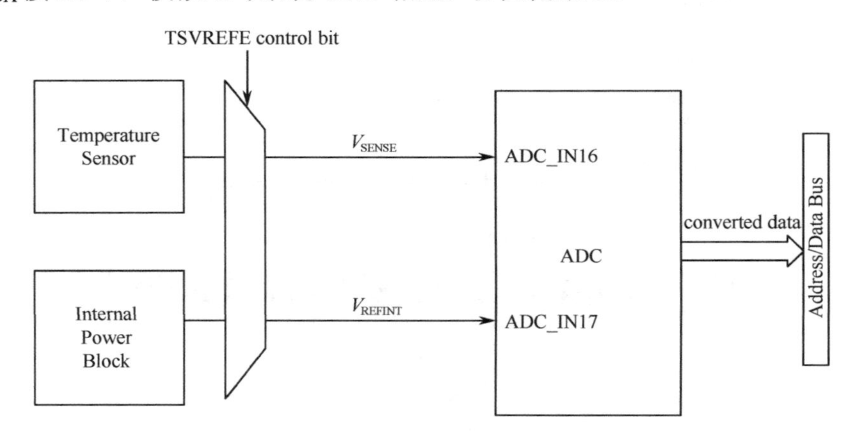

图 9.6　温度传感器结构图

若要使用 STM32 自带的温度传感器，则需设置 ADC 控制寄存器 2（ADC_CR2）中的 TSVREFE 控制位，以使能温度传感器 V_{SENSE} 输入通道 ADC_IN16，使内部参考电压 V_{REFINT} 输入通道 ADC_IN17。

通过固件库函数来完成这两个通道的使能：

```
/* Enable the temperature sensor and vref internal channel */
ADC_TempSensorVrefintCmd(ENABLE);
```

当 f_{ADC}=14MHz，采样时间设为 239.5 个周期时，即单位周期采样时间为 239.5/14=17.1 μs，这是推荐的采样时间（最大）。实际系统时钟频率往往为 72 MHz，f_{ADC}=12 MHz，可设采样时间为 71.5 个周期，即采样时间为 71.5/12 ≈ 6.0 μs。

在 ADC_IN16 通道上读取温度传感器电压与实际温度的对应关系如下：

$$\text{Temperature (℃)} = ((V_{25} - V_{SENSE}) / \text{Avg\_Slope}) + 25$$

其中，V_{25} 表示温度传感器在 25℃时的输出电压值，典型值为 1.43 V；V_{SENSE} 是温度传感器的当前输出电压值。Avg_Slope 是温度 A/D 转换的斜率，典型值为 4.3 mV/℃。STM32 单片机内置的温度传感器特性见表 9.2。

例如，当 V_{SENSE} = 1.40V 时，计算可得：

$$\text{Temperature (℃)} = (1.43 - 1.40) \times 1000/4.3 + 25 = 31.9℃$$

由于 STM32 单片机的 ADC 是 12 位的，模拟部分的供电电源 V_{DDA} 接 3.3V，因此温度传感器的电压值与转换后的数字量（AD_value）的关系为：

$$V_{SENSE} = \text{AD\_value} \times 3.3 / 4095$$

利用 STM32 单片机内置温度传感器检测环境温度的步骤如下：

（1）初始化 ADC：选择 ADC_IN16 输入通道、设置采样时间等参数；

（2）设置 ADC 控制寄存器 2（ADC_CR2）中的 TSVREFE 位，开启内置温度传感器和内部参考电压通道；

（3）设置 ADC 控制寄存器 2（ADC_CR2）中的 ADON 位，软件启动 A/D 转换，也可用外部触发；

（4）读取 ADC 数据寄存器（ADC_DR）中的结果，如有必要，可进行数字滤波；

（5）计算温度值。

表 9.2　STM32 单片机内置的温度传感器特性表

参数	说明	最小	典型	最大	单位
T_L	V_{SENSE} 与温度的线性关系		±1	±2	℃
Avg_Slope	温度 A/D 转换的斜率	4.0	4.3	4.6	mV/℃
V_{25}	在 25℃时的输出电压	1.34	1.43	1.52	V
t_{START}	开始时间	4		10	μs
T_{S_temp}	采样时间		2.2	17.1	μs

该你了——参考例程 ADC.c，编写 Tsensor.c，测量环境温度

例程：Tsensor.c

```
#include "HelloRobot.h" //加入 RCC_ADCCLKConfig(RCC_PCLK2_Div6);

void ADC_Configuration(void)
{
  ADC_InitTypeDef ADC_InitStructure;
  /* 将 ADC1 配置在独立转换、连续转换模式下，转换数据右对齐，关闭外部触发 */
  ADC_InitStructure.ADC_Mode = ADC_Mode_Independent;
  ADC_InitStructure.ADC_ScanConvMode = ENABLE;
  ADC_InitStructure.ADC_ContinuousConvMode = ENABLE;
  ADC_InitStructure.ADC_ExternalTrigConv = ADC_ExternalTrigConv_None;
  ADC_InitStructure.ADC_DataAlign = ADC_DataAlign_Right;
  ADC_InitStructure.ADC_NbrOfChannel = 1;
  ADC_Init(ADC1, &ADC_InitStructure);

  /* 规则组通道设置：将 ADC1 的通道设为 Channel_16，采样周期设为 71.5 */
  ADC_RegularChannelConfig(ADC1,ADC_Channel_16,1, ADC_SampleTime_71Cycles5);
  ADC_TempSensorVrefintCmd(ENABLE);                    //使能内部温度传感器和参考电压
  ADC_Cmd(ADC1, ENABLE);                               //使能 ADC1
  ADC_ResetCalibration(ADC1);                          //启动 ADC1 复位校准
  while(ADC_GetResetCalibrationStatus(ADC1));          //检测 ADC1 复位校准是否结束

  ADC_StartCalibration(ADC1);                          //启动 ADC1 校准
  while(ADC_GetCalibrationStatus(ADC1));               //检测 ADC1 校准是否结束

  ADC_SoftwareStartConvCmd(ADC1, ENABLE);              //软件启动 ADC1 进行连续转换
}
```

```
int main(void)
{
    int AD_value;
    float In_Ts_value;

    BSP_Init();
    ADC_Configuration();
    USART_Configuration();
    printf("Program Running!\r\n");

    while(1)
    {
        AD_value=ADC_GetConversionValue(ADC1);      //STM32 内部温度传感器
        In_Ts_value=(1.43-(AD_value)*3.3/4095)*1000/4.3+25;
        printf("Tsensor AD value = 0x%4x,%d\r\n", AD_value,AD_value);
        printf("In_Tsensor value = %0.2f\r\n", In_Ts_value);
        printf("========================\r\n");
        delay_nms(1000);
    }
}
```

利用 STM32 单片机内部温度传感器检测环境温度的程序运行结果如图 9.7 所示。

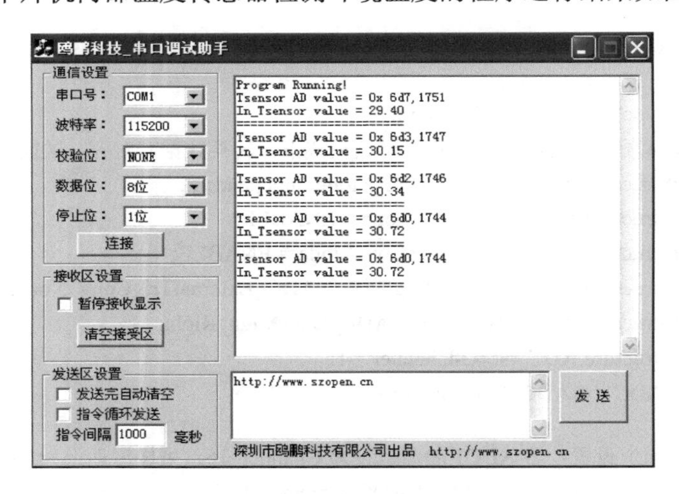

图 9.7 程序运行结果

如果测量的温度值超过正常值太多，则可能是如下原因：

（1）ADC 的参考电压不稳定。这是常见的问题。

（2）使能 ADC 前未做校准。校准可以防止内部电容器的不一致问题。

（3）ADC 采样转换过程中受到干扰。

STM32 单片机内置的温度传感器精度不高，而且检测的是芯片内部（靠近引脚）的温度。温度传感器输出电压随温度线性变化，但由于芯片生产过程的差异，造成不同芯片温度变化曲线的偏移。实际使用中，当室温高于 25℃时，内置温度传感器测量出的值高于正常值 1～2℃；当室温低于 25℃时，测量出的值低于正常值 1～2℃，有一定误差。因此这个内置温度

传感器更适用于测量温度的变化，而不是绝对温度。如果需要测量精确的温度，应该使用外置的温度传感器。

在实际应用时，我们更关心环境温度。下面介绍如何使用数字式温度传感器 DS18B20 测量环境温度。

DS18B20 的特点如下：

（1）单线（1-Wire）连接方式：DS18B20 与单片机连接时仅需一根线即可实现双向通信，并且支持多点组网功能。多个 DS18B20 可以并联在一根线上（外加电源和地），实现多点分布式测温系统。

（2）电压范围：+3.0～+5.5V，可用于 5V 系统和 3.3V 系统。

（3）测温范围：－55～+125℃，分辨率为 0.5℃，超过 STM32 单片机内置温度传感器的分辨率。

（4）用户可设定非易失性上下限报警值。

（5）采用单总线数据传输方式，对读/写操作时序要求严格。

DS18B20 与 STM32 单片机连接电路如图 9.8 所示，PC12 外接上拉电阻。注意，将外接 DS18B20 的 I/O 端口设置成推挽输出模式（既可以作为输出端口，也可以作为输入端口）。由于在电路设计上，已将 PC12 外接上拉电阻，因此也可以将 PC12 设置成开漏输出模式。

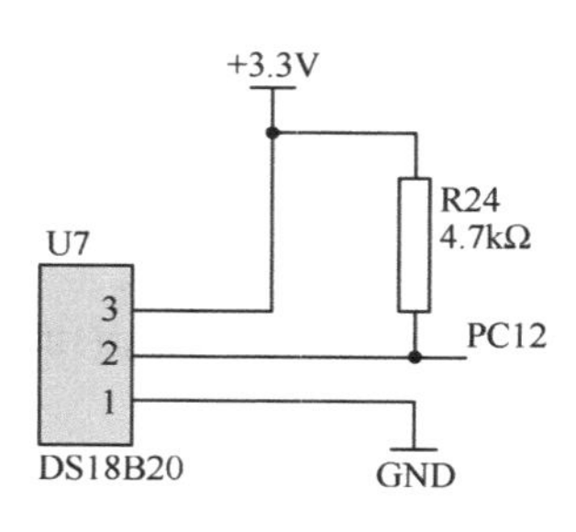

图 9.8　DS18B20 与 STM32 单片机连接电路

下面的程序实现利用 DS18B20 和 STM32 单片机连接从而测量环境温度。

例程：TsensorWith18b20.c

```
#include "HelloRobot.h"      //加入 RCC_ADCCLKConfig(RCC_PCLK2_Div6);
#include "ds18b20.h"         //DS18B20 函数头文件

void ADC_Configuration(void)
{
…   //略，同 Tsensor.c
}

void GPIO_DS18B20_Configuration(void)
{
   GPIO_InitTypeDef GPIO_InitStructure;
   GPIO_InitStructure.GPIO_Pin = GPIO_Pin_12;
   //GPIO_InitStructure.GPIO_Mode = GPIO_Mode_Out_OD;        //开漏输出
   GPIO_InitStructure.GPIO_Mode = GPIO_Mode_Out_PP;          //推挽输出
   GPIO_InitStructure.GPIO_Speed = GPIO_Speed_50MHz;
   GPIO_Init(GPIOC, &GPIO_InitStructure);
}

int main(void)
{
   int AD_value;
   float In_Ts_value;
```

```
    float Ex_Ts_value;
    BSP_Init();
    ADC_Configuration();
    GPIO_DS18B20_Configuration();
    ds18b20_Init();
    USART_Configuration();
    printf("Program Running!\r\n");
    while(1)
    {
      AD_value=ADC_GetConversionValue(ADC1);        //STM32 内部温度传感器
       In_Ts_value=(1.43-(AD_value)*3.3/4095)*1000/4.3+25;
      printf("In_Tsensor value = %0.2f\r\n", In_Ts_value);
       Ex_Ts_value=Get_ds18b20();                    //外部数字式温度传感器 DS18B20
       printf("Ex_Tsensor value = %0.2f\r\n", Ex_Ts_value);
       printf("========================\r\n");
      delay_nms(1000);
    }
}
```

利用 DS18B20 和 STM32 单片机连接从而测量环境温度的程序运行结果如图 9.9 所示。从结果来看，DS18B20 测出的温度更接近实际环境温度，而且更加稳定。DS18B20 内部相关代码参考本书配套资源包。

图 9.9　程序运行结果

尽管 STM32 单片机内置温度传感器精度不高，但在一些恶劣的应用环境下可以通过它检测设备的工作环境温度。如果温度过高或者过低，则 STM32 单片机进入睡眠或者待机模式，从而保证设备的可靠性。

工程素质和技能归纳

（1）掌握传感器的基本参数。

（2）掌握 STM32 单片机的 ADC 结构和编程方法及注意事项。

（3）掌握 STM32 单片机的内置温度传感器的使用方法与环境温度测量。

第 10 章　STM32 单片机 DMA 编程及其应用

直接存储器存取（Direct Memory Access，DMA）用来提供外设和存储器之间或者存储器和存储器之间的高速数据传输。无须 CPU 干预，数据就可以通过 DMA 快速传输，节省了 CPU 的时间和内部资源。

在 8/16 位单片机系统中很少有 DMA 的概念，因此这是学习 STM32 单片机的一个难点。本章将介绍某测控系统利用 DMA 技术进行 A/D 数据采集，然后通过 USART 将数据传输给上位机的过程，每次传输的数据大小从几十字节到几百字节不等。通过本章学习，读者可以掌握 STM32 单片机 DMA 编程技术。

10.1　DMA 介绍

DMA 是一种不经过 CPU 而直接从存储器中存取数据的数据交换模式。随着集成度的提高，片内外设资源越来越多，我们常把一个单片机内部分为主处理器和外设两个部分。主处理器是解释和执行指令的部分，外设则是 USART、ADC 等用来实现特定功能的设备。主处理器从外设（USART、ADC 等）接收数据，经处理后，存储起来或者发给其他外设。例如，我们可以把 USART 传来的数据接收并存储起来；或者把 ADC 的结果经处理，通过 USART 发送给上位机显示。

如果仅是数据传输，能否直接在外设和存储器之间建立一个通道，而不需要主处理器的干预呢？DMA 可以让外设和存储器之间进行直接读/写，提高数据传输效率，释放主处理器，让主处理器在这段时间处理其他事情。

但是外设和存储器之间或者存储器和存储器之间进行数据传输，是否需要经过主处理器的允许？答案是肯定的。一是主处理器需要知道在 DMA 期间，外设和存储器是不能干预的，否则数据传输会出错；二是主处理器需要协调多个 DMA 请求，以避免资源冲突。打个比方，如果单片机是公司，其中的主处理器是公司经理，外设是员工，存储器是仓库，数据是仓库里存放的物品。公司规模小的时候，公司经理直接管理仓库里的物品，员工若需要使用物品，直接告诉经理，然后经理去仓库里取。员工若采购了物品，也先交给经理，然后经理将物品放进仓库。这时候，经理还忙得过来。但是当公司规模大了，会有越来越多的员工和物品进出仓库。此时，经理若大部分时间都处理入库和出库，就很少有时间做其他事情。于是经理雇了一个仓库保管员，他专门负责管理入库和出库。他把入库和出库的请求单拿给经理过目并征得同意即可，后面的入库和出库过程，员工只需要和这个仓库保管员打交道就可以了，而仓库保管员正是 DMA。计算机系统里的硬盘就工作在 DMA 模式下，CPU 只需向 DMA 控制器下达指令，让 DMA 控制器来处理数据的传输，数据传输完毕后再把信息反馈给 CPU，这样就在很大程度上减小了 CPU 资源占有率。

DMA 对于高速嵌入式系统和网络是很重要的。DMA 的一个特点是“分散-收集”（Scatter-Gather），它允许在单一的 DMA 处理中传输大量数据到存储区域。DMA 传输数据的另一个特点是数据直接在源地址和目的地址之间传输，不需要中间媒介。通过 CPU 把一字节从外设传输至存储器需要两步。首先 CPU 把这个字节从外设读到内部寄存器中，然后 CPU 再从内部寄存器中把这个字节传输到存储器的适当地址中。DMA 控制器将这些操作简化为一步，它操作总线上的控制信号，使写字节一次完成，大大提高了计算机的运行速度和工作效率。

在实现 DMA 传输时，DMA 控制器直接掌管总线控制，因此存在总线控制权转移问题。即开始 DMA 传输前，CPU 要把总线控制权交给 DMA 控制器，而在结束 DMA 传输后，DMA 控制器应把总线控制权再交还给 CPU。

一个完整的 DMA 传输过程必须经过以下 4 个步骤：

（1）DMA 请求：CPU 对 DMA 控制器初始化，并向 I/O 端口发出操作命令，I/O 端口提出 DMA 请求。

（2）DMA 响应：DMA 控制器对 DMA 请求判别优先级及屏蔽，向总线仲裁器提出总线请求。CPU 执行完当前总线周期即释放总线控制权。此时，总线仲裁器输出总线应答，表示 DMA 已经响应，通过 DMA 控制器通知 I/O 端口开始 DMA 传输。

（3）DMA 传输：DMA 控制器获得总线控制权后，CPU 即刻挂起或只执行内部操作，由 DMA 控制器输出读/写命令，直接控制 RAM 与 I/O 端口进行 DMA 传输。

（4）DMA 结束：当完成规定的数据传输后，DMA 控制器释放总线控制权，并向 I/O 端口发出结束信号。当 I/O 端口收到结束信号后，一方面停止 I/O 设备的工作，另一方面向 CPU 提出中断请求，使 CPU 从挂起的状态中解脱，并执行一段检查本次 DMA 传输操作正确性的代码。最后，CPU 带着本次操作结果及状态继续执行原来的程序。

由此可见，DMA 传输无须 CPU 直接控制，也不像中断处理方式那样保留现场和恢复现场的过程，通过硬件为 RAM 与 I/O 设备开辟了一条直接传输数据的通路，使 CPU 的效率大大提高。在前面的比喻中，一个仓库保管员可以管理多个仓库，即 DMA 可以有多个通道。

DMA 主要利用系统总线由硬件来实现，是 I/O 设备与系统交换数据的主要方式之一，除此之外还有程序查询方式和中断方式。

DMA 请求的优先级高于程序中断请求，两者的区别主要表现在对 CPU 的干扰程度不同。程序中断请求不会使 CPU 停下来，而是要 CPU 转去执行中断服务程序。这个请求包括对断点和现场的处理，以及 CPU 与外设之间的数据传输，所以 CPU 付出了很多的代价。但 DMA 请求仅使 CPU 暂停一下，不需要对断点和现场进行处理，并且由 DMA 控制外设与主存储器之间的数据传输，无须 CPU 的干预，DMA 只是借用了很短的 CPU 时间而已。两者还有一个区别，CPU 对这两个请求的响应时间不同。CPU 对程序中断请求一般都在执行完一条指令的时钟周期末尾响应；而对 DMA 请求是立即响应，CPU 在每条指令执行的各个阶段之中都可以响应。

在测控系统中，往往需要对 ADC 采集到的一批数据进行滤波处理（如中值滤波）。DMA 用在这里就很合适。ADC 高速采集，把数据填充到 RAM 中，填充到一定数量时，如从几十字节填充到几百字节时，再传给单片机使用。

DMA 技术也有弊端，因为 DMA 允许外设直接访问存储器，所以形成对总线的独占。如果 DMA 传输的数据量大，就会造成中断延时过长。这在一些实时性强（硬实时）的嵌入式系统中是不允许的。

10.2　STM32 单片机 DMA 编程

STM32 单片机 DMA 结构如图 10.1 所示，每个 DMA 有若干通道，每个通道可以管理来自一个或多个外设对存储器访问的请求。各个 DMA 请求的优先级由总线仲裁器来协调。

DMA 控制器具有以下特点：

（1）每个通道都直接连接专用的硬件 DMA 请求，每个通道都同样支持软件触发；

（2）在同一个 DMA 模块上，多个请求间的优先级可以通过软件编程设置（共有 4 级：很高、高、中等和低），优先级设置相等时由硬件决定（请求 0 优先于请求 1，以此类推）；

（3）源地址和目的地址按数据传输宽度对齐，支持循环的缓冲器管理；

（4）每个通道都有 3 个事件标志（DMA 半传输、DMA 传输完成和 DMA 传输出错），这 3 个事件标志“逻辑或”后成为一个单独的中断请求；

（5）支持存储器和存储器之间的传输，外设和存储器、存储器和外设之间的传输；

（6）闪存、SRAM、外设的 SRAM、APB1、APB2 和 AHB 外设均可作为访问的源和目标；

（7）DMA 传输的数据量是可编程的，最大数据传输数目为 65535。

DMA 控制器和 Cortex-M3 处理器共享系统数据总线，执行直接存储器数据传输。当 CPU 和 DMA 控制器同时访问相同的目标（RAM 或外设）时，DMA 请求会使得 CPU 停止访问系统总线若干周期。此时，总线仲裁器执行循环调度，以保证 CPU 至少可以得到一半的系统总线带宽。

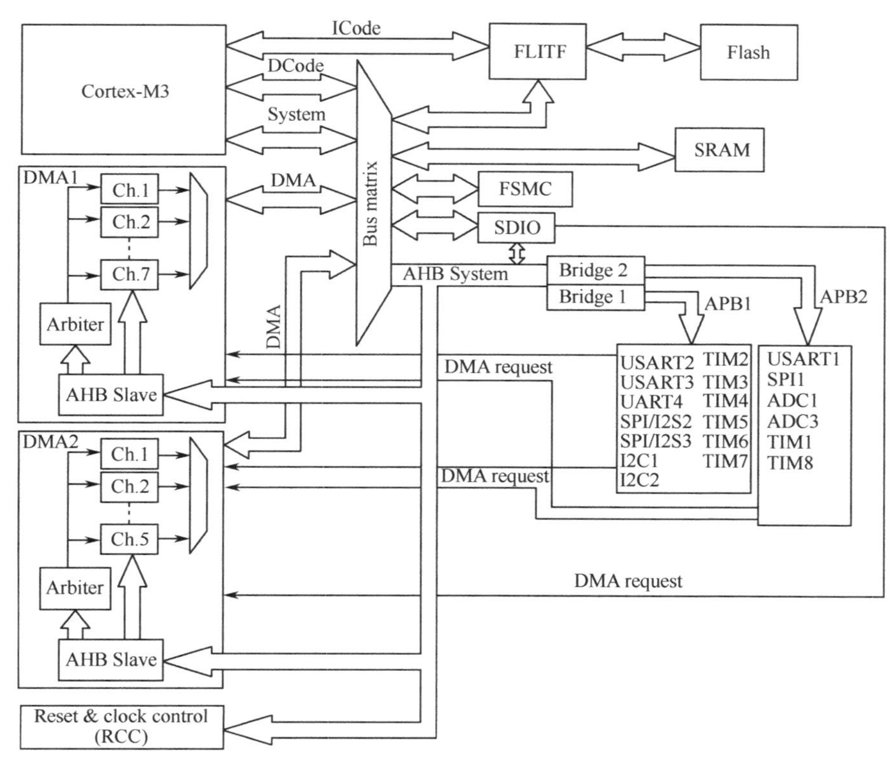

图 10.1　STM32 单片机 DMA 结构

下面介绍 STM32 单片机 DMA 的工作机制。每次 DMA 传输由 3 个操作组成。

（1）取数据：从外设数据寄存器或者从当前外设/存储器地址寄存器指示的存储器地址取数据，第一次传输时的开始地址是 DMA_CPARx 或 DMA_CMARx 指定的外设基地址或存储器单元。

（2）存数据：存数据到外设数据寄存器或者当前外设/存储器地址寄存器指示的存储器地址，第一次传输时的开始地址是 DMA_CPARx 或 DMA_CMARx 指定的外设基地址或存储器单元。

（3）执行一次 DMA_CNDTRx 的递减操作，该寄存器中包含未完成的操作数目。

STM32 单片机有两个 DMA 控制器，共 12 个通道。DMA1 有 7 个通道，DMA2 有 5 个通道。其中，DMA2 仅用于大容量的 F103 和互联型的 F105、F107 系列产品。中小容量的 F103 单片机只使用 DMA1。DMA1 请求的各个通道映射见表 10.1。将外设 TIMx（x=1～4）、ADC1、SPI1、SPI2/I^2S2、I^2Cx（x=1，2）和 USARTx（x=1，2，3）产生的 7 个请求通过“逻辑或”输入 DMA1 控制器，最终只有一个请求有效。外设的 DMA 请求，可以通过设置相应外设寄存器中的控制位被独立地开启或关闭。

表 10.1　STM32 单片机 DMA1 请求的各个通道映射表

外　设	通道 1	通道 2	通道 3	通道 4	通道 5	通道 6	通道 7
ADC1	ADC1						
SPI/I^2S		SPI1_RX	SPI1_TX	SPI2/I^2S2_RX	SPI2/I^2S2_TX		
USART		USART3_TX	USART3_RX	USART1_TX	USART1_RX	USART2_RX	USART2_TX
I^2C				I^2C2_TX	I^2C2_RX	I^2C1_TX	I^2C1_RX
TIM1		TIM1_CH1	TIM1_CH2	TIM1_CH4 TIM1_TRIG TIM1_COM	TIM1_UP	TIM1_CH3	
TIM2	TIM2_CH3	TIM2_UP			TIM2_CH1		TIM2_CH2 TIM2_CH4
TIM3		TIM3_CH3	TIM3_CH4 TIM3_UP			TIM3_CH1 TIM3_TRIG	
TIM4	TIM4_CH1			TIM4_CH2	TIM4_CH3		TIM4_UP

1. DMA 寄存器设置

与 STM32 单片机 DMA 编程有关的主要寄存器如下。

（1）DMA 中断状态寄存器：DMA_ISR（Interrupt Status Register）；

（2）DMA 中断标志清除寄存器：DMA_IFCR（Interrupt Flag Clear Register）；

（3）DMA 通道 x 配置寄存器：DMA_CCRx（Channel Configuration Register），x=1～7；

（4）DMA 通道 x 传输数量寄存器：DMA_CNDTRx（Channel Number of Data Register），x=1～7；

（5）DMA 通道 x 外设地址寄存器：DMA_CPARx（Channel Peripheral Address Register），x=1～7；

（6）DMA 通道 x 存储器地址寄存器：DMA_CMARx（Channel Memory Address Register），x=1～7。

与 DMA 寄存器初始化相关的数据结构在库文件 stm32f10x_dma.h 中，程序如下：

```
typedef struct
{
  uint32_t DMA_PeripheralBaseAddr;
  uint32_t DMA_MemoryBaseAddr;
  uint32_t DMA_DIR;
  uint32_t DMA_BufferSize;
  uint32_t DMA_PeripheralInc;
  uint32_t DMA_MemoryInc;
  uint32_t DMA_PeripheralDataSize;
  uint32_t DMA_MemoryDataSize;
  uint32_t DMA_Mode;
  uint32_t DMA_Priority;
  uint32_t DMA_M2M;
}DMA_InitTypeDef;
```

定义 DMA 寄存器组的结构体是 DMA_TypeDef，在文件 stm32f10x.h 中：

```
typedef struct
{
  uint32_t CCR;          //DMA 通道 x 配置寄存器：Channel Configuration Register
  uint32_t CNDTR;        //DMA 通道 x 传输数量寄存器：Channel Number of Data Register
  uint32_t CPAR;         //DMA 通道 x 外设地址寄存器：Channel Peripheral Address Register
  uint32_t CMAR;         //DMA 通道 x 存储器地址寄存器：Channel Memory Address Register
} DMA_Channel_TypeDef;
...
typedef struct
{
  uint32_t ISR;          //DMA 中断状态寄存器：Interrupt Status Register
  uint32_t IFCR;         //DMA 中断标志清除寄存器：Interrupt Flag Clear Register
} DMA_TypeDef;
...
#define PERIPH_BASE             ((u32)0x40000000)
#define AHBPERIPH_BASE          (PERIPH_BASE + 0x20000)
#define DMA_BASE                (AHBPERIPH_BASE + 0x0000)
#define DMA_Channel1_BASE       (AHBPERIPH_BASE + 0x0008)
...
#ifdef _DMA
  #define DMA                   ((DMA_TypeDef *) DMA_BASE)
#endif
#ifdef _DMA_Channel1
  #define DMA_Channel1          ((DMA_Channel_TypeDef *) DMA_Channel1_BASE)
#endif
```

从上面的宏定义可以看出，DMA 寄存器组的首地址是 0x40020000，其寄存器和复位值见表 10.2。其中：

DMA_CCRx（x = 1～7）的偏移地址为 0x08 + 20x（通道编号-1）；

DMA_CNDTRx（x = 1～7）的偏移地址为 0x0C + 20x（通道编号-1）；
DMA_CPARx（x = 1～7）的偏移地址为 0x10 + 20x（通道编号-1）；
DMA_CMARx（x = 1～7）的偏移地址为 0x14 + 20x（通道编号-1）。

表 10.2　DMA 寄存器和复位值表

偏移	寄存器	31	30	29	28	27	26	25	24	23	22	21	20	19	18	17	16	15	14	13	12	11	10	9	8	7	6	5	4	3	2	1	0
000h	DMA_ISR	保留				TEIF7	HTIF7	TCIF7	GIF7	TEIF6	HTIF6	TCIF6	GIF6	TEIF5	HTIF5	TCIF5	GIF5	TEIF4	HTIF4	TCIF4	GIF4	TEIF3	HTIF3	TCIF3	GIF3	TEIF2	HTIF2	TCIF2	GIF2	TEIF1	HTIF1	TCIF1	GIF1
	复位值					0	0	0	0	0	0	0	0	0	0	0	0	0	0	0	0	0	0	0	0	0	0	0	0	0	0	0	0
004h	DMA_IFCR	保留				CTEIF7	CHTIF7	CTCIF7	CGIF7	CTEIF6	CHTIF6	CTCIF6	CGIF6	CTEIF5	CHTIF5	CTCIF5	CGIF5	CTEIF4	CHTIP4	CTCIF4	CGIF4	CTEIF3	CHTIF3	CTCIF3	CGIF3	CTEIF2	CHTIF2	CTCIF2	CGIF2	CTEIF1	CHTIF1	CTCIF1	CGIF1
	复位值					0	0	0	0	0	0	0	0	0	0	0	0	0	0	0	0	0	0	0	0	0	0	0	0	0	0	0	0
008h	DMA_CCR1	保留																	MEM2MEM	PL [1:0]		MSIZE [1:0]		PSIZE [1:0]		MINC	PINC	CIRC	DIR	TEIE	HTIE	TCIE	EN
	复位值																		0	0	0	0	0	0	0	0	0	0	0	0	0	0	0
00Ch	DMA_CNDTR1	保留																NDT[15:0]															
	复位值																	0	0	0	0	0	0	0	0	0	0	0	0	0	0	0	0
010h	DMA_CPAR1	PA[31:0]																															
	复位值					0	0	0	0	0	0	0	0	0	0	0	0	0	0	0	0	0	0	0	0	0	0	0	0	0	0	0	0
014h	DMA_CMAR1	MA[31:0]																															
	复位值					0	0	0	0	0	0	0	0	0	0	0	0	0	0	0	0	0	0	0	0	0	0	0	0	0	0	0	0
018h	保留																																

2. DMA 通道配置过程

配置 DMA 通道 x（x 代表通道号）的过程如下：

（1）在 DMA_CPARx 中设置外设寄存器的地址。发生外设数据传输请求时，这个地址将是数据传输的源地址或目的地址。

（2）在 DMA_CMARx 中设置数据存储器的地址。发生外设数据传输请求时，传输的数据将从这个地址读出或写入这个地址。

（3）在 DMA_CNDTRx 中设置要传输的数据量。在每个数据传输后，这个数值递减。

（4）在 DMA_CCRx 的 PL[1:0]位中设置通道的优先级、数据传输的方向、循环模式、外设和存储器的增量模式、外设和存储器的数据宽度，以及 DMA 半传输、DMA 传输完成和 DMA 传输出错是否产生中断。

（5）设置 DMA_CCRx 的 ENABLE 位，启动 DMA 通道。

（6）一旦启动了 DMA 通道，就可以响应连到该通道上的外设 DMA 请求。

（7）数据传输一半后，半传输标志（HTIF）置 1，当设置了允许半传输中断位（HTIE）时，将产生一个中断请求；在数据传输结束后，传输完成标志（TCIF）置 1，当设置了允许传输完成中断位（TCIE）时，将产生一个中断请求。

任务 1　利用 DMA 方式进行 A/D 数据采集

下面介绍如何使用 DMA 进行 A/D 转换操作。因为 ADC 规则通道转换的值存储在一个数据寄存器（ADC_DR）中，所以当转换多个规则通道时，一定要使用 DMA 方式传输，这可以避免已经存储在 ADC_DR 中的数据丢失。当规则通道转换结束时将产生 DMA 请求，并将转换的数据从 ADC_DR 传输到用户指定的目的地址中。利用 DMA 方式进行 A/D 数据采集的初始化函数包括两部分：DMA 初始化函数和 ADC 初始化函数。

注意：只有 ADC1 和 ADC3 拥有 DMA 功能。由 ADC2 转换的数据可以通过双 ADC 模式，利用 ADC1 的 DMA 功能传输，此时 ADC_DR 的高半字包含 ADC2 的转换数据。

下面的程序实现利用 DMA 方式进行 A/D 数据采集。

例程：DMA.c

```
#include "HelloRobot.h"

#define N 20
unsigned short ADC_ConvertedValue[N];

void ADC_Configuration()
{
  ADC_InitTypeDef ADC_InitStructure;
  ADC_InitStructure.ADC_Mode = ADC_Mode_Independent;
  ADC_InitStructure.ADC_ScanConvMode = ENABLE;
  ADC_InitStructure.ADC_ContinuousConvMode = ENABLE;
  ADC_InitStructure.ADC_ExternalTrigConv = ADC_ExternalTrigConv_None;
  ADC_InitStructure.ADC_DataAlign = ADC_DataAlign_Right;
  ADC_InitStructure.ADC_NbrOfChannel = 1;
  ADC_Init(ADC1, &ADC_InitStructure);

  ADC_RegularChannelConfig(ADC1,ADC_Channel_8,1, ADC_SampleTime_239Cycles5);

  ADC_DMACmd(ADC1, ENABLE);          //将 ADC1 与 DMA 关联，使能 ADC1 的 DMA
  ADC_Cmd(ADC1, ENABLE);             //使能开启 ADC1

  ADC_ResetCalibration(ADC1);        //重置校准
  while(ADC_GetResetCalibrationStatus(ADC1));      //等待重置校准完成

  ADC_StartCalibration(ADC1);                      //开始 ADC1 校准
  while(ADC_GetCalibrationStatus(ADC1));           //等待校准完成

  ADC_SoftwareStartConvCmd(ADC1, ENABLE);          //启动 ADC 转换
}

//ADC with DMA Init
#define   ADC1_DR_Address   ((u32)0x4001244c)
```

```
void ADC_DMAInit()
{
    DMA_InitTypeDef   DMA_InitStruct;
    DMA_DeInit(DMA_Channel1);              //复位开启 DMA1 的第一通道

    //DMA 对应的外设基地址
    DMA_InitStruct.DMA_PeripheralBaseAddr = ADC1_DR_Address;

    //转换结果的数据大小
    DMA_InitStruct.DMA_PeripheralDataSize = DMA_PeripheralDataSize_HalfWord;
    DMA_InitStruct.DMA_MemoryBaseAddr = (u32)ADC_ConvertedValue;

    //DMA 的转换模式：SRC 模式，从外设向存储器中传输数据
    DMA_InitStruct.DMA_DIR = DMA_DIR_PeripheralSRC;

    //M2M（Memory to Memory）存储器到存储器模式禁止
    DMA_InitStruct.DMA_M2M = DMA_M2M_Disable;

    //DMA 传输数据的尺寸，ADC 是 12 位的，用 16 位的 HalfWord 存放
    DMA_InitStruct.DMA_MemoryDataSize = DMA_MemoryDataSize_HalfWord;

    //接收一次数据后，目的地址自动后移，用来采集多个数据
    DMA_InitStruct.DMA_MemoryInc = DMA_MemoryInc_Enable;

    //接收一次数据后，ADC 不用后移，存储器需要后移
    DMA_InitStruct.DMA_PeripheralInc = DMA_PeripheralInc_Disable;

    //转换模式：常用循环缓存模式。Buffer 写满后，自动回到初始地址开始传输
    //如果 M2M 开启了，则这个模式失效。另一种是 Normal 模式：不循环，仅进行一次 DMA
    DMA_InitStruct.DMA_Mode   = DMA_Mode_Circular;

    DMA_InitStruct.DMA_Priority = DMA_Priority_High;    //DMA 优先级高
    DMA_InitStruct.DMA_BufferSize = N;                   //DMA 缓存大小
    DMA_Init(DMA_Channel1,&DMA_InitStruct);

    //在完成 A/D 配置后使能 DMA1 通道 1，之后 ADC 将通过 DMA 不断刷新指定的 RAM 区域
    DMA_Cmd(DMA_Channel1, ENABLE);
}

int main(void)
{
    int counter;
    BSP_Init();
    ADC_Configuration();
    ADC_DMAInit();                              //DMA 的开启要在 ADC 初始化后
```

```
    USART_Configuration();
    printf("Program Running!\r\n");

    while(1)
    {
        delay_nms(1000);
        /* Printf message with AD value to serial port every 1 second */
        for(counter=0;counter<N;counter++)
         printf("AD value = 0x%04X\r\n", ADC_ConvertedValue[counter]);
    }
}
```

AHB 时钟主要供 Flash 与存储器端口、RCC、DMA 等使用。因此，要注意在复位与初始化函数 RCC_Configuration()中使能 DMA 时钟，程序如下：

```
void RCC_Configuration(void)
{
  ...
  RCC_APB2PeriphClockCmd(RCC_APB2Periph_ADC1, ENABLE);
  RCC_AHBPeriphClockCmd(RCC_AHBPeriph_DMA, ENABLE);
}
```

DMA.c 运行结果如图 10.2 所示。ADC1 寄存器组的首地址为 STM32 单片机存储映射空间的 0x40012400，其 ADC_DR 的存储映射地址为 0x4001244C。

图 10.2　程序运行结果（正确）

如果定义存放 A/D 转换结果的数组 ADC_ConvertedValue[N]的数据类型为 unsigned int（占 4 字节），那么程序运行结果如图 10.3 所示。思考一下：为什么是这样的？

通过这个程序，可以知道 DMA 编程的几个关键点，即 DMA 初始化需要做哪些事情。

（1）从何处开始传输：ADC 外设；传输到何处：存储器。

（2）数据源地址和数据目的地址自动后移。

（3）以字节、半字还是字方式传输：半字（16 位）；共传输多少字节、半字或字：缓存大小。

（4）缓存满后再循环，从初始地址开始传输。

图 10.3　程序运行结果（错误的数据类型定义）

DMA 启动后，CPU 内部就会开始传输数据，传输的过程不需要 CPU 的介入，CPU 唯一要做的是将这些数据传给串口显示。

注意： 当 ADC 不仅仅采样一个通道时，设置 DMA 为自动触发模式，连续采样多路，如果在初始化 ADC 之前使能 DMA，就会出现数据通道错位现象。这是因为在 ADC 初始化校准时会将校准码存储在 ADC_DR 中，这会触发一次 DMA，DMA 误认为这个校准码是第一个通道的数据，于是将这个校准码保存到对应第一个通道的存储器中，同时 DMA 目的地址自动加 1；当采样第一个通道时，数据就保存到了对应第二个通道的存储器中了，从而导致通道错位。因此，校准前不要启用 DMA。

通道错位

开发测控系统时，通道错位问题会使数据源所表示的含义发生错位，可能会造成严重的事故。务必注意！

当对多路通道采样时，最好在 DMA 初始化之前将 ADC 初始化，同时启动 ADC 转换语句。转换语句 ADC_SoftwareStartConvCmd(ADC1, ENABLE)从 ADC 初始化函数移到 DMA 初始化函数中，把它单独放置到 DMA_Cmd(DMA1_Channel1, ENABLE)语句的后面，避免出现数据通道错位现象：

```
void ADC_DMAInit()
{
  ...
  DMA_Cmd(DMA_Channel1, ENABLE);
  ADC_SoftwareStartConvCmd(ADC1, ENABLE);
}
```

既然外设的数据可以采用 DMA 方式传输到存储器中，那么存储器的数据也可以采用 DMA 方式传输到外设（如串口）中。下面的任务 2 是一个综合编程任务，利用 DMA 方式从两个通道采集数据，采用定时器中断，每隔 1s，再将数据缓冲区中的数据利用 DMA 方式从串口发送给上位机。

任务 2　DMA 与 USART、ADC、定时器综合编程

本任务中，我们将连接在 ADC 通道 8 上的电位器分压值和通道 16 上的内置温度传感器作为两个数据源进行 A/D 采集，并在定时器的控制下，利用 DMA 方式将 A/D 转换结果发送给上位机。

例程：AD_UART_DMA_2CH_TIM.c

```
#include "HelloRobot.h"
#define N 512
u16 ADC_ConvertedValue[N];

void ADC_Configuration()
{
  ADC_InitTypeDef ADC_InitStructure;
  ADC_InitStructure.ADC_Mode = ADC_Mode_Independent;
  ADC_InitStructure.ADC_ScanConvMode = ENABLE;
  ADC_InitStructure.ADC_ContinuousConvMode = ENABLE;
  ADC_InitStructure.ADC_ExternalTrigConv = ADC_ExternalTrigConv_None;
  ADC_InitStructure.ADC_DataAlign = ADC_DataAlign_Right;
  ADC_InitStructure.ADC_NbrOfChannel = 2;
  ADC_Init(ADC1, &ADC_InitStructure);

  ADC_RegularChannelConfig(ADC1,ADC_Channel_8,1, ADC_SampleTime_239Cycles5);
  ADC_RegularChannelConfig(ADC1,ADC_Channel_16,2, ADC_SampleTime_239Cycles5);

  ADC_TempSensorVrefintCmd(ENABLE);
  ADC_DMACmd(ADC1, ENABLE);                        //将 ADC1 与 DMA 关联，使能 ADC1 的 DMA
  ADC_Cmd(ADC1, ENABLE);                           //使能开启 ADC1

  ADC_ResetCalibration(ADC1);                      //重置校准
  while(ADC_GetResetCalibrationStatus(ADC1));      //等待重置校准完成

  ADC_StartCalibration(ADC1);                      //开始 ADC1 校准
  while(ADC_GetCalibrationStatus(ADC1));           //等待校准完成
}

//ADC with DMA Init
#define ADC1_DR_Address      ((u32)0x4001244c)

void ADC_DMAInit()
{
```

```
    DMA_InitTypeDef    DMA_InitStruct;
    DMA_DeInit(DMA_Channel1);        //开启 DMA1 的第一通道
    DMA_InitStruct.DMA_PeripheralBaseAddr = ADC1_DR_Address;
    DMA_InitStruct.DMA_PeripheralDataSize = DMA_PeripheralDataSize_HalfWord;
    DMA_InitStruct.DMA_MemoryBaseAddr = (u32)ADC_ConvertedValue;

    //DMA 的转换模式：SRC 模式，从外设向存储器传输数据
    DMA_InitStruct.DMA_DIR = DMA_DIR_PeripheralSRC;
    DMA_InitStruct.DMA_M2M = DMA_M2M_Disable;
    DMA_InitStruct.DMA_MemoryDataSize = DMA_MemoryDataSize_HalfWord;
    DMA_InitStruct.DMA_MemoryInc = DMA_MemoryInc_Enable;
    DMA_InitStruct.DMA_PeripheralInc = DMA_PeripheralInc_Disable;
    DMA_InitStruct.DMA_Mode = DMA_Mode_Circular;
    DMA_InitStruct.DMA_Priority = DMA_Priority_High;        //DMA 优先级高
    DMA_InitStruct.DMA_BufferSize = N;                      //DMA 缓存大小
    DMA_Init(DMA_Channel1,&DMA_InitStruct);

    //在完成 A/D 配置后使能 DMA1 通道 1，之后 ADC 将通过 DMA 不断刷新指定的 RAM 区域
    DMA_Cmd(DMA_Channel1, ENABLE);

    ADC_SoftwareStartConvCmd(ADC1, ENABLE);                 //启动 A/D 转换
}

Tim1_Init()
{
    TIM1_TimeBaseInitTypeDef    TIM1_TimeBaseStructure;
    TIM1_DeInit();

    /* Time Base configuration */
    TIM1_TimeBaseStructure.TIM1_Period = 35999;
    TIM1_TimeBaseStructure.TIM1_Prescaler = 1999;
    TIM1_TimeBaseStructure.TIM1_ClockDivision = 0x0;
    TIM1_TimeBaseStructure.TIM1_CounterMode = TIM1_CounterMode_Up;
    TIM1_TimeBaseStructure.TIM1_RepetitionCounter = 0x0;
    TIM1_TimeBaseInit(&TIM1_TimeBaseStructure);

    TIM1_ClearFlag(TIM1_FLAG_Update);                  //清除 TIM1 溢出中断标志
    TIM1_ITConfig(TIM1_IT_Update,ENABLE);              //TIM1 溢出中断允许
    TIM1_Cmd(ENABLE);                                  //TIM1 计数使能
}

int main(void)
{
    BSP_Init();
    USART_Configuration();
```

```
    ADC_Configuration();
    ADC_DMAInit();
    Tim1_Init();   //定时器初始化函数

    while(1);
  }
```

在复位与初始化函数 RCC_Configuration()中使能 DMA 时钟，在 stm32f10x_it.c 文件中编写 TIM1_UP_IRQHandler()中断函数如下：

```
#include "stm32f10x_it.h"
#define N 512
extern   u16 ADC_ConvertedValue[N];
...
void TIM1_UP_IRQHandler(void)
{
     #define USARTI_DR_Base    0x40013804
    //设置 DMA 源地址：存储器地址；目的地址：串口数据寄存器地址
    //方向：存储器->外设；每次传输位：8 位
    //地址自增模式：外设地址不增，存储器地址自增 1
    //DMA 模式：一次传输，非循环；优先级：中等

    DMA_InitTypeDef DMA_InitStructure;
    DMA_DeInit(DMA_Channel4);
    DMA_InitStructure.DMA_PeripheralBaseAddr = USART1_DR_Base;
    DMA_InitStructure.DMA_MemoryBaseAddr = (u32)ADC_ConvertedValue;

    //DMA 的转换模式：DST 模式，从存储器向外设传输数据
    DMA_InitStructure.DMA_DIR = DMA_DIR_PeripheralDST;
    DMA_InitStructure.DMA_BufferSize = 8;
    DMA_InitStructure.DMA_PeripheralInc = DMA_PeripheralInc_Disable;
    DMA_InitStructure.DMA_MemoryInc = DMA_MemoryInc_Enable;
    DMA_InitStructure.DMA_PeripheralDataSize = DMA_PeripheralDataSize_Byte;
    DMA_InitStructure.DMA_MemoryDataSize = DMA_MemoryDataSize_Byte;
    DMA_InitStructure.DMA_Mode = DMA_Mode_Normal;
    DMA_InitStructure.DMA_Priority = DMA_Priority_Medium;
    DMA_InitStructure.DMA_M2M = DMA_M2M_Disable;
    DMA_Init(DMA_Channel4, &DMA_InitStructure);

     //下面是开始 DMA 传输前的一些准备工作，将 USART1 模块设置成 DMA 方式工作
    USART_DMACmd(USART1, USART_DMAReq_Tx, ENABLE);
    //开始一次 DMA 传输
    DMA_Cmd(DMA_Channel4, ENABLE);

    //清除 TIM1 溢出中断标志
    TIM1_ClearFlag(TIM1_FLAG_Update);
}
```

程序运行结果如图 10.4 所示。A/D 转换的结果占 2 字节，高字节在前，低字节在后。前一个 16 位数据 0x0F**是连接在 ADC 通道 8 上的电位器分压值的结果，后一个 16 位数据 0x06**是连接在通道 16 上的内置温度传感器的结果。这两个通道的数据采样没有发生错位。

```
93 0F ED 06 93 0F EE 06 93 0F EE 06 94 0F EE 06 93 0F EE 06 93 0F EE 06
93 0F EE 06 92 0F ED 06 93 0F EE 06 93 0F EE 06 93 0F EF 06 92 0F EE 06
93 0F EE 06 93 0F EF 06 93 0F EF 06 93 0F EE 06 94 0F ED 06 92 0F EE 06
92 0F EE 06 92 0F EE 06 92 0F ED 06 93 0F ED 06 93 0F ED 06 93 0F EE 06
93 0F EE 06 93 0F EE 06 94 0F ED 06 93 0F EE 06 93 0F EE 06 93 0F EE 06
93 0F EE 06 92 0F ED 06 93 0F EE 06 93 0F EE 06 93 0F EE 06 93 0F EE 06
93 0F EE 06 93 0F EE 06 93 0F EE 06 93 0F EE 06 93 0F EE 06 93 0F EF 06
92 0F ED 06 93 0F ED 06 93 0F EE 06 93 0F EE 06 93 0F ED 06 94 0F EE 06
93 0F EE 06 93 0F EE 06 93 0F ED 06 92 0F EE 06 92 0F ED 06 93 0F EE 06
93 0F EE 06 93 0F EE 06 92 0F EE 06 93 0F EE 06 92 0F EE 06 93 0F EE 06
92 0F EE 06 92 0F EE 06 93 0F ED 06 93 0F ED 06 93 0F EE 06 93 0F EE 06
94 0F EE 06 93 0F EE 06 93 0F EE 06 94 0F EE 06 93 0F EE 06 92 0F EE 06
93 0F EE 06 92 0F EE 06 92 0F EE 06 93 0F ED 06 93 0F ED 06 93 0F EE 06
93 0F ED 06 93 0F ED 06 93 0F ED 06 94 0F ED 06 94 0F ED 06 94 0F ED 06
93 0F ED 06 93 0F EE 06 93 0F ED 06 92 0F ED 06 93 0F EE 06 93 0F ED 06
93 0F EE 06 93 0F EE 06 92 0F ED 06 92 0F ED 06 92 0F ED 06 92 0F ED 06
93 0F ED 06 93 0F EE 06 93 0F EE 06 94 0F EE 06 94 0F EE 06 93 0F ED 06
93 0F ED 06 93 0F EC 06 92 0F EE 06 93 0F EE 06 93 0F ED 06 92 0F EE 06
92 0F ED 06 93 0F EE 06 93 0F ED 06 94 0F ED 06 94 0F ED 06 93 0F EE 06
93 0F EE 06 93 0F EE 06 94 0F ED 06 93 0F EE 06 93 0F ED 06 94 0F EE 06
93 0F EE 06 93 0F EE 06 93 0F EE 06 94 0F ED 06 93 0F EE 06 92 0F ED 06
93 0F EE 06 93 0F ED 06 92 0F EA 06 93 0F EA 06 93 0F EA 06 93 0F EB 06
92 0F EA 06 92 0F EA 06 92 0F E9 06 93 0F E9 06 93 0F EA 06 93 0F E9 06
94 0F EA 06 94 0F EA 06 94 0F E9 06 93 0F EA 06 94 0F EA 06 94 0F EA 06
94 0F EA 06 94 0F EA 06 92 0F E9 06 93 0F E9 06 93 0F E9 06 93 0F EA 06
```

图 10.4　程序运行结果

注意：这个例程在设置 DMA 进行 A/D 采集时，采用循环缓存模式，而在串口数据传输时采用普通模式（不循环），即仅进行一次 DMA 采集。此外，在设置地址自增模式时，设置外设地址不自增（固定），而存储器地址自增。因为 DMA 可以发生在外设与存储器之间，也可以发生在存储器与存储器之间。当利用 DMA 方式进行外设与存储器之间的数据传输时，要设置外设地址不自增（固定），存储器地址自增。也就是说，每次传输数据时，都是同一个外设地址作为源地址或目的地址，而存储器地址要根据数据类型的大小自增，以使写入的数据不会覆盖上次的数据，或读出数据时不会重复读取上次的数据。当进行存储器与存储器之间的数据传输时，则要设置这两个存储器地址都是自增的。

尝试将 DMA 传输数据给 USART 的缓冲区设置得大一些，观察有什么现象。注意，串口调试软件中数据接收计数值的变化。

在上面的例程中，将 A/D 设置为连续采样模式，利用 DMA 将数据写入数组；在定时器中断中，再将从数组中读出的数据通过串口传给上位机。也可以利用定时器来启动 ADC，待 A/D 转换完后自动触发 DMA 读数据，当缓冲区满后产生 DMA 中断，再发送数据。

调试中也可以使用双缓存技术，将 A/D 采集的数据通过 DMA 方式写到存储器中。例如，某个数组 Buf1[512]写满 512 字节之后进入 DMA 中断。此时，修改 DMA 的下次存储器写入入口地址为另一个数组，如数组 Buf2[512]，并将 Buf1 数组的起始地址作为 USART 传输的数据源存储器入口地址，同时标记 Buf1 缓冲区已有数据准备完成，可以通过 DMA 方式发送给上位机。

当下次 A/D 采集的结果将 Buf2 缓冲区写满时，进入 DMA 中断，修改 DMA 的下次存储器写入入口地址为 Buf1，并将 Buf2 数组的起始地址作为 USART 传输的数据源存储器入口地址，同时标记 Buf2 缓冲区已有数据准备完成，可以通过 DMA 方式发送给上位机。这样就实现了从两个缓冲区交替传输数据给上位机。

工程素质和技能归纳

（1）熟悉 STM32 单片机 DMA 的结构和原理。

（2）利用 STM32 单片机 DMA 方法进行数据采集，掌握配置流程。

（3）掌握多通道数据采集的编程方法及注意事项。

第 11 章　STM32 单片机 RTC 编程及其应用

实时时钟（Real Time Clock，RTC）是一种提供日历/时钟及数据存储等功能的专用集成电路。RTC 常作为各种计算机和嵌入式系统的时钟信号源和参数设置存储电路，特别是在嵌入式系统中用于记录事件发生的时间和相关信息。

很多单片机系统要求有 RTC，如常见的数字钟、钟控设备、数据记录仪表，这些系统往往需要采集带时标的数据，一般情况下它们也有一些需要保存起来的重要数据，这些数据便于用户后期对数据进行观察、分析。

11.1　RTC 介绍

RTC 具有计时准确、体积小等特点，特别适用于以单片机为核心的嵌入式系统。RTC 能在系统电源关闭的情况下通过备用电池来供电。因此，RTC 具有独立的电源端口和晶振。机器人控制板上有两个晶振，一个是系统晶振，一个是 RTC 晶振，如图 11.1 所示。

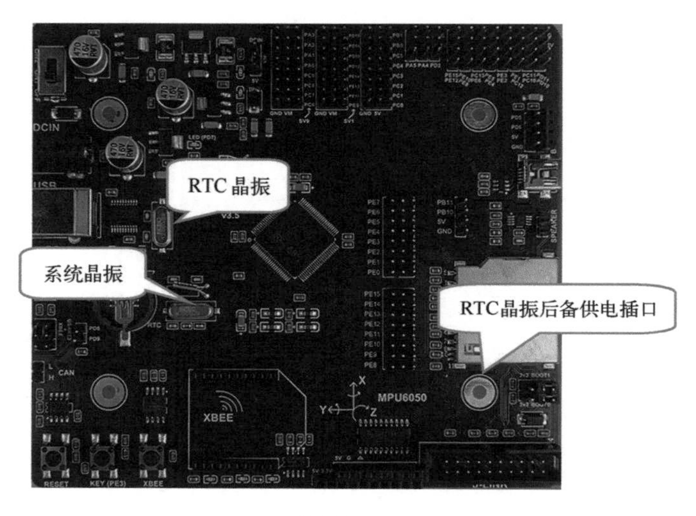

图 11.1　系统晶振和 RTC 晶振

RTC 能存储秒、分、时、日、周、月和年等数据（一般是 BCD 数据），并且支持闰年补偿、报警，甚至毫秒级的“滴答时间”中断实现实时操作系统（RTOS）的时间滴答功能。既然 RTC 的主要功能是完成计时，那么直接利用单片机的定时器是否也可以自己来写时钟、日历程序？答案是肯定的，但有几个问题。第一，用软件写程序会占用单片机的定时器。由于定时器数量有限，因此会给应用开发造成困难，容易受其他软件模块或者中断的影响，造成计时准确性较差，很难达到需要的精度。第二，为了避免时钟停走，需要在停电时给单片机供电。相对 RTC 来说，单片机的功耗大很多，电池往往无法长时间工作。

因为在需要 RTC 的场合一般不允许时钟停走，所以即使在单片机系统停电时，RTC 也必须能正常工作。RTC 一般都需要电池供电。应用中，考虑到电池使用寿命，有不少 RTC 把电

源电路设计成能够根据主电源电压自动切换使用主电源或后备电池。即当系统上电时由主电源供电，断电时由后备电池供电。

RTC 芯片通过外部端口为单片机系统提供日历和时钟，所以一个最基本的 RTC 芯片通常包括电源电路、时钟信号产生电路、RTC、数据存储器、通信端口电路、控制逻辑电路等，如图 11.2 所示。

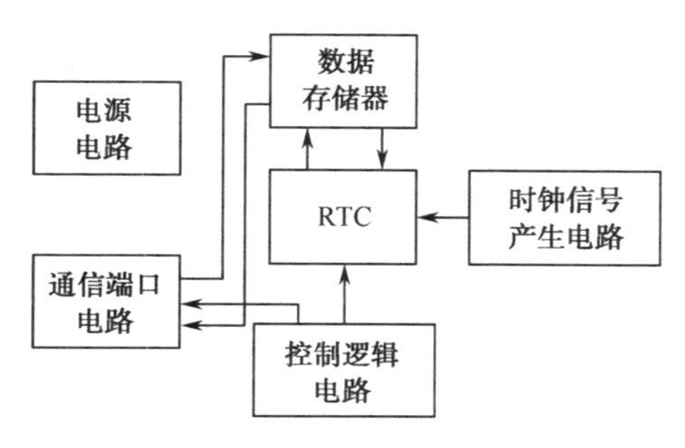

图 11.2　RTC 芯片的基本组成

随着芯片集成度的提高，嵌入式处理器已越来越多地内置 RTC，如 STM32 单片机。对于没有内置 RTC 的单片机，则需要外接 RTC 芯片，常见的有 DS1302、PCF8563、DS12887 等。它们的主要特点见表 11.1。为了保证系统后备电池可以长时间工作，DS1302 和 DS12887 还增加了电池充电电路用来对电池充电。

表 11.1　常用 RTC 芯片的主要特点

型　　号	生　产　商	端 口 方 式	晶 振 内 置	温 度 补 偿	电 池 内 置	充电电路	报 警 输 出
DS1302	Dallas	串行	否	无	否	有	无
PCF8563	Philips	串行	否	无	否	无	有
DS12887	Dallas	并行	是	无	是	有	有

任务 1　进一步认识晶振

通常将含有晶体管元件的电路称为“有源电路”（如有源音箱、有源滤波器等），而仅由阻容元件组成的电路称为“无源电路”。晶振也分为无源晶振和有源晶振两种。无源晶振与有源晶振的英文名称不同，无源晶振为 crystal，而有源晶振为 oscillator。常见的晶振如图 11.3 所示。

（a）无源晶振

（b）有源晶振

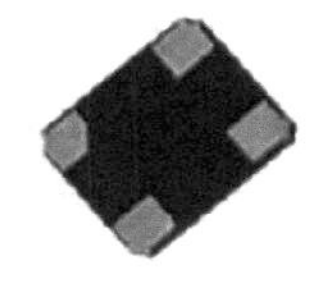

（c）贴片有源晶振

图 11.3　常见的晶振

无源晶振是带有两个引脚的无极性元件，需借助于外接的时钟电路才能产生振荡信号，自身无法振荡起来。无源晶振的信号电压是可变的，由起振电路决定。无源晶振适用于多种电压，而且价格较低。无源晶振的缺陷是信号质量较差，通常需要精确匹配外围电路（用于信号匹配的电容、电感、电阻等），更换不同频率的晶体时周边配置电路需要做相应的调整。使用无源晶振时建议采用精度较高的石英晶体，尽可能避免采用精度低的陶瓷晶体。

有源晶振是带有 4 个引脚的完整振荡器。它里面除了石英晶体外，还有晶体管和阻容元件，体积较大。贴片晶振体积相对较小。有源晶振引脚识别方法为：有标记点的为 1 脚，按逆时针方向（引脚向下）排列的分别为 2 脚、3 脚、4 脚。有源晶振信号质量好，比较稳定，而且连接方式相对简单，不需要复杂的配置电路。其主要问题是要做好电源滤波。通常使用一个电容和电感构成 PI 型滤波网络，输出端用一个小阻值的电阻过滤信号即可。相对于无源晶振，有源晶振的缺陷是其信号电平是固定的，需要选择好合适输出电平，灵活性较差，价格相对较高。对于时序要求严格的应用，有源晶振要优于无源晶振。

1. 晶振精度

在第 2 章中，本书简单介绍了晶振的作用是为系统提供时钟。晶振决定了 RTC 给系统提供日历和时间的精度。描述晶振精度一般用 ppm（precision per million，1/100 万）。RTC 常使用 32768Hz 的晶振，如果晶振精度为 10ppm，那么频率误差 Δf 为 0.32768Hz，每秒误差 Δt 约为 0.00001。那么：

一天的误差 $=\Delta t\times 24\times 3600=0.864\text{s}$

一年的误差 $=\Delta t\times 24\times 3600\times 365=315.36\text{s}=5.256\text{min}$

一般，晶振误差在 20ppm 以内（一年的误差约是 10min）。对于要求较高的一些场合，晶振精度要在较宽的环境温度（-55～85℃）下保持在 0.5ppm 以内。那么，在使用过程中如何保证晶振精度呢？生产厂家会在生产过程中对晶振频率进行校准。校准的主要方法是改变两个从晶振引脚到地的电容值的大小，通过测试 RTC 输出的信号的频率，把电容值改成合适的数值，把精度控制在合理的范围内。目前也有些 RTC 芯片在片内设置了电容阵列，可以自动调整。此外，晶振精度受温度影响较大，若 RTC 采用无内置温度补偿电路，则会使用软件进行温度补偿。有些 RTC 内置了温度补偿，甚至还可以为系统提供环境温度值。

晶振的主要参数有标称频率、频率准确度、频率稳定度、老化率、相位噪声等。

（1）标称频率：晶振的标称输出频率。

（2）频率准确度：常温（25℃）下所测得的晶振频率相对于标称频率的差值。

（3）频率稳定度：指频率温度稳定度，是指在晶振工作温度范围内，频率随着温度变化的大小，一般用 ppm 或 ppb 来表示，1ppb=0.001ppm。频率稳定度是晶振的重要指标，越高越好。

（4）老化率：随着时间的推移，频率值的变化有年老化率和日老化率两种指标。年老化率一般保持在 5ppm，小于 1ppm 的晶振价格较昂贵。

（5）相位噪声：信号功率与噪声功率的比值（C/N），是表征频率颤抖的技术指标。一般来说，雷达等设备对相位噪声有特殊要求。

2. 晶振停振

在实际应用中遇到晶振停振、系统不工作时，要结合实际情况和产品规格来分析。很多晶振停振由电路板的杂散电容（Stray Capacitance）造成，这种情况只要更换输入/输出电容

可能就解决了。有时晶振的等效电阻过大也可能造成停振现象。总结一下，晶振停振常见的原因有晶振碎裂损坏、存在杂散电容、等效电阻过大、频率不良等，与电路相关的原因包括杂散电容离散度大、晶体两端电压不足、电路静态工作点等。

本部分重点介绍晶振的负载电容（Load Capacitance）。它是分别接在晶振的两个引脚和地之间的电容，会影响到晶振的谐振频率和输出幅度。晶振的负载电容 C_L 的计算公式如下：

$$C_L = (C_{L1}\times C_{L2}) / (C_{L1} + C_{L2})+C_{stray}$$

式中，C_{L1}、C_{L2} 为分别接在晶振的两个脚上的电容，C_{stray} 为杂散电容，其值一般为 2～8pF。

各种晶振引脚可以等效为电容三点式振荡器，即晶振的等效电路其实就是一个 RLC 电路。晶振引脚的内部通常是一个反相器，或者是奇数个反相器的串联。在晶振输出引脚 X_O 和晶振输入引脚 X_I 之间用一个电阻连接，对于 CMOS 芯片通常是数兆欧到数十兆欧的电阻。很多芯片的引脚内部已经包含了这个电阻。这个电阻能使反相器在振荡初始时处于线性状态，反相器就如同一个有很大增益的放大器，以便晶振起振。

石英晶体接在晶振的输入引脚和输出引脚之间，等效为一个并联谐振电路。晶振振荡频率是石英晶体的并联谐振频率。石英晶体旁边的两个电容接地，实际上就是电容三点式电路的分压电容，接地点就是分压点。以接地点为参考点，晶振引脚的输入和输出是反相的，但从并联谐振电路即石英晶体两端来看，电路形成了一个正反馈以保证持续振荡。这两个电容值一般是相等的，大小在数皮法到数十皮法之间，依振荡频率和石英晶体的特性而定。

需要注意的是，这两个电容串联后是并联在谐振回路上的，会影响振荡频率。当两个电容值相等时，反馈系数是 0.5，一般是可以满足振荡条件的。但如果晶振不易起振或振荡不稳定可以减小输入端对地的电容值，而增大输出端对地的电容值，提高反馈量，增加稳定性。

一般外接晶振接 15～30pF 的负载电容。为了获取更短的起振时间，输出引脚 X_O 接的电容可以比输入引脚 X_I 接的电容大一点，但这同时也降低了环路增益。这个电容还会对晶振频率产生微弱影响，增大负载电容，振荡频率会微弱减小。一般这两个电容值取成一样的。

在电路设计时，应注意以下几点：

（1）晶振、外接电容要尽量靠近单片机的引脚，使信号线尽可能保持最短。流经晶振的电流一般非常小，如果线路太长，会使晶振对 EMC（电磁兼容）、ESD（静电释放）与串扰非常敏感，而且长线路还会给晶振增加杂散电容。

（2）尽可能将其他时钟线路与频繁切换的信号线路布置在远离晶振的位置。

（3）注意晶振和地之间的走线，将晶振外壳接地。

（4）如果实际的负载电容配置不当，会引起频率误差。有时会使晶振的振荡幅度下降（不在峰点），从而影响信号强度与信噪。当波形出现削峰、畸变等失真时，可调整负载电阻，为负载电阻并联一个 1MΩ左右的反馈电阻，以稳定波形。

11.2　STM32 单片机 RTC 的结构和寄存器

STM32 单片机的 RTC 是一个独立的定时器。RTC 模块拥有一组连续计数的计数器，在相应软件配置下，可提供时钟、日历功能，修改计数器的值可以重新设置系统当前的时间和日期。STM32 单片机内置 RTC 模块的结构如图 11.4 所示。

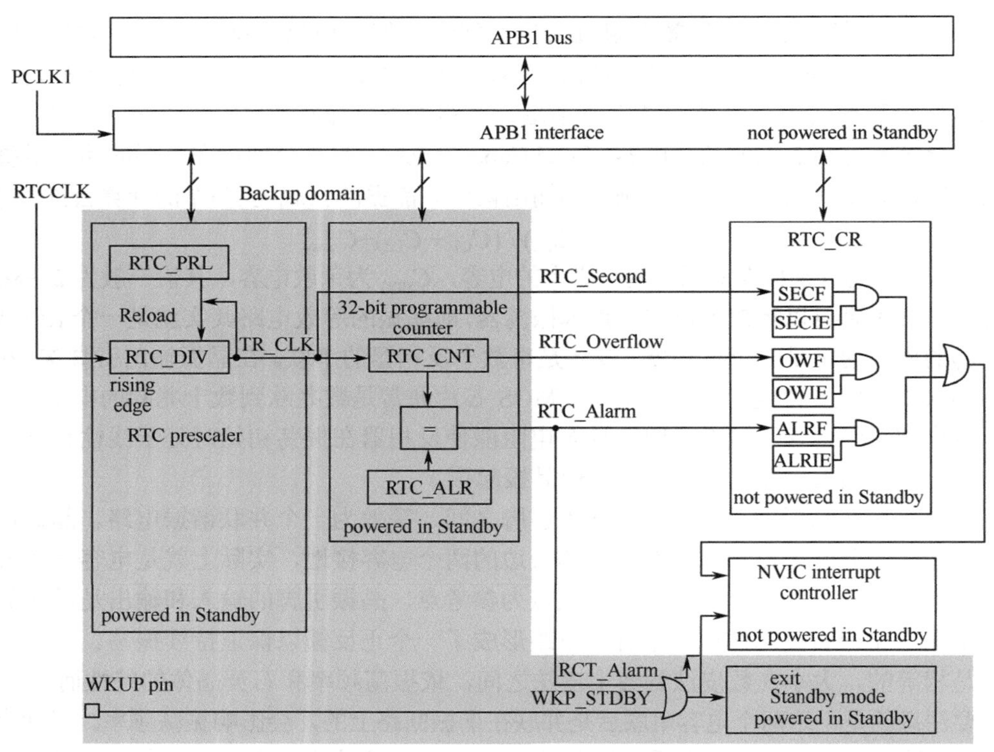

图 11.4　STM32 内置 RTC 模块结构

STM32 单片机内置 RTC 模块，主要特性如下：

（1）支持可编程的预分频系数，最高为 2^{20}。

（2）支持 32 位的可编程计数器，可用于长时间的测量。

（3）支持两个单独的时钟，用于 APB1 端口的 PCLK1 和 RTC（此时 RTC 的频率必须小于 PCLK1 时钟的 1/4）。

（4）可以选择以下三种 RTC 的时钟源：

- HSE（High Speed External）时钟除以 128，即高速外部时钟，接石英/陶瓷谐振器，或者接外部时钟源，频率范围为 4～16MHz。
- LSI（Low Speed Internal）振荡器时钟，即低速内部时钟，频率为 40kHz。
- LSE（Low Speed External）振荡器时钟，即低速外部时钟，接石英晶体，频率为 32.768kHz。

（5）支持两种独立的复位类型：

- APB1 端口由系统复位。
- RTC 核（预分频器、闹钟、计数器和分频器）只能由备份域复位。

（6）支持 3 个专门的可屏蔽中断：

- 闹钟中断，用来产生一个软件可编程的闹钟中断。
- 秒中断，用来产生一个可编程的周期性中断信号（最长可达 1s）。
- 溢出中断，检测内部可编程计数器溢出并回转为 0 状态。

1. RTC 的结构与寄存器设置

RTC 由两部分组成：

一是 APB1 端口，它用来和 APB1 总线相连。APB1 端口以 APB1 总线时钟为时钟。此单元还包含一组 16 位寄存器，可通过 APB1 总线对其进行读/写操作。

二是 RTC 核，它由一系列可编程计数器组成，分成两个主要模块。第一个模块是 RTC 的预分频器，它可编程产生最长为 1s 的 RTC 时间基准 TR_CLK。在每个 TR_CLK 周期中，如果在 RTC_CR 控制寄存器中设置了相应允许位，则 RTC 产生一个中断（秒中断）。第二个模块是一个 32 位的可编程的计数器，它可被初始化为当前的系统时间。系统时间按 TR_CLK 周期累加，并与存储在 RTC_ALR（Alarm）寄存器中的可编程的时间相比较，如果在 RTC_CR 控制寄存器中设置了相应允许位，当两时间相等时，会产生一个闹钟中断。

与 STM32 单片机 RTC 编程有关的寄存器主要如下。

（1）RTC 控制寄存器：RTC_CR，分为高位 RTC_CRH 和低位 RTC_CRL。RTC_CRH 主要用于设置秒中断和报警中断是否使能；RTC_CRL 则用于存放中断标志。

（2）RTC 预分频装载寄存器：RTC_PRL，分为高位 RTC_PRLH 和低位 RTC_PRLL。

（3）RTC 预分频计数余数寄存器：RTC_DIV，分为高位 RTC_DIVH 和低位 RTC_DIVL，这个寄存器存储 RTC 计数器的当前值（余数）。

（4）RTC 计数寄存器：RTC_CNT，分为高位 RTC_CNTH 和低位 RTC_CNTL。

（5）RTC 闹钟寄存器：RTC_ALR，分为高位 RTC_ALRH 和低位 RTC_ALRL。

定义 RTC 寄存器组的结构体是 RTC_TypeDef，在文件 stm32f10x.h 中：

```
/*------------------------ Real-Time Clock ------------------------*/
typedef struct
{
  __IO uint16_t CRH;            //RTC 控制寄存器高位：control register high
  uint16_t RESERVED0;
  __IO uint16_t CRL;            //RTC 控制寄存器低位：control register low
  uint16_t RESERVED1;
  __IO uint16_t PRLH;           //RTC 预分频装载寄存器高位：RTC prescaler load register high
  uint16_t RESERVED2;
  __IO uint16_t PRLL;           //RTC 预分频装载寄存器低位：RTC prescaler load register low
  uint16_t RESERVED3;
  __IO uint16_t DIVH;           //RTC 预分频计数余数寄存器高位：RTC prescaler divider register high
  uint16_t RESERVED4;
  __IO uint16_t DIVL;           //RTC 预分频计数余数寄存器低位：RTC prescaler divider register low
  uint16_t RESERVED5;
  __IO uint16_t CNTH;           //RTC 计数寄存器高位：RTC counter register high
  uint16_t RESERVED6;
  __IO uint16_t CNTL;           //RTC 计数寄存器低位：RTC counter register low
  uint16_t RESERVED7;
  __IO uint16_t ALRH;           //RTC 闹钟寄存器高位：RTC alarm register high
  uint16_t RESERVED8;
  __IO uint16_t ALRL;           //RTC 闹钟寄存器低位：RTC alarm register low
  uint16_t RESERVED9;
```

```
} RTC_TypeDef;
…
#define PERIPH_BASE            ((u32)0x40000000)
…
#define APB1PERIPH_BASE        PERIPH_BASE
…
#define RTC_BASE               (APB1PERIPH_BASE + 0x2800)
…
#ifdef _RTC
  #define RTC                  ((RTC_TypeDef *) RTC_BASE)
#endif
…
```

从上面的宏定义可以看出，RTC 寄存器的存储映射地址从 0x40002800 开始，偏移地址为 0x00～0x24。RTC 的寄存器和复位值见表 11.2。

表 11.2　RTC 的寄存器和复位值表

偏移	寄存器	31	30	29	28	27	26	25	24	23	22	21	20	19	18	17	16	15	14	13	12	11	10	9	8	7	6	5	4	3	2	1	0
000h	RTC_CRH	保留																													OWIE	ALRIE	SECIE
	复位值																														0	0	0
004h	RTC_CRL	保留																										RTOFF	CNF	RSF	OWF	ALRF	SECF
	复位值																											0	0	0	0	0	0
008h	RTC_PRLH	保留																												PRL[19:16]			
	复位值																													0	0	0	0
00Ch	RTC_PRLL	保留																PRL[15:0]															
	复位值																	1	0	0	0	0	0	0	0	0	0	0	0	0	0	0	0
010h	RTC_DIVH	保留																DIV[31:16]															
	复位值																	0	0	0	0	0	0	0	0	0	0	0	0	0	0	0	0
014h	RTC_DIVL	保留																DIV[15:0]															
	复位值																	0	0	0	0	0	0	0	0	0	0	0	0	0	0	0	0
018h	RTC_CNTH	保留																CNT[31:16]															
	复位值																	0	0	0	0	0	0	0	0	0	0	0	0	0	0	0	0
01Ch	RTC_CNTL	保留																CNT[15:0]															
	复位值																	0	0	0	0	0	0	0	0	0	0	0	0	0	0	0	0
020h	RTC_ALRH	保留																ALR[31:16]															
	复位值																	1	1	1	1	1	1	1	1	1	1	1	1	1	1	1	1
024h	RTC_ALRL	保留																ALR[15:0]															
	复位值																	1	1	1	1	1	1	1	1	1	1	1	1	1	1	1	1

2. RTC 晶振和备用电池

系统掉电、复位或进入待机模式（Standby Mode）后，RTC 的数据仍能保存，而且 RTC 还会带有额外的 RAM 或寄存器（也叫备份寄存器）以保存一些应用参数。那么，此时维持

RTC 工作和给数据供电的电源从哪儿来？时钟从哪儿来？

如图 11.5 所示，系统掉电、复位或处于待机模式时，备用电池（3V 纽扣锂电池）给 RTC 和备份寄存器供电，32.768kHz 的石英晶体给 RTC 提供时钟源。在系统上电正常工作时，可以选择 LSE 振荡器作为 RTC 的时钟源，也就是这个晶振。由此可知，STM32 单片机 RTC 的供电和时钟是独立于内核的，RTC 内部寄存器不受系统掉电、复位的影响。可以说 RTC 是 STM32 内部独立的一个外设模块，这从图 11.4 所示的 RTC 模块结构也可以看出来，其时钟独立于 APB1。

虽然 RTC 的供电电源可以选择备用电池或者系统电源，但是选择的系统电源掉电时，RTC 的相关信息不能被保存。

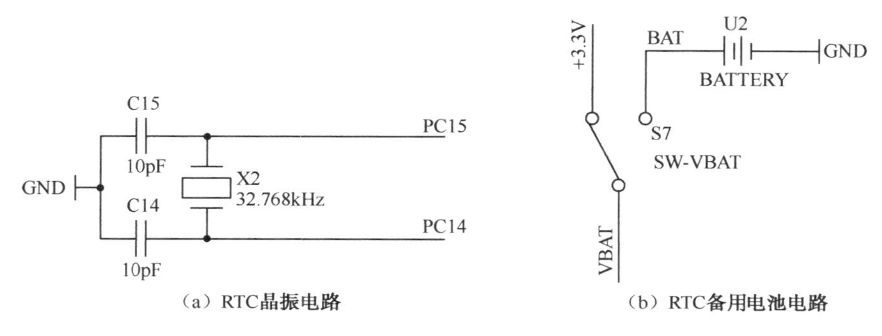

图 11.5　RTC 时钟电路图

时钟源与分频

由于 RTC 没有自带时钟源，但要完成时钟的一些基本功能。因此，必须依靠系统内部时钟或外界给它提供一个时钟频率。STM32 单片机有 LSI 振荡器时钟、HSE 时钟除以 128 或 LSE 振荡器时钟三种时钟源。因为分频系数一般是 2 的 *n* 次幂，前面两种时钟源不能产生 1Hz 整数的秒脉冲，所以 RTC 时钟源一般都是由 32.768kHz 的晶振（LSE）提供的，它正好等于 2^{15}，这样 32.768kHz 的频率经过 15 分频，可以产生约 1Hz 的计时脉冲。

能不能直接用 1Hz 的时钟源？如果这样，那么 1Hz 时钟源的误差会造成 RTC 工作不精确。因此，为了确保 RTC 工作在一个稳定的时钟频率上，避免外界的时钟源有可能会变化或者不适合自己，就需要一个分频器将 32.768kHz 的频率经过 15 分频，产生 1Hz 的计时脉冲，同时 32.768kHz 的频率所带来的误差也会随着分频而变得很小。

RTC 往往还具有写保护功能。当 RTC 写保护功能有效时，备份寄存器和 RTC 的数据被禁止访问。当系统重新上电或从待机模式唤醒时，还要将电源再切换回主电源，备份寄存器、RTC 的访问控制还涉及其他寄存器。因此 STM32 单片机与 RTC 相关的寄存器除了在上面 RTC 专有的存储映射空间中外，还涉及备份寄存器、电源控制寄存器、复位与时钟配置寄存器中相关的位。这点需要注意。

11.3　STM32 单片机的备份寄存器和电源控制寄存器

1．备份寄存器

所有备份寄存器的地址从 0x40006c00 开始，备份寄存器和复位值见表 11.3。这里只列举了 10 个备份寄存器。后 32 个 16 位（仅使用 32 位中的低 16 位）的备份寄存器 BKP_DRx（x=11～42）省略，其结构和复位值与前 10 个一样。

表 11.3 备份寄存器和复位值表

偏移	寄存器	31	30	29	28	27	26	25	24	23	22	21	20	19	18	17	16	15	14	13	12	11	10	9	8	7	6	5	4	3	2	1	0
000h	保留																																
004h	BKP_DR1	保留																D[15:0]															
	复位值																	0	0	0	0	0	0	0	0	0	0	0	0	0	0	0	0
008h	BKP_DR2	保留																D[15:0]															
	复位值																	0	0	0	0	0	0	0	0	0	0	0	0	0	0	0	0
00Ch	BKP_DR3	保留																D[15:0]															
	复位值																	0	0	0	0	0	0	0	0	0	0	0	0	0	0	0	0
010h	BKP_DR4	保留																D[15:0]															
	复位值																	0	0	0	0	0	0	0	0	0	0	0	0	0	0	0	0
014h	BKP_DR5	保留																D[15:0]															
	复位值																	0	0	0	0	0	0	0	0	0	0	0	0	0	0	0	0
018h	BKP_DR6	保留																D[15:0]															
	复位值																	0	0	0	0	0	0	0	0	0	0	0	0	0	0	0	0
01Ch	BKP_DR7	保留																D[15:0]															
	复位值																	0	0	0	0	0	0	0	0	0	0	0	0	0	0	0	0
020h	BKP_DR8	保留																D[15:0]															
	复位值																	0	0	0	0	0	0	0	0	0	0	0	0	0	0	0	0
024h	BKP_DR9	保留																D[15:0]															
	复位值																	0	0	0	0	0	0	0	0	0	0	0	0	0	0	0	0
028h	BKP_DR10	保留																D[15:0]															
	复位值																	0	0	0	0	0	0	0	0	0	0	0	0	0	0	0	0
02Ch	BKP_RTCCR	保留																						ASOS	ASOE	CCO	CAL[6:0]						
	复位值																							0	0	0	0	0	0	0	0	0	0
030h	BKP_CR	保留																														TPAL	TPE
	复位值																															0	0
034h	BKR_CSR	保留																						TIF	TEF	保留					TPIE	CTI	CTE
	复位值																							0	0						0	0	0
038h	保留																																
03Ch	保留																																

其中，偏移地址为 0x00～0x03 的第一个寄存器为芯片预留。接下来的地址存放了 42 个 16 位（仅使用 32 位中的低 16 位）的备份寄存器 BKP_DRx（x=1～42），可用来存储 84 字节的用户应用程序数据：

（1）前 10 个备份寄存器 BKP_DRx（x=1～10）的偏移地址为 0x04～0x28；

（2）后 32 个备份寄存器 BKP_DRx（x=11～42）的偏移地址为 0x40～0xBC。

这两块寄存器组中间区域 0x2C～0x3C 中有 5 个寄存器，前 3 个寄存器如下。

（1）备份 RTC 时钟校准寄存器：BKP_RTCCR（Clock Calibration Register），用于 RTC 校准；

（2）备份控制寄存器：BKP_CR（Control Register），用来管理侵入检测；

（3）备份控制/状态寄存器：BKP_CSR（Control/Status Register）。

后两个寄存器为芯片预留。

当 V_{DD} 电源被切断，备份寄存器仍然由 V_{BAT} 维持供电。当系统在待机模式下被唤醒或系统复位、电源复位时，备份寄存器中的数据也不会被复位，除非进行了侵入检测。

侵入检测

当用电池维持备份寄存器中的内容时，如果在侵入引脚（PC13）上检测到电平变化，就会把备份寄存器的内容清空，以保护重要的数据不被非法窃取。

2．电源控制寄存器

电源控制寄存器的存储映射地址从 0x40007000 开始，电源控制寄存器及电源控制/状态寄存器和复位值见表 11.4。

表 11.4　电源控制寄存器及电源控制/状态寄存器和复位值表

<table>
<tr><th>偏移</th><th>寄存器</th><th>31</th><th>30</th><th>29</th><th>28</th><th>27</th><th>26</th><th>25</th><th>24</th><th>23</th><th>22</th><th>21</th><th>20</th><th>19</th><th>18</th><th>17</th><th>16</th><th>15</th><th>14</th><th>13</th><th>12</th><th>11</th><th>10</th><th>9</th><th>8</th><th>7</th><th>6</th><th>5</th><th>4</th><th>3</th><th>2</th><th>1</th><th>0</th></tr>
<tr><td rowspan="2">000h</td><td>PWR_CR</td><td colspan="23">保留</td><td>DBP</td><td colspan="3">PLS [2:0]</td><td>PVDE</td><td>CSBF</td><td>CWUF</td><td>PDDS</td><td>LPDS</td></tr>
<tr><td>复位值</td><td colspan="23"></td><td>0</td><td>0</td><td>0</td><td>0</td><td>0</td><td>0</td><td>0</td><td>0</td><td>0</td></tr>
<tr><td rowspan="2">004h</td><td>PWR_CSR</td><td colspan="23">保留</td><td>EWUP</td><td colspan="5">保留</td><td>PVD0</td><td>SBF</td><td>WUF</td></tr>
<tr><td>复位值</td><td colspan="23"></td><td>0</td><td colspan="5"></td><td>0</td><td>0</td><td>0</td></tr>
</table>

其中：

（1）电源控制寄存器：PWR_CR（Control Register）；

（2）电源控制/状态寄存器：PWR_CSR（Control/Status Register）。

PWR_CR[8]即 DBP 位，用来设置对备份寄存器和 RTC 的访问。在复位后，RTC 和备份寄存器处于被保护状态，以防止被意外写入。设置这位，可以允许访问数据到 RTC 和备份寄存器。

若 DBP = 0，则禁止访问 RTC 和备份寄存器；

若 DBP = 1，则允许访问 RTC 和备份寄存器。

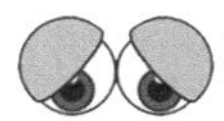

注意：如果 RTC 的时钟源选择为 HSE/128，该位必须保持为 1。

3．相关的复位与时钟配置寄存器

表 11.5 给出了与 RTC 相关的两个复位与时钟配置寄存器和复位值，它们分别是：

（1）外设时钟使能寄存器：RCC_APB1ENR（APB1 Enable Register）；

（2）备份域控制寄存器：RCC_BDCR（Backup Domain Control Register）。

表 11.5　复位与时钟配置寄存器和复位值表

偏移	寄 存 器	31	30	29	28	27	26	25	24	23	22	21	20	19	18	17	16	15	14	13	12	11	10	9	8	7	6	5	4	3	2	1	0
01Ch	RCC_APBIENR	保留		DACRST	PWREN	BKPEN	保留	CANEN	保留	USBEN	12C2EN	12CIEN	UART5EN	UART4EN	USART3EN	USART2EN	保留	SPI3EN	SPI2EN	保留		WWDGEN	保留					TIM7EN	TIM6EN	TIM5EN	TIM4EN	TIM3EN	TIM2EN
	复位值			0	0	0		0		0	0	0	0	0	0	0		0	0			0						0	0	0	0	0	0
020h	RCC_BDCR	保留															BDRST	RTCEN	保留					RTC SEL [1:0]		保留					LSEBYP	LSERDYF	LSEON
	复位值																0	0						0	0						0	0	0

RCC_APB1ENR[28]即 PWREN，用来设置电源端口时钟使能（Power Interface Clock Enable）：

若 PWREN＝0，则电源端口时钟关闭；

若 PWREN＝1，则电源端口时钟开启。

RCC_APB1ENR[27]即 BKPEN，用来设置备份端口时钟使能（Backup Interface Clock Enable）：

若 BKPEN＝0，则备份端口时钟关闭；

若 BKPEN＝1，则备份端口时钟开启。

RCC_BDCR[15]即 RTCEN，用来设置 RTC 使能（RTC Enable）：

若 RTCEN＝0，则 RTC 关闭；

若 RTCEN＝1，则 RTC 开启。

RCC_BDCR[9:8]即 RTCSEL[1:0]，用来设置 RTC 时钟源选择（RTC Clock Source Selection）。一旦 RTC 时钟源被选定，直到下次备份域被复位，它都不能被改变。可通过设置 BDRST [16]（BDRST 全称为 Backup Domain Software Reset）来清除。RTC 时钟源选择如下：

若 RTCSEL[1:0]＝00，则无时钟源；

若 RTCSEL[1:0]＝01，则 LSE 振荡器作为 RTC 时钟源；

若 RTCSEL[1:0]＝10，则 LSI 振荡器作为 RTC 时钟源；

若 RTCSEL[1:0]＝11，则 HSE 振荡器在 128 分频后作为 RTC 时钟源。

4．注意事项

在系统重新上电或从待机模式唤醒后，RTC 的设置和时间维持不变。重新上电后，对备份寄存器和 RTC 的访问被禁止，以防止对备份寄存器的意外写操作。执行以下操作后，将使能访问备份寄存器和 RTC：

（1）设置 RCC_APB1ENR 的 PWREN 和 BKPEN 位，使能电源和备份端口时钟；

（2）设置 PWR_CR 的 DBP 位，使能对备份寄存器和 RTC 的访问。

STM32 单片机复位分为系统复位、电源复位、备份域复位

系统复位时，复位除 RTC_CR 复位标志和备份寄存器以外的所有寄存器。系统复位由 NRST 引脚低电平（外部复位）、窗口看门狗复位（WWDG Reset）、独立看门狗复位（IWDG Reset）、软件复位（SW Reset）和低功耗管理复位等原因引起。

电源复位由上电/掉电（POR 和 PDR）和从待机模式唤醒引起。电源复位将复位除备份寄存器外的所有寄存器。

备份域复位由软件备份域复位和电源备份域复位两种原因引起。软件备份域复位是指设置 RCC_BDCR 中的 BDRST 位来触发软件复位；电源备份域复位是指 V_{DD} 和 V_{BAT} 都掉电时，其中一个突然上电引起的复位。

任务 2　编写 RTC 程序

下面介绍 STM32 单片机 RTC 的配置流程。

（1）设置 RCC_APB1ENR 的 PWREN 和 BKPEN 位，开启电源端口和备份端口时钟。

（2）设置 PWR_CR 的 DBP 位为 1，以允许访问备份寄存器和 RTC。因为程序要对 RTC 和备份寄存器进行操作，所以必须使能 RTC 和备份寄存器的访问（复位时是关闭的）。

（3）使能 LSE 振荡器时钟，选择 LSE 为 RTC 时钟源，并使能 RTC。

（4）使能秒中断。程序可以在秒中断服务程序中设置标志位来通知主程序是否更新时间显示，并当 32 位计数器计到 86400（0x15180）时，即 23:59:59 之后的 1 秒时，将 RTC_CNT 清零。

（5）设置 RTC 预分频器产生秒脉冲。由于 1 秒的时间基准 TR_CLK=RTCCLK/(RTC_PRL+1)，因此设置分频系数 RTC_PRL 为 2^{15} 来产生秒脉冲。

（6）设定当前的时间。

这里要注意：因为系统内核通过 RTC 的 APB1 端口来访问 RTC 内部寄存器，所以在上电复位或者从待机模式唤醒后，要先对 RTC 与 APB1 时钟进行重新同步，在同步完成后再对其进行操作。上电复位或者从待机模式唤醒后，程序开始运行，RTC 的 API 接口使用系统 APB1 的时钟。另外，在对 RTC 寄存器操作之前，应判断读/写操作是否完成。

下面的程序为系统时间显示程序。

例程：RTC.c

```
#include "HelloRobot.h"

char TimeDisplay = 0;

#define   Hours      11
#define   Minutes    40
#define   Seconds    30

u32 Time_Regulate(void)
{
  u32 Tmp_HH,Tmp_MM,Tmp_SS;
  Tmp_HH = Hours;
  Tmp_MM = Minutes;
  Tmp_SS = Seconds;

  /* Return the value to store in RTC counter register */
  return((Tmp_HH*3600 + Tmp_MM*60 + Tmp_SS));
```

```
}

void Time_Display(u32 TimeVar)
{
  u32 THH = 0, TMM = 0, TSS = 0;
  THH = TimeVar/3600;                    /* Compute hours */
  TMM = (TimeVar % 3600)/60;             /* Compute minutes */
  TSS = (TimeVar % 3600)% 60;            /* Compute seconds */
  printf("Time: %0.2d:%0.2d:%0.2d\r\n",THH, TMM, TSS);
}

void RTC_Configuration()
{
   /* Enable PWR and BKP clocks，开启电源端口和备份端口的时钟 */
  RCC_APB1PeriphClockCmd(RCC_APB1Periph_PWR | RCC_APB1Periph_BKP, ENABLE);

  PWR_BackupAccessCmd(ENABLE);        //允许访问备份域

  /* Reset Backup Domain */
  BKP_DeInit();                                //备份域复位

  /* Enable LSE，使能 LSE：32.768kHz*/
  RCC_LSEConfig(RCC_LSE_ON);

  /* Wait till LSE is ready，等待 LSE 稳定，如果晶振有问题，这里可能出现死循环*/
  //while(RCC_GetFlagStatus(RCC_FLAG_LSERDY) == RESET);

  RCC_RTCCLKConfig(RCC_RTCCLKSource_LSE); //选择 LSE 作为 RTC 时钟源
  RCC_RTCCLKCmd(ENABLE);                          //RTC 时钟源开启

  //开启 RTC 时钟源后，需要等待 APB1 时钟与 RTC 同步，再读/写寄存器
  //RTC_WaitForSynchro();   //可能出现死循环

  /* Wait until last write operation on RTC registers has finished */
  //读/写寄存器前，要确定上一个操作已经结束
  //RTC_WaitForLastTask();                          //可能出现死循环

  RTC_ITConfig(RTC_IT_SEC, ENABLE);               //使能秒中断

  //RTC_WaitForLastTask();                          //可能出现死循环

  /* 设置 RTC 分频器，使 RTC 频率为 1Hz */
  RTC_SetPrescaler(32767);   //RTC period = RTCCLK/RTC_PR = (32.768 KHz)/(32767+1)

  /* Wait until last write operation on RTC registers has finished */
```

```
    RTC_WaitForLastTask();                                  //可能出现死循环

    /* Change the current time */
    RTC_SetCounter(Time_Regulate());                        //设置时间

    BKP_WriteBackupRegister(BKP_DR1, 0x5A5A);
  }

char RTC_Configuration_Flag()
{
  if(BKP_ReadBackupRegister(BKP_DR1) != 0x5A5A) return 1;
  else return 0;
}

int main(void)
{
  BSP_Init();
  USART_Configuration();

  if(RTC_Configuration_Flag())
  RTC_Configuration();

  printf("Program Running! \r\n ");

  RTC_ITConfig(RTC_IT_SEC, ENABLE);                         //使能秒中断

  //Clear reset flag：给 RCC_CSR 的位 24（RMVF）置 1 来清除所有复位标志
  RCC_ClearFlag();

  while(1)
  {
    if(TimeDisplay == 1)        /*到了 1s 时
    {
      Time_Display(RTC_GetCounter());                       /*显示当前时间*/
      TimeDisplay = 0;
    }
  }
}
```

stm32f10x_it.c 文件中包含 RTC 秒中断服务函数，程序如下：

```
extern char TimeDisplay;
...
void RTC_IRQHandler(void)
{
  if(RTC_GetITStatus(RTC_IT_SEC) != RESET)
```

```
    {
        RTC_ClearITPendingBit(RTC_IT_SEC);        //清除秒中断标志位

        /* Toggle led connected to PD7 pin each 1s */
        GPIO_WriteBit(GPIOD, GPIO_Pin_7, (BitAction)(1-GPIO_ReadOutputDataBit(GPIOD,
GPIO_Pin_7)));

        TimeDisplay = 1;          /* 使能时间更新 */

        /* 等待最后一次写操作完成 */
        RTC_WaitForLastTask();
        /* 23:59:59 时复位 RTC 计数器*/
        if(RTC_GetCounter() == 0x00015180)
        {
          RTC_SetCounter(0x0);
          RTC_WaitForLastTask();
        }
    }
}
```

RTC.c 是如何工作的

程序运行结果如图 11.6 所示。程序通过宏定义来设置当前时间（时、分、秒）。在对机器人控制板初始化后，进行 RTC 设置和串口初始化，并使能 RTC 的秒中断。当到了 1s 时，程序读取 32 位可编程计数器的值以获取时钟信息，通过串口向计算机发送数据，显示时钟。在 RTC 秒中断服务函数中，通过设置标志位来通知主程序更新时间显示，之后清除标志位，等下一次秒中断到来后，再次更新显示的时间。

在 RTC 秒中断服务函数中，每隔 1s 通过交替控制 LED 的亮灭来表明中断。另外，要注意在程序中清除秒中断标志位。

图 11.6　程序运行结果

注意：可以通过向备份寄存器写固定的数据来判断每次运行时是否需要重新配置 RTC。当备份寄存器中的数据已知时，表明系统掉电期间 RTC 是正常运行的，备用电池有电，在系统复位或重新上电后，都无须重新配置 RTC，从而避免了每次运行程序时重新设置当前时间。如果备份寄存器中的数据不是已知的，则表明 RTC 的数据已变化，需要重新配置 RTC。

当无须重新配置 RTC 时，注意仍需使用 RTC_ITConfig()库函数使能秒中断。因为系统复位或重新上电后，将复位除备份寄存器以外的所有寄存器，RTC_CR 的值恢复为 0x0000，所以需要重新使能秒中断。

常见问题

如果 RTC 的晶振电路出现问题，程序运行可能会停在上面例程中注释为“可能出现死循环”的语句处。这种情况有可能是“晶振停振”了。前面介绍了晶振停振主要是由电路板的杂散电容造成的。因此，RTC 外部晶振和匹配电容的选择很重要，外接的两个电容不要超过 15pF，晶振电路的负载电容不能为 12.5pF。

系统晶振停振也是这样的，系统时钟 HSE 的稳定取决于稳定的外接晶振（如 8MHz 晶振）。在设计一个高可靠性的系统，尤其是设计带有睡眠唤醒（往往用低电压以求低功耗）功能的系统时，晶振的选择非常重要。低电压提供给晶振的激励功率少，可能造成晶振起振很慢或根本就不能起振。这一现象在上电复位时并不是特别明显，原因是上电时电路有足够的扰动，很容易建立振荡，而且用备用电池供电时，RTC 计时也可能正常，但在从待机模式唤醒的一瞬间，电路的扰动要比外接电源上电时小得多，起振变得困难，就很容易出现晶振停振，造成程序运行死机。

另外，STM32 单片机内置的 RTC 没有年、月、周、日、时、分、秒等独立的时间寄存器及闰年补偿，因此在使用时会复杂一些，需要在程序中进行计算。这时可以用一些专用的 RTC 芯片，串行的如 Dallas 的 DS1302，Philips（NXP）的 PCF8563 和 Intersil 的 ISL1208，并行的如 Dallas 的 DS12887。这些 RTC 芯片的有效范围为 0～99 年，具有年、月、周、日、时、分、秒等时间寄存器，且能自动识别闰年。

任务 3　RTC 时间设置编程

上面的程序中，我们通过在备份寄存器中保存一些参数，来判断是否需要重新配置 RTC 值。只要备用电池有电，保存在备份寄存器中的参数就不会变化，说明 RTC 正常运行，当系统复位或重新上电后，无须重新设置时间。而当保存在备份寄存器中的参数发生了变化时，说明备用电池可能没电了或被取出过，这时就需要重新设置时间。这与计算机的主板时间设置类似。同时，上面的程序只能通过修改程序代码（宏）来达到设置 RTC 当前时间的目的，如何使程序可以灵活地根据用户的输入来设置时间呢？就如同我们可以通过键盘更改计算机或手机上的时间一样。下面的程序实现 RTC 时间设置。

例程：Set_RTC.c

```
#include "stm32f10x.h"
#include "HelloRobot.h"
char TimeDisplay = 0;
```

```
/******************************************************************************
* Function Name    : USART_Scanf
* Description      : Gets numeric values from the hyperterminal.
******************************************************************************/
u8 USART_Scanf(u32 value)
{
  u32 index = 0;
  u32 tmp[2] = {0, 0};

  while(index < 2)
  {
    /* 循环，直到 RXNE = 1 */
    while(USART_GetFlagStatus(USART1, USART_FLAG_RXNE) == RESET) {   }
    tmp[index++] = (USART_ReceiveData(USART1));
    if( (tmp[index - 1] < 0x30) || (tmp[index - 1] > 0x39) )
    {
      printf("\r\nPlease enter valid number between 0 and 9");
      index--;
    }
  }
  /* 计算对应的值 */
  index = (tmp[1] - 0x30) + ((tmp[0] - 0x30) * 10);

  if(index > value)     //对输入的数进行校验，不能超过时、分、秒的范围
  {
    printf("\r\n Please enter valid number between 0 and %d", value);
    printf("\r\n Please enter again ");
    return 0xFF;
  }
  return index;
}
/******************************************************************************
* Function Name    : Time_Regulate
* Description      : Returns the time entered by user, using hyperterminal.
* Return           : Current time RTC counter value
******************************************************************************/
u32 Time_Regulate(void)
{
  u32 Tmp_HH = 0xFF, Tmp_MM = 0xFF, Tmp_SS = 0xFF;

  printf("\r\n=====Time Settings=====");
  printf("\r\n Please Set Hours(00-23)");
  while(Tmp_HH == 0xFF)      Tmp_HH = USART_Scanf(23);
  printf(":   %d", Tmp_HH);
```

```
    printf("\r\n Please Set Minutes");
    while(Tmp_MM == 0xFF)     Tmp_MM = USART_Scanf(59);
    printf(":   %d", Tmp_MM);

    printf("\r\n Please Set Seconds");
    while(Tmp_SS == 0xFF)     Tmp_SS = USART_Scanf(59);
    printf(":   %d", Tmp_SS);

    /* 返回值存储在 RTC 计数器寄存器中 */
    return((Tmp_HH*3600 + Tmp_MM*60 + Tmp_SS));
}
/*******************************************************************************
* Function Name    : Time_Adjust
* Description      : Adjusts time.
*******************************************************************************/
void Time_Adjust(void)
{
    RTC_SetCounter(Time_Regulate());        /* 改变当前时间 */
}

void RTC_Configuration()
{
    RCC_APB1PeriphClockCmd(RCC_APB1Periph_PWR | RCC_APB1Periph_BKP, ENABLE);
    PWR_BackupAccessCmd(ENABLE);          //备份域解锁
    BKP_DeInit();                         //备份寄存器模块复位
    RCC_LSEConfig(RCC_LSE_ON);
    RCC_RTCCLKConfig(RCC_RTCCLKSource_LSE);
    RCC_RTCCLKCmd(ENABLE);

    RTC_ITConfig(RTC_IT_SEC, ENABLE);
    RTC_SetPrescaler(32767);              //RTCCLK/RTC_PRL = (32.768 kHz)/(32767+1)
    RTC_WaitForLastTask();
    RTC_SetCounter(Time_Regulate());
}

void Time_Display(u32 TimeVar)
{
    u32 THH = 0, TMM = 0, TSS = 0;
    THH = TimeVar/3600;
    TMM = (TimeVar % 3600)/60;
    TSS = (TimeVar % 3600)% 60;
    printf("\r\nTime: %0.2d:%0.2d:%0.2d",THH, TMM, TSS);
}
```

```
int main(void)
{
    BSP_Init();
    USART_Configuration();
    if(BKP_ReadBackupRegister(BKP_DR1) != 0x5A5A)
    {  /* Backup data register value is not correct or not yet programmed (when
       the first time the program is executed) */
    printf("\r\n\n RTC not yet configured...");

    RTC_Configuration();           /* RTC Configuration */
    printf("\r\n RTC configured...");
    BKP_WriteBackupRegister(BKP_DR1, 0x5A5A);   //向备份寄存器中写数据
    }
    else
    {
    /* 检验上电标志位是否置位 */
    if(RCC_GetFlagStatus(RCC_FLAG_PORRST) != RESET)
    {
      printf("\r\n\n Power On Reset occurred...");
    }
    /* 检验复位标志位是否置位 */
    else if(RCC_GetFlagStatus(RCC_FLAG_PINRST) != RESET)
    {
      printf("\r\n\n External Reset occurred...");
    }
    printf("\r\n No need to configure RTC...");

    RTC_ITConfig(RTC_IT_SEC, ENABLE);      /*使能秒中断*/
  }

  //Clear reset flag：给 RCC_CSR 的位 24（RMVF）置 1 来清除所有复位标志位
  RCC_ClearFlag();
  while(1)
  {
    if(TimeDisplay == 1)                          //到了 1s 时
    {
      Time_Display(RTC_GetCounter());
      TimeDisplay = 0;
    }
  }
}
```

stm32f10x_it.c 文件中的 RTC 秒中断服务函数同前（略）。运行这个程序，可以通过串口调试软件来设定当前的时间，程序运行结果如图 11.7 所示。

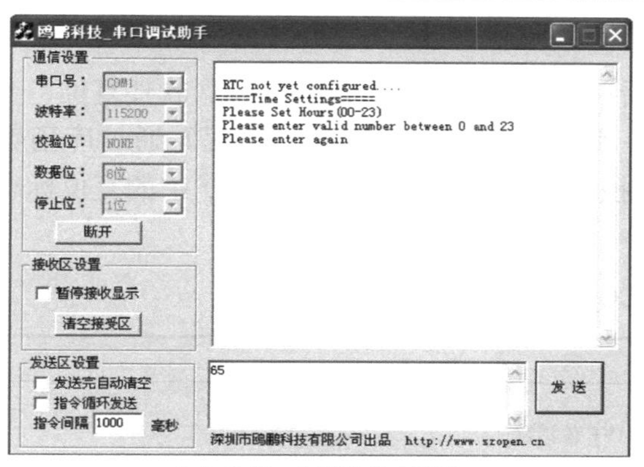

（a）设置一个错误的小时值

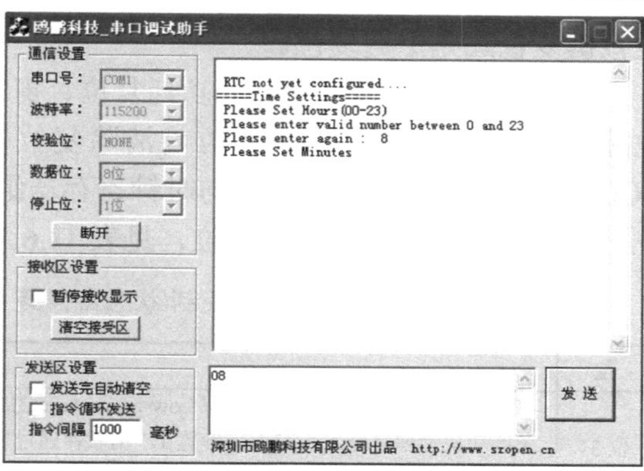

（b）设置一个正确的小时值（两位数）

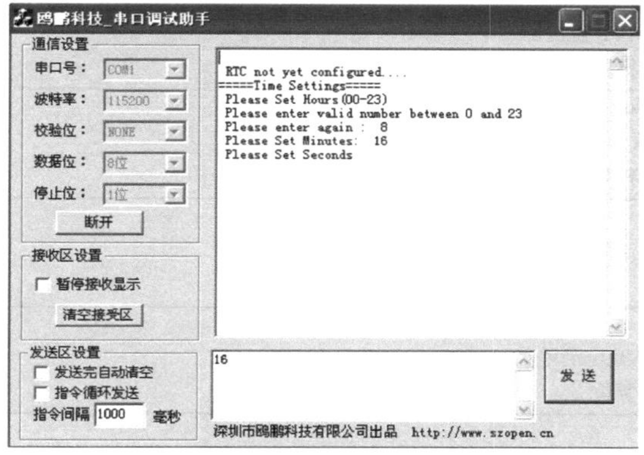

（c）设置一个正确的分钟值

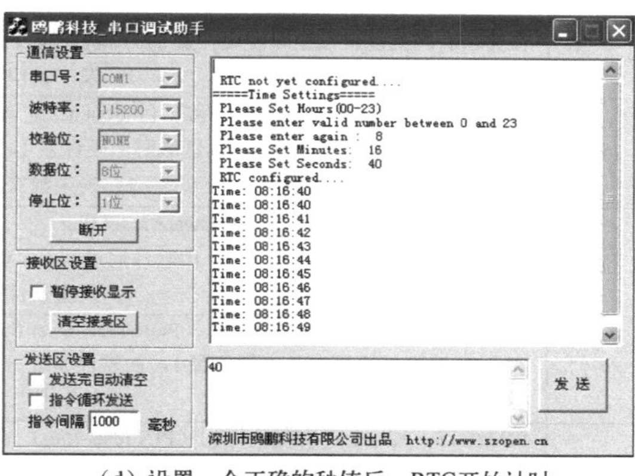

（d）设置一个正确的秒值后，RTC开始计时

（e）按复位键后的程序运行结果

（f）重新上电后的程序运行结果

图 11.7　程序运行结果

Set_RTC.c 是如何工作的

Set_RTC.c 与 RTC.c 有两个区别：

（1）函数 Time_Regulate()通过 USART_Scanf 获得用户输入，并对输入的数据进行校验判断，判断其是否超出了时、分、秒的范围。

（2）主函数在初次设置 RTC 时，使用库函数 BKP_WriteBackupRegister()向备份寄存器（BKP_DR1）写入某个数据（0x5A5A）。当复位时，使用库函数 BKP_ReadBackupRegister()读取这个值，来判断是否进行 RTC 配置。若没有变化，则不用重新配置 RTC，并进一步判断是按键复位还是上电复位。

STM32 单片机复位包括低功耗复位、窗口看门狗复位、独立看门狗复位、软件复位、上电/掉电复位、NRST 引脚复位、清除复位等。那么如何判断是哪种复位呢？通过库函数 RCC_GetFlagStatus()查询复位与时钟寄存器组中控制/状态寄存器（RCC_CSR）中的复位标志位，就可以知道发生了哪种复位，见表 11.6。

表 11.6　控制/状态寄存器（RCC_CSR）中的复位标志位

位	说　明
位 31	LPWRRSTF：低功耗复位标志（Low-power reset flag） 在低功耗管理复位发生时由硬件置 1，由软件通过写 RMVF 位清除 0：无低功耗管理复位发生　　1：发生低功耗管理复位
位 30	WWDGRSTF：窗口看门狗复位标志（Window watchdog reset flag） 在窗口看门狗复位发生时由硬件置 1，由软件通过写 RMVF 位清除 0：无窗口看门狗复位发生　　1：发生窗口看门狗复位
位 29	IWDGRSTF：独立看门狗复位标志（Independent watchdog reset flag） 在独立看门狗复位发生在 VDD 区域时由硬件置 1，由软件通过写 RMVF 位清除 0：无独立看门狗复位发生　　1：发生独立看门狗复位
位 28	SFTRSTF：软件复位标志（Software reset flag） 在软件复位发生时由硬件置 1，由软件通过写 RMVF 位清除 0：无软件复位发生　　1：发生软件复位
位 27	PORRSTF：上电/掉电复位标志（POR/PDR reset flag） 在上电/掉电复位发生时由硬件置 1，由软件通过写 RMVF 位清除 0：无上电/掉电复位发生　　1：发生上电/掉电复位
位 26	PINRSTF：NRST 引脚复位标志（PIN reset flag） 在 NRST 引脚复位发生时由硬件置 1，由软件通过写 RMVF 位清除 0：无 NRST 引脚复位发生　　1：发生 NRST 引脚复位
位 25	保留，读操作返回 0
位 24	RMVF：清除复位标志（Remove reset flag） 由软件置 1 来清除复位标志 0：无作用　　1：清除复位标志

该你了！

上面的程序是通过串口调试软件设置 RTC，将当前准确的时间信息设置到 STM32 单片机的 RTC 寄存器中。当系统复位或重新上电后，无须重新设置时间（除非备用电池没电了或被取出）。

在嵌入式产品上，经常还需要将时间信息显示出来。请读者根据第 8 章中的例程 LCDdisplay.c，编写运行结果如图 11.8 所示的时间显示程序 LCD_RTC.c。

图 11.8　RTC 在 LCD 上显示

例程：LCD_RTC.c

此处仅列出 Time_Display()函数的代码，完整程序参见本书配套资源包。注意，为了在 LCD 上显示时间值，需要分离出时间的十位和个位数字，并将其转换为字符 ASCII 码。

```
void Time_Display(u32 TimeVar)
{
  u8 THH = 0, TMM = 0, TSS = 0;
  THH = TimeVar/3600;
  TMM = (TimeVar % 3600)/60;
  TSS = (TimeVar % 3600)% 60;
  printf("\r\nTime: %0.2d:%0.2d:%0.2d",THH, TMM, TSS);

  Display_List_Char(0, 0, "The Real Time is:");
  Set_xy_LCM(1,0);
  Write_Data_LCM(THH/10+'0');          //小时的十位，数字+0x30=对应字符 ASCII 码
  Write_Data_LCM(THH%10+'0');          //小时的个位
  Write_Data_LCM(':');
  Write_Data_LCM(TMM/10+'0');          //分钟的十位
  Write_Data_LCM(TMM%10+'0');          //分钟的个位
  Write_Data_LCM(':');
  Write_Data_LCM(TSS/10+'0');          //秒的十位
  Write_Data_LCM(TSS%10+'0');          //秒的个位
}
```

任务 4　闹钟提醒机器人编程

在本任务中，读者将搭建一个具有闹钟提醒功能的机器人。任务用到的元器件包括 1 个蜂鸣器、1 个 9013 三极管、2 个 100Ω 电阻（色环：棕—黑—黑—黑）。

1．搭建蜂鸣器闹钟提醒电路

参照图 11.9（a）所示电路，在机器人控制板的面包板上搭建实际电路［如图 11.9（b）所示］。实际搭建电路时注意：

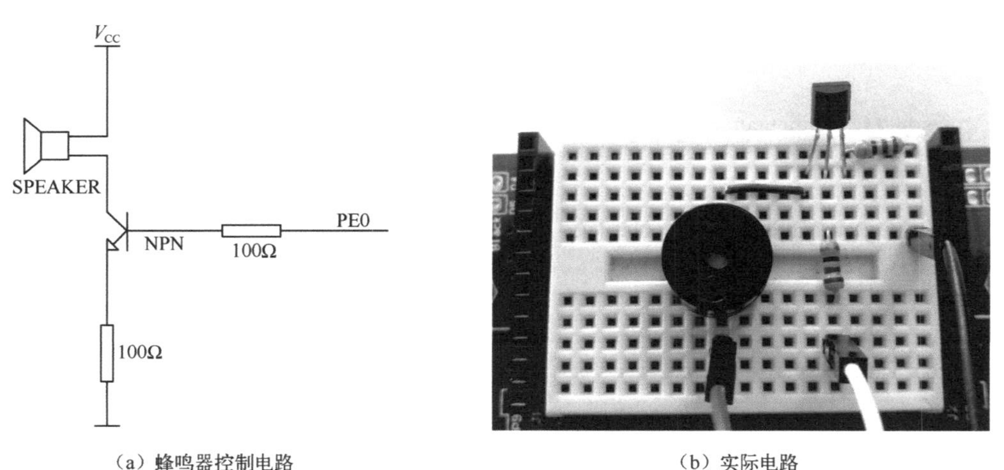

（a）蜂鸣器控制电路　　（b）实际电路

图 11.9　蜂鸣器闹钟提醒电路

（1）确认面包板电源断开，搭建好电路后，再打开电源开关；

（2）蜂鸣器控制引脚是 PE0；

（3）蜂鸣器引脚长的是正极（+），短的是负极（-）。

电路搭建好后，编写程序实现闹钟提醒功能，程序如下。

例程：RTC_ALR.c

```
#include "stm32f10x.h"
#include "HelloRobot.h"
char TimeDisplay = 0, AlarmFlag = 0;

#define   Hours   16
#define   Minutes 50
#define   Seconds   36
#define   Hours_ALR     16
#define   Minutes_ALR     50
#define   Seconds_ALR     40

u32 Time_Regulate(void)
{
  …      //同前，略
}

u32 Time_ALR(void)
{
  u32 Tmp_HH_ALR = 0xFF, Tmp_MM_ALR = 0xFF, Tmp_SS_ALR = 0xFF;

  Tmp_HH_ALR = Hours_ALR;
  Tmp_MM_ALR = Minutes_ALR;
  Tmp_SS_ALR = Seconds_ALR;

  /* Return the value to store in RTC counter register */
  return((Tmp_HH_ALR*3600 + Tmp_MM_ALR*60 + Tmp_SS_ALR));
}

void RTC_Configuration()
{
  …      //同前，略
  RTC_SetCounter(Time_Regulate());              //设置当前时间
  RTC_SetAlarm(Time_ALR());                     //设置报警时间
}

void Time_Display(u32 TimeVar)
{
  …      //同前，略
}
```

```
int main(void)
{
  BSP_Init();
  RTC_Configuration();
  USART_Configuration();
  printf("\r\nProgram Running!");

  RTC_ITConfig(RTC_IT_SEC, ENABLE);        //使能秒中断
  RTC_ITConfig(RTC_IT_ALR, ENABLE);        //使能报警中断
  RCC_ClearFlag();                          //清除标志

  while(1)
  {
    if(TimeDisplay == 1)                    /*到了 1s 时*/
    {
      Time_Display(RTC_GetCounter());       //显示当前时间
      TimeDisplay = 0;

      if(GPIO_ReadInputDataBit(GPIOC, GPIO_Pin_13)==0)
          GPIO_SetBits(GPIOC, GPIO_Pin_13);
      else
          GPIO_ResetBits(GPIOC,GPIO_Pin_13);
    }
    if(AlarmFlag == 1)                      /*报警时间到*/
    {
      printf("\r\nAlarm Open!");
      GPIO_SetBits(GPIOE, GPIO_Pin_0);      //报警
      AlarmFlag = 0;
    }
  }
}
```

stm32f10x_it.c 文件中的 RTC 秒中断服务函数如下：

```
extern char TimeDisplay;
extern char AlarmFlag;
...
void RTC_IRQHandler(void)
{
  if(RTC_GetITStatus(RTC_IT_SEC) != RESET)
  {
    RTC_ClearITPendingBit(RTC_IT_SEC);      //清除秒中断标志位
    TimeDisplay = 1;

    RTC_WaitForLastTask();
    if(RTC_GetCounter() == 0x00015180)
    {
```

```
            RTC_SetCounter(0x0);
            RTC_WaitForLastTask();
        }
    }

    if(RTC_GetITStatus(RTC_IT_ALR) != RESET)
    {
        RTC_ClearITPendingBit(RTC_IT_ALR);      //清除报警中断
        AlarmFlag = 1;
        GPIO_SetBits(GPIOB, GPIO_Pin_8);        //LED 关闭
    }
}
```

2. RTC_ALR.c 是如何工作的

程序运行结果如图 11.10 所示。

（1）主函数不仅使能了秒中断，还使能了报警中断。如果设置的时间到了，那么蜂鸣器将报警。

（2）由于秒中断和报警中断共用一个中断服务函数，因此在 RTC 秒中断服务函数中，要先查询是哪个中断引起了中断响应，然后才能做相应处理。在中断服务函数的报警中断处理代码中，我们可以通过改变某个 LED（接在 PB8 引脚上）的状态来表明是否进入了中断。这种方法在调试中断程序时常用。

图 11.10　程序运行结果

11.4　STM32 单片机的侵入检测

当用备用电池维持备份寄存器中的内容时，如果在侵入检测引脚 TAMPER（PC13）上检测到电平变化，那么会把备份寄存器中的内容清空，以保护重要的数据不被非法窃取。

当 TAMPER 引脚上的信号从 0 变成 1 或者从 1 变成 0（取决于备份控制寄存器 BKP_CR

的 TPAL 位）时，会产生一个侵入事件。侵入事件将所有备份寄存器中的内容清除。

为了避免丢失侵入事件，侵入检测信号是边沿检测的信号与侵入检测允许位的“逻辑与”，所以在侵入检测引脚被允许前发生的侵入事件也可以被检测到。

（1）当 TPAL=0 时，如果在启动侵入检测 TAMPER 引脚前（通过设置 TPE 位）该引脚已经为高电平，一旦启动侵入检测功能，就会产生一个额外的侵入事件（尽管在 TPE 位置 1 后并没有出现上升沿）。

（2）当 TPAL=1 时，如果在启动侵入检测引脚 TAMPER 前（通过设置 TPE 位）该引脚已经为低电平，一旦启动侵入检测功能，就会产生一个额外的侵入事件（尽管在 TPE 位置 1 后并没有出现下降沿）。

设置备份控制/状态寄存器 BKP_CSR 的 TPIE 位为 1，当检测到侵入事件时，会产生一个中断。在一个侵入事件被检测到并被清除后，侵入检测引脚 TAMPER 应该被禁止。然后，在再次写入备份数据寄存器前重新用 TPE 位启动侵入检测功能。这样，可以阻止软件在侵入检测引脚上仍然有侵入事件时对备份数据寄存器进行写操作。这相当于对侵入检测引脚 TAMPER 进行电平检测。

注意： 当 V_{DD} 电源断开时，侵入检测功能仍然有效。为了避免不必要的备份寄存器复位，TAMPER 引脚应该在片外连接到正确的电平上。

任务 5　侵入检测编程

实现侵入检测功能的程序如下。

例程：TAMPER.c

```
#include "stm32f10x.h"
#include "HelloRobot.h"

int main(void)
{
  NVIC_InitTypeDef NVIC_InitStructure;

  BSP_Init();
  USART_Configuration();
  printf("\r\nProgram Running!");

  /* Enable TAMPER IRQChannel */
  NVIC_InitStructure.NVIC_IRQChannel = TAMPER_IRQChannel;
  NVIC_InitStructure.NVIC_IRQChannelPreemptionPriority = 0;
  NVIC_InitStructure.NVIC_IRQChannelSubPriority = 0;
  NVIC_InitStructure.NVIC_IRQChannelCmd = ENABLE;
  NVIC_Init(&NVIC_InitStructure);

  /* Enable PWR and BKP clock */
  RCC_APB1PeriphClockCmd(RCC_APB2Periph_ALL |RCC_APB1Periph_ALL, ENABLE);

  BKP_DeInit();
```

```
    /* Enable write access to Backup domain */
    PWR_BackupAccessCmd(ENABLE);

    /* Clear Tamper pin Event(TE) pending flag */
    BKP_ClearFlag();

    /* Tamper pin active on low level */
    BKP_TamperPinLevelConfig(BKP_TamperPinLevel_Low);

    /* Enable Tamper pin */
    BKP_TamperPinCmd(ENABLE);

    /* Enable Tamper interrupt */
    BKP_ITConfig(ENABLE);

    /* Write data to Backup DRx registers */
    BKP_WriteBackupRegister(BKP_DR1,0xA53C);

    printf("\r\nThe Data in the BKP_DR1 is 0x%.4X",BKP_ReadBackupRegister(BKP_DR1));

    GPIO_SetBits(GPIOD, GPIO_Pin_7);

    while(1)
    {
      if(BKP_ReadBackupRegister(BKP_DR1) == 0)
      {
          GPIO_ResetBits(GPIOD,GPIO_Pin_7);
      }
    }
}
```

stm32f10x_it.c 文件中的侵入中断函数如下：

```
void TAMPER_IRQHandler(void)
{
  if(BKP_GetITStatus() != RESET)
  { /* Tamper detection event occured */
    /* Clear Tamper pin interrupt pending bit */
    BKP_ClearITPendingBit();
    printf("\r\nTAMPER OCCURED!");
    printf("\r\nThe Data in the BKP_DR1 is 0x%.4X",BKP_ReadBackupRegister(BKP_DR1));
    printf("\r\nData lose!");
    /* Clear Tamper pin Event(TE) pending flag */
    BKP_ClearFlag();
  }
}
```

注意，在 HelloRobot.h 文件中，将 PE15 引脚的模式设置为浮空输入模式：

```
GPIO_InitStructure.GPIO_Pin=GPIO_Pin_15;
GPIO_InitStructure.GPIO_Mode=GPIO_Mode_IN_FLOATING;
```

TAMPER.c 是如何工作的

程序首先进行侵入检测中断设置，选择侵入检测通道作为中断源，设置抢占式优先级和响应优先级，并使能侵入检测引脚（PE15），其作为中断源，调用 NVIC_Init()固件库函数进行设置。然后使能电源管理和备份寄存器时钟、允许访问备份域。接着，程序初始化侵入检测引脚的相关设置，包括清除侵入检测引脚事件的处理标志、设置低电平时侵入激活、使能侵入检测引脚、使能侵入检测中断。

在备份寄存器 BKP_DR1 中写入一个数据，当按下侵入按钮后，进入侵入中断服务函数，通过串口调试软件提示数据丢失。机器人控制板上 PD7 引脚连接的 LED 状态也会发生变化，程序运行结果如图 11.11 所示。注意，在侵入中断服务函数中不仅要清除侵入中断标志，还要清除侵入检测引脚事件的处理标志。

图 11.11　侵入检测程序运行结果

11.5　STM32 单片机的电源控制

ARM Cortex-M 系列内核主要用于单片机领域，能够满足对功耗和成本非常敏感，对性能要求不断增加的嵌入式应用（如单片机系统、汽车电子与车身控制系统、家电、工业控制、医疗器械、玩具和无线网络等）。

Cortex-M3 处理器的功耗是 0.19W/MHz，其处理能力为 1.25DMIPS/MHz。若要达到 5 DMIPS/MHz 的性能，基于 Cortex-M3 处理器的单片机则需要 4MHz 的工作频率，功耗为 0.76MW。标准 51 单片机内核（12 个时钟频率为 1 个机器周期）的性能为 0.083 DMIPS/MHz，若要达到 5 DMIPS 的性能，则需要约 60MHz 的频率。51 单片机内核的功耗约为 0.5MW/MHz，则需要 60MHz 的工作频率时，功耗约为 30MW，约是 Cortex-M3 处理器的 40 倍。STM32 单片机的系统频率为 72MHz，处理器性能可达 90DMIPS/MHz，Cortex-M3 处理器功耗约为 14W/MHz。可见基于 ARM Cortex-M3 处理器的 STM32 单片机在性能与功耗上达到了很好的平衡。加之，AHB 和 APB 总线时钟可以独立控制，使 STM32 单片机可以实现很低的功耗。因此，STM32 单片机特别适用于低功耗的无线领域。

STM32 单片机的电源供电图如图 11.12 所示。工作电压（V_{DD}）为 2.0～3.6V。通过内置的电压调节器提供所需的 1.8V 电压。因此，STM32 单片机内核的电压为 1.8V，I/O 端口电压是 3.3V。当主电源 V_{DD} 掉电后，V_{BAT} 为 RTC 和备份寄存器供电。

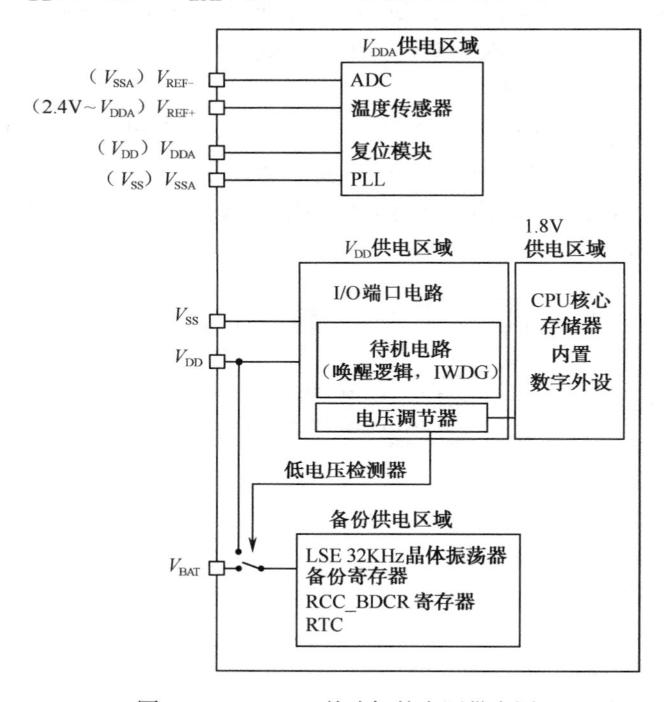

图 11.12　STM32 单片机的电源供电图

为了提高转换的精度，ADC 使用一个独立的电源供电，过滤和屏蔽来自 PCB 上的毛刺干扰。ADC 的电源为 V_{DDA}，设有独立的电源地（V_{SSA}），其中 V_{REF+}的电压范围为 2.4V～V_{DDA}。如果有 V_{REF-}（根据封装而定），它必须连接到 V_{SSA} 上。

电池或其他电源连接到 V_{BAT} 上，当 V_{DD} 断电时仍可以保存备份寄存器的内容和维持 RTC 的功能。V_{BAT} 也为 RTC、LSE 振荡器和 PC13（侵入检测引脚）～PC15（RTC）供电，保证当主要电源被切断时 RTC 能继续工作。切换到 V_{BAT} 供电由复位模块中的掉电复位功能控制。如果应用中没有使用外部电池，那么 V_{BAT} 必须连接到 V_{DD} 上。

STM32 单片机的电源管理包括：

（1）上电复位（POR）和掉电复位（PDR）。STM32 单片机内部有一个完整的上电复位和掉电复位电路。当供电电压达到 2V 时系统就能正常工作。

（2）可编程电压监测器（PVD）。通过设置电源控制寄存器（PWR_CR）的 PVDE 位来使能 PVD。可以利用 PVD 对 V_{DD} 与 PWR_CR 中的 PLS[2:0]位进行比较来监控电源，这 3 位用于选择监控电压的阈值，范围为从 2.2V 到 2.9V。电源控制/状态寄存器（PWR_CSR）中的

PVDO 标志位用来表明 V_{DD} 是高于还是低于 PVD 的电压阈值。该事件在内部连接到外部中断的第 16 通道，如果该中断在外部中断寄存器中是使能的，该事件就会产生中断。当 V_{DD} 下降到 PVD 阈值以下和（或）上升到 PVD 阈值以上时，根据外部中断第 16 通道的上升/下降边沿触发设置就会产生 PVD 中断。这一特性可用于执行紧急关闭任务。

STM32 单片机复位后，电压调节器总是使能的。根据应用方式，它可工作在运行模式下或低功耗模式（睡眠、停止、待机）下。

1. 运行模式

在系统或电源复位以后，单片机处于运行模式。运行模式下由 HCLK 为 STM32 单片机提供时钟。在运行模式下，可以通过以下方式降低功耗。

（1）降低系统时钟频率：在运行模式下，通过对预分频器进行编程，可以降低任意一个系统时钟（SYSCLK、HCLK、PCLK1、PCLK2）的频率。进入睡眠模式前，也可以利用预分频器来降低外设的时钟频率。这是由时钟配置寄存器（RCC_CFGR）完成的。

（2）关闭 APB 和 AHB 总线上未被使用的外设时钟：通过设置 AHB 外设时钟使能寄存器（RCC_AHBENR）、APB2 外设时钟使能寄存器（RCC_APB2ENR）和 APB1 外设时钟使能寄存器（RCC_APB1ENR）开/关各个外设的时钟。

2. 低功耗模式

当 CPU 不需要继续运行时，可以利用多种低功耗模式来降低功耗。根据最低电源消耗、最快启动时间和可用的唤醒源等条件，选定一个最佳的低功耗模式。STM32 单片机有 3 种低功耗模式，见表 11.7。

表 11.7　低功耗模式

<table>
<tr><th>低功耗模式</th><th>进 入 方 法</th><th>退 出 方 法</th><th>对 1.8V 区域时钟的影响</th><th>对 V_{DD} 区域时钟的影响</th><th>电压调节器</th></tr>
<tr><td rowspan="2">睡眠</td><td>WFI 命令</td><td>任意中断</td><td rowspan="2">CPU 时钟关，对其他时钟和 ADC 时钟无影响</td><td rowspan="2">无</td><td rowspan="2">开</td></tr>
<tr><td>WFE 命令</td><td>唤醒事件</td></tr>
<tr><td>停止</td><td>配置 PWR_CR 的 PDDS+LPDS +SLEEPDEEP 位 +WFI 或 WFE 命令</td><td>任意外部中断（在外部中断寄存器中设置）</td><td rowspan="2">关闭所有 1.8V 区域的时钟</td><td rowspan="2">HSI 和 HSE 的振荡器关闭</td><td>开启或处于低功耗模式，依据电源控制寄存器（PWR_CR）的设定</td></tr>
<tr><td>待机</td><td>配置 PWR_CR 的 PDDS +SLEEPDEEP 位 +WFI 或 WFE 命令</td><td>WKUP 引脚的上升沿、RTC 闹钟事件、NRST 引脚上的外部复位、IWDG 复位</td><td>关</td></tr>
</table>

（1）睡眠模式（Sleep Mode）：Cortex-M3 处理器停止，但电压调节器仍开启，所以所有外设，包括 Cortex-M3 处理器的外设，如 NVIC、系统时钟（SysTick）等仍在运行，所有的 I/O 端口都保持它们在运行模式时的状态。

（2）停止模式（Stop Mode）：所有的时钟都已停止。PLL、HSI 和 HSE 振荡器的功能被禁止，SRAM 和寄存器中的内容被保留。同时，所有 I/O 端口也都保持它们在运行模式时的状态。

（3）待机模式（Standby Mode）：1.8V 电源关闭。待机模式可实现系统的最低功耗，该模式关闭电压调节器。整个 1.8V 供电区域被断电，PLL、HSI 和 HSE 振荡器也被断电，SRAM 和寄存器中的内容丢失，只有备份寄存器和备用电池维持供电。

3．低功耗模式下的自动唤醒（AWU）

自动唤醒是指 RTC 可以在不依赖外部中断的情况下唤醒低功耗模式下的单片机。RTC 提供一个可编程的时间基数，用于周期性地在停止或待机模式下唤醒系统。通过对备份控制寄存器（RCC_BDCR）的 RTCSEL[1:0]位进行编程，3 个 RTC 时钟源中的两个时钟源可以实现此功能：

（1）低功耗 LSE 32.768kHz 晶振：该时钟源提供了一个低功耗且精确的时间基准（在典型情形下消耗小于 1μA）。

（2）低功耗 LSI RC 振荡器：使用该时钟源能节省一个 32.768kHz 晶振的成本，但是 RC 振荡器将增加少许电源消耗。

为了用 RTC 闹钟事件将系统从停止模式下唤醒，必须进行如下操作：

（1）配置外部中断线 17 为上升沿触发。

（2）配置 RTC 使其可产生 RTC 闹钟事件。

如果要从待机模式中唤醒系统，那么不必配置外部中断线 17。

任务 6　电源控制编程

在本任务中，读者将搭建电路并测试用按键把单片机从待机模式唤醒。任务所用元器件清单如下：

（1）4 个 LED；

（2）1 个按键开关；

（3）4 个 1kΩ 电阻；

（4）1 个 10kΩ 电阻和 1 个 470Ω 电阻。

参照图 11.13 所示的 LED 和按键电路搭建实际电路。

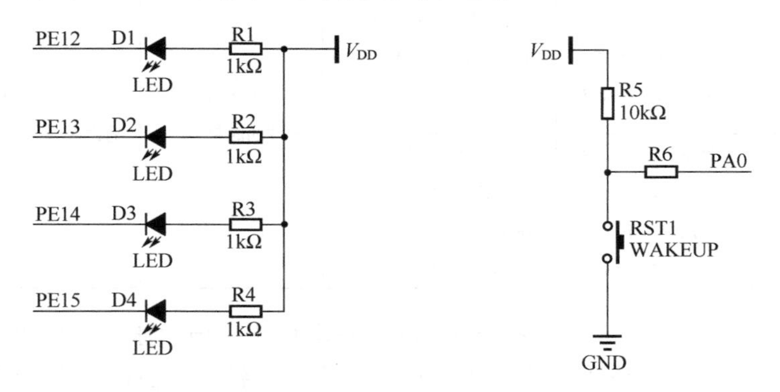

图 11.13　LED 和按键电路

实现电源控制的程序如下。

例程：RTC_PWR_BUTTON.c

```
#include "stm32f10x_heads.h"
#include "HelloRobot.h"

void RTC_Configuration()
{
  /* Check if the StandBy flag is set */
  if(PWR_GetFlagStatus(PWR_FLAG_SB) != RESET)
  { /* System resumed from STANDBY mode */
    GPIO_SetBits(GPIOE, GPIO_Pin_12);

    PWR_ClearFlag(PWR_FLAG_SB);        //Clear StandBy flag

    RTC_WaitForSynchro();              //Wait for RTC APB registers synchronisation
    /* No need to configure the RTC as the RTC configuration(clock source, enable,
prescaler,...) is kept after wake-up from STANDBY */
  }
  else
  { /* StandBy flag is not set */
    /* RTC clock source configuration */
    BKP_DeInit();  //Reset Backup Domain

    GPIO_ResetBits(GPIOE, GPIO_Pin_12);

    RCC_LSEConfig(RCC_LSE_ON);         //Enable LSE OSC
    while(RCC_GetFlagStatus(RCC_FLAG_LSERDY) == RESET)  {    }

    RCC_RTCCLKConfig(RCC_RTCCLKSource_LSE); //* Select the RTC Clock Source
    RCC_RTCCLKCmd(ENABLE);             //Enable the RTC Clock

    /* RTC configuration */
    RTC_WaitForSynchro();              //Wait for RTC APB registers synchronisation
    RTC_SetPrescaler(32767);           //Set the RTC time base to 1s

    /* Wait until last write operation on RTC registers has finished */
    RTC_WaitForLastTask();
  }
}

void SysTick_Configuration(void)
{ /* Select HCLK/8 as SysTick clock source */
  SysTick_CLKSourceConfig(SysTick_CLKSource_HCLK_Div8);
  SysTick_Config(180000-1);
}
```

```
int main(void)
{
   BSP_Init();
   GPIO_SetBits(GPIOE, GPIO_Pin_12);            //关闭 LED
   GPIO_SetBits(GPIOE, GPIO_Pin_13);            //关闭 LED
   GPIO_SetBits(GPIOE, GPIO_Pin_14);            //关闭 LED
   GPIO_SetBits(GPIOE, GPIO_Pin_15);            //关闭 LED

   /* Enable PWR and BKP clocks */
   RCC_APB1PeriphClockCmd(RCC_APB1Periph_PWR | RCC_APB1Periph_BKP, ENABLE);

   PWR_WakeUpPinCmd(ENABLE);                    //使能 WAKE-UP 引脚
   PWR_BackupAccessCmd(ENABLE);

   RTC_Configuration();                         //Configure RTC clock source and prescaler
   SysTick_Configuration();                     //Configure the SysTick interrupt

   USART_Configuration();
   printf("\r\nProgram Running!");

   while(1)
   {
   }
}
```

stm32f10x_it.c 文件中的中断函数如下：

```
int counter=0;
…
void SysTickHandler(void)
{
   counter++;
   if(counter>=25)
   {
      counter=0;
      GPIO_WriteBit(GPIOD,GPIO_Pin_7,
      (BitAction)(1-GPIO_ReadOutputDataBit(GPIOD,GPIO_Pin_7)));
   }
}
…
void EXTI9_5_IRQHandler(void)
{
   if(EXTI_GetITStatus(EXTI_Line9) != RESET)
   {
      EXTI_ClearITPendingBit( EXTI_Line9) ;     //中断结束时清除中断标志
      GPIO_ResetBits(GPIOE, GPIO_Pin_15);
```

```
        RTC_ClearFlag(RTC_FLAG_SEC);                //等待 RTC 秒事件发生
        while(RTC_GetFlagStatus(RTC_FLAG_SEC) == RESET);

        //Request to enter STANDBY mode (Wake Up flag is cleared in PWR_EnterSTANDBYMode
    function)
        PWR_EnterSTANDBYMode();                     //进入待机模式，LED 全灭
         GPIO_ResetBits(GPIOE, GPIO_Pin_12);    //STANDBYMode 和 STOPMode 不会执行这条语句
      }
    }
```

RTC_PWR_BUTTON.c 是如何工作的

程序首先关闭所有 LED，使能电源管理和备份寄存器时钟、使能 WAKE-UP 引脚、允许访问备份域。接着进行 RTC 的相关设置，并点亮 PE12 引脚连接的 LED。然后进行系统节拍定时器 SysTick（System Tick Timer）的相关配置，使其产生 20ms 的定时中断。之后，通过串口提示程序开始运行，并进入 while(1)循环。

程序每隔 20ms 会进入系统节拍定时中断服务函数，使 PD7 引脚连接的 LED 每秒闪烁一下，表明程序正常运行。当按下 PE9 引脚连接的按键时，进入外部按键中断服务函数，点亮 PE15 引脚连接的 LED，当 RTC 秒事件到来时，即 1s 后，进入待机模式，此时 LED 都会熄灭，因为待机模式会关闭电压调节器、所有 1.8V 区域的时钟，以及 HSI 和 HSE 的振荡器。所以，PWR_EnterSTANDBYMode()语句后面的代码不会执行，即 PE12 引脚连接的 LED 永远不会亮。

当按下 WAKEUP 按键唤醒系统时，系统重新开始运行，程序判断出系统是从待机模式中被唤醒的，而不是上电复位的，因此不会执行 RTC 初始化相关配置，PE12 引脚连接的 LED 也不会亮。

注意，要将机器人控制板的 PA0 引脚功能选择开关设置成 WAKEUP，PA0 引脚设置为外接模拟信号输入。

也可以通过 RTC 闹钟事件（如 5s 后）将系统从待机模式下唤醒，程序修改如下：

```
int main(void)
{
…
  PWR_WakeUpPinCmd(DISABLE);                 //禁用 WAKE-UP 引脚
  PWR_BackupAccessCmd(ENABLE);
…
}

void EXTI9_5_IRQHandler(void)
{
  if(EXTI_GetITStatus(EXTI_Line9) != RESET)
  {
   …
    RTC_ClearFlag(RTC_FLAG_SEC);             //等待 RTC 秒事件发生
    while(RTC_GetFlagStatus(RTC_FLAG_SEC) == RESET);
```

```
            RTC_SetAlarm(RTC_GetCounter()+ 5);          // 5s 后设置 RTC 闹钟
            RTC_WaitForLastTask();

            PWR_EnterSTANDBYMode();                     //进入待机模式，LED 全灭
            GPIO_ResetBits(GPIOE, GPIO_Pin_15);
        }
    }
```

注意：在调试待机模式和停止模式时，不要使用任何优化编译设置，否则编译器编译 PWR_EnterSTANDBYMode()或 PWR_EnterSTOPMode()函数时，将不产生 WFI 或 WFE 命令，不能进入待机模式或停止模式。另外，当系统进入停止模式时，将无法使用仿真器进行调试。

在低功耗模式下，为了省电可将 GPIO 配置为带上拉的输出模式，输出电平由外部电路决定。

工程素质和技能归纳

（1）掌握 RTC 的作用，想一想，为什么要接晶振？使用晶振时应注意什么？

（2）熟悉 STM32 单片机的 RTC 模块的结构，掌握 RTC 的配置流程和方法。

（3）熟悉 STM32 单片机的备份寄存器的作用。

（4）掌握 RTC 编程及注意事项。

（5）熟悉 STM32 单片机的低功耗模式，掌握其电源控制方法。

第12章 STM32单片机看门狗编程及其应用

单片机测控系统在工业自动化、生产过程控制、智能化仪器仪表等领域得到广泛的应用，嵌入式系统常常会受到来自外界电磁场的干扰，造成程序的“跑飞”现象，从而使正常运行的程序被打断。这样，由单片机控制的对象无法继续工作，会造成整个系统陷入停滞状态，产生不可预料甚至灾难性的后果。所以需要对单片机系统的运行状态进行实时监测，于是便出现了一种专门用于监测程序运行状态的电路（或芯片），俗称“看门狗”（Watchdog）。

看门狗的作用是在单片机受到干扰进入错误状态后，使系统在一定时间间隔内复位。因此，看门狗是保证系统长期、可靠和稳定运行的有效措施。目前大部分的嵌入式芯片内都集成了看门狗定时器来提高系统运行的可靠性。通过本章的学习，读者将掌握如何利用STM32单片机看门狗提高系统的可靠性和抗干扰能力。

12.1 看门狗介绍

单片机应用系统的工作环境往往是比较恶劣和复杂的，作为系统的“大脑”，单片机不可避免地会受到来自内部和外部的各种电气干扰的影响。这时，单片机可能会出现输入、输出错误，甚至会干扰到程序指针（PC 指针），使其发生错误，那就有可能误将非操作码当成操作码来执行，造成程序执行混乱甚至进入死循环，使系统无法正常运行。因此如何发现CPU受到干扰，如何拦截失去控制的程序流向，使程序回归正轨是单片机应用系统中必须解决的问题。通常采取的方法有软件陷阱、指令冗余、看门狗。软件陷阱和指令冗余可以使大多数失控的程序走向正常，但是当失控程序已经形成了死循环，软件陷阱、指令冗余就无能为力了，只有复位（人工的或自动的）才能使系统脱离死循环。这种程序失控后，能自动复位单片机的技术就是看门狗。

指令冗余和软件陷阱

单片机操作时序完全由程序指针PC控制。一旦PC指针因干扰出现错误，程序便可能脱离正常轨道，出现“跑飞”现象，改变操作数数值，以及将非操作码误当成操作码等。为了使“跑飞”的程序迅速回归正轨，应该多用单字节指令，并在关键地方插入一些空操作指令（如在51单片机系统中，可插入两条NOP指令）或将有效单字节指令重写（在指令后面重复同样的指令），这种方法称为指令冗余。

当“跑飞”的程序进入非程序区或表格区时，无法用指令冗余使程序回归正轨。此时，可以加入软件陷阱程序，拦截“跑飞”的程序，将其迅速引向一个指定位置，执行程序运行出错时的处理程序，如强迫系统复位语句“(* (void (*) ( )) 0) ( )”或“(* (void (*) ( )) main) ( )”，让程序回归正轨。前一条语句用于让程序从 flash 地址 0 开始执行，后一条语句用于让程序从 main( )函数开始执行。这种方法涉及函数指针的用法：

void (*0) ( )：是一个返回值为 void，参数为空的函数指针 0；

(void (*) ( ))0：是把 0 转变成一个返回值为 void，参数为空的函数指针；

*(void (*) ( ))0：是一个返回值为 void，参数为空，且起始地址为 0 的函数的名字；

(*(void (*) ( ))0) ()：函数调用。

因此，可以编写下面的程序，用于实现软件陷阱。

```
void (*RET)(void);
RET=(void(*)())0;     //Ret=(void(*)())main;
RET();
```

注意：函数指针在计算机应用软件开发中用得较少（C++语言中的多态性用到函数指针），但在计算机底层中断、硬件驱动（如 Linux 驱动）开发中用得较多。深刻理解函数指针的用法对于嵌入式系统工程师来说非常重要。

通过这种方法也可以由程序控制单片机复位。

看门狗可分为独立于单片机的外部看门狗芯片和单片机片内集成的看门狗模块两种。对于独立于单片机的外部看门狗芯片，其工作原理是：看门狗芯片和单片机的一个 I/O 端口相连，该 I/O 端口通过单片机程序控制它定时地往看门狗芯片送入高电平（或低电平）。这一程序语句分散地放在单片机其他控制语句中，一旦单片机由于干扰造成程序“跑飞”而陷入某一程序段进入死循环状态，向看门狗芯片发送高电平（或低电平）的程序便不能被执行。看门狗芯片由于得不到单片机传送来的信号，向单片机的复位引脚发送一个复位信号使单片机复位。即程序从程序存储器的起始位置开始重新执行，这样便实现了单片机的自动复位。从上面的原理可以看出，外部看门狗芯片实际上是个单稳态电路，如果不在单稳态电路的暂态电平时间内向它发出触发脉冲，那么这个单稳态电路的输出电平就会发生变化，由暂态电平变为稳态电平。如果单片机的有效复位电平与稳态电平一致，那么单片机自动复位。当然，这个稳态电平还需变回暂态电平，否则单片机一直处于复位状态就失去看门狗的意义了。

随着芯片集成度的提高，现在的单片机大都在片内集成了看门狗模块。看门狗模块作为单片机的一个外设。程序运行时，看门狗模块需要程序每隔一段时间给它发送一个信号，用以清空它的看门狗计数器（Watchdog Timer，WDT）。如果没有这个信号，计数器溢出，那么它向单片机或微处理器产生一个复位信号，使系统强制复位，避免死机。因此，看门狗使单片机系统可以在无人状态下实现连续工作，提高了系统的可靠性。

无论是单片机外部的看门狗芯片还是片内集成的看门狗模块，一般都需要输入信号，向看门狗输入信号也称为“喂狗”。看门狗输出信号到单片机的复位端（RST）。单片机正常工作时，每隔一段时间，就输出一个信号（“喂狗”）将 WDT 清零，重新计时。如果超过规定的时间“不喂狗”（表明程序“跑飞”，PC 指针不可控），那么 WDT 继续计数直至溢出，输出一个信号（可以形象地认为：没有“喂狗”时，“狗”会叫），单片机发生复位，PC 指针清零，于是从程序存储器的起始位置开始重新执行，防止了单片机死机。

由上面的看门狗工作原理可以知道，在系统运行后启动了 WDT，WDT 就开始自动计数。

如果到了一定的时间单片机还不输出信号使 WDT 清零，那么 WDT 就会溢出从而引起看门狗中断，造成单片机系统复位。因此，程序设计者必须清楚 WDT 的溢出时间以决定在合适的时候清零 WDT。清零 WDT 也不能太频繁，否则会造成资源浪费。

外部看门狗芯片

对于片内没有看门狗模块的单片机，可以采用外部看门狗芯片来监控主程序的运行。常用的外部看门狗芯片有 MAX813、IMP813 等，外部看门狗芯片往往带有复位控制功能。

STM32 单片机内置独立看门狗（Independent watchdog，IWDG）和窗口看门狗（Window watchdog，WWDG）两个看门狗模块。这两个看门狗模块可用来检测和解决由软件错误引起的故障。当 WDT 计数值达到给定的超时值时，将触发中断（仅适用于窗口看门狗）或产生系统复位。

12.2　STM32 单片机独立看门狗编程

IWDG 的时钟系统是由一个 12 位的递减计数器和一个 8 位的预分频器构成的，时钟由一个独立的、40kHz 的 LSI RC 振荡器提供。因为其 LSI 时钟独立于系统之外，所以叫独立看门狗。它可运行于停机和待机模式下，即使主时钟发生故障（例如晶振停振），它仍然有效。IWDG 也可以作为一个自由定时器为应用程序提供超时管理。由于 LSI 时钟的精度不高，频率范围为 30～60kHz，因此 IWDG 适用于那些需要看门狗作为一个在主程序之外，能够完全独立工作，并且对时钟精度要求较低的场合。如果对时钟精度要求高，那么可采用窗口看门狗。

STM32 单片机的 IWDG 结构如图 12.1 所示，相关的寄存器如下。

（1）IWDG 键寄存器：IWDG_KR（Key Register）；

（2）IWDG 重装载寄存器：IWDG_RLR（Reload Register）；

（3）IWDG 预分频寄存器：IWDG_PR（Prescaler Register）；

（4）IWDG 状态寄存器：IWDG_SR（Status Register）。

IWDG 的工作原理是：在 IWDG_KR 中写入 0xCCCC，开始启用 IWDG，此时递减计数器开始从其复位值 0xFFF 递减计数。当递减计数器计数到 0 时，会产生一个复位信号（IWDG_RESET）。无论何时，向 IWDG_KR 中写入 0xAAAA，IWDG_RLR 中的值就会被重新加载到递减计数器中，从而避免产生看门狗复位。

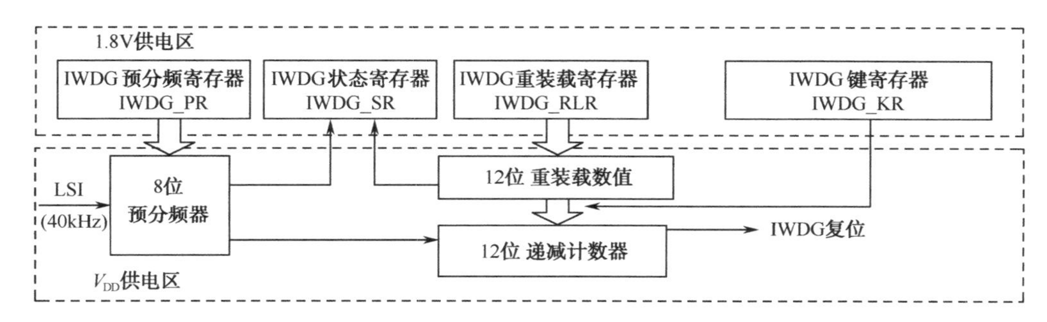

图 12.1　STM32 单片机的 IWDG 结构

IWDG_PR 和 IWDG_RLR 具有写保护功能。要修改这两个寄存器的值，必须先向

IWDG_KR 中写入 0x5555。以不同的值写入这个寄存器将会打乱操作顺序，寄存器将重新被保护。重装载操作（即写入 0xAAAA）也会启动写保护功能。IWDG_SR 可指示预分频值和递减计数器是否正在被更新。

当 STM32 单片机进入调试模式时（Cortex-M3 处理器停止），根据调试模块中的 DBG_IWDG_STOP 配置位的状态，递减计数器将继续工作或被冻结。

当 CPU 进入睡眠模式时，IWDG 可以作为 CPU 的定时唤醒闹钟，以实现超低功耗，并使 CPU 定时醒来。LSI 时钟的典型频率为 40kHz，IWDG 的最大预分频系数为 256，递减计数器是 12 位的，最大可以设置到 0xFFF，所以最长的定时时间约为 26s，可用于 CPU 的自动定时唤醒。

IWDG 的超时时间见表 12.1，这些时间是按照 40kHz 频率的时钟给出的。由于内部的 RC 振荡器频率会在 30～60kHz 之间变化，因此 IWDG 适用于对时钟精度要求较低的场合。此外，即使 RC 振荡器的频率是精确的，确切的时序仍然依赖于 APB 端口时钟与 RC 振荡器之间的相位差，因此总会有一个完整的 RC 周期是不确定的。

表 12.1 IWDG 的超时时间

预分频系数	PR[2:0]位	最短时间（ms）（RL[11:0]=0x000）	最长时间（ms）（RL[11:0]=0xFFF）
4	0	0.1	409.6
8	1	0.2	819.2
16	2	0.4	1638.4
32	3	0.8	3276.8
64	4	1.6	6553.6
128	5	3.2	13107.2
258	（6 或 7）	6.4	26214.4

注意：如果使用大容量和互联型的 STM32 单片机，则可以进行 LSI 校准，得到精确的 IWDG 超时时间，以及 RTC 时间基数。方法是通过校准 LSI 来补偿其频率偏移，使用 TIM5 的输入时钟（TIM5_CLK）测量 LSI 时钟频率实现，因为给 TIM5 提供时钟的 HSE 精度高。

定义 IWDG 和 WWDG 寄存器组的结构体分别是 IWDG_TypeDef 和 WWDG_TypeDef，在文件 stm32f10x.h 中程序如下：

```
typedef struct
{
  __IO uint32_t KR;
  __IO uint32_t PR;
  __IO uint32_t RLR;
  __IO uint32_t SR;
} IWDG_TypeDef;
…
typedef struct
{
  __IO uint32_t CR;
  __IO uint32_t CFR;
```

```
    __IO uint32 SR;
} WWDG_TypeDef;
…
#define PERIPH_BASE                  ((u32)0x40000000)
#define APB1PERIPH_BASE              PERIPH_BASE
…
#define WWDG_BASE                    (APB1PERIPH_BASE + 0x2C00)
#define IWDG_BASE                    (APB1PERIPH_BASE + 0x3000)
…
#ifdef _WWDG
    #define WWDG                     ((WWDG_TypeDef *) WWDG_BASE)
#endif
#ifdef _IWDG
    #define IWDG                     ((IWDG_TypeDef *) IWDG_BASE)
#endif
```

从上面的宏定义可以看出，STM32 单片机 IWDG 寄存器组的首地址是 0x40003000，其寄存器和复位值见表 12.2。

表 12.2　IWDG 寄存器和复位值表

<table>
<tr><th>偏移</th><th>寄存器</th><th>31</th><th>30</th><th>29</th><th>28</th><th>27</th><th>26</th><th>25</th><th>24</th><th>23</th><th>22</th><th>21</th><th>20</th><th>19</th><th>18</th><th>17</th><th>16</th><th>15</th><th>14</th><th>13</th><th>12</th><th>11</th><th>10</th><th>9</th><th>8</th><th>7</th><th>6</th><th>5</th><th>4</th><th>3</th><th>2</th><th>1</th><th>0</th></tr>
<tr><td rowspan="2">000h</td><td>IWDG_KR</td><td colspan="16" rowspan="2">保留</td><td colspan="16">KEY[15:0]</td></tr>
<tr><td>复位值</td><td>0</td><td>0</td><td>0</td><td>0</td><td>0</td><td>0</td><td>0</td><td>0</td><td>0</td><td>0</td><td>0</td><td>0</td><td>0</td><td>0</td><td>0</td><td>0</td></tr>
<tr><td rowspan="2">004h</td><td>IWDG_PR</td><td colspan="29" rowspan="2">保留</td><td colspan="3">PR[2:0]</td></tr>
<tr><td>复位值</td><td>0</td><td>0</td><td>0</td></tr>
<tr><td rowspan="2">008h</td><td>IWDG_RLR</td><td colspan="20" rowspan="2">保留</td><td colspan="12">RL[11:0]</td></tr>
<tr><td>复位值</td><td>1</td><td>1</td><td>1</td><td>1</td><td>1</td><td>1</td><td>1</td><td>1</td><td>1</td><td>1</td><td>1</td><td>1</td></tr>
<tr><td rowspan="2">00Ch</td><td>IWDG_SR</td><td colspan="30" rowspan="2">保留</td><td>RVU</td><td>PVU</td></tr>
<tr><td>复位值</td><td>0</td><td>0</td></tr>
</table>

任务 1　独立看门狗编程

下面介绍如何使用 IWDG 检测和解决由系统错误引起的故障。

程序正常运行时，每隔一定的时间重新装载递减计数器，即“喂狗”一次。假设程序进入某个代码片段（如按键中断）时发生了死循环，不能退出来，那么“喂狗”程序无法执行。当递减计数器递减到 0 时，达到了给定的超时值，产生系统复位。

例程：IWDG.c

```
#include "stm32f10x.h"
#include "HelloRobot.h"
void SysTick_Configuration(void)
{
    SysTick->CTRL &= SysTick_CLKSource_HCLK_Div8;
    SysTick->LOAD =( 270000 - 1);                       /*定时器重载值*/
    SysTick->VAL = 0;                                   /*定时器赋初值*/
```

```
    SysTick->CTRL = SysTick_CTRL_TICKINT_Msk;          /*异常请求使能*/
    SysTick->CTRL |= SysTick_CTRL_ENABLE_Msk;          /*定时器使能*/
}

void IWDG_Config(void)
{
  /* 向 IWDG_KR 中写入 0x5555，解除 IWDG_PR 和 IWDG_RLR 写保护 */
  IWDG_WriteAccessCmd(IWDG_WriteAccess_Enable);

  IWDG_SetPrescaler(IWDG_Prescaler_256);      //IWDG 预分频系数: 40kHz/256
  IWDG_SetReload(300);                        //300*256/40k=1.92，不能大于 4095

  /* 向 IWDG_KR 中写入 0xAAAA，重新装载 IWDG 计数器，喂狗 */
  IWDG_ReloadCounter();

  /* 在 IWDG_KR 中写入 0xCCCC，使能 LSI RC 振荡器，启用独立看门狗；*/
  IWDG_Enable();
}

int main(void)
{
  BSP_Init();                                 //机器人控制板初始化
  USART_Configuration();

  /* 检查系统是否已从 IWDG 复位中恢复 */
  if(RCC_GetFlagStatus(RCC_FLAG_IWDGRST) != RESET)
  {
    GPIO_ResetBits(GPIOC, GPIO_Pin_13);       //打开 PC13 引脚连接的 LED
    printf("IWDG Reset...\r\n");
    RCC_ClearFlag();                          //清除复位标志位
  }
  else
  {
    GPIO_SetBits(GPIOC,GPIO_Pin_13);          //关闭 PC13 引脚连接的 LED
     printf("PowerOn or ExtKey Reset\r\n");
  }

  /* 配置 SysTick 以每 30ms 产生一个中断来清除 IWDG 计数器*/
  SysTick_Configuration();

  IWDG_Config();                              //配置 IWDG

  while (1)
  {
      delay_nms(1000);
      printf("Program Normal\r\n");
```

```
    }
}
```

这里使用到了系统时钟（SYSCLK），通过 SysTick 初始化函数 SysTick_Configuration() 配置 SysTick 产生 30ms 的定时中断，重新装载递减计数器，即“喂狗”一次。SysTick 中断属于 ARM Cortex-M3 处理器的中断，其优先级较高，可以保证中断服务函数的执行。

在 stm32f10x_it.c.c 文件中，SysTick 中断服务函数 SysTick_Handler()每隔 30ms 重新装载 IWDG 计数器，即“喂狗”一次。若在按键中断服务函数 EXTI9_5_IRQHandler()中发生了死循环，不能退出来，则“喂狗”程序无法执行，从而发生系统复位。

```
SysTick_Handler(void)
{
  /* 向 IWDG_KR 中写入 0xAAAA，重新装载 IWDG 计数器，喂狗 */
  IWDG_ReloadCounter();
}
…
void EXTI9_5_IRQHandler(void)
{
  if(EXTI_GetITStatus(EXTI_Line9) != RESET)
  {
     EXTI_ClearITPendingBit( EXTI_Line9) ;            //清除中断标志位
     while(1);                                        //程序死循环，不再喂狗
  }
}
```

IWDG.c 是如何工作的

IWDG.c 的功能示意图如图 12.2 所示。当程序正常运行时，每隔 30ms 会重新装载递减计数器，即“喂狗”一次，所以不会产生 IWDG 复位，如图 12.3（a）所示。

假设程序进入某个代码片段，如在按键中断服务函数中发生了死循环，不能退出来，“喂狗”程序无法执行，则当递减计数器的值递减到 0，达到了给定的超时值时，发生系统复位。复位之后，程序检测到复位与时钟配置寄存器组中的控制/状态寄存器（RCC_CSR）标志位 IWDGRSTF 为 1，表明发生了 IWDG 复位，点亮 LED，并在串口调试软件上显示提示，如图 12.3（b）所示。

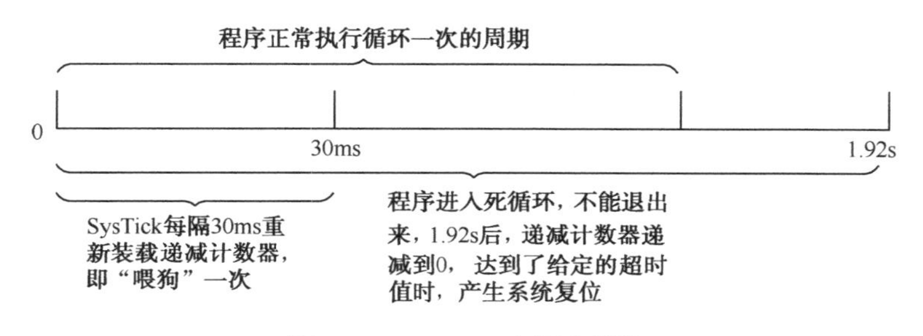

图 12.2　IWDG.c 功能示意图

（a）程序正常运行

（b）发生了死循环，递减计数器超时，产生系统复位

图 12.3　程序运行结果

编写 IWDG 程序时要注意以下几点：

（1）因为 IWDG 使用的是 LSI 时钟，所以最好修改复位与时钟初始化函数 RCC_Configuration()如下。

```
void RCC_Configuration(void)
{
  …
  RCC_LSICmd(ENABLE);                                          //打开 LSI
  while(RCC_GetFlagStatus(RCC_FLAG_LSIRDY)==RESET);      //等待，直到 LSI 时钟稳定
}
```

（2）“喂狗”周期要小于 IWDG 计数超时值。同时，这个超时值也要大于程序正常执行循环一次的周期，否则程序还没有正常执行完一次循环就发生复位了。

（3）IWDG 初始化要在 SysTick 的初始化之后。

（4）IWDG 使用 SysTick 中断来重新装载 WDT。为了不影响 SysTick 的其他应用，在 stm32f10x_it.c.c 文件中，可加入以下程序：

```
int Tic_IWDG;                        //循环程序的频率判断变量
…
void SysTickHandler(void)
{
  Tic_IWDG++;                        //变量递增
  if(Tic_IWDG>=10)                   //每 10 个 SysTick 周期，“喂狗”一次
  {
   IWDG_ReloadCounter();             //重新装载 IWDG 计数器，喂狗
   Tic_IWDG=0;                       //变量清零
  }
}
```

任务 2　认识系统节拍定时器

ARM Cortex-M3 处理器集成了一个系统节拍定时器 SysTick，它是一个 24 位递减计数器。SysTick 初始化并使能后，每经过一个系统时钟周期，计数值就减 1，减到 0 时，SysTick 自动重装载初值并继续计数，同时内部的 COUNTFLAG 标志位会置位，触发中断。

SysTick 有独立的中断向量，可以供操作系统或系统管理软件用每隔固定的时间产生一次中断，中断响应属于 ARM Cortex-M3 处理器，中断号为 15。SysTick 寄存器的定义在文件 core_cm3.h 中：

```
/*------------------------ SystemTick -----------------------------------------*/
typedef struct
{
  __IO uint32_t CTRL;               //Control and Status Register
  __IO uint32_t LOAD;               //Reload Value Register
  __IO uint32_t VAL;                //Current Value Register
  __IO uint32_t CALIB;              //Calibration Value Register
} SysTick_Type;
…
/* System Control Space memory map */
#define SCS_BASE                    ((u32)0xE000E000)
#define SysTick_BASE                (SCS_BASE + 0x0010)
#define NVIC_BASE                   (SCS_BASE + 0x0100)
#define SCB_BASE                    (SCS_BASE + 0x0D00)
…
#ifdef _SysTick
  #define SysTick                   ((SysTick_TypeDef *) SysTick_BASE)
#endif /*_SysTick */
```

SysTick 寄存器对应地址是 0xE000E010～0xE000E01C，见表 12.3。

表 12.3　SysTick 寄存器表

名　　称	类　型	地　　址	复　位　值
SysTick 控制和状态寄存器（Control and Status Register）	读/写	0xE000E010	0x00000004
SysTick 重装载寄存器（Reload Value Register）	读/写	0xE000E014	不确定
SysTick 当前值寄存器（Current Value Register）	读/写	0xE000E018	不确定
SysTick 核准寄存器（Calibration Value Register）	只读	0xE000E01C	校准值

一般需要借助一个硬件定时器产生嵌入式系统需要的周期性滴答中断，该硬件定时器作为整个系统的时基维持操作系统“心跳”的节律。因此，SysTick 主要用于给嵌入式系统提供任务切换和时间管理的定时器。只要不将 SysTick 控制和状态寄存器中的使能位清除，它就永不停息。所有基于 ARM Cortex-M3 处理器的单片机都带有这个定时器，便于嵌入式系统（如μCOS）或应用软件在不同的器件之间进行移植。SysTick 除能服务于嵌入式之外，还能作为一个闹铃，用于测量时间等。需要注意的是，当处理器在调试期间被暂停（halt）时，SysTick 也将暂停。

注意：SysTick 的具体时钟源由芯片生产厂家决定，因此不同产品之间的时钟频率可能会不同，使用时需要查看芯片数据手册。

该你了

尝试一下，使用 SysTick 编写 LED 闪烁程序。

12.3 STM32 单片机窗口看门狗编程

嵌入式系统中的看门狗，大部分是独立看门狗。程序可以在它产生复位前的任意时刻刷新看门狗。但有一个隐患，程序有可能“跑飞”后又跑回到正常的地方，或“跑飞”的程序正好执行了刷新看门狗操作，这种情况下一般的看门狗就检测不出来了。窗口看门狗可以根据程序正常执行的时间设置刷新看门狗的一个时间窗口，保证不会提前刷新看门狗，也不会滞后刷新看门狗。这样就可以检测出程序有没有按照正常的路径执行，有没有非正常地跳过了某些程序段。

WWDG 通常被用来检测由外部干扰或不可预见的逻辑条件造成的应用程序背离正常的运行序列而产生的软件故障。WWDG 得到从 APB1 时钟分频后的时钟驱动，通过可配置的时间窗口来检测应用程序非正常的过迟或过早的操作。WWDG 有一个 7 位的递减计数器，用于在发生问题时复位整个系统。WWDG 具有早期预警中断功能，在调试模式下，WWDG 的 WDT 可以被冻结。WWDG 适用于要求看门狗在精确计时窗口起作用的应用程序。

独立看门狗与窗口看门狗的区别

IWDG 有独立的时钟，它不受系统硬件影响，可以作为系统故障检测程序，主要用于检测硬件的错误。而 WWDG 的时钟与系统相同，是系统内部的故障检测器，主要用于检测软件错误。如果系统时钟不走了，WWDG 也就失去作用了。WWDG 计数器达到给定的超时值时，会触发中断（早期唤醒中断 EWI），这是给应用程序最后一次“喂狗”的机会。通常这个中断不是为了让应用程序执行“喂狗”操作。因为既然进入了这个中断，就表示应用程序在其他地方的“喂狗”操作不能奏效，所以发生这种现象时表明系统有问题，或者程序有 Bug，或者系统遇到了干扰。因此在这种情况下，WWDG 中断是为了让应用程序在发生复位前，安排一些紧急的任务，如保存重要的数据和状态参数、系统刹车（如电梯控制）等。由此可以看出，简单地在 WWDG 中断服务程序中“喂狗”，既没有发挥 WWDG 相对于 IWDG 的优势，又为系统留下了隐患，可能导致产生不可预料甚至灾难性的后果，达不到看门狗的作用。

STM32 单片机的 WWDG 结构如图 12.4 所示，相关的寄存器如下。

（1）WWDG 控制寄存器：WWDG_CR（Control Register），7 位递减计数器被包含在这个寄存器中，其初值为 0x7F。

（2）WWDG 配置寄存器：WWDG_CFR（Configuration Register），其初值为 0x7F。

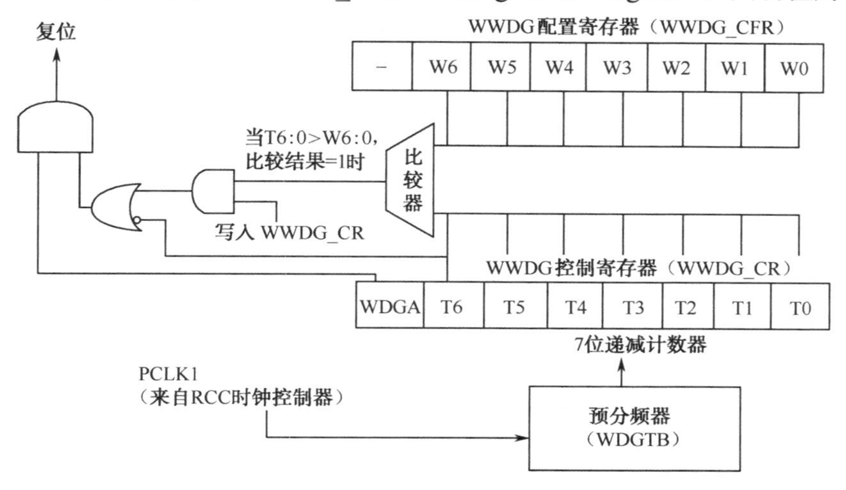

图 12.4　STM32 单片机的 WWDG 结构

WWDG 会在两种情况下产生复位：

（1）如果 7 位递减计数器（在 WWDG_CR 中）的值在 T6 位变成 0 之前没有被刷新，即未被重置，那么看门狗电路在达到预置的时间周期时，会产生一个单片机复位。也就是说，递减计数器的值由初值 0x7F 开始递减，当计数器的值小于 0x40（T6 位变成 0：从 0x40 减到 0x3F）时，会产生复位。这可以理解为“过迟”复位。

（2）在递减计数器达到窗口寄存器（在 WWDG_CFR 中）数值之前（也就是大于这个设定数值时），如果递减计数器的值被刷新，即递减计数器在窗口外被重新装载，那么也将产生一个单片机复位。这可以理解为“过早”复位。

因此，WWDG 的递减计数器需要在一个有限的时间窗口中被刷新。其值“过早”复位和“过迟”复位都会产生单片机复位，这就是“窗口看门狗”名称的由来。STM32 单片机的 WWDG 其实是一种软件复位方式，其时序图如图 12.5 所示。

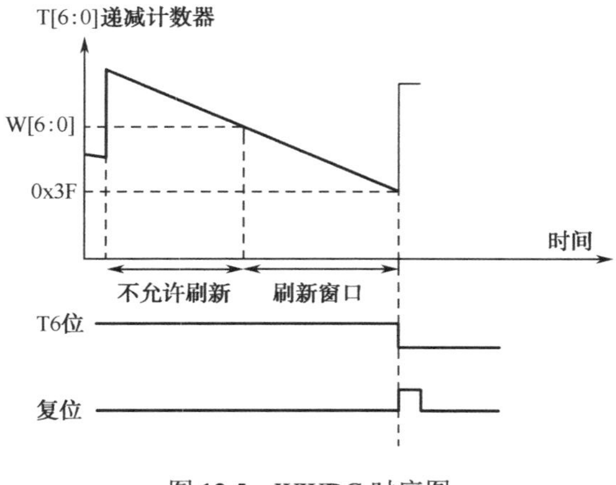

图 12.5　WWDG 时序图

WWDG 递减计数器的范围

由于 WWDG 的 7 位递减计数器的值在 T6 位变成 0 时，会产生一个单片机复位，因此递减计数器的数值在 0x7F～0x40 之间，其有效计数范围是 T[5:0]。所以有些资料上说 WWDG 的递减计数器是 6 位的，也是正确的。

根据 WWDG 预分频器的设置，可以对 PCLK1/4096 进行 1、2、4、8 分频，因此计算 WWDG 超时值的公式如下：

$$T_{\mathrm{WWDG}} = T_{\mathrm{PCLK1}} \times 4096 \times 2^{\mathrm{WDGTB}} \times (\mathrm{T}[5:0] + 1)$$

其中，T_{WWDG} 为 WWDG 超时时间；T_{PCLK1} 为 APB1 时钟周期。

窗口看门狗的超时范围见表 12.4。

表 12.4　WWDG 超时范围表（PCLK1=36MHz）

WDGTB[1:0]	最小超时值（T[6:0] = 0x40）	最大超时值（T[6:0] = 0x7F）
00：PCLK1/4096 进行 1 分频	113μs	7.28ms
01：PCLK1/4096 进行 2 分频	227μs	14.56ms
10：PCLK1/4096 进行 4 分频	455μs	29.12ms
11：PCLK1/4096 进行 8 分频	910μs	58.25ms

将 WWDG_CR 中的 WDGA 位置 1，看门狗启动。如果启动了看门狗且允许中断，那么当递减计数器的值等于 0x40 时会产生早期唤醒中断（EWI），即 WWDG 中断。它可以用于重装载计数器，以避免 WWDG 复位（但通常不这么做，见前面的分析）。从 WWDG 的时序图可知，当出现下面两种情况时，WWDG 将产生复位：

（1）递减计数器从 0x40 翻转到 0x3F，即 T6 位清零。

（2）计数器的值大于窗口寄存器中的数值，计数器被重新装载。

这与前面的分析是一致的。所以应用程序在正常运行过程中必须定期地写入 WWDG_CR 以防止单片机复位。而写入时机很重要，只能在 WWDG 时序图中的刷新窗口期间写入，即只有当递减计数器的值大于或等于 0x40，且小于窗口寄存器的值时，才能进行写操作（刷新），防止复位发生。

因此，存储在 WWDG_CR 中的数值必须在 0xFF～0xC0 之间，递减计数器的数值必须在 0x7F～0x40 之间。

WWDG 寄存器组的首地址是 0x40002C00，其寄存器和复位值见表 12.5。

表 12.5　WWDG 寄存器和复位值表

<table>
<tr><th>偏移</th><th>寄存器</th><th>31</th><th>30</th><th>29</th><th>28</th><th>27</th><th>26</th><th>25</th><th>24</th><th>23</th><th>22</th><th>21</th><th>20</th><th>19</th><th>18</th><th>17</th><th>16</th><th>15</th><th>14</th><th>13</th><th>12</th><th>11</th><th>10</th><th>9</th><th>8</th><th>7</th><th>6</th><th>5</th><th>4</th><th>3</th><th>2</th><th>1</th><th>0</th></tr>
<tr><td rowspan="2">000h</td><td>WWDG_CR</td><td colspan="24" rowspan="2">保留</td><td>WDGA</td><td colspan="7">T[6:0]</td></tr>
<tr><td>复位值</td><td>0</td><td>1</td><td>1</td><td>1</td><td>1</td><td>1</td><td>1</td><td>1</td></tr>
<tr><td rowspan="2">004h</td><td>WWDG_CFR</td><td colspan="22" rowspan="2">保留</td><td>EWI</td><td>WDGTB1</td><td>WDGTB0</td><td colspan="7">W[6:0]</td></tr>
<tr><td>复位值</td><td>0</td><td>0</td><td>0</td><td>1</td><td>1</td><td>1</td><td>1</td><td>1</td><td>1</td><td>1</td></tr>
<tr><td rowspan="2">008h</td><td>WWDG_SR</td><td colspan="31" rowspan="2">保留</td><td>EWIF</td></tr>
<tr><td>复位值</td><td>0</td></tr>
</table>

任务 3　窗口看门狗编程

下面的程序使用 WWDG 检测和解决由系统错误引起的故障。

例程： WWDG-1.c

```
#include "stm32f10x.h"
#include "HelloRobot.h"

void SysTick_Configuration(void)
{
…   //略，同前
}

void WWDG_Config(void)
{
  /* Enable WWDG clock，窗口看门狗时钟使能 */
  RCC_APB1PeriphClockCmd(RCC_APB1Periph_WWDG, ENABLE);

  /* WWDG clock：(PCLK1/4096)/8 = 1098.6 Hz (910.2us)   */
  WWDG_SetPrescaler(WWDG_Prescaler_8);

  //使能 WWDG 并将计数器的值设为 0x7F, timeout = 910.2us * 64 = 58.25 ms
  WWDG_Enable(0x7F);

  //只能在窗口计数器值为 0x70～0x40 这段时间内喂狗，早了或晚了都会产生复位
  WWDG_SetWindowValue(0x70);    //910.2us * 16=14.56 ms

  WWDG_ClearFlag();          /* Clear EWI flag，清除中断标记 */

  //使能 EWI，当计数器的值减到 0x40 时产生这个中断
  WWDG_EnableIT();
}

int main(void)
{
  int counter=0;
  BSP_Init();                    //机器人控制板初始化
  USART_Configuration();

  if(RCC_GetFlagStatus(RCC_FLAG_WWDGRST) != RESET)
  {
    GPIO_ResetBits(GPIOD, GPIO_Pin_7);      //打开 PC13 引脚连接的 LED
    printf("WWDG Reset...\r\n");
    RCC_ClearFlag();                              /* 清除复位标志位 */
  }
  else
```

```
    {
      GPIO_SetBits(GPIOD,GPIO_Pin_7);              //关闭 PC13 引脚连接的 LED
       printf("PowerOn or ExtKey Reset\r\n");
    }

    /* 配置 SysTick 以每 30ms 产生一个中断来清除 WWDG 计数器 */
    SysTick_Configuration();

    WWDG_Config();                                 /* 配置 WWDG */

    while (1)
    {
      delay_nms(1000);
      printf("Program Normal\r\n");
    }
}
```

这里也使用到了系统时钟（SYSCLK），通过 SysTick 初始化函数 SysTick_Configuration()配置 SysTick 产生 30ms 的定时中断，重新装载递减计数器，即“喂狗”一次。另外需要在 HelloRobot.h 文件的中断初始化函数 NVIC_Configuration()中设置 WWDG 中断，程序如下。

```
void NVIC_Configuration(void)
{
  …
  NVIC_InitStructure.NVIC_IRQChannel = WWDG_IRQChannel;
  NVIC_InitStructure.NVIC_IRQChannelPreemptionPriority = 0;   //抢占式优先级
  NVIC_InitStructure.NVIC_IRQChannelSubPriority = 0;          //响应优先级
  NVIC_Init(&NVIC_InitStructure);
}
```

在 stm32f10x_it.c.c 文件中，SysTick 中断服务函数 SysTick_Handler()每隔 30ms 重新装载递减计数器，即“喂狗”一次。若在按键中断服务函数 EXTI9_5_IRQHandler()中发生了死循环，不能退出来，则“喂狗”程序无法执行，从而发生系统复位。

```
void SysTick_Handler(void)
{
  WWDG_SetCounter(0x7F);          /* 更新 WWDG 计数器 */
  WWDG_ClearFlag();               /* 清除 EWI 标志位 */
}
void WWDG_IRQHandler(void)
{   //保存重要的数据和状态参数或做系统刹车（如电梯控制）
}
…
void EXTI9_5_IRQHandler(void)
{
  if(EXTI_GetITStatus(EXTI_Line9) != RESET)
```

```
    {
        EXTI_ClearITPendingBit( EXTI_Line5) ;          //清除中断标志位
        while(1);                                      //程序死循环，不再喂狗
    }
}
```

WWDG-1.c 是如何工作的

WWDG-1.c 功能示意图如图 12.6 所示。当程序正常运行时，每隔 30ms 会重新装载递减计数器，即“喂狗”一次，此时递减计数器的值为 0x5F，满足递减计数器必须在其值小于窗口寄存器的数值（0x70）且大于 0x3F 时才能被重新装载的条件，所以不会产生复位，如图 12.7（a）所示。

假设程序进入某个代码片段，如在按键中断服务函数中发生了死循环，不能退出来，“喂狗”程序无法执行，则当递减计数器的值从 0x40 递减到 0x3F 时，发生系统复位。这是“过迟”复位。复位之后，程序检测到复位与时钟配置寄存器组中的控制/状态寄存器（RCC_CSR）标志位 WWDGRSTF 为 1，表明发生了 WWDG 复位，点亮 LED，并在串口调试软件上显示提示，如图 12.7（b）所示。

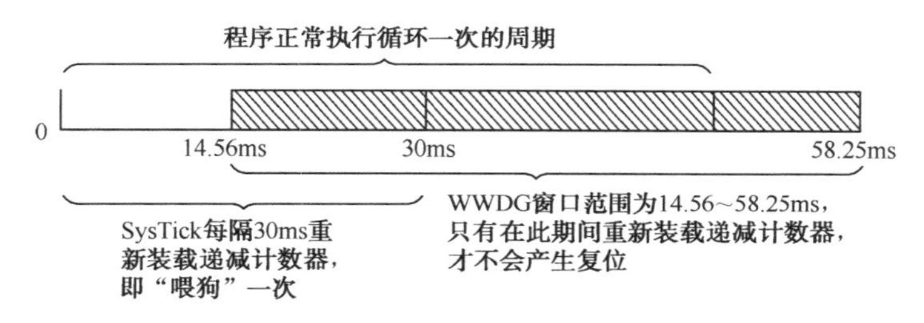

图 12.6　WWDG-1.c 功能示意图

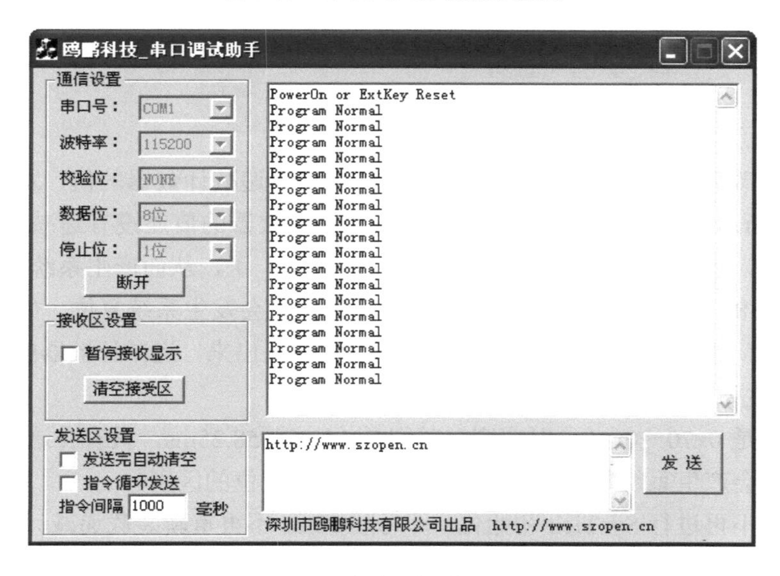

（a）程序正常运行

图 12.7　程序运行结果

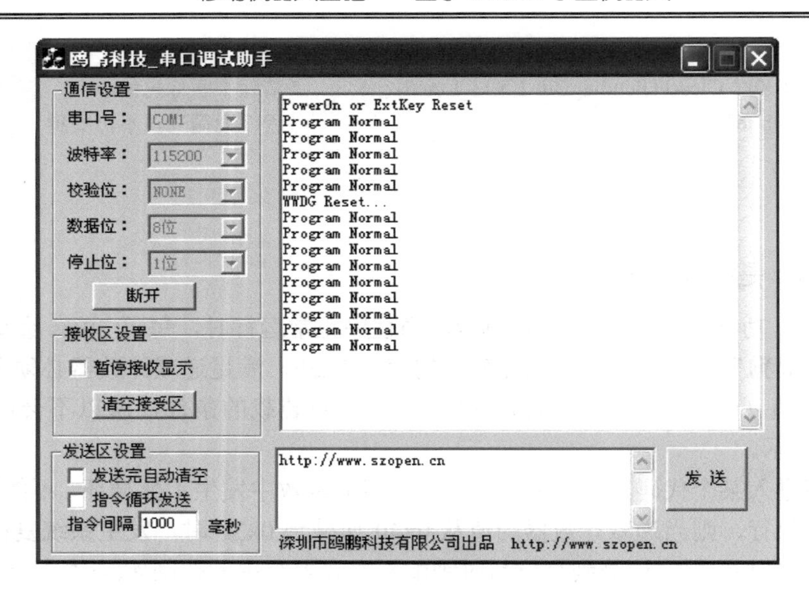

（b）发生了死循环，递减计数器超时，产生系统复位

图 12.7　程序运行结果（续）

将主函数中的 while(1)循环修改如下：

```
while (1)
{
    delay_nms(1000);
    printf("Program Normal\r\n");
    counter++;
    if(counter>=8)
    {
        while(1) WWDG_Enable(0x7F);
    }
}
```

完成上述修改后，在程序运行 8s 后，频繁重新装载递减计数器的值，发生了复位现象，如图 12.8（a）所示，这是“过早”复位，即在递减计数器的值还没有递减到窗口寄存器数值（0x70）之前，递减计数器的值就被刷新（重新装载）了，从而产生系统复位。

当然，在这 8s 内，按下按键使程序进入死循环，也会发生系统复位，如图 12.8（b）所示，这是“过迟”复位。这是由于程序不能从死循环中退出来，递减计数器的值从 0x40 递减到 0x3F 时，发生系统复位。

窗口范围值是 0x70～0x40，对应窗口时间是 14.56～58.25ms，只有在这期间重新装载递减计数器，才不会产生系统复位。注意这两种 WWDG 复位的区别。

如果主函数不再进行 SysTick 初始化，即每隔 30ms 不再重新装载递减计数器，且不修改 while(1)中的循环代码，而在 WWDG_IRQHandler()中断服务函数中添加复位 WWDG 的代码，那么会发生什么现象呢？

（a）WWDG“过早”复位

（b）WWDG“过迟”复位

图 12.8　程序运行结果

将主函数修改如下。

例程：WWDG-2.c

```
int main(void)
{
  …
  //SysTick_Configuration();
  WWDG_Config();   /* 配置 WWDG */
  while (1)
  {
    delay_nms(1000);
    printf("Program Normal\r\n");
  }
```

```
    …
}
```

在 stm32f10x_it.c 文件中的 WWDG_IRQHandler()中断服务函数中，添加如下程序：

```
void WWDG_IRQHandler(void)
{
  WWDG_SetCounter(0x7F);            /* Update WWDG counter */
  WWDG_ClearFlag();                 /* Clear EWI flag */
  GPIO_WriteBit(GPIOD,GPIO_Pin_7,
  (BitAction)(1-GPIO_ReadOutputDataBit(GPIOD,GPIO_Pin_7)));
}
```

完成上述修改后，由于程序运行期间没有每隔一定时间重新装载递减计数器，因此当递减计数器的值递减到 0x40 时，会进入 WWDG_IRQN()中断服务函数，重新装载递减计数器，防止 WWDG 产生系统复位，程序运行结果如图 12.9 所示。

图 12.9 程序运行结果

这样，不让看门狗复位，当中断服务函数返回后，接着又进入该中断重新装载递减计数器，如此反复，连接在 PD7 引脚的 LED 闪烁（周期是 58.25ms）。程序出现的问题没有得到解决，还是处于有问题的状态。

所以，在这个 WWDG 中断服务函数中，不应该重装载递减计数器，而应该让应用程序在发生复位前安排一些紧急处理的任务，如保存一些重要数据和状态参数、系统刹车（如电梯控制）等。

工程素质和技能归纳

（1）复习 C 语言中的函数指针的内容，掌握其在嵌入式系统中的应用。

（2）理解看门狗的作用，掌握 STM32 单片机独立看门狗的工作机制、配置流程和方法。

（3）掌握 STM32 单片机窗口看门狗的工作机制、配置流程和方法。

第 13 章　智能搬运机器人开发与制作

13.1 “中国教育机器人大赛”智能搬运比赛简介

1．比赛任务

智能搬运是“中国教育机器人大赛”的一个比赛项目。该比赛模拟工业自动化过程中自动化物流系统的实际工作过程，使参赛队员在实践中了解自动化物流系统。智能搬运是基于32 位单片机的小型机器人比赛项目。机器人在比赛场地里移动，并将不同颜色的色块分类搬运到对应颜色分数区里。比赛分值的高低根据机器人搬运物体放置位置的精度和完成任务的时间来决定。智能搬运机器人系统用到了 QTI 线跟踪传感器，超声波传感器，颜色传感器等，系统架构如图 13.1 所示。

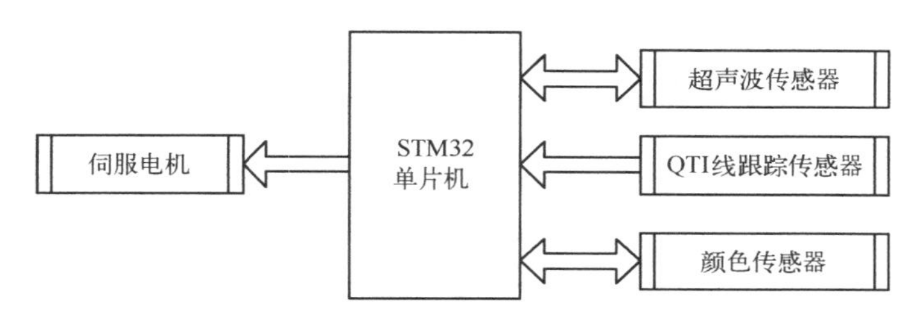

图 13.1　系统架构

2．硬件平台

智能搬运机器人由 STM32 机器人控制板、金属杆件车体、伺服电机、超声波传感器、QTI 线跟踪传感器、颜色传感器等组成，实物图如图 13.2 所示。

图 13.2　基于 ARM Cortex-M3 处理器的 STM32 智能搬运机器人

3. 比赛场地和评分标准

智能搬运比赛场地如图 13.3 所示。这是一个 1.5m×1.6m 的长方形场地，场地材质为灯布，场地上的图案采用彩色喷绘一次成形。场地中，内圆为物料存放区，内圆上有 A、B、C、D、E、F、G、H、I 九个特定的物料存放区。物料为 5 个直径和高度均为 40mm 的圆柱，颜色分别为黄色、白色、红色、黑色、蓝色。场地外侧的多边形上有 5 个不同颜色的圆环点，每个点都有固定的颜色，只能堆放对应颜色的物料。每个物料存放点周围都有均匀分布的同心圆，用来确定物料堆放位置的准确度和分值，从里到外分值依次降低。

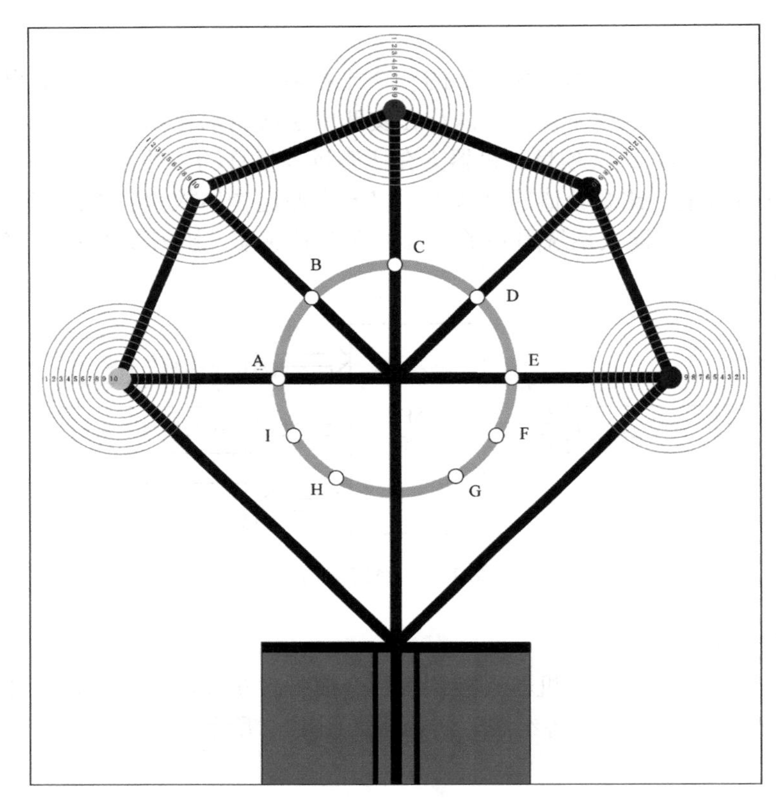

图 13.3　智能搬运比赛场地

正式比赛前，由参赛队员将所有参赛机器人控制板上的接线拆除后统一收回，并摆放在指定位置。抽签确定比赛任务后，裁判宣布比赛开始，各参赛队员领回各自的机器人，并开始接线、修改和调试程序，控制机器人运动，以便将 5 个颜色的物料色块准确地搬运到对应的 5 个颜色的物料存放区的中心区域，最后回到出发点。一个小时后，裁判收回参赛机器人并放到指定位置，开始正式比赛。

13.2　智能搬运机器人的组装

1. 智能搬运机器人零件及组成

智能搬运机器人零件及组成如表 13.1 所示。

表 13.1　智能搬运机器人零件及组成

零件名称	数量
智能搬运机器人金属杆件车体	1 套
超声波传感器	1 个
QTI 线跟踪传感器	4 个
伺服电机	2 个
颜色传感器	1 个
STM32 机器人控制板	1 个
5～8V 电源	1 个
螺钉、螺母、铜柱和固定架	若干
导线和连接线	若干

2．组装步骤

（1）连接好传感器支架之后，将其安装在车体前方，并安装好车轮、伺服电机，安装效果如图 13.4 所示。

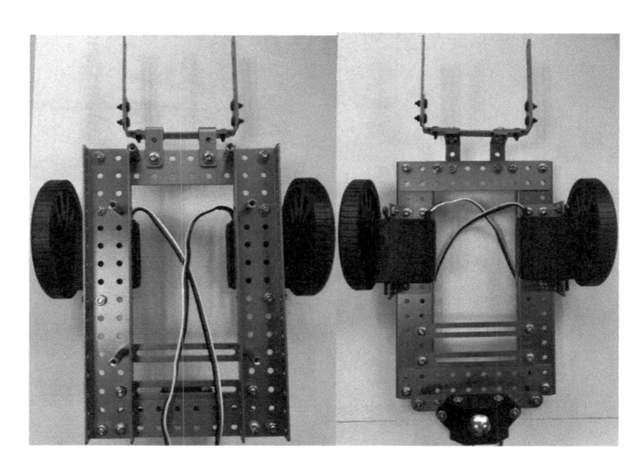

图 13.4　伺服电机、车轮及传感器支架安装效果

（2）把 4 个 QTI 线跟踪传感器安装在车体底部的支架上，安装效果如图 13.5 所示。

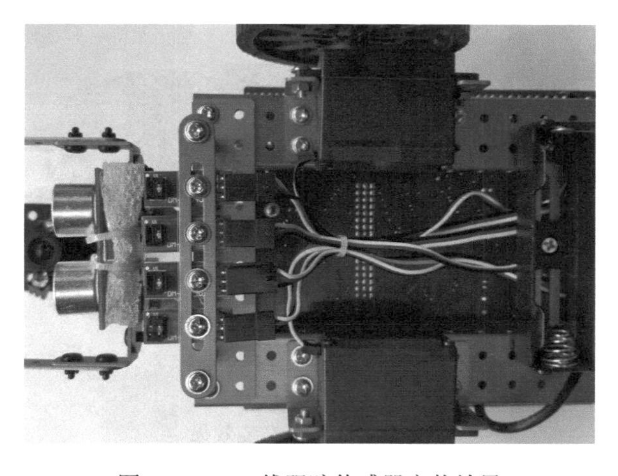

图 13.5　QTI 线跟踪传感器安装效果

（3）把超声波传感器用扎带固定在正前方支架上，把颜色传感器安装在车体前方上面的铜螺柱上，安装效果如图 13.6 所示。

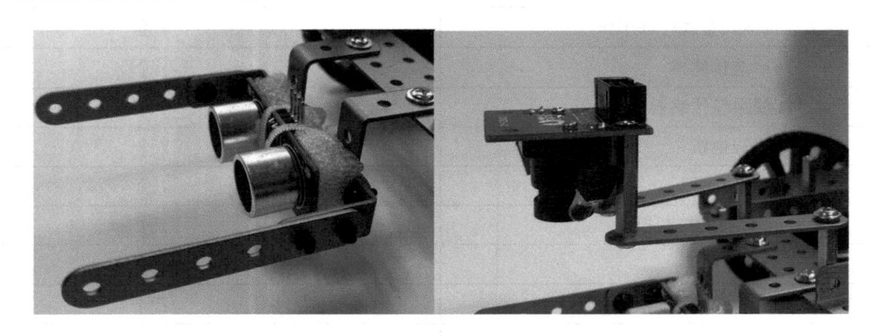

图 13.6　超声波传感器、颜色传感器安装效果

传感器安装完成后的整体效果如图 13.7 所示。

图 13.7　传感器安装完成后的整体效果

（4）最后在车体中间上方安装铜螺柱和 STM32 机器人控制板，将各模块接线连接完整，整机安装效果如图 13.8 所示。

图 13.8　整机安装效果

3．智能搬运机器人接线说明

智能搬运机器人在完成本任务的过程中，需要控制的传感器包括超声波传感器、颜色传感器、QTI 线跟踪传感器。接线时默认以车体前方为正方向，则对应的左右两边为左右电机。4 个 QTI 线跟踪传感器的命名顺序从左到右依次为 QTI1、QTI2、QTI3 和 QTI4。STM32 机器人控制板的连接配置如表 13.2 所示。

表 13.2　STM32 机器人控制板的连接配置

设备名称		设备连接	STM32 机器人控制板连接
左电机		白线	PC7
		红线	VCC
		黑线	GND
右电机		白线	PC6
		红线	VCC
		黑线	GND
QTI 线跟踪传感器	QTI1	SIG	PE0
	QTI2	SIG	PE1
	QTI3	SIG	PE2
	QTI4	SIG	PE3
超声波传感器		VCC	5V
		Trig	PC11
		Echo	PC12
		GND	GND
颜色传感器		S0	PE4
		S1	PE5
		S2	PE6
		S3	PE8
		OUT	PD2
		VDD	5V
		GND	GND
		LED	PE10

13.3　机器人传感器说明

1．QTI 线跟踪传感器

（1）工作原理：QTI 线跟踪传感器是使用光电接收器来检测物体表面反射光强度的传感器。当传感器对着较暗的物体表面时，反射光强度很低；当传感器对着明亮物体时，反射光强度很高。不同的反射光强度对应着不同的电平输出信号。本书中，探测到黑色物体时输出高电平，探测到白色物体时输出为低电平。QTI 线跟踪传感器很适合用在循线、探测场地边缘等场合，QTI 线跟踪传感器与探测场地的距离最好在 10mm（中间两个为 QTI2 和 QTI3，旁边两个为 QTI1 和 QTI4，中间两个 QTI 的中心距离为 11mm，也可以让中心点对着场地黑线的中心；旁边两个 QTI 在开槽金属杆件槽的两端）。传感器有三个引脚 GND、VCC、SIG，分别代表地、电源和输出信号，将它们与 STM32 机器人控制板上的相关引脚相连就可以获取传感器信号。

（2）QTI 线跟踪传感器的性能参数如下。

- 工作温度：-40℃～85℃；
- 参考电压：5V；
- 连续电流：50mA；
- 功耗：100mW；
- 最佳距离：5～8mm；
- 最佳距离最大散射角度：65°；
- 探测到黑色物体输出高电平，探测到白色物体输出低电平；
- 响应时间（$V = 5\text{V}$，$R = 100$，$I = 5\text{mA}$）：
  - 上升沿时间：10μs；
  - 下降沿时间：50μs。

（3）QTI 线跟踪传感器的引脚实物图如图 13.9 所示。

正面

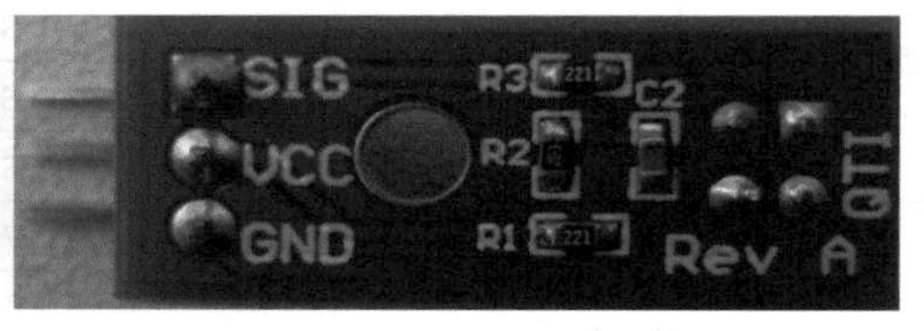

反面

图 13.9　QTI 线跟踪传感器的引脚实物图

（4）编写 QTI 循线驱动程序。安装 QTI 线跟踪传感器，配合伺服电机后，就可以编写机器人运动程序。依据 QTI 线跟踪传感器照射到被测物体返回的灰度值，可以识别黑色物体、白色物体。4 个 QTI 线跟踪传感器有 16 种不同的识别结果。识别结果反映了机器人在场地中感知到的地面情况。机器人可以依据这些不同的值，做出前进、向左转、向右转、后退等动作。

首先对 I/O 端口进行配置，接着获取 QTI 线跟踪传感器的值，然后依据 QTI 线跟踪传感器的值对伺服电机输出相应的脉宽，最后机器人就可以循线了，具体程序如下：

```
#define QTI1_Pin     GPIO_Pin_0
#define QTI2_Pin     GPIO_Pin_1
#define QTI3_Pin     GPIO_Pin_2
#define QTI4_Pin     GPIO_Pin_3
/*********读取 QTI 线跟踪传感器的电平宏定义*******/
#define PE0_ReadBit()    GPIO_ReadInputDataBit(GPIOE,GPIO_Pin_0)//读 PE0 上的值
#define PE1_ReadBit()    GPIO_ReadInputDataBit(GPIOE,GPIO_Pin_1)//读 PE1 上的值
#define PE2_ReadBit()    GPIO_ReadInputDataBit(GPIOE,GPIO_Pin_2)//读 PE2 上的值
#define PE3_ReadBit()    GPIO_ReadInputDataBit(GPIOE,GPIO_Pin_3)//读 PE3 上的值
void GPIO_QTI_Config(void)
{
  GPIO_InitStructure.GPIO_Pin = GPIO_Pin_0|GPIO_Pin_1|GPIO_Pin_2|GPIO_Pin_3;
  GPIO_InitStructure.GPIO_Speed = GPIO_Speed_50MHz;
```

```
    GPIO_InitStructure.GPIO_Mode = GPIO_Mode_IN_FLOATING;     //浮空输入
    GPIO_Init(GPIOE,&GPIO_InitStructure);
  }
  u8 QTI_State(u8 pin)//获取红外线值
  {
      return GPIO_ReadInputDataBit(GPIOE,pin);
  }
  /*
  //函数名称：PE0_state()
  //功能：获得左边第一个 QTI 线跟踪传感器的返回值
  //参数：无参数
  //返回值：1：高电平，看到黑色物体；0：低电平，看到白色物体
  */
  int PE0_state(void)
  {
      return PE0_ReadBit();
  }
  /*
  函数名称：PE1_state()
  功能：获得左边第二个 QTI 线跟踪传感器的返回值
  参数：无参数
  返回值：1：高电平，看到黑色物体；0：低电平，看到白色物体
  */
  int PE1_state(void)
  {
      return PE1_ReadBit();
  }
  /*
  函数名称：PE2_state()
  功能：获得右边第二个 QTI 线跟踪传感器的返回值
  参数：无参数
  返回值：1：高电平，看到黑色物体；0：低电平，看到白色物体
  */
  int PE2_state(void)
  {
      return PE2_ReadBit();
  }
  /*
  函数名称：PE3_state()
  功能：获得右边第一个 QTI 线跟踪传感器的返回值
  参数：无参数
  返回值：1：高电平，看到黑色物体；0：低电平，看到白色物体
  */
  int PE3_state(void)
  {
      return PE3_ReadBit();
```

```
}
void motor_motion2(unsigned int left2_val, unsigned int right2_val)
{
      GPIO_SetBits(GPIOC, GPIO_Pin_7);
      delay_nus(left2_val);
      GPIO_ResetBits(GPIOC,GPIO_Pin_7);
      GPIO_SetBits(GPIOC, GPIO_Pin_6);
      delay_nus(right2_val);
      GPIO_ResetBits(GPIOC,GPIO_Pin_6);
      delay_nms(20);  //输出一个 PWM 波形
}
void Robot_hunting2(unsigned int speed)
{
   QTIS = (GPIO_ReadInputData(GPIOE)&0x0f);
   switch (QTIS)
   {
            case 1:motor_motion1(1500, 1470,2);break;                //向左转
            case 2:motor_motion1(1500, 1470,1);break;                //向左转
            case 3:motor_motion1(1500, 1470,1);break;                //向左转
            case 4:motor_motion1(1530, 1500,1);break;                //向右转
            case 8:motor_motion1(1530, 1500,2);break;                //向右转
            case 12:motor_motion1(1530, 1500,1);break;               //向右转
            case 6:motor_motion2(speed, 3000-speed);break;           //前进
            default:motor_motion2(speed, 3000-speed);break;          //这一句不能省略
   }
}
void Robot_hunting(unsigned int speed)
{
   QTIS = (GPIO_ReadInputData(GPIOE)&0x0f);
   switch (QTIS)
   {
            case 1:motor_motion1(speed, (3000-speed)-30-5,3);break;      //向左转
            case 2:motor_motion1(speed, (3000-speed)-30,1);break;        //向左转
            case 3:motor_motion1(speed, (3000-speed)-30,1);break;        //向左转
            case 4:motor_motion1(speed+30, (3000-speed),1);break;        //向右转
            case 8:motor_motion1(speed+30+5, (3000-speed),3);break;      //向右转
            case 12:motor_motion1(speed+30, (3000-speed),1);break;       //向右转
            case 6:motor_motion2(speed, 3000-speed);break;               //前进
            default:motor_motion2(speed, 3000-speed);break;              //这一句不能省略
   }
}
```

在主函数中调用测试函数，将 QTI 线跟踪传感器返回值通过串口调试软件打印出来，程序如下，打印出来的数据如图 13.10 所示。

```
#include "stm32f10x.h"
#include "peripheral_Init.h"
```

```
#include "./qti/qti.h"
int main(void)
{
    Peripheral_Init();          //这个函数包含了模块所使用的一些资源
    GPIO_QTI_config();
    while(1)
    {
        printf("QTI 1～4: %d %d %d %d  十进制: %d\n",PE0_state(),PE1_state(),PE2_state(),PE3_
        state(),(GPIO_ReadInputData(GPIOE)&0x0f));
        delay_nms(300);
    }
}
```

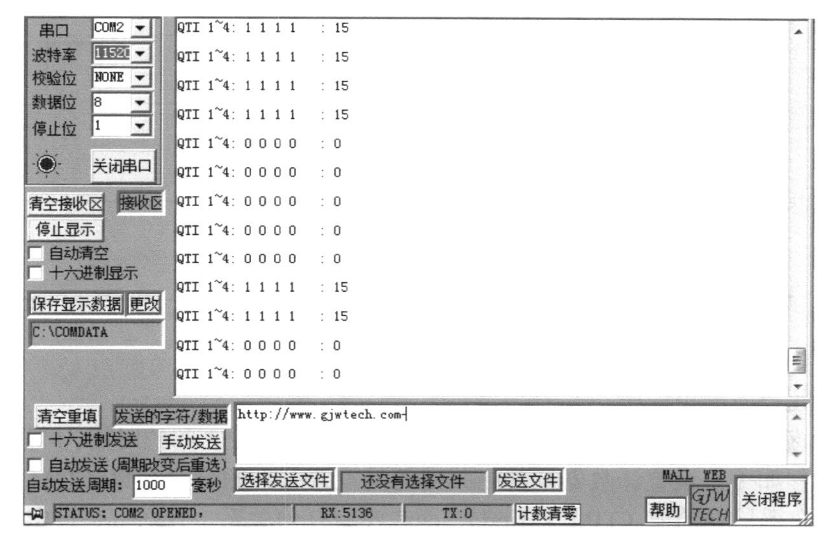

图 13.10　串口调试软件数据打印

2．超声波传感器

DM-S28018-B 超声波传感器提供了精确的非接触式的距离测量功能。它可以非常方便地与 STM32 机器人控制板连接，只需两个 I/O 端口就可以实现较为精确的控制。这两个端口是 trig 和 echo，trig 为控制端口（输入），echo 为返回端口（输出）。

（1）超声波传感器特性。

- 电压：DC 5V；
- 静态电流：小于 2mA；
- 电平输出：高电平>0.2V，低电平<0.2V；
- 感应角度：不大于 15°；
- 测量距离：0.02～5m；
- 测量精度：3mm。

（2）电气参数。

- 工作电压：DC 5V；
- 工作电流：10mA；

- 工作频率：40Hz；
- 输入触发信号：10μs 的 TTL 脉冲；
- 输出回响信号：输出 TTL 电平信号，与测量距离成比例；
- 规格尺寸：43mm×20mm×15mm。

（3）使用方法。

- 采用 I/O 触发测距方法，给 trig 端口传送至少 10μs 的 TTL 高电平信号；
- 超声波传感器模块自动发送 8 个 40kHz 的方波，自动检测是否有信号返回；
- 有信号通过 echo 端口返回，echo 端口输出一个高电平，高电平持续的时间就是超声波从发送到返回的时间，空气中声波传输速度是 340m/s，由此可以计算出距离前方物体的距离。

（4）模块时序图如图 13.11 所示。

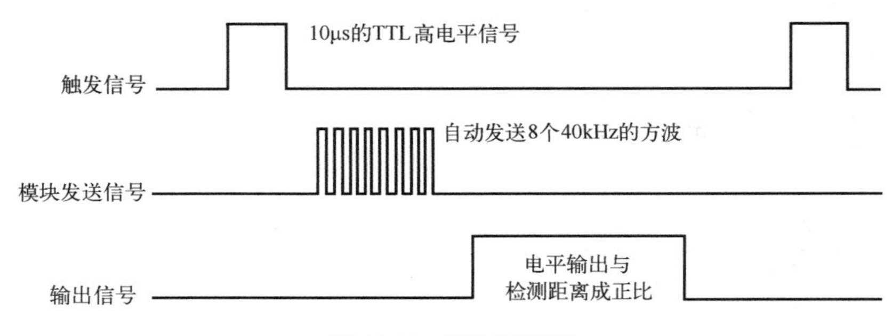

图 13.11　模块时序图

（5）编写超声波测距程序。

超声波传感器主要依靠计数器的计数功能得到发射与接收之间的时间，再得出所测距离。具体的计数过程如下：设置计数器，其中关键的是设置时钟预分频系数（TIM_Prescaler）和自动重装载寄存器周期的值（TIM_Period），两者没有任何关系，共同点是设定值的范围必须是 0x0000～0xFFFF（65536）。先设定一个有效时钟预分频系数，进而根据公式算出单周期时间 = (1+TIM_Prescaler) / 72M。自动重装载寄存器周期的值是指发生一次中断或者更新需要的单周期个数，它与单周期时间相乘得到产生一次中断或更新的时间 =((1+TIM_Prescaler) / 72M)×(1+TIM_Period)。通过设置计数器，以及获取超声波传输和反射所花费的时间，便可以测出距离。

第一步是对 I/O 端口进行设置，接着设置计数器，最后编写测距代码。

具体的超声波测距程序如下：

```
void GPIO_Dist_Config(void)
{
    GPIO_InitStructure.GPIO_Pin = GPIO_Pin_12;
    GPIO_InitStructure.GPIO_Mode = GPIO_Mode_IN_FLOATING;
    GPIO_Init(GPIOC, &GPIO_InitStructure);
    GPIO_InitStructure.GPIO_Pin = GPIO_Pin_13;
    GPIO_InitStructure.GPIO_Mode = GPIO_Mode_Out_PP;
    GPIO_InitStructure.GPIO_Speed = GPIO_Speed_50MHz;
    GPIO_Init(GPIOC, &GPIO_InitStructure);
}
```

```
void TIM4_Configuration(void)
{
    TIM_DeInit(TIM4);
    /* Time Base configuration */
    TIM_TimeBaseStructure.TIM_Prescaler = 0;
    TIM_TimeBaseStructure.TIM_CounterMode = TIM_CounterMode_Up;
    TIM_TimeBaseStructure.TIM_Period = 0xffff;
    TIM_TimeBaseStructure.TIM_ClockDivision = 0;
    TIM_TimeBaseStructure.TIM_RepetitionCounter = 0;
    TIM_TimeBaseInit(TIM4,&TIM_TimeBaseStructure);
    TIM_PrescalerConfig(TIM4,71, TIM_PSCReloadMode_Immediate);
    /* enable preload value */
    TIM_ARRPreloadConfig(TIM4,DISABLE);
    TIM_SetCounter(TIM4,0);                    //TIM4 计数器清零
    TIM_Cmd(TIM4,DISABLE);                     //TIM4 计数器失能
}
int GetDis(int echo,int trig)
{
    int dis;
    int count;
    GPIO_ResetBits(GPIOC,echo);                //echo 端口复位
    GPIO_ResetBits(GPIOC,trig);                //trig 端口复位
    TIM_SetCounter(TIM4,0);                    //TIM4 计数器清零
    GPIO_SetBits(GPIOC,trig);                  //trig 端口置高电平，发出 10μs 的高电平信号
    delay_nus(10);
    GPIO_ResetBits(GPIOC,trig);
    delay_nus(100);
    while(GPIO_ReadInputDataBit(GPIOC, echo) == 0);
    TIM_Cmd(TIM4,ENABLE);                          //开启计数器
    //开启计数器开始计时
    while(GPIO_ReadInputDataBit(GPIOC, echo));     //等待 echo 端口置低电平
    TIM_Cmd(TIM4,DISABLE);                         //关闭计数器
    count = TIM_GetCounter(TIM4);                  //获取计数器值
    dis = (int)count/60.034;                       //转换为距离，即 29.034μs 的超声波能传播 1cm
    return dis;
}
```

在主函数中调用测试函数，将超声波传感器模块返回值通过串口调试软件打印出来，程序如下，打印出来的数据如图 13.12 所示。

```
#include "stm32f10x.h"
#include "peripheral_Init.h"
#include "dist.h"
int main(void)
{
    Peripheral_Init();          //这个函数包含了模块所使用的一些资源
    GPIO_QTI_config();
```

```
        while(1)
        {
            printf("distance: %d cm\n",GetDis(GPIO_Pin_12,GPIO_Pin_13));
            delay_nms(300);
        }
}
```

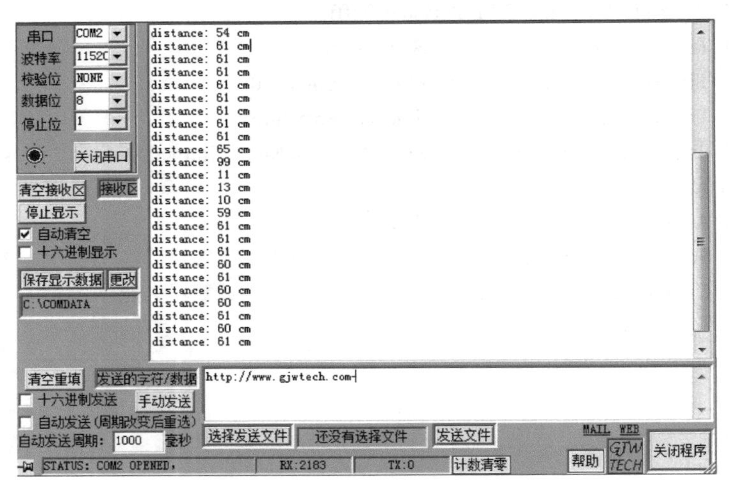

图 13.12　串口调试软件数据打印

注意：在测量距离超过 3.3m 时测量误差会增大，可能导致测量距离不准确。若超声波传感器与障碍物的倾角大于 45°，echo 端口可能接收不到信号。若测量的物体太小，则可能导致测量距离不准确。

3．颜色传感器

本书所用的颜色传感器 TCS230 是从可编程彩色光到频率的转换器。它把可配置的硅光电二极管与电流频率转换器集成在一个单一的 CMOS 电路上，在单一芯片上集成了红、绿、蓝（RGB）三种滤光器。它是业界第一个有数字兼容端口的 RGB 颜色传感器。TCS230 的输出信号是数字量，可以驱动标准的 TTL 或 CMOS 逻辑输入，可直接与单片机或其他逻辑电路相连。我们对该传感器进行了扩展，增加了 LED 用于提示和辅助照明。由于输出的是数字量，并且能够实现每个颜色信道 10 位以上的转换精度，因此该传感器不再需要 A/D 转换电路，其电路变得更简单。图 13.13 所示是 TCS230 引脚示意图。

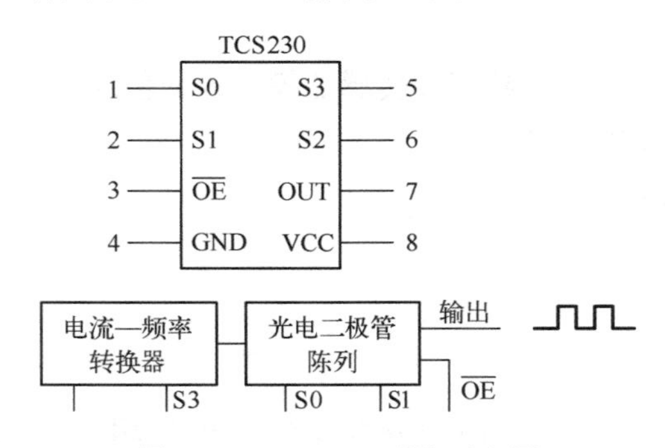

图 13.13　TCS230 引脚示意图

TCS230 引脚组合功能：S0、S1 用于选择输出比例因子或电源关闭模式；S2、S3 用于选择滤波器的类型；$\overline{\text{OE}}$ 是频率输出使能引脚，可以控制输出的状态，当有多个芯片引脚共用单片机的输入引脚时，也可以作为片选信号；OUT 是频率输出引脚，GND 是接地引脚，VCC 为芯片提供工作电压。S0、S1 及 S2、S3 的可用组合如表 13.3 所示。

表 13.3　S0、S1 及 S2、S3 的可用组合

S0	S1	输出比例因子	S2	S3	滤波器类型
0	0	关闭电源	0	0	红色
0	1	1:50	0	1	蓝色
1	0	1:5	1	0	无
1	1	1:1	1	1	绿色

从理论上来讲，白色是由等量的红色、绿色和蓝色混合而成的，但 TCS230 对三种基本色的敏感性是不同的，导致 TCS230 的 RGB 输出并不相等。因此在使用前必须进行白平衡调整。所谓白平衡就是告诉机器人什么是“白色”，使得 TCS230 对“白色”中三原色 RGB 的输出是相等的。

通过白平衡调整可以得到在颜色识别时需要用到的选通信道的时间基准。白平衡调整的过程是：在 TCS230 前适当位置（一般为 2cm 左右）处放置一个白色物体，打开 LED，选择输出比例因子，依次选通红色、绿色和蓝色滤波器，对每个通道（也称信道）的脉冲计数到 255 后关闭，最后分别得到每个通道所用的时间，这个时间就是识别颜色时要用的时间基准。颜色识别就是根据时间基准计算脉冲数，具体过程是：打开 LED，选择输出比例因子（与白平衡时相同），依次选通不同的颜色滤波器，颜色滤波器选通时间与白平衡处理过程中获得的相应通道的时间基准相同，最后根据得到的脉冲数判断物体颜色。

注意：如果使用例程颜色判断函数，那么色块到 TCS230 的最适合距离是 27mm，TCS230 到色块的距离是固定不可改变的，否则所调节的白平衡是错误的，所识别的颜色也会出错。

每种颜色都由红、蓝、绿三原色组成，该颜色的三原色会在某个范围内波动，适当地扩大三原色的范围，测试颜色就不会出错。但为了防止出错，可设置出错条件，在出错的情况下再进行测试，直到测试出对的颜色。

首先对 TCS230 用到的 I/O 端口进行设置，接着对所用的计数器进行设置，然后针对具体的白平衡程序，编写不同滤波器的滤波时间设置程序，最后对测试颜色的滤波器进行相应程序的编写。这些程序如下：

```
void TIM2_Configure(void)
{
    TIM_DeInit( TIM2);//复位 TIM2 定时器
    TIM_TimeBaseStructure.TIM_Period = 99;
    TIM_TimeBaseStructure.TIM_Prescaler = 7199;
    TIM_TimeBaseStructure.TIM_ClockDivision = TIM_CKD_DIV1;
    TIM_TimeBaseStructure.TIM_CounterMode = TIM_CounterMode_Up;
    TIM_TimeBaseInit(TIM2, & TIM_TimeBaseStructure);
    /* Clear TIM2 update pending flag[清除 TIM2 溢出中断标志] */
    TIM_ClearFlag(TIM2, TIM_FLAG_Update);
    /* Enable TIM2 Update interrupt [TIM2 溢出中断允许]*/
```

```
    TIM_ITConfig(TIM2, TIM_IT_Update, ENABLE);
    /* TIM2 enable counter [允许 TIM2 计数]*/
    TIM_Cmd(TIM2, DISABLE);
}
/***********************************************
  * @brief   Configure the TIM3 Counter.
  * @param None
  * @retval None
  ***********************************************/
void TIM3_Counter_Configure(void)
{
    TIM_TimeBaseStructure.TIM_Period = 0xFFFF;//设置自动装载寄存器
    TIM_TimeBaseStructure.TIM_Prescaler = 0x00;//分频系数
    TIM_TimeBaseStructure.TIM_ClockDivision = 0x00;
    TIM_TimeBaseStructure.TIM_CounterMode = TIM_CounterMode_Up;//选择向上计数
    TIM_TimeBaseInit(TIM3, &TIM_TimeBaseStructure);//Time base configuration

    TIM_ETRClockMode2Config(TIM3, TIM_ExtTRGPSC_OFF, TIM_ExtTRGPolarity_NonInverted, 0);

    TIM_SetCounter(TIM3, 0);//设置计数器的值
    TIM_ITConfig(TIM3,TIM_IT_Update,ENABLE);//使能计数器中断
    TIM_Cmd(TIM3, DISABLE); //使能计数器
}
/***********************************************
  * @brief   Configure the TCS230 Pins.
  * @param   None
  * @retval None
  ***********************************************/
void GPIO_TCS230_Configure(void)
{
    GPIO_InitStructure.GPIO_Pin=GPIO_Pin_4|GPIO_Pin_5|GPIO_Pin_6|GPIO_Pin_8|GPIO_Pin_10;
    GPIO_InitStructure.GPIO_Speed = GPIO_Speed_50MHz;
    GPIO_InitStructure.GPIO_Mode = GPIO_Mode_Out_PP;
    GPIO_Init(GPIOE, &GPIO_InitStructure);
}
/***********************************************
  * @brief   Configure the TIM3 Pins.
  * @param None
  * @retval None
  ***********************************************/
void GPIO_TIM3_Configure(void)
{
    //设置 TIM3 的外部计数器 PD2 的 ETR（引脚的设置与硬件有关）
    GPIO_InitStructure.GPIO_Pin = GPIO_Pin_2;
    GPIO_InitStructure.GPIO_Mode = GPIO_Mode_IN_FLOATING;
    GPIO_Init(GPIOD, &GPIO_InitStructure);
```

```
}
u8 TCS230_CurrentColor(u16 pRGB[3],u16 rgb[3])
{
    //u8 currentcolor=0;
    S0_Write_0();    S1_Write_1(); //输出频率为(1/50)*500kHz=10kHz
    LED_Write_1(); //打开 LED

    S2_Write_0();    S3_Write_0(); //选择红色

    times=0;
    TIM_SetCounter(TIM3,0);
    TIM_Cmd(TIM2, ENABLE);TIM_Cmd(TIM3, ENABLE);
    while(pRGB[0] != times);
    TIM_Cmd(TIM2, DISABLE);TIM_Cmd(TIM3, DISABLE);
    rgb[0] = TIM_GetCounter(TIM3);

    S3_Write_1();//选择蓝色

    times=0;
    TIM_SetCounter(TIM3,0);
    TIM_Cmd(TIM2, ENABLE);TIM_Cmd(TIM3, ENABLE);
    while(pRGB[1] != times);
    TIM_Cmd(TIM2, DISABLE);TIM_Cmd(TIM3, DISABLE);
    rgb[1] = TIM_GetCounter(TIM3);

    S2_Write_1();//选择绿色

    times=0;
    TIM_SetCounter(TIM3,0);
    TIM_Cmd(TIM2, ENABLE);TIM_Cmd(TIM3, ENABLE);
    while(pRGB[2] != times);
    TIM_Cmd(TIM2, DISABLE);TIM_Cmd(TIM3, DISABLE);
    rgb[2] = TIM_GetCounter(TIM3);
    LED_Write_0();//关闭 LED
    //printf("Red: %d    Blue: %d    Green: %d\n",RGB[0],RGB[1],RGB[2]);
    return 1;
}
/***********************************************
  * @brief    TCS230_WhiteBalance Function.
  * @param None
  * @retval None
  ***********************************************/
void TCS230_WhiteBalance(u16 pColor[3])
{
    S0_Write_0();    S1_Write_1(); //输出频率为(1/50)*500kHz=10kHz
    LED_Write_1();//打开 LED
```

```
    S2_Write_0(); S3_Write_0(); //选择红色
    times=0;TIM_SetCounter(TIM3,0);
    TIM_Cmd(TIM2, ENABLE);TIM_Cmd(TIM3, ENABLE);
    while(TIM_GetCounter(TIM3)<255);
    TIM_Cmd(TIM2, DISABLE);TIM_Cmd(TIM3, DISABLE);
    pColor[0] = times;//时间比例因子

    S3_Write_1(); //选择蓝色
    times=0;TIM_SetCounter(TIM3,0);
    TIM_Cmd(TIM2, ENABLE);TIM_Cmd(TIM3, ENABLE);
    while(TIM_GetCounter(TIM3)<255);
    TIM_Cmd(TIM2, DISABLE);TIM_Cmd(TIM3, DISABLE);
    pColor[1] = times; //输出比例因子

    S2_Write_1(); //选择绿色
    times=0;TIM_SetCounter(TIM3,0);
    TIM_Cmd(TIM2, ENABLE);TIM_Cmd(TIM3, ENABLE);
    while(TIM_GetCounter(TIM3)<255);
    TIM_Cmd(TIM2, DISABLE);TIM_Cmd(TIM3, DISABLE);
    pColor[2] = times; //输出比例因子
    LED_Write_0(); //关闭 LED
    //printf("Red: %d   Blue: %d   Green: %d\n",pColor[0],pColor[1],pColor[2]);
}
unsigned int Robot_checkColor(void)
{
    TCS230_CurrentColor(pcolor,RGB);
    //printf("Red: %d   Blue: %d   Green: %d\n",RGB[0],RGB[1],RGB[2]);//判断颜色
    if((RGB[0]>90)&&((RGB[0]- RGB[2])>60) && ((RGB[0]- RGB[1]) > 60)&&((RGB[2]- RGB[1]) < 80))
    {
      return 3;        //红色
    }
    else if((abs(RGB[0] - RGB[2])<50)&&(abs(RGB[0] - RGB[1])<50)&& (RGB[0]>100))
    {
      return 2;        //白色
    }
    else if((abs(RGB[0] - RGB[2])<30)&&(abs(RGB[0] - RGB[1])<30)&& (RGB[0]<60))
    {
      return 4;        //黑色
    }
    else if((RGB[0] < RGB[1]) && (RGB[2] < RGB[1])&&((RGB[1] - RGB[0])>20))
    {
      return 5;        //蓝色
    }
    else if(((RGB[2] - RGB[1]) > 80) && ((RGB[0] - RGB[1]) > 100)&&(RGB[2] > 90))
    {
```

```
            return 1;        //黄色
        }
            return 0;
    }
```

在主函数中调用测试函数，将颜色传感器模块的返回值通过串口调试软件打印出来，程序如下，打印出来的数据如图 13.14 所示。

```
#include "stm32f10x.h"
#include "peripheral_Init.h"
#include "./color/color.h"

u8 pcolor[3]={0};

int main(void)
{
 Peripheral_Init();                        //这个函数包含了颜色传感器所使用的一些资源
   TCS230_WhiteBalance(pcolor);      //白平衡
   while(1)
   {
     TCS230_CurrentColor(pcolor);
     printf("Color: %d\n",Robot_checkColor());
     delay_nms(300);
   }
}
```

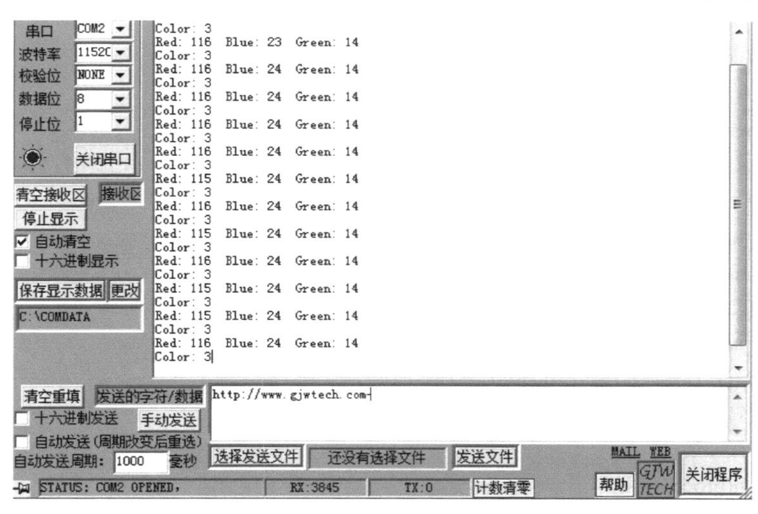

图 13.14　串口调试软件数据打印

13.4　整体软件设计

1．整体设计

根据智能搬运机器人的任务要求，智能搬运机器人搬运过程可采用一种通用方式来实现，即机器人先将所有的点扫描一次，把放有色块物料的点记录下来，再移动到相应记录有色块的点处，将色块搬运到缓冲区，然后对色块进行颜色识别，并将色块搬运到对应颜色的物料存放区中，最后回到出发点。整体软件架构如图13.15所示。

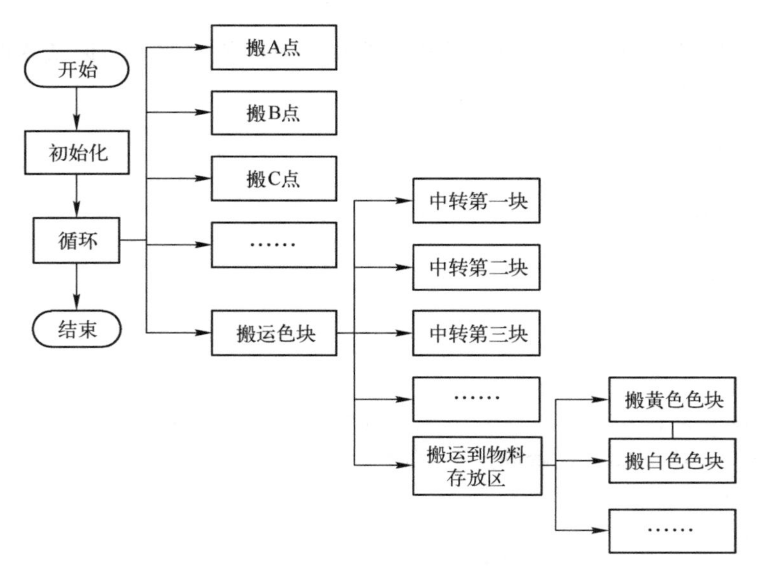

图13.15　整体软件框架

下面对实现上述架构的关键程序进行讲解。主函数一开始要设置时钟、初始化硬件端口，以及初始化所有外设；然后延时500ms，接着进行白平衡调整，再延时2s，把白色色块搬走；最后完成机器人循线。主函数如下：

```
int main(void)
{
  Peripheral_Init();//相关初始化配置函数
  process = 11; //将C/B/A/D/E/G/H点存在的色块搬运到缓冲区中，比赛时，只需要修改参数即可
  nPoint = Apoint; //开始去搬运A点
  delay_nms(500);
  TCS230_WhiteBalance(pcolor);//白平衡
  printf("2");
  delay_nms(1000);
  GoStart();          //离开出发点
  while(1)
  {
   switch(process)
   {
        case 1: CCheck();break;//OK
        case 2: BCheck();break;//OK
        case 3: ACheck();break;//OK
        case 4: ICheck();break;//OK
        case 5: HCheck();break;//OK
        case 6: ReStart();break;//OK
```

```
            case 7: DCheck();break;//OK
            case 8: ECheck();break;//OK
            case 9: FCheck();break;//OK
            case 10: GCheck();break;//OK
            case 11: CarryStart();break;//将 C/B/A/D/E/G/H 点存在的色块搬运到缓冲区中
            case 12: motor_motion1(1500,1500,1);break;
            default: motor_motion1(1550,1450,1);break;
        }
    }
```

主函数中，while(1)循环的程序采用分支控制模式，共 12 个分支。分支 1～10 用于让机器人把场地上可能放有色块的点都扫描一次，检测哪个点上有色块并记录下来；分支 11 用于完成搬运色块的过程，分支 12 用于实现搬运后令机器人停止。循环控制流程图如图 13.16 所示。

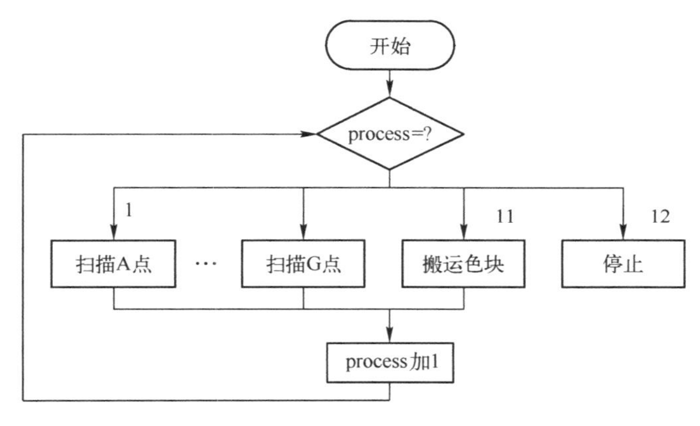

图 13.16　循环控制流程图

搬运色块过程的程序如下：

```
void CarryStart(void)
{
    switch(nPoint)
    {
        case Gpoint:CarryGpoint();break;
        case Hpoint:CarryHpoint();break;
        case Cpoint:CarryCpoint();break;
        case Dpoint:CarryDpoint();break;
        case Epoint:CarryEpoint();break;
        case Bpoint:CarryBpoint();break;
        case Apoint:CarryApoint();break;
        case Ipoint:CarryIpoint();break;
        case Fpoint:CarryFpoint();break;
        case 0x10:StartCarryToScore();break;     //开始搬运缓冲区中的色块
        default:break;
    }
    process = 11;
}
```

搬运色块过程的程序也采用分支结构，主要分为 11 个分支。分支 1～9 用于完成依次把 5 个色块从存在的点中转到缓冲区中；分支 10 用于完成把色块从缓冲区搬运到物料存放区；分支 11 用于实现搬完后令机器人停止。搬运色块过程流程图如图 13.17 所示。

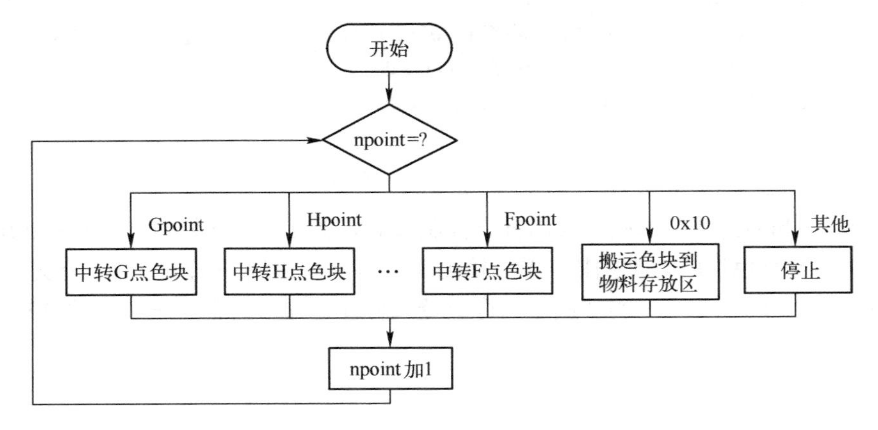

图 13.17　搬运色块过程流程图

搬运色块到物料存放区的代码如下：

```
switch(color)
{
    case Yellow:YellowCarry();break;
    case White:WhiteCarry();break;
    case Red:RedCarry();break;
    case Black:BlackCarry();break;
    case Blue:BlueCarry();break;
    default:break;
}
```

搬运色块到物料存放区的程序也采用分支控制结构。通过颜色测试结果，分支 1 用于完成搬运黄色色块到黄色物料存放区，分支 2 用于完成搬运白色色块到白色物料存放区……分支 5 用于完成搬运蓝色色块到蓝色物料存放区，最后一个分支用于令机器人返回出发点并停止。搬运色块到物料存放区的流程图如图 13.18 所示。

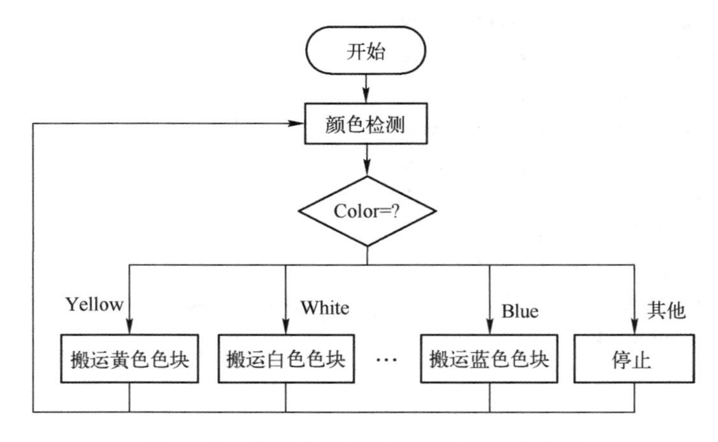

图 13.18　搬运色块到物料存放区的流程图

2. QTI 循线算法

在智能搬运机器人中，QTI 线跟踪传感器模块由 4 个 QTI 线跟踪传感器组成。它们安装在机器人头部，一排 4 个，中间两个位于机器人中心线的两侧，间距为 12mm，与循线轨道宽度一样；旁边两个安装在开槽杆件的两端。机器人按照这 4 个传感器的值（QTI 值）做相应的动作完成循线，典型的循线状态如表 13.4 所示。

表 13.4　QTI 循线状态

状态：QTIS（左侧—右侧）	机器人状态	下一步策略
0110	直线前进	继续前进
1000	车体向左倾斜	大方向右转
1100	车体向左倾斜	轻微向右转
0001	车体向右倾斜	大方向左转
0011	车体向右倾斜	轻微向左转

循线流程图如图 13.19 所示。

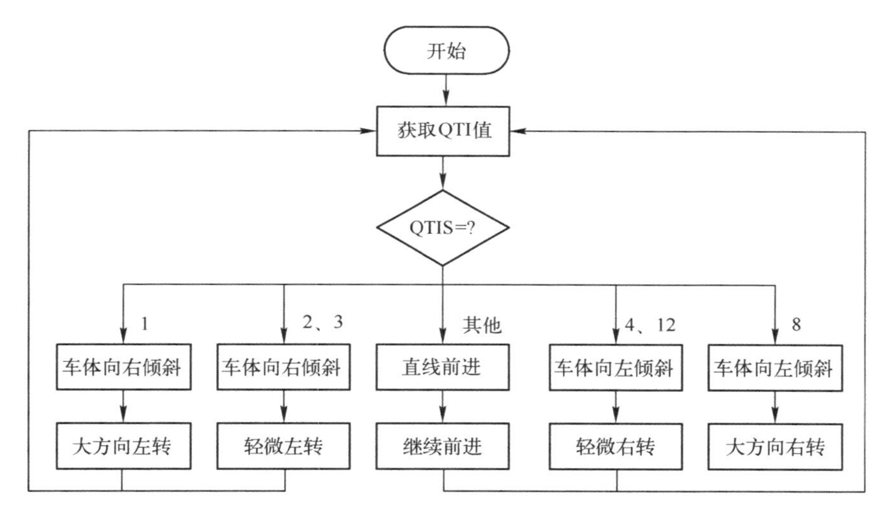

图 13.19　循线流程图

具体程序参考本书配套资源包。

3. 超声波测距算法

超声波测距算法主要通过从超声波信号发射到超声波信号反射回来所花费的时间和超声波的传输速度来计算出所测距离。超声波测距算法主要用于扫描所有的点，检测哪个点上放有色块。此外，把各点上存放的色块搬运到缓冲区中以及从缓冲区搬运色块到物料存放区时也用到了超声波测距算法。超声波测距算法流程图如图 13.20 所示。

依据超声波测距算法，如果所测距离在程序设定的范围内，那么认为扫描到有色块或者在机器人前面存在色块，之后机器人继续扫描或者执行搬运的动作。

4. 白平衡调整和颜色识别算法

在白平衡调整过程中，通常选定的输出比例因子为 1:1（S0 为 1，S1 为 1），点亮 LED，依次选通红色、蓝色、绿色滤波器即可得到三原色对应的时间基准。如计算红色滤波器对应时间基准的方法为：选通红色滤波器，打开计数器 0 和外部中断 1，当产生 255 次外部中断（产生 255 个脉冲）时，关闭计数器 0 和外部中断 1，此时计数器 0 的中断累积时间就为红色滤波器对应的时间基准。白平衡调整流程图如图 13.21 所示。

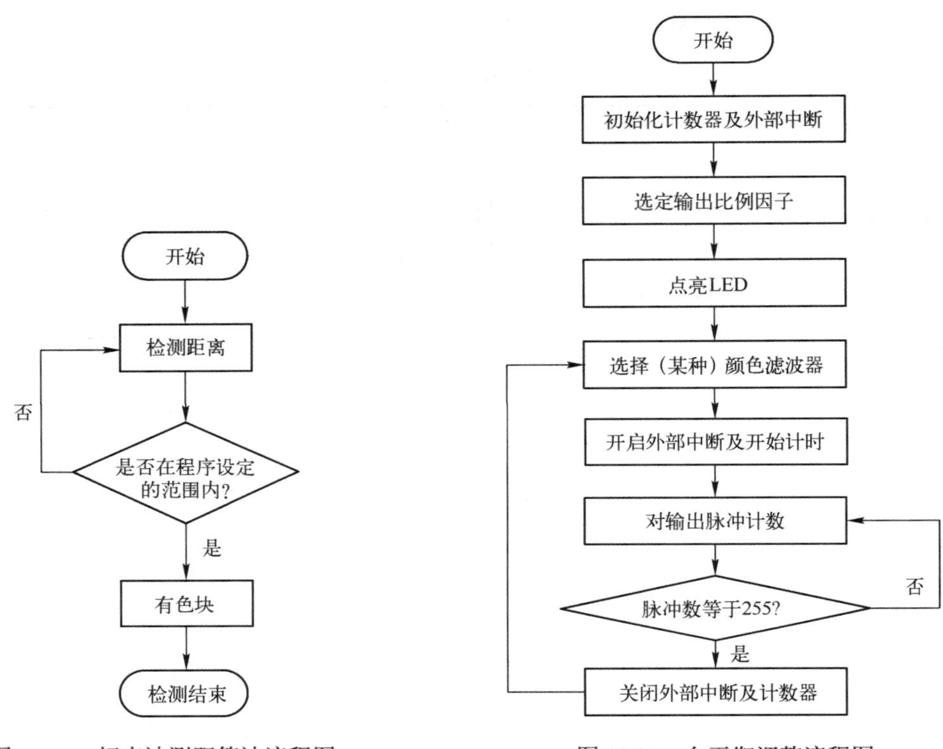

图 13.20　超声波测距算法流程图　　　　图 13.21　白平衡调整流程图

颜色识别与白平衡调整的区别是：白平衡调整的目的是根据 255 个脉冲数（外部中断数）获取时间基准，而颜色识别的目的是根据三原色对应时间基准来计算脉冲数。颜色识别与白平衡调整的处理过程都是统计脉冲数，但结束条件不同。白平衡调整统计到 255 个脉冲结束，而颜色识别统计到时间基准结束。颜色识别流程图如图 13.22 所示。

5. 搬运过程详述

智能搬运机器人在整个搬运过程中主要做三个动作。首先移动到内圆中心点，扫描 9 个点，检测哪个点放有色块并记录下来（扫描过程）；然后移动到放有色块的点上，把色块搬运到缓冲区中（中转过程）；最后先对缓冲区中的色块进行颜色识别，再将它们搬运到相应颜色的物料存放区中（搬运分类过程）。

扫描过程：机器人循线走到内圆中心点后，通过转动车体，转到面向 C、B、A、I、H 的对应角度，之后通过超声波传感器扫描 C、B、A、I、H 点是否有色块，记录哪些点上有色块；回到出发点，再移动到内圆中心点按照相同的方法扫描 D、E、F、G 点，检测哪些点上有色块并记录下来。

中转过程：第一步，机器人转动到标记有色块的角度；第二步，机器人循线走到有色块的点上搬运色块并掉头（F、G、H、I 除外）；最后机器人从内圆中心点定时盲走一小段距离

（每间隔一小段距离放下色块）。不断重复以上三个步骤，直到中转完所有色块（最后一块不用中转，只需要搬回到缓冲区中）。中转色块到缓存区的三个步骤的具体流程图如图 13.23～图 13.25 所示。

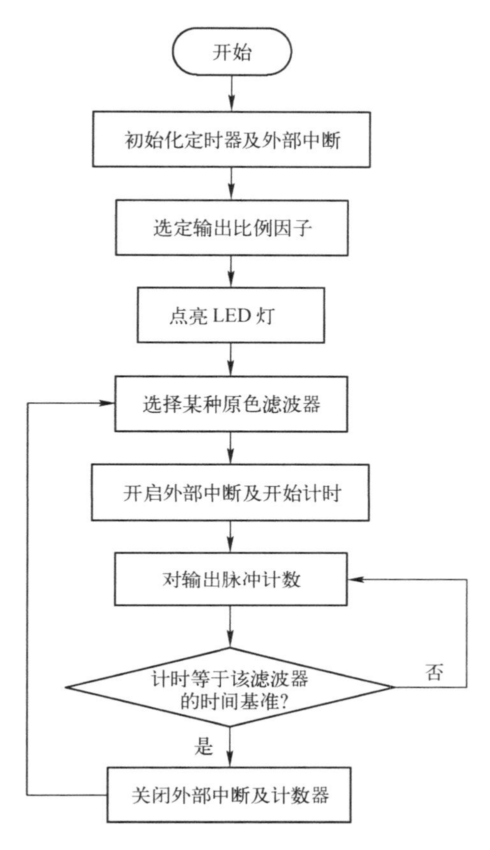

图 13.22　颜色识别流程图

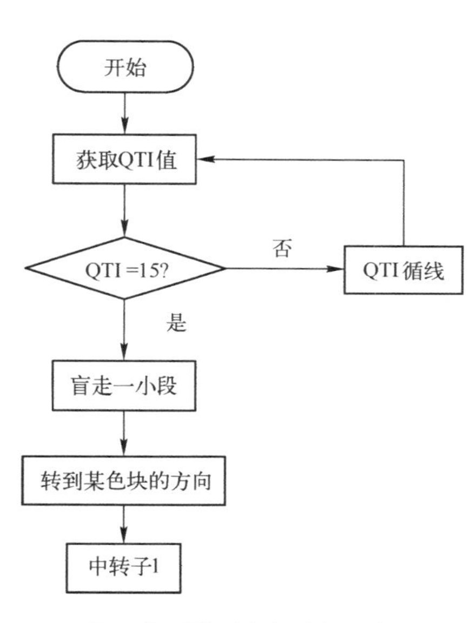

图 13.23　从出发到转到有色块的方向的流程图

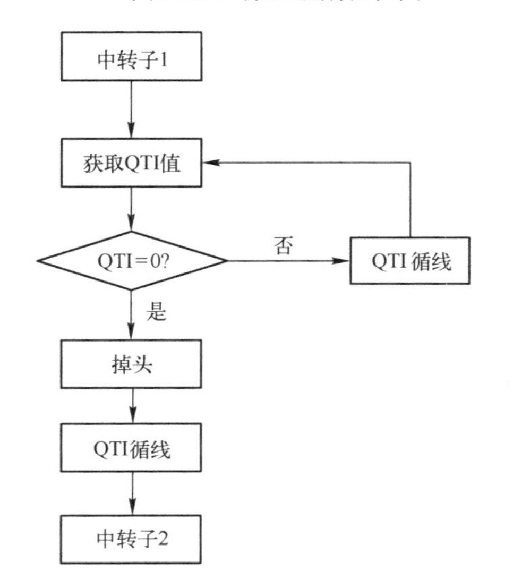

图 13.24　从内圆中心点到某点上搬运色块并回到内圆中心点的流程图

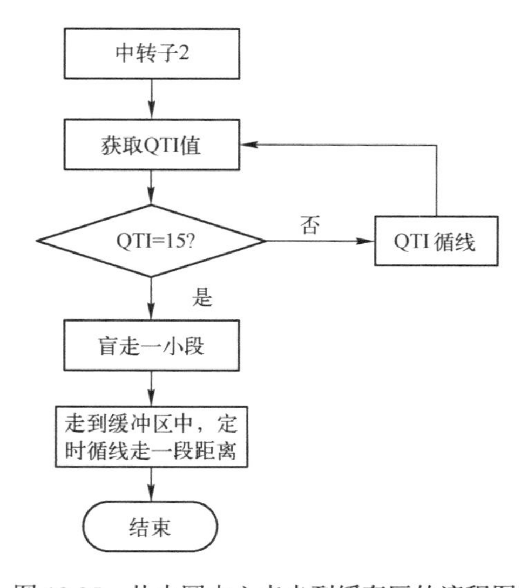

图 13.25　从内圆中心点走到缓存区的流程图

搬运分类：机器人在进行色块中转后统一将所有色块搬运放到对应目标区域，中转到第 5 块色块时会对色块进行颜色识别。把缓冲区中的色块搬运到物料存放区的方法与中转色块的方法类似，区别是搬运分类过程先对颜色进行识别，再用中转色块的方法把色块搬运到物料存放区内；然后回来取色块（是通过超声波测距算法得到色块的距离的）；依次重复将色块搬运到物料存放区的动作，直到搬完所有色块；最后回到出发点。

工程素质和技能归纳

（1）归纳 C 语言中的各项基础内容。

（2）掌握在集成开发环境中创建目标工程文件，并添加和编辑 C 语言源程序。

（3）结合实例，熟练应用 STM32 计数器、中断等内容。

（4）掌握串口调试软件的使用。

第 14 章 游高铁机器人开发与制作

14.1 “中国教育机器人大赛”游高铁比赛简介

1. 比赛任务

机器人游高铁是“中国教育机器人大赛”设立的比赛项目之一。它的基本任务是设计一个基于 32 位单片机的小型轮式机器人，并控制它从比赛场地的某个城市点出发，经过任务要求的城市后到达目的地，利用读取设备读取对应城市的射频标签卡，并通过语音形式播报城市名。该比赛模拟了高铁、动车的运行过程。比赛成绩根据机器人游览的城市数和完成任务的时间来决定。游高铁机器人系统要用到伺服电机、QTI 线跟踪传感器、语音播放模块、RFID 读卡器等，系统架构如图 14.1 所示。

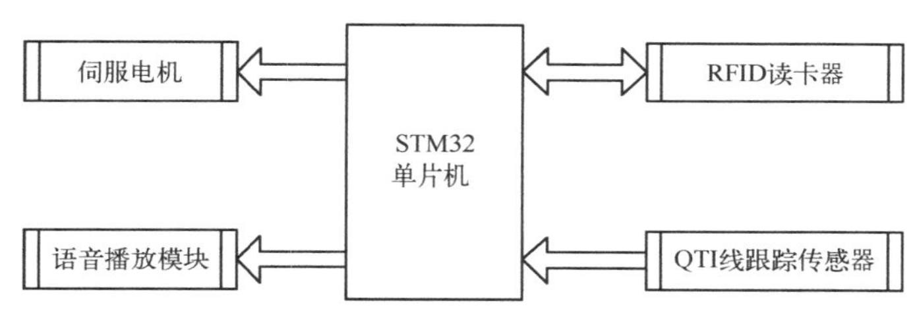

图 14.1 系统架构

2. 硬件平台

游高铁机器人硬件平台由 STM32 机器人控制板、金属杆件车体、伺服电机、QTI 线跟踪传感器、RFID 读卡器、语音播放模块等组成，实物图如图 14.2 所示。

图 14.2 基于 ARM Cortex-M3 处理器的 STM32 游高铁机器人

3．比赛场地和评分标准

游高铁比赛场地如图14.3所示。比赛场地为3m×1.5m的长方形区域，底色为白色。地图上的高铁道路由宽度约为2cm的黑色引导线组成，城市节点由内圆直径为35mm、宽度为10mm的黑色圆环表示，圆环中间为白色，并粘贴厚度为1mm，直径为35mm 的白色RFID圆形标签卡。地图上共有28个城市节点，2017年的比赛从总决赛的举办城市出发，要求游览12个城市。12个城市中有8个是指定的必游城市，4个是赛前抽签决定的城市。2017年的必游城市是北京、南京、上海、广州、长沙、武汉、郑州和沈阳。

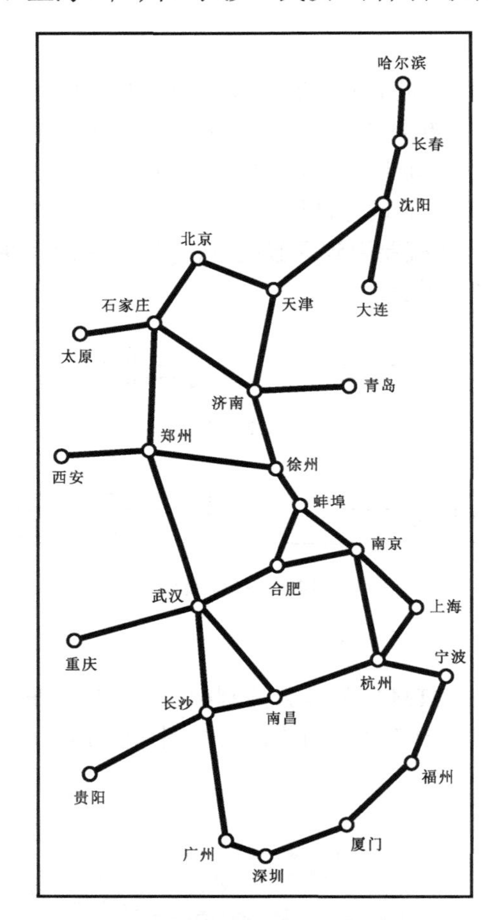

图14.3　游高铁比赛场地

游览每个城市的分值为2分，机器人到达每个城市节点后读取节点的RFID标签值以确认城市名称。如果确认是需要游览的城市，通过语音播报的方式将城市名称播报出来得2分，没有播报出来不得分。如果将非游览城市播报出来或者将城市播报错，扣1分。机器人在游览过程中不能进行180°的掉头，只能前进、后退和转弯，掉头1次扣1分。

机器人游览完所有城市后回到出发城市并停下，得1分。每个机器人的满分为25分。

取3个机器人的总成绩作为参赛队伍的成绩。总成绩取3个机器人所得城市分数的总和，以及3个机器人完成时间的总和。

14.2　游高铁机器人的组装

1．游高铁机器人零件及组成

游高铁机器人零件及组成如表 14.1 所示。

表 14.1　游高铁机器人零件及组成

零件名称	数量
游高铁机器人金属杆件车体	1 套
RFID 读卡器	1 个
扩展学习版	1 块
QTI 线跟踪传感器	8 个
语音播放模块	1 套
STM32 机器人控制板	1 块
伺服电机	2 个
电源模块	1 块
电源插座	1 个
锂电池套件	2 套
螺钉、螺母、铜柱和固定架、金属杆件	若干
导线和连接线	若干

游高铁机器人部分零件实物图如图 14.4 所示。

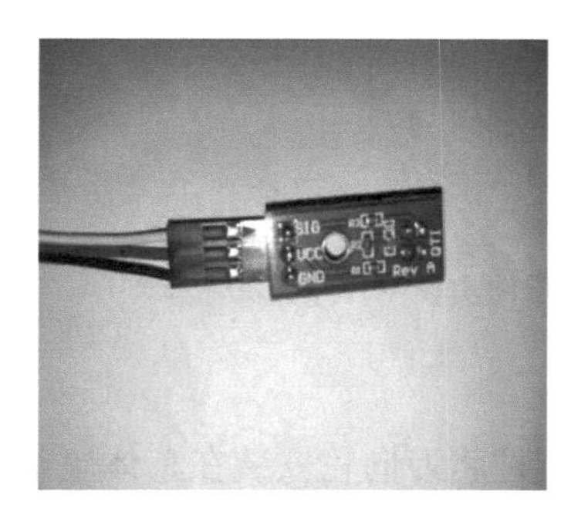

（a）QTI线跟踪传感器

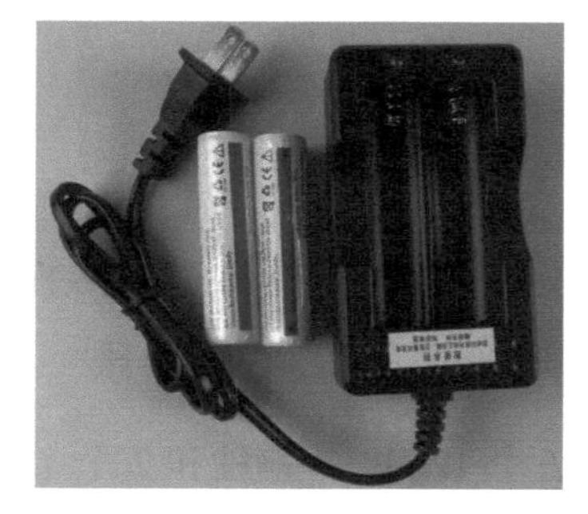

（b）锂电池套件

（c）RFID读卡器

（d）电源模块

图 14.4　游高铁机器人部分零件实物图

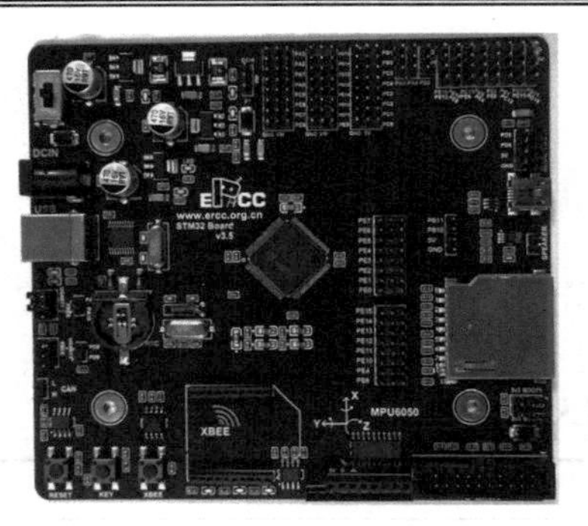

（e）STM32机器人控制板

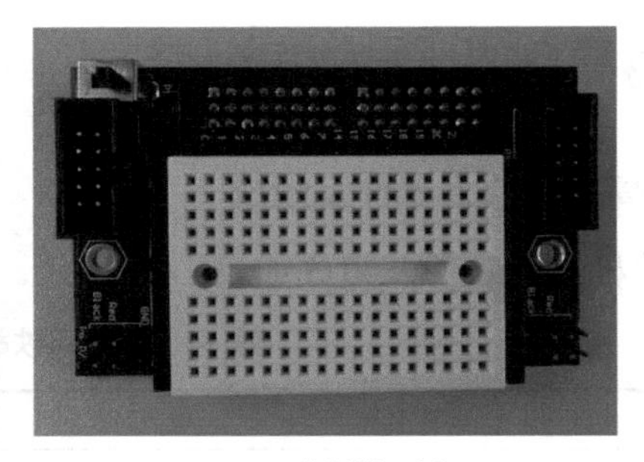

（f）扩展学习板

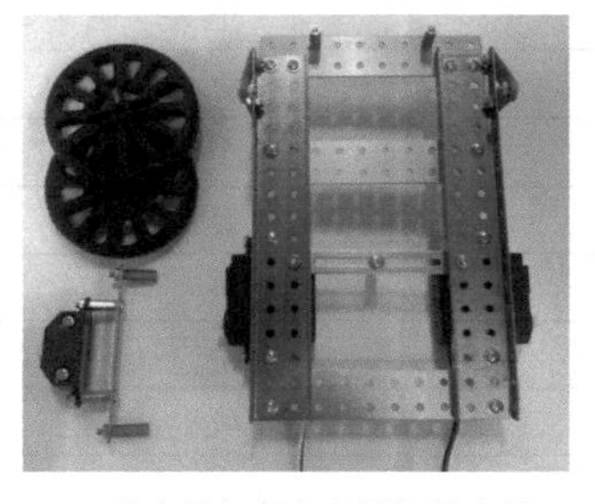

（g）游高铁机器人金属杆件车体

（h）电源插座

（i）铜柱（8mm+6，12mm，25mm，25mm+6，30mm）

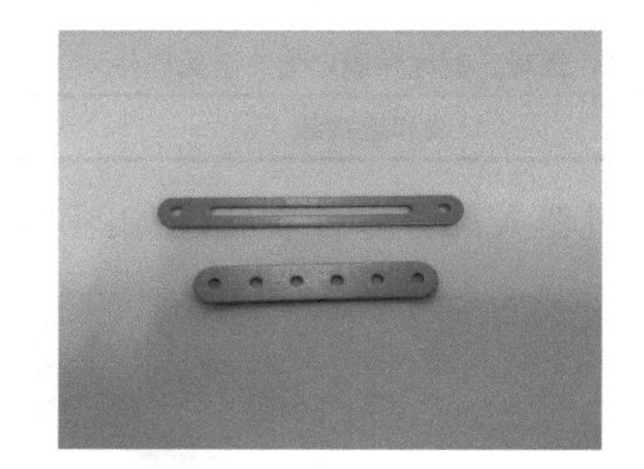

（j）金属杆件

图 14.4　游高铁机器人部分零件实物图（续）

2. 组装步骤

（1）使用 2 个 12mm+6 铜柱和 2 个 15mm+6 铜柱将万向轮安装在车体尾部的下方，将 2 个伺服电机安装在车体的两侧，如图 14.5 和图 14.6 所示。

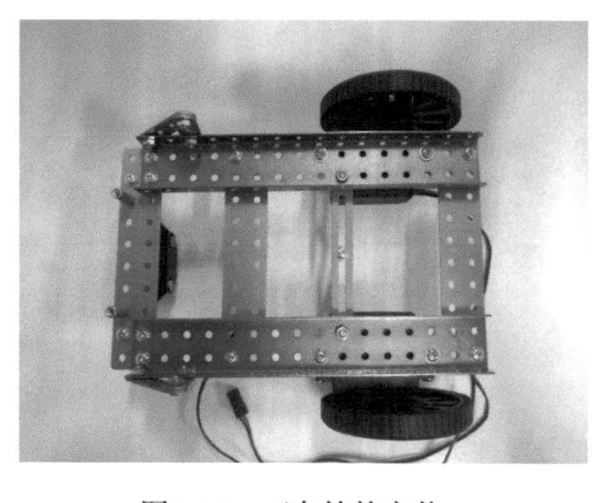

图 14.5　万向轮的安装

图 14.6　伺服电机的安装

（2）使用 4 个 20mm 铜柱和 4 个垫片将 STM32 机器人控制板安装在车体的上方，如图 14.7 所示为 STM32 机器人控制板安装效果。首先固定 4 个铜柱，再将 STM32 机器人控制板固定在铜柱上。在使用螺钉固定 STM32 机器人控制板前，在螺钉上放置垫片防止螺钉与控制板焊接点有接触。

图 14.7　STM32 机器人控制板安装效果

（3）组装 2 个固定 QTI 线跟踪传感器组的框架。该框架使用 2 个开槽金属杆件和 2 个 1×6 的金属杆件。8 个 QTI 线跟踪传感器的固定方式如图 14.8 所示。

（4）搭建 5 个由 8mm+6 铜柱和 25mm+6 铜柱连接而成的 33mm+6 的铜柱，该铜柱可以通过旋转螺纹改变自身的长度。图 14.9 所示为搭建好的 33mm+6 可调节长度的铜柱。

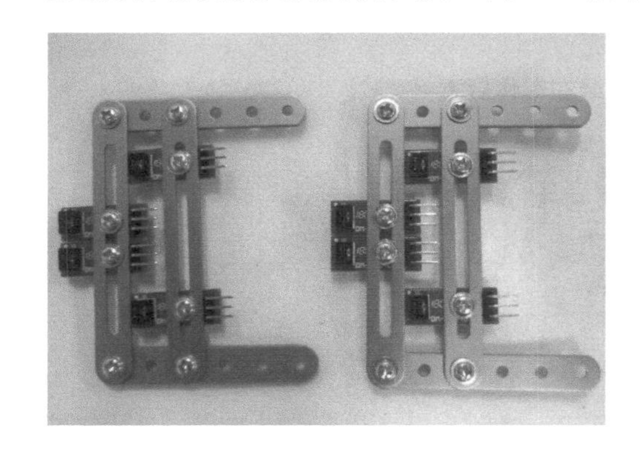

图 14.8　8 个 QTI 线跟踪传感器固定方式

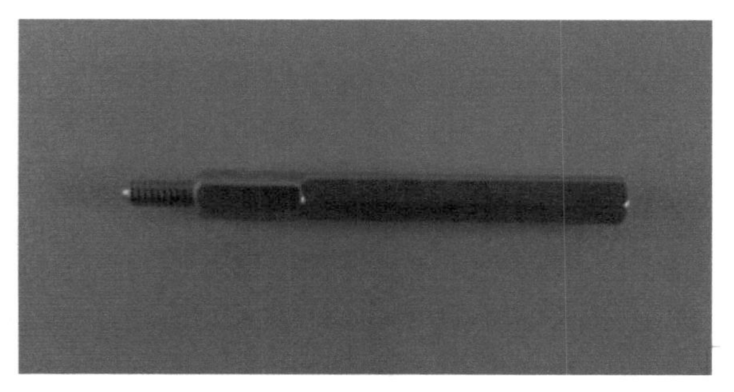

图 14.9　33mm+6 可调节长度的铜柱

（5）将 4 个 33mm+6 可调节长度的铜柱和 20mm 铜柱安装在车体下方，如图 14.10 所示。4 个圆圈是 4 个 33mm+6 可调节长度的铜柱的安装位置。

（6）将 2 个电池盒安装在车体后方，安装效果如图 14.11 所示。

（7）安装电源模块，使用 2 个 12mm 铜柱将电源模块安装在车体的侧后方。图 14.12 所示为电源模块安装效果。注意，电源模块为 RFID 读卡器独立供电，但电源模块的地必须与 STM32 机器人控制板的地相连。

图 14.10　33mm+6 可调节长度的铜柱和 25mm 铜柱安装图

图 14.11　将 2 个电池盒安装在车体后方

图 14.12　电源模块安装效果

（8）将 RFID 读卡器安装于车体下方 25mm 铜柱所在位置。RFID 读卡器安装效果如图 14.13 所示。

图 14.13　RFID 读卡器安装效果

（9）车体下方有 4 个 33mm+6 可调节长度的铜柱未使用，将前面搭建好的 QTI 线跟踪传感器组的框架安装在这 4 个铜柱上。图 14.14 所示为安装效果图。

图 14.14　QTI 线跟踪传感器组的框架安装效果

（10）电源插座接线焊接和安装。按照图 14.15 焊接电源插座与电源模块的连接导线，红色线是正极，黑色线是负极。将焊接好的电源插座安装机器人上，并与电源模块连接，如图 14.16 所示。注意，电源插座的连接线与没有标正负极的固定端相连，标有正负极的一端不能与电源插座相连。

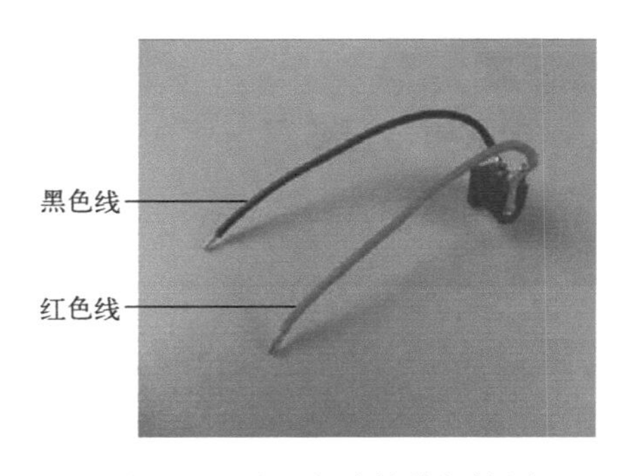

图 14.15　电源插座接线焊接图

图 14.16　电源插座与电源模块连接图

（11）使用 30mm+6 可调节长度的铜柱将扩展学习板安装在 STM32 机器人控制板上方，安装效果如图 14.17、图 14.18 所示。

图 14.17　扩展学习板安装效果（一）

图 14.18　扩展学习板安装效果（二）

（12）安装语音播放模块，如图 14.19 所示。

图 14.19　语音播放模块安装效果

游高铁机器人组装到此基本完成，接下来的工作是进行电路连接和程序设计。

14.3　电路连接与程序设计

1. QTI 线跟踪传感器电路连接和测试

游高铁机器人共使用 8 个 QTI 线跟踪传感器，前向循线和后退循线各使用 4 个，其编号见图 14.20。8 个 QTI 线跟踪传感器的 SIG 引脚与 STM32 机器人控制板的连接如表 14.2 所示。

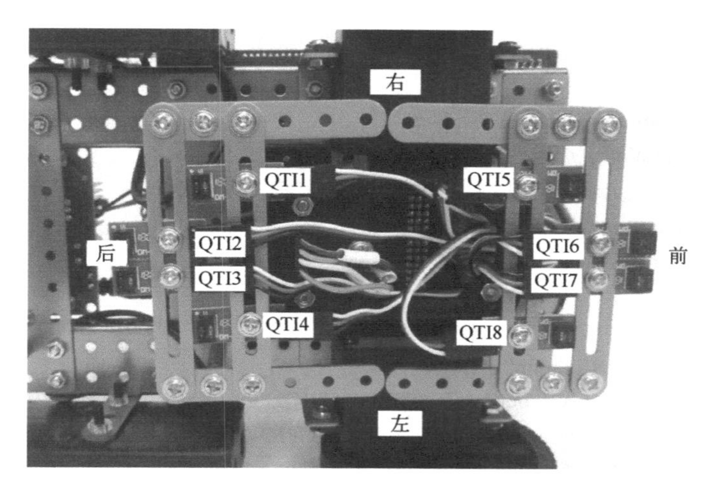

图 14.20　QTI 线跟踪传感器编号方式说明图

表 14.2　8 个 QTI 线跟踪传感器的 SIG 引脚与 STM32 机器人控制板的连接表

QTI 线跟踪传感器编号	SIG 引脚	STM32 机器人控制板引脚
QTI1	SIG	PE08
QTI2	SIG	PE09
QTI3	SIG	PE10
QTI4	SIG	PE11
QTI5	SIG	PE12
QTI6	SIG	PE13
QTI7	SIG	PE14
QTI8	SIG	PE15
所有	GND	GND
所有	VCC	5V

电路连接好后，编写测试程序用以检查各个 QTI 线跟踪传感器是否连接正确并正常工作。测试程序读取每个 QTI 线跟踪传感器信号引脚的电平，将读取的结果通过串口传送到计算机中显示。

下面的程序用以测试前方 4 个 QTI 线跟踪传感器。如想测试后方 4 个 QTI 线跟踪传感器，那么直接将测试程序中的 PE12、PE13、PE14、PE15 改为 PE08、PE09、PE10、PE11 即可。

```
#include "stm32f10x_heads.h"
```

```
//自定义函数声明
void RCC_Configuration(void); //设置系统各部分时钟
void GPIO_Configuration(void); //设置各 GPIO 端口的功能
void USART_Configuration(void); //设置 USART1
int fputc(int ch, FILE *f);
void delay_nus(unsigned long n); //延时 n μs: n>=6，最小延时单位 6μs
void delay_nms(unsigned long n); //延时 n ms：void GPIO_QTI_Config(void)
int main(void)
{
 char qtis=0;

 RCC_Configuration(); //设置系统各部分时钟
 GPIO_Configuration(); //设置各 GPIO 端口的功能
 USART_Configuration(); //串口 1 初始化，通信波特率为 9600bps
 printf(" Program Running!\n");
 delay_nms(1000);
 while(1)
 {
      printf(" Program Running!\n");
      qtis=qtis+GPIO_ReadInputDataBit(GPIOE,GPIO_Pin_15);
      qtis=qtis*2+GPIO_ReadInputDataBit(GPIOE,GPIO_Pin_14);
      qtis=qtis*2+GPIO_ReadInputDataBit(GPIOE,GPIO_Pin_13);
      qtis=qtis*2+GPIO_ReadInputDataBit(GPIOE,GPIO_Pin_12);
      switch(qtis)
      {
           case 0 :printf("QTI= 0000 \n");break;
           case 1 :printf("QTI= 0001 \n");break;
           case 2 :printf("QTI= 0010 \n");break;
           case 3 :printf("QTI= 0011 \n");break;
           case 4 :printf("QTI= 0100 \n");break;
           case 5 :printf("QTI= 0101 \n");break;
           case 6 :printf("QTI= 0110 \n");break;
           case 7 :printf("QTI= 0111 \n");break;
           case 8 :printf("QTI= 1000 \n");break;
           case 9 :printf("QTI= 1001 \n");break;
           case 10:printf("QTI= 1010 \n");break;
           case 11:printf("QTI= 1011 \n");break;
           case 12:printf("QTI= 1100 \n");break;
           case 13:printf("QTI= 1101 \n");break;
           case 14:printf("QTI= 1110 \n");break;
           case 15:printf("QTI= 1111 \n");break;
      }
      delay_nms(400); //延时 400ms
      qtis=0;
 }
```

```
}
/******************************************************************
*函数名 : RCC_Configuration(void)  *输出结果: 无
*函数描述: 设置系统各部分时钟 *返回值 : 无
*输出参数: 无
******************************************************************/
void RCC_Configuration(void)
{
ErrorStatus HSEStartUpStatus; //定义枚举类型变量 HSEStartUpStatus
RCC_DeInit(); //复位系统时钟设置
RCC_HSEConfig(RCC_HSE_ON); //开启 HSE
HSEStartUpStatus=RCC_WaitForHSEStartUp();//等待 HSE 起振并稳定
//判断 HSE 是否振成功，若是，则进入 if()内部
if(HSEStartUpStatus==SUCCESS)
{
    RCC_HCLKConfig(RCC_SYSCLK_Div1); //选择 HCLK(AHB)时钟源为 SYSCLK 1 分频
    RCC_PCLK2Config(RCC_HCLK_Div1); //选择 PCLK2 时钟源为 HCLK(AHB) 1 分频
    RCC_PCLK1Config(RCC_HCLK_Div2); //选择 PCLK1 时钟源为 HCLK(AHB) 2 分频
    FLASH_SetLatency(FLASH_Latency_2); //设置 Flash 延时周期数为 2
    FLASH_PrefetchBufferCmd(FLASH_PrefetchBuffer_Enable);//使能 Flash 预取缓存
    //选择 PLL 时钟源为 HSE 1 分频，若倍频数为 9，则 PLL=8 MHz* 9 =72MHz
    RCC_PLLConfig(RCC_PLLSource_HSE_Div1,RCC_PLLMul_9);
    //RCC_ADCCLKConfig(RCC_PCLK2_Div6);
    //配置 ADC 时钟=PCLK2 1/6
    RCC_PLLCmd(ENABLE); //使能 PLL
    while(RCC_GetFlagStatus(RCC_FLAG_PLLRDY)==RESET); //等待 PLL 输出稳定
    RCC_SYSCLKConfig(RCC_SYSCLKSource_PLLCLK); //选择 SYSCLK 时钟源为 PLL
    while(RCC_GetSYSCLKSource()!=0x08); //等待 PLL 成为 SYSCLK 时钟源
}
RCC_APB2PeriphClockCmd(RCC_APB2Periph_USART1,ENABLE);
//开启 USART1、GPIOE 和 GPIOA 时钟
RCC_APB2PeriphClockCmd(RCC_APB2Periph_GPIOA|RCC_APB2Periph_GPIOE,ENABLE);
}
/**********************************************************************
*函数名 : GPIO_Configuration *输出结果: 无
*函数描述: 设置各 GPIO 端口功能 *返回值 : 无
*输入参数: 无
**********************************************************************/
void GPIO_Configuration(void)
{
//定义 GPIO 初始化结构体 GPIO_InitStructure
GPIO_InitTypeDef GPIO_InitStructure;

//设置 PE08、PE09、PE10、PE11、PE12、PE13、PE14、PE15 为浮空输入模式
GPIO_InitStructure.GPIO_Pin=GPIO_Pin_8|GPIO_Pin_9|GPIO_Pin_10|
GPIO_Pin_11|GPIO_Pin_12|GPIO_Pin_13|GPIO_Pin_14|GPIO_Pin_15;
```

```
GPIO_InitStructure.GPIO_Mode=GPIO_Mode_IN_FLOATING;
GPIO_Init(GPIOE,&GPIO_InitStructure);

//设置 USART1 的 Tx 脚（PA9）为第二功能推挽输出模式
GPIO_InitStructure.GPIO_Pin=GPIO_Pin_9;
GPIO_InitStructure.GPIO_Mode=GPIO_Mode_AF_PP;
GPIO_InitStructure.GPIO_Speed=GPIO_Speed_50MHz;
GPIO_Init(GPIOA,&GPIO_InitStructure);
//设置 USART1 的 Rx 脚（PA10）为浮空输入模式
GPIO_InitStructure.GPIO_Pin=GPIO_Pin_10;
GPIO_InitStructure.GPIO_Mode=GPIO_Mode_IN_FLOATING;
GPIO_Init(GPIOA,&GPIO_InitStructure);
}
/*******************************************************************************
*函数名：USART_Configuration *输出结果：无
*函数描述：设置 USART1 *返回值：无
*输入参数：无
*******************************************************************************/
void USART_Configuration(void)
{
//定义 USART 初始化结构体 USART_InitStructure
//定义串口 1
USART_InitTypeDef USART_InitStructure;
USART_InitStructure.USART_BaudRate=9600;//波特率为 9600 bps;
USART_InitStructure.USART_WordLength=USART_WordLength_8b; //8 位数据长度;
USART_InitStructure.USART_StopBits=USART_StopBits_1; //1 位停止位;
USART_InitStructure.USART_Parity=USART_Parity_No; //无校验;
USART_InitStructure.USART_HardwareFlowControl=USART_HardwareFlowControl_None;
//无流量控制
USART_InitStructure.USART_Mode=USART_Mode_Rx|USART_Mode_Tx;//使用接收和发送功能
USART_InitStructure.USART_Clock = USART_Clock_Disable;
USART_InitStructure.USART_CPOL = USART_CPOL_Low;
USART_InitStructure.USART_CPHA = USART_CPHA_2Edge;
USART_InitStructure.USART_LastBit = USART_LastBit_Disable;
USART_Init(USART1,&USART_InitStructure);//初始化串口 1
USART_Cmd(USART1,ENABLE); //串口 1 使能
}
/*******************************************************************************
*函数名：delay_nus *返回值：无
*函数描述：延时 n us *输入值：unsigned long n
*******************************************************************************/
void delay_nus(unsigned long n) //延时 n μs: n>=6，最小延时单位 6μs
{
unsigned long j;
while(n--) //外部晶振：8MHz；PLL：9；8MHz*9=72MHz
```

```
{
    j=8; //微调参数，保证延时的精度
    while(j--);
}
}
/*****************************************************************************
*
 *函数名：delay_nms *返回值：无
 *函数描述：延时 n ms *输入值：unsigned long n
******************************************************************************/
void delay_nms(unsigned long n) //延时 n ms
{
 while(n--) //外部晶振：8MHz；PLL：9；8MHz*9=72MHz
 delay_nus(1100); //1ms 延时补偿
}
/*****************************************************************************
 *函数名：fputc *返回值：无
 *函数描述：使 printf()函数能正常使用 *输入值：int ch, FILE *f
******************************************************************************/
int fputc(int ch, FILE *f)
{
 /* Place your implementation of fputc here */
 /* e.g. write a character to the USART */

 USART_SendData(USART1, (u8) ch);

 /* Loop until the end of transmission */
 while(USART_GetFlagStatus(USART1, USART_FLAG_TC) == RESET) ; //waiting here
 return ch;
}
```

本程序共自定义了 RCC_Configuration()、GPIO_Configuration()、USART_ Configuration()、fputc()、delay_nus()、delay_nms() 6 个子函数。

RCC_Configuration()函数是系统时钟初始化函数，该函数用于初始化系统各部分时钟，对 STM32 机器人控制板进行初始化，该函数无输入/输出。

GPIO_Configuration()函数是 I/O 初始化函数，该函数用于 I/O 端口初始化，设置各 I/O 端口的功能，该函数无输入/输出。

USART_Configuration()函数是串口初始化函数，该函数用于对串口通信端口进行初始化，该函数无输入/输出。

fputc()函数用于将 USART 绑定到 C 语言标准库函数 printf()上。使用该函数时，程序的顶部必须加入头文件 stdio.h。打开 MDK-ARM 中的 Option for Target‘Target1’对话框，在 Target 选项卡中勾选 User MicroLIB 复选框，然后单击 OK 按钮，如图 14.21 所示。则该函数无须调用，当程序使用到 printf()函数时，函数将自动对其进行编译。

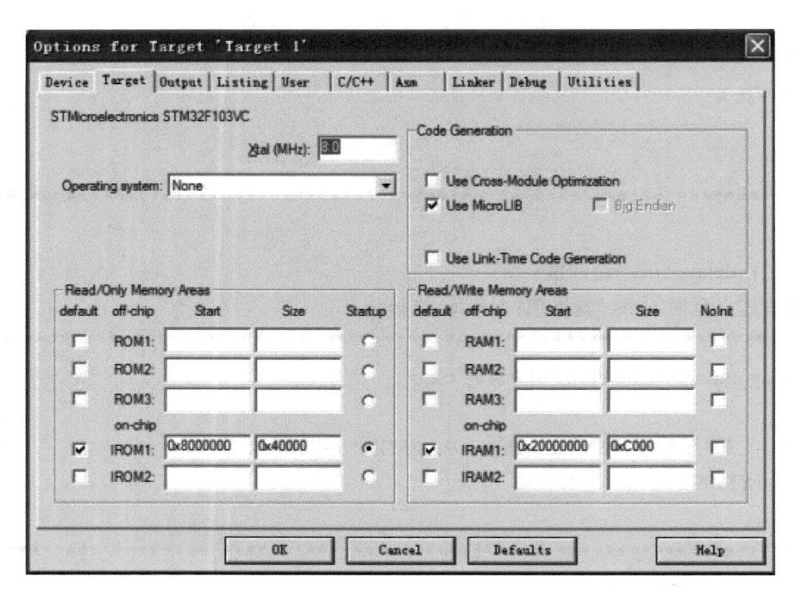

图 14.21　勾选 User MicroLIB 复选框

delay_nus()函数是微秒延时函数，输入为 unsigned long 型，最小延时为 6μs，无输出。delay_nms()函数是毫秒延时函数，输入为 unsigned long 型，最小延时为 1ms，无输出。图 14.22 为 QTI 线跟踪传感器测试程序的运行结果。

图 14.22　程序运行结果

2. RFID 读卡器接线和测试程序

RFID 读卡器端口如图 14.23 所示。这是一种低功耗读取 RFID 标签卡的设备，其串口通信波特率固定为 9600bps，通过串口，可输入 0xAB 触发读卡器读取标签卡信息，且信息经串口输出。

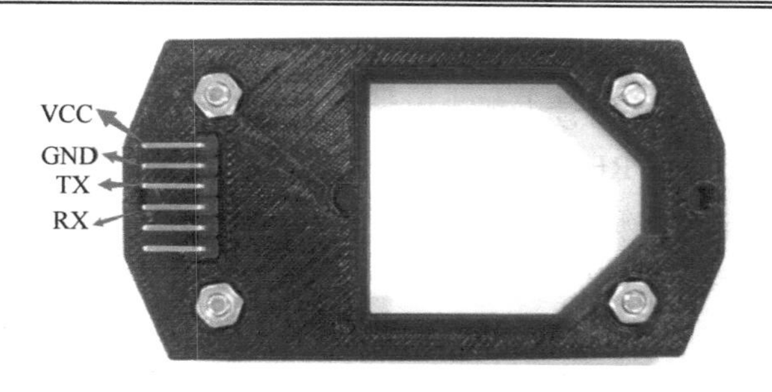

图 14.23　RFID 读卡器端口

RFID 读卡器 4 个端口说明表如表 14.3 所示。

表 14.3　RFID 读卡器 4 个端口说明表

序号	端口	类型	功 能 描 述
1	VCC	电源信号	系统电源，+5V DC 输入
2	TX	输入信号	模块使能端口。输入 0xAB 时，使能 RFID 读卡器，激活天线读取 RFID 标签（发送一次，模块工作一次）
3	RX	输出信号	串行输出 TTL 电平，波特率为 9600bps，共有 8 个数据位（无符号），1 个停止位
4	GND	地信号	地

该读卡器只能读取 EM4100 无源只读系列 125kHz 标签卡，每个标签卡包含一个唯一的标识符。当 RFID 读卡器开始工作，并且有 RFID 标签卡放置在其有效读取距离范围内时，标签卡信息将以 4 字节的十六进制 ID 号（唯一）和 1 字节的校验码的方式发送给单片机。表 14.4 所示为 RFID 读卡器发送的串行信息表。

表 14.4　RFID 读卡器发送的串行信息表

ID 号				校验码
字节 1	字节 2	字节 3	字节 4	字节 5

单片机接收 RFID 读卡器发回的信息时，校验码有助于单片机识别正确的信息。串行信息中，前面 4 字节是标签卡唯一的 ID 号，最后 1 字节是校验码。例如，一个标签卡的 ID 号是 0x008E3DC6（0009321926），RFID 读卡器按照如下顺序来发送串行信息：0x00,0x8E,0x3D,0xC6,0x75。其中，0x75 是校验码。

当 RFID 读卡器上电且 TX 端口收到单片机发出的启动信号 0xAB 时，RFID 读卡器进入一次有效状态，驱动天线查询标签。该读卡器处于读取状态时，电流消耗会显著增加。将 RFID 标签卡放在 RFID 读卡器天线区域的正前方，当两者距离不超过 5cm 时，RFID 读卡器即可正常读取标签卡信息。读取到的标签卡信息通过 RX 端口发送给单片机。

在复杂的电磁环境中，建议在读取标签卡过程中增加 1s 的间隔，避免由电磁噪声导致误读发生。

在 VCC 输入 5V，TX 输入 25 时，RFID 读卡器的直流特性如表 14.5 所示。

表 14.5　RFID 读卡器的直流特性

参数	符号	规范			单位
		最小值	标准	最大值	
电源电压	V_{cc}	4.5	5.0	5.5	V
电源电流，空闲	I_{idle}	—	10	—	mA
电源电流，激活	I_{cc}	—	20	—	mA

由于游高铁机器人连接的外部设备较多，且 RFID 读卡器读卡时消耗电流较大，如果使用 STM32 机器人控制板给 RFID 读卡器供电，那么会出现供电不足、RFID 读卡器无法正常读卡的现象。因此，为了确保 RFID 读卡器能正常工作，我们为 RFID 读卡器提供独立电源。为 RFID 读卡器供电的独立电源必须与 STM32 机器人控制板共地（参考电压一致），即独立电源的负极与 STM32 机器人控制板的地相连。表 14.6 为 RFID 读卡器电路连接方式表。

表 14.6　RFID 读卡器电路连接方式表

RFID 读卡器端口	STM32 机器人控制板引脚和独立电源正负极
VCC	独立电源+5V
TX	PD6
RX	PD5
GND	独立电源负极

连接好 RFID 读卡器电路后，编写 RFID 读卡器驱动程序。该程序用于读取标签卡信息，并将信息通过串口在计算机上显示，程序代码如下：

```
#include "stm32f10x.h"
#include "HelloRobot.h"

//中断服务函数专用关键字：volatile
volatile unsigned char Buffer2=0;          //接收起始数据的变量
volatile unsigned char bHeadFlag2=0;   //数据帧开始标记位
volatile unsigned char bReadFlag2=0;   //一帧数据接收结束标志位
volatile unsigned char count2=0;          //接收数据计数变量
volatile unsigned char command2[12];   //接收 5 个数据数组

unsigned char i;   //循环变量 i
int sum2=0;

void USART2_IRQdHanler(void);

int main(void)
{
    Open_Init();          //机器人控制板初始化
    USART_Cmd(USART2,ENABLE);        //串口 2 使能
    USART_ITConfig(USART2,USART_IT_RXNE,ENABLE); //开启 USART2 的接收中断
    while(1)
    {
        USART_SendData(USART2, 0xAB);
    }
}

void USART2_IRQHandler(void)             //串口接收中断，并将接收到的数据发送出去
{
    if(USART_GetITStatus(USART2, USART_IT_RXNE)!=RESET)
    {
            Buffer2=USART_ReceiveData(USART2);   //接收串口 2 的数据
```

```
            USART_ClearITPendingBit(USART2,USART_IT_RXNE); //清除中断待处理位
            command2[count2]= Buffer2;
            count2++;
            if(count2==5)
            {
              if((command2[0] ^ command2[1] ^command2[2] ^ command2[3] ^ command2[4]) == 0)
              {
                  bReadFlag2=1;
                  count2=0;
              }
            }
         if(bReadFlag2==1)
         {
            sum2=(command2[2]/16)*16*16*16+(command2[2]%16)*16*16+(command2[3]/16)*16+
command2[3]%16;
            printf("%d\n",sum2);
            sum2=0;
            bReadFlag2=0;
         }
      }
   }
```

程序先调用 Open_Init()初始化函数，该函数内包括 RCC_Configuration()、NVIC_Configuration()、GPIO_Configuration()和 USART_Configuration()等函数，用于初始化系统各部分时钟、设置串口 2 中断、设置各 GPIO 端口功能、初始化串口 1 和串口 2。向串口调试软件发送提示语句“Program Running!”，并使能串口 2，然后程序进入 while(1)循环，向 RFID 读卡器模块发送启动信号 0xAB，等待其读取标签卡信息，读取成功后 RFID 读卡器通过串口发送读取的信息给计算机。图 14.24 所示为 RFID 读卡器读取标签卡信息成功后的显示。

图 14.24　RFID 读卡器读取标签卡信息成功

14.4 语音播放模块和驱动程序

语音播放模块使用的是 WT588D 语音芯片，WT588D 是一款功能强大的可重复擦除烧写的语音芯片。配套 WT588D VioceChip 上位机操作软件，用户可随意更换 WT588D 语音芯片的控制模式，并把语音信息下载到 SPI-Flash 上。该软件操作简洁，减少了语音编辑的时间，并支持在线下载。即使在 WT588D 通电的情况下，一样可以通过下载器为关联的 SPI-Flash 下载信息。下载完成后，只要为 WT588D 语音芯片复位电路就能更新刚下载的控制模式。WT588D 语音芯片是 16 引脚封装芯片，引脚如图 14.25 所示。

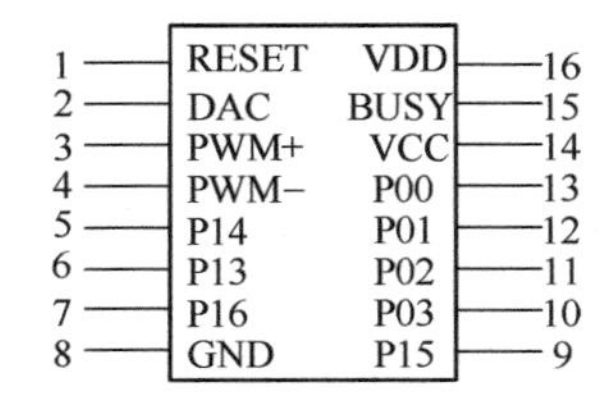

图 14.25 WT588D 语音芯片引脚

WT588D 语音芯片的控制模式有：MP3 控制模式、按键控制模式、3×8 按键组合控制模式、并口控制模式、一线串口控制模式、三线串口控制模式等。

（1）MP3 控制模式的功能有：播放/暂停、停止、上一曲、下一曲、音量+、音量−等。

（2）按键控制模式的触发方式灵活，可随意设置任意按键为脉冲可重复触发、脉冲不可重复触发、无效按键、电平保持不可循环、电平保持可循环、电平非保持可循环、上一曲不循环、下一曲不循环、上一曲可循环、下一曲可循环、音量+、音量−、停止、播放/暂停等 15 种触发方式，最多可控制 10 个按键触发输出。

（3）3×8 按键组合控制模式能以脉冲可重复触发的方式触发 24 个地址位语音，所触发地址位语音可在 0～219 之间设置。

（4）并口控制模式最多可用 8 个 I/O 端口进行控制。

（5）一线串口控制模式可通过发码端控制语音播放/暂停、循环播放、音量+、音量−，或者直接触发 0～219 地址位的任意语音。

（6）三线串口控制模式可通过发码切换控制语音播放/暂停、循环播放、音量+、音量−，或者直接触发 0～219 地址位的任意语音。三线串口控制 I/O 端口可以扩展输出 8 位，可在两种模式下切换，能保持着上一个模式的最后一种状态进入下一个模式。

结合图 14.26，表 14.7 为 WT588D 的引脚说明。

表 14.7 WT588D 引脚说明

封装引脚	引脚名称	功能描述
1	RESET	复位引脚
2	DAC	PWM+/DAC 音频输出引脚，视功能设置而定
3	PWM+	PWM+/DAC 音频输出引脚，视功能设置而定
4	PWM−	PWM−音频输出引脚
5	P14	烧写程序数据输入引脚
6	P13	烧写程序数据输出引脚
7	P16	烧写程序时钟引脚
8	GND	地
9	P15	烧写程序片选引脚
10	P03	按键/三线时钟/一线数据输入引脚
11	P02	按键/三线片选输入引脚

续表

封装引脚	引脚名称	功能描述
12	P01	按键/三线数据输入引脚
13	P00	按键输入引脚
14	VCC	存储器电源输入引脚
15	BUSY	语音播放忙信号输出引脚
16	VDD	数字电源输入引脚

游高铁机器人 WT588D 语音芯片的控制模式是三线串口控制模式。三线串口控制模式中，有三条通信线，分别是片选 CS（接 P02），数据 DATA（接 P01），时钟 CLK（接 P03），时序遵循标准 SPI（串行外设端口）通信方式。我们通过三线串口可以实现语音芯片命令控制、语音播放。表 14.8 和表 14.9 为通过三线串口命令码控制的语音及命令对应表和语音地址对应关系表。

表 14.8　语音及命令对应表

命令	功能	描述
E0H～E7H	音量调节	在语音播放或者待机状态发送此命令，可以调节 8 级音量，E0H 为最小，E7H 为最大
F2H	循环播放	在语音播放过程中发送此命令，可循环播放当前地址语音
FEH	停止播放	停止播放语音
F5H	进入 I/O 端口扩展输出	在常规三线串口控制模式下，发送此命令可进入 I/O 端口扩展输出状态
F6H	退出 I/O 端口扩展输出	在 I/O 端口扩展输出状态下，发送此命令可进入常规三线串口控制模式

表 14.9　语音地址对应关系表

数据（十六进制）	功能
00H	播放第 0 段语音
01H	播放第 1 段语音
02H	播放第 2 段语音
……	……
D9H	播放第 217 段语音
DAH	播放第 218 段语音
DBH	播放第 219 段语音

三线串口控制模式下，复位信号在发码前先拉低 1～5ms，然后拉高等待 17ms。工作时 RESET 引脚需要一直保持高电平。片选信号 CS 拉低 2～10ms，接收数据时低位在前，在时钟 CLK 的上升沿接收数据。时钟周期介于 100μs～2ms 之间，推荐使用 300μs。数据成功接收后，语音播放忙信号输出引脚 BUSY 在 20ms 之后做出响应。发数据时，先发低位，再发高位，无须先发送命令码再发送指令。D0～D7 表示一个地址或者命令数据，数据中的 00H～DBH 为地址指令，E0H～E7H 为音量调节命令，F2H 为循环播放命令，FEH 为停止播放命令，F5H 为进入 I/O 端口扩展输出命令，F6H 为退出 I/O 端口扩展输出命令。图 14.26 所示为三线串口控制模式时序图。

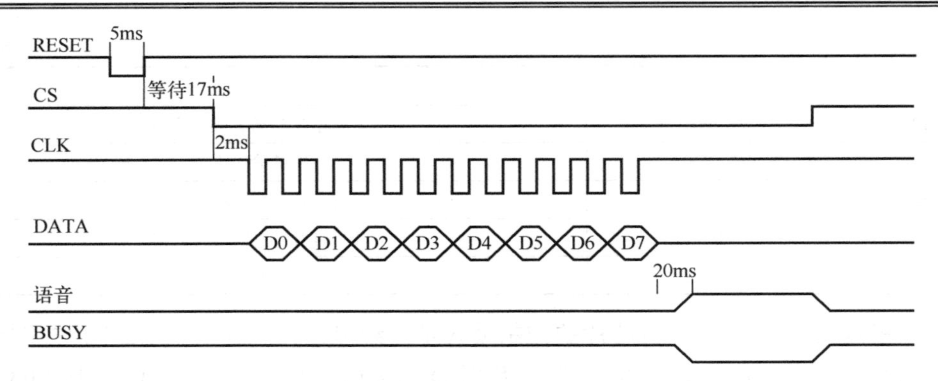

图 14.26　三线串口控制模式时序图

WT588D 语音芯片在三线串口控制模式下与 STM32 机器人控制板的电路连接方式参考表 14.10。

表 14.10　WT588D 语音芯片与 STM32 机器人控制板的电路连接方式

语音芯片引脚	STM32 机器人控制板引脚	说明
RST	PE00	用于语音芯片复位
GND	GND	电源地
VDD	+5V	5V 电源供电
P01（DATA）	PE03	三线串口控制模式下的数据输入
P02（CS）	PE01	三线串口控制模式下的片选输入
P03（CLK）	PE02	三线串口控制模式下的时钟输入
PW+	接扬声器正极（非 STM32 控制板引脚）	语音芯片控制扬声器正极
PW-	接扬声器负极（非 STM32 控制板引脚）	语音芯片控制扬声器负极

WT588D 语音芯片驱动程序如下：

```
#include "stm32f10x.h"
//自定义函数声明
void RCC_Configuration(void); //设置系统各部分时钟
void GPIO_Configuration(void); //设置各 GPIO 端口功能
void voice_broadcast(unsigned char voice);//语音芯片三线发码子程序，驱动语音播放
void delay_nus(unsigned long n); //延时 n μs
void delay_nms(unsigned long n); //延时 n ms
//定义引脚操作
#define ENABLE_OFF GPIO_SetBits(GPIOA,GPIO_Pin_0) //赋予引脚高电平
#define ENABLE_ON GPIO_ResetBits(GPIOA,GPIO_Pin_0) //赋予引脚低电平
#define RST_H GPIO_SetBits(GPIOE,GPIO_Pin_0)
//赋予语音芯片 RST（复位）引脚高电平
#define RST_L GPIO_ResetBits(GPIOE,GPIO_Pin_0)
 //赋予语音芯片 RST（复位）引脚低电平
#define CS_H GPIO_SetBits(GPIOE,GPIO_Pin_1)
 //赋予语音芯片 CS 片选引脚（语音芯片的 P02 引脚）高电平
#define CS_L GPIO_ResetBits(GPIOE,GPIO_Pin_1)
```

```
 //赋予语音芯片 CS 片选引脚（语音芯片的 P02 引脚）低电平
#define SCL_H GPIO_SetBits(GPIOE,GPIO_Pin_2)
 //赋予语音芯片 CLK 时钟引脚（语音芯片的 P03 引脚）高电平
#define SCL_L GPIO_ResetBits(GPIOE,GPIO_Pin_2)
//赋予语音芯片 CLK 时钟引脚（语音芯片的 P03 引脚）低电平
#define SDA_H GPIO_SetBits(GPIOE,GPIO_Pin_3)
 //赋予语音芯片 DATA 数据引脚（语音芯片的 P01 引脚）高电平
#define SDA_L GPIO_ResetBits(GPIOE,GPIO_Pin_3)
 //赋予语音芯片 DATA 数据引脚（语音芯片的 P01 引脚）低电平
int main(void)
{
    char i;
    RCC_Configuration(); //设置系统各部分时钟
    GPIO_Configuration(); //设置各 GPIO 端口功能
    while(1)
    {
        for(i=0;i<28;i++)
        {
           voice_broadcast(i);
           delay_nms(1000);
        }
    }
}
/*********************************************************************
 *函数名：voice_broadcast(unsigned char voice)  输入：unsigned char voice
 *函数描述：语音芯片三线发码子程序，驱动语音播放输出：无
*********************************************************************/
void voice_broadcast(unsigned char voice) //语音芯片三线发码子程序
{
    unsigned char i;
    RST_L;
    delay_nms(5);
    RST_H;
    delay_nms(17); /* 17ms*/
    CS_L;
    delay_nms(2);
    for(i=0;i<8;i++)
    {
        SCL_L;
        if(voice & 1)
            SDA_H;
        else
            SDA_L;
        voice>>=1;
        delay_nus(100); /* 100us */
```

```
        SCL_H;
        delay_nus(100);
    }
    CS_L;
}
/****************************************************************
 *函数名：RCC_Configuration(void) *输出结果：无
 *函数描述：设置系统各部分时钟 *返回值：无
 *输出参数：无
*****************************************************************/
void RCC_Configuration(void)
{
    ErrorStatus HSEStartUpStatus; //定义枚举类型变量 HSEStartUpStatus
    RCC_DeInit(); //复位系统时钟设置
    RCC_HSEConfig(RCC_HSE_ON); //开启 HSE
    HSEStartUpStatus=RCC_WaitForHSEStartUp();//等待 HSE 起振并稳定
    //判断 HSE 起是否振成功，若是，则进入 if()内部
    if(HSEStartUpStatus==SUCCESS)
    {
        RCC_HCLKConfig(RCC_SYSCLK_Div1); //选择 HCLK(AHB)时钟源为 SYSCLK 1 分频
        RCC_PCLK2Config(RCC_HCLK_Div1); //选择 PCLK2 时钟源为 HCLK(AHB) 1 分频
        RCC_PCLK1Config(RCC_HCLK_Div2); //选择 PCLK1 时钟源为 HCLK(AHB) 2 分频
        FLASH_SetLatency(FLASH_Latency_2); //设置 Flash 延时周期数为 2
        FLASH_PrefetchBufferCmd(FLASH_PrefetchBuffer_Enable);//使能 Flash 预取缓存
        //选择 PLL 时钟源为 HSE 1 分频，倍频数为 9，则 PLL=8 MHz* 9 =72MHz
        RCC_PLLConfig(RCC_PLLSource_HSE_Div1,RCC_PLLMul_9);
        //RCC_ADCCLKConfig(RCC_PCLK2_Div6);//配置 ADC 时钟=PCLK2 1/6
        RCC_PLLCmd(ENABLE); //使能 PLL
        while(RCC_GetFlagStatus(RCC_FLAG_PLLRDY)==RESET); //等待 PLL 输出稳定
        RCC_SYSCLKConfig(RCC_SYSCLKSource_PLLCLK); //选择 SYSCLK 时钟源为 PLL
        while(RCC_GetSYSCLKSource()!=0x08); //等待 PLL 成为 SYSCLK 时钟源
    }
    RCC_APB2PeriphClockCmd(RCC_APB2Periph_GPIOA|RCC_APB2Periph_GPIOE,E
    NABLE); //开启 GPIOE 和 GPIOA 时钟
}
/****************************************************************
 *函数名：GPIO_Configuration *输出结果：无
 *函数描述：设置各 GPIO 端口功能 *返回值：无
 *输入参数：无
*****************************************************************/
void GPIO_Configuration(void)
{
    //定义 GPIO 初始化结构体 GPIO_InitStructure
    GPIO_InitTypeDef GPIO_InitStructure;

    //设置 PA0 引脚为推挽输出模式
```

```
        GPIO_InitStructure.GPIO_Pin=GPIO_Pin_0;
        GPIO_InitStructure.GPIO_Mode=GPIO_Mode_Out_PP;
        GPIO_InitStructure.GPIO_Speed=GPIO_Speed_50MHz;
        GPIO_Init(GPIOA,&GPIO_InitStructure);

        //设置 PE0、PE1、PE2、PE3 为第二功能为复用开漏输出模式
        GPIO_InitStructure.GPIO_Pin=
        GPIO_Pin_0|GPIO_Pin_1|GPIO_Pin_2|GPIO_Pin_3;
        GPIO_InitStructure.GPIO_Mode=GPIO_Mode_Out_PP;
        GPIO_InitStructure.GPIO_Speed=GPIO_Speed_50MHz;
        GPIO_Init(GPIOE,&GPIO_InitStructure);
}
/*******************************************************************
 *函数名 : delay_nus *返回值：无
 *函数描述：延时 n µs *输入值：unsigned long n
*******************************************************************/
void delay_nus(unsigned long n) //延时 n µs: n>=6，最小延时单位 6µs
{
        unsigned long j;
        while(n--) //外部晶振：8MHz；PLL：9；8MHz*9=72MHz
        {
                j=8; //微调参数，保证延时的精度
                while(j--);
        }
}
/*******************************************************************
 *函数名 : delay_nms *返回值：无
 *函数描述：延时 n ms *输入值：unsigned long n
*******************************************************************/
void delay_nms(unsigned long n) //延时 n ms
{
        while(n--) //外部晶振：8MHz；PLL：9；8MHz*9=72MHz
        delay_nus(1100); //1ms 延时补偿
}
```

本程序中共有 5 个子函数，其中 4 个的作用已经说明过，只有 voice_broadcast()函数未说明。voice_broadcast()函数是语音芯片三线发码子程序，用于驱动语音芯片播放语音。该函数的输入为语音地址，无输出。

14.5　机器人游高铁示例程序

示例程序使用基于数字地图的向量分析算法。

在机器人游高铁比赛地图上建立二维坐标系，如图 14.27 所示，确定城市坐标信息。各城市的坐标和标签卡信息如表 14.11 所示。

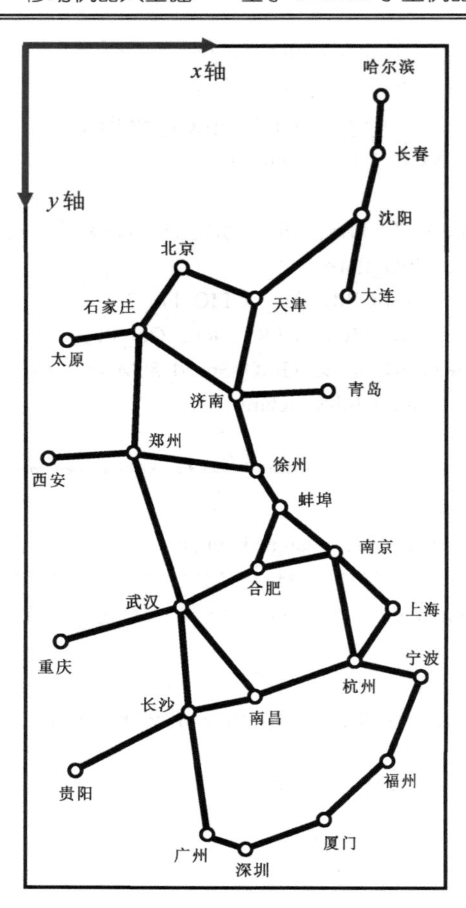

图 14.27　机器人游高铁比赛地图

表 14.11　各城市的坐标和标签卡信息

城市名	坐标	该城市的标签卡信息	城市名	坐标	该城市的标签卡信息
哈尔滨	(126.21,17.63)	A1	长春	(124.96,37.93)	A2
沈阳	(118.99,59.36)	A3	大连	(114.33,88.36)	A3
天津	(81.18,89.39)	A5	北京	(54.98,78.19)	A6
石家庄	(40.19,100.87)	A7	太原	(14.0,104.46)	A8
济南	(74.59,123.79)	A9	青岛	(107.28,122.48)	A10
徐州	(81.92,150.91)	A11	郑州	(38.03,144.49)	A12
西安	(7.73,146.65)	A13	重庆	(12.05,211.41)	A14
武汉	(55.03,199.36)	A15	合肥	(82.15,185.43)	A16
南京	(109.72,180.25)	A17	蚌埠	(90.22,164.05)	A18
上海	(130.59,199.7)	A19	杭州	(117.06,218.46)	A20
南昌	(81.3,231.26)	A21	长沙	(57.7,236.6)	A22
贵阳	(17.34,257.98)	A23	广州	(64.41,280.73)	A24
深圳	(78.17,286.41)	A25	厦门	(106.2,275.33)	A26
福州	(128.6,254.3)	A27	宁波	(140.76,224.04)	A28

机器人游高铁的算法如下：

首先用一个二维数组存储表 14.11 中的坐标、城市标签卡信息，用一个一维数组存储机器人游览路径。然后，机器人通过循线沿着游览路径规定的城市前进，并通过 RFID 读卡器读取该城市的标签卡信息，将标签卡信息与二维数组中的数据对比，找到该城市的坐标。机器人通过游览路径数组获取上一个城市和下一个城市的坐标。最后，机器人通过这三个坐标（上一个城市坐标、当前城市坐标、下一个城市坐标）来获得需要转动的方向和转动角度，确定前进的方向。机器人获得转动方向和转动角度后，便可循线前进，到达下一个城市。重复上述过程，直到所有城市游览完成。

转动角度的计算方式如下：

给定向量 $\overrightarrow{OA}$ 和 $\overrightarrow{OB}$，求向量夹角的公式如式（14.1）和式（14.2）所示。

$$\cos\angle AOB = \frac{\overrightarrow{OA}\cdot\overrightarrow{OB}}{\left|\overrightarrow{OA}\right|\cdot\left|\overrightarrow{OB}\right|} \tag{14.1}$$

$$\angle AOB = \arccos(\cos\angle AOB) \tag{14.2}$$

如图 14.28 所示，设 A 点为机器人经过的上一个城市，城市坐标为 (x_1, y_1)；B 点为机器人当前所在的城市，城市坐标为 (x_2, y_2)；C 点为机器人将要去的下一个城市，城市坐标为 (x_3, y_3)，求 $\angle a$ 的大小。由于 $\overrightarrow{AB} = (x_2 - x_1, y_2 - y_1)$，$\overrightarrow{BC} = (x_3 - x_2, y_3 - y_2)$。则通过式（14.1）求得 $\cos\angle a = \dfrac{\overrightarrow{AB}\cdot\overrightarrow{BC}}{\left|\overrightarrow{AB}\right|\cdot\left|\overrightarrow{BC}\right|}$，再通过式（14.2）求得 $\angle a = \arccos(\cos\angle a)$，整理得

$$\cos\angle a = \frac{(x_2 - x_1)\times(x_3 - x_2) + (y_2 - y_1)\times(y_3 - y_2)}{\sqrt{(x_2 - x_1)^2 + (y_2 - y_1)^2}\times\sqrt{(x_3 - x_2)^2 + (y_3 - y_2)^2}} \tag{14.3}$$

根据式（14.3）就可以求出 $\angle a$ 的大小，机器人便可知道如何到达 C 点。

由式（14.3）计算得到 $\angle a$ 的范围是 0～π，只能知道其大小，无法获知 C 点是在 $\overrightarrow{AB}$ 的左侧还是右侧。

这里只解决了转动角度的问题，但未解决转动方向的问题，下面说明如何判断转动方向。

机器人如何知道下一步要去的城市是在自己运动方向的左侧还是右侧呢？还需要借助向量来解答这个问题。

结合图 14.29，假设人站在原点 O 上，从脚到头的方向与 z 轴的方向一致。此时，C 点在 $\overrightarrow{AB}$ 的右侧。假设人站在原点 O 上，从脚到头的方向与 z 轴的方向相反。此时，C 点在 $\overrightarrow{AB}$ 的左侧。因此，判断一个点是在一个向量的左侧还是右侧与选择的参考方向有密切联系。本算法以 z 轴反方向作为参考方向，即从脚到头的方向与 z 轴的方向相反。按照以下步骤便可以求出一个点位于一个向量的左侧还是右侧。

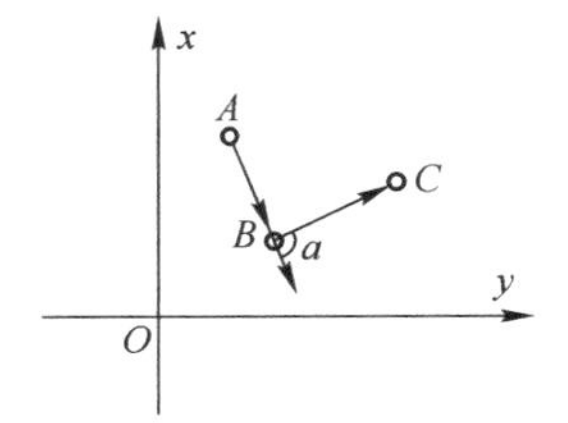

图 14.28　基于坐标构建城市图（1）

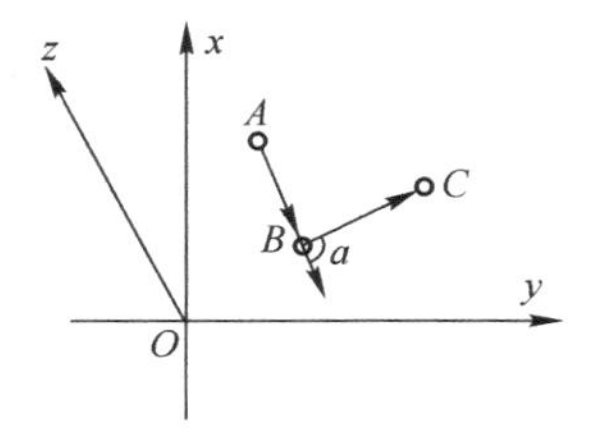

图 14.29　基于坐标构建城市图（2）

（1）先计算 $\angle XAB$、$\angle XBC$ 的大小，$\angle XAB$ 是向量 $\overrightarrow{AB}$ 与 x 轴正方向构成的角，$\angle XBC$ 是

向量 $\overrightarrow{BC}$ 与 x 轴正方向构成的角。$\angle XAB$ 和 $\angle XBC$ 的取值范围为 0～2π。$\angle XAB$ 的计算公式如下。根据式（14.4）可求出 $\angle XAB$ 和 $\angle XBC$ 的大小。

$$\begin{cases} \angle XAB = \arccos\left(\dfrac{(x_2 - x_1)}{\sqrt{(x_2 - x_1)^2 + (y_2 - y_1)^2}}\right) & y_2 - y_1 > 0 \\ \angle XBC = 2\pi - \arccos\left(\dfrac{x_2 - x_1}{\sqrt{(x_2 - x_1)^2 + (y_2 - y_1)^2}}\right) & y_2 - y_1 \leqslant 0 \end{cases} \tag{14.4}$$

（2）再根据 $\angle XAB$ 和 $\angle XBC$ 的大小判断 C 点在 $\overrightarrow{AB}$ 的左侧还是右侧，如式（14.5）所示。

$$\begin{cases} 0 < (\angle XAB - \angle XBC) < \pi & \text{左侧} \\ \pi \leqslant (\angle XAB - \angle XBC) & \text{右侧} \\ 0 < (\angle XBC - \angle XAB) < \pi & \text{右侧} \\ \pi \leqslant (\angle XBC - \angle XAB) & \text{左侧} \end{cases} \tag{14.5}$$

当 $\angle XAB - \angle XBC$ 的取值范围为 0～π 时，C 点在 $\overrightarrow{AB}$ 左侧；当 $\angle XAB - \angle XBC$ 的取值范围为 π～2π 时，C 点在 $\overrightarrow{AB}$ 右侧；当 $\angle XBC - \angle XAB$ 的取值范围为 0～π 时，C 点在 $\overrightarrow{AB}$ 右侧；当 $\angle XBC - \angle XAB$ 的取值范围为 π～2π 时，C 点在 $\overrightarrow{AB}$ 左侧。

1. 算法示例说明

本示例程序规定机器人游览路径是长沙→南昌→杭州→南京→蚌埠→徐州→济南→石家庄→郑州→武汉→长沙。

首先，在程序开始时用二维数组 city 定义和初始化 28 个城市的坐标和 RFID 标签卡信息：

```
const float city[28][3]={
/* 哈尔滨 */{126.21,17.63,46038},/* 长 春 */{124.96,37.93,15062},/* 沈 阳
*/{118.99,59.36,21631},/*大连*/{114.33,88.36,20369},
/* 天 津 */{81.18,89.39,47914},/* 北 京 */{54.98,78.19,43352},/* 石家庄
*/{40.19,100.87,49297},/*太原*/{14.0,104.46,38529},
/* 济 南 */{74.59,123.79,48817},/* 青 岛 */{107.28,122.48,49946},/* 徐 州
*/{81.92,150.91,8862},/*郑州*/{38.03,144.49,32023},
/* 西 安 */{7.73,146.65,28377},/* 重 庆 */{12.05,211.41,40933},/* 武 汉
*/{55.03,199.36,27635},/*合肥*/{82.15,185.43,45236},
/* 南 京 */{109.72,180.25,49059},/* 蚌 埠 */{90.22,164.05,15176},/* 上 海
*/{130.59,199.7,10967},/*杭州*/{117.06,218.46,43473},
/* 南 昌 */{81.3,231.26,24621},/* 长 沙 */{57.7,236.6,8902},/* 贵 阳
*/{17.34,257.98,24122},/*广州*/{64.41,280.73,40156},
/* 深 圳 */{78.17,286.41,51712},/* 厦 门 */{106.2,275.33,16375},/* 福 州
*/{128.6,254.3,15509},/*宁波*/{140.76,224.04,40703}
};
```

在 28 个三维信息中，前两维存储城市的坐标信息，第三维为城市的 RFID 标签卡信息。这相当于建立了机器人可以游览的城市地图信息表。

然后，将机器人要游览的路径用一维数组定义出来：

```
//Travel_itinerary[13]存储 12 个游览城市编号
char Travel_itinerary[13]={21,20,19,16,17,10,8,4,5,6,11,14,21};
```

Travel_itinerary 数组中存储的是标签卡信息数组中的序号。通过该序号访问城市信息数组可以立即获得城市的坐标数据和标签卡信息。

机器人从起点长沙出发，语音播报城市名，再朝南昌方向循线运动，通过内侧的两个 QTI 线跟踪传感器检测到白色区域，即到达南昌，机器人启动 RFID 读卡器读取标签卡信息，语音播报城市名，判断该城市是否为结束城市长沙，若不是，则将读取的信息与 city 数组的第 3 列数据对比，找到与之相对应的城市后读取该城市的坐标值。再通过路径数组 Travel_itinerary 获取上次经过的城市长沙的坐标，以及下一个城市杭州的坐标。知道三个城市的坐标后便可以计算出去杭州的转动角度和转动方向。由于机器人转动时会有一些误差，所以转动后需要再次搜索黑线。如果已经在黑线上就不需要搜索了，反之需要搜索。找到黑线后便可循线移动到下一个城市杭州。这样循环执行，机器人走完 13 个城市，跳出循环，回到起点，停止移动。机器人游高铁的程序流程图如图 14.30 所示。

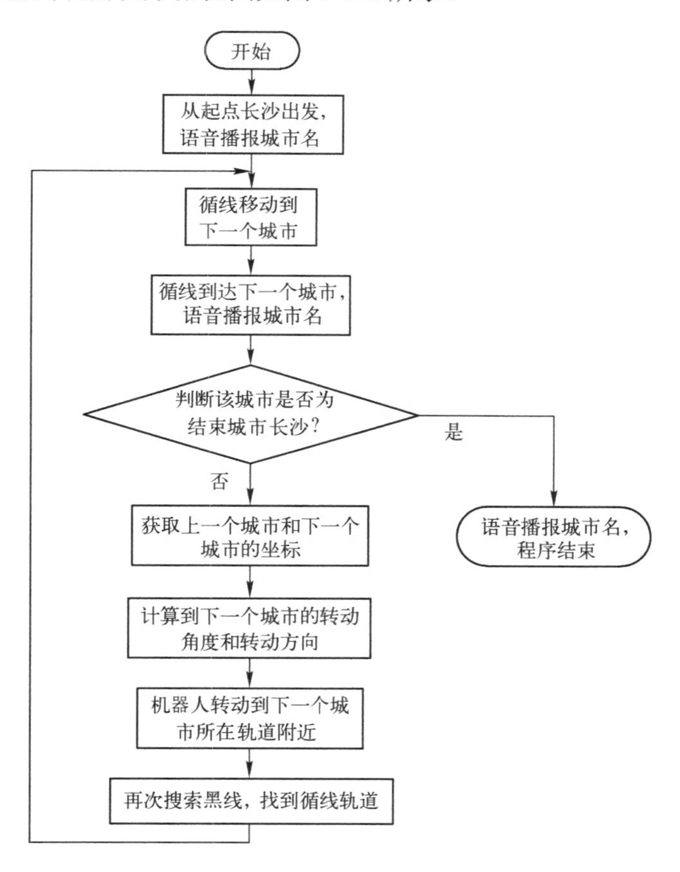

图 14.30　机器人游高铁的程序流程图

2. 关键代码分析

在主函数中，一开始设置时钟、初始化硬件端口、初始化所有外设，令机器人从起点长沙出发，语音播报城市名；接着延时 500ms；然后机器人循线进入 while(1)循环。主函数如下：

```
int main(void)
{
    RCC_Configuration();         //设置系统各部分时钟
```

```
        NVIC_Configuration();          //串口中断设置
        GPIO_Configuration();          //设置各 GPIO 端口功能
        USART_Configuration();         //串口 1 初始化，通信波特率为 9600bps
        city_RFID=RFID();              //读取起始位置长沙标签卡的 ID 值
        if(city_RFID==city[Travel_itinerary[0]][2]) //根据长沙标签卡的 ID 值，语音播报长沙城市名
            voice_broadcast(Travel_itinerary[0]);
        delay_nms(500);
        //机器人开始游高铁
    while(1)
    {   //扫描 4 个 QTI 线跟踪传感器的状态
        qtis=qtis+GPIO_ReadInputDataBit(GPIOE,GPIO_Pin_15);
        qtis=qtis*2+GPIO_ReadInputDataBit(GPIOE,GPIO_Pin_14);
        qtis=qtis*2+GPIO_ReadInputDataBit(GPIOE,GPIO_Pin_13);
        qtis=qtis*2+GPIO_ReadInputDataBit(GPIOE,GPIO_Pin_12);
        //根据 4 个 QTI 线跟踪传感器的状态执行相应的程序
        switch(qtis)
        {
            case 0 :               //0000 状态
            case 9 :               //1001 状态，说明到达下一个城市
                stop();
                Angle_computing_and_mobile();
                //读取城市信息和语音播报城市名，转动到去往下一个城市的轨道上
                //计算转动角度、转动方向，确认机器人转动到下一个城市轨道
                break;
            case 1 :                    //0001 状态
            case 3 :                    //0011 状态
            case 5 :                    //0101 状态
                forward_f();
                turn_right_f();
                turn_right_f();
                break;
            case 8 :                    //1000 状态
            case 10:                    //1010 状态
            case 12:                    //1100 状态
                forward_f();
                turn_left_f();
                turn_left_f();
                break;
            case 2 :                    //0010 状态
            case 4 :                    //0100 状态
            case 6 :                    //0110 状态
            case 7 :                    //0111 状态
            case 11:                    //1011 状态
            case 13:                    //1101 状态
            case 14:                    //1110 状态
            case 15: forward_f();
```

```
            break;                  //1111 状态
        }
        qtis=0;
        if(city_No>=12)             //游览完所有城市，退出循环
            break;
    }
    while(1)
        stop();
}
```

进入 while(1)循环后，机器人开始循线前进，获取上一个城市和下一个城市的坐标，并计算出转动到下一个城市所在轨道所需的转动角度和转动方向，部分程序如下：

```
/*********************************************************************
    *函数名：Angle_computing_and_mobile        输入：无
    *函数描述：计算转动角度和转动方向          输出：无
*********************************************************************/
void Angle_computing_and_mobile(void)
{
    city_No++;    //计数，存储走过了多少个城市，每走过一个城市，city_No 自增 1
    //先前进 16 步，再读取标签卡的 ID 值
    for(i=0;i<14;i++)
    {
        forward_f();
        delay_nms(5);
    }
    //读取标签卡的 ID 值
    city_RFID=RFID();

    //计算上一个城市、当前城市、下一个城市，这三个城市所构成的角度，并计算要去下一个城市需要的转动角度、转动方向。
    if(city[Travel_itinerary[city_No]][2]==city_RFID)
    {
        voice_broadcast(Travel_itinerary[city_No]);   //语音播报当前城市名
        if(city_No<12 && city_No>0)     //走过的城市不能超过 12 个
        { //a 是上一个城市，b 是当前城市，c 是下一个城市
        //计算向量 a_b
        a_b[0]=city[Travel_itinerary[city_No]][0] - city[Travel_itinerary[city_No - 1]][0];
        a_b[1]=city[Travel_itinerary[city_No]][1] - city[Travel_itinerary[city_No - 1]][1];
        //计算向量 b_c
        b_c[0]=city[Travel_itinerary[city_No+1]][0] - city[Travel_itinerary[city_No]][0];
        b_c[1]=city[Travel_itinerary[city_No+1]][1] - city[Travel_itinerary[city_No]][1];
        //计算向量 a_b 与向量 b_c 夹角的 cos 值
        cos_a_b_c=(a_b[0]*b_c[0]+a_b[1]*b_c[1])/(sqrt(a_b[0]*a_b[0]+a_b[1]*a_b[1])
        *sqrt(b_c[0]*b_c[0]+b_c[1]*b_c[1]));
        //计算向量 a_b 与向量 b_c 的夹角
        Angle_a_b_c=acos(cos_a_b_c);
```

```
            //根据向量 a_b 所在坐标轴象限来判断向量 a_b 与 x 轴所构成逆时针角的大小
            if(a_b[1]>0) //当向量 a_b y 轴的值大于零时，则向量 a_b 在一二象限与 x 轴构成的角等于反余弦函数算出的角
                Angle_a_b=acos(a_b[0]/sqrt(a_b[0]*a_b[0]+a_b[1]*a_b[1]));
            else    //否则向量 a_b 在三四象限与 x 轴构成的角等于[2*pi-(反余弦函数算出的角)]。
                Angle_a_b=2*pi - acos(a_b[0]/sqrt(a_b[0]*a_b[0]+a_b[1]*a_b[1]));
            if(b_c[1]>0)//当向量 b_c y 轴的值大于零时，则向量 b_c 在一二象限与 x 轴构成的角等于反余弦函数算出的角
                Angle_b_c=acos(b_c[0]/sqrt(b_c[0]*b_c[0]+b_c[1]*b_c[1]));
            else    //否则向量 b_c 在三四象限与 x 轴构成的角等于[2*pi-(反余弦函数算出的角)]。
                Angle_b_c=2*pi - acos(b_c[0]/sqrt(b_c[0]*b_c[0]+b_c[1]*b_c[1]));
        }
    }

    if(city_No<12 && city_No>0)
    {
        //判断下一个城市在向量左侧还是右侧
        if(Angle_a_b>Angle_b_c && Angle_a_b - Angle_b_c<pi)
        direction_Angle=direction_left;
        if(Angle_a_b>Angle_b_c && Angle_a_b - Angle_b_c>pi)
        direction_Angle=direction_right;
        if(Angle_a_b<Angle_b_c && Angle_b_c - Angle_a_b<pi)
        direction_Angle=direction_right;
        if(Angle_a_b<Angle_b_c && Angle_b_c - Angle_a_b>pi)
        direction_Angle=direction_left;
        //前进 10 步
        for(i=0;i<10;i++)
        {
            forward_f();
            delay_nms(5);
        }

        if(Angle_a_b_c>0.1)  //当向量 a_b 与向量 b_cr 的夹角大于 6 度时，执行以下语句
        {
            //判断向右转
            if(direction_Angle==direction_right)
            {
                Turn_steps=(int)((Angle_a_b_c/pi/2)*200); //判断转动多少度能够大概到达黑线附近
                for(i=0;i<Turn_steps - 6;i++) //大概转动到所需行走的黑线附近
                turn_right_f();
            }
            //判断向左转
            if(direction_Angle==direction_left)
            {
                Turn_steps=(int)((Angle_a_b_c/pi/2)*200); //判断转动多少能够大概到达黑线附近
                for(i=0;i<Turn_steps - 6;i++) //大概转动到所需行走的黑线附近。
```

```
                    turn_left_f();
                }
            }
        }
    }
```

机器人通过设定好的路线循线前进、计算转动角度和转动方向，就可以完成游高铁任务。

14.6　机器人游高铁高级任务

随着高铁线路的不断建设和拓展，通车里程和通车城市数不断增加。后续高铁线路将连接更多的城市，这样每次游览任务也会有更多的路径可以选择。在给定数量的游览城市和更多可能的游览路径中，如何找到最优的游览路径是人工智能技术与应用中的经典问题——旅行者问题，即找到最短的路径完成游览任务。在机器人速度一定的情况下，完成任务的用时越少，比赛成绩越好。

当然，在旅行者问题的求解中还需要补充一个新的信息，就是任意相邻的两个城市之间的距离，给出距离才能够对旅行者问题进行求解。这时地图信息就不能仅用一个二维数组来完整表述了，需要用到更高级的数据结构。这是后续人工智能算法课程中需要研究和解决的问题。

工程素质和技能归纳

（1）电源是移动机器人系统设计中的关键问题，尤其在移动机器人系统中，如果要用到除电机以外的其他大功耗部件，则需要特别注意，如果电源容量不够，会直接影响系统的持续工作时间。本章的游高铁机器人的 RFID 读卡器在读卡时需要输出大电流激活电子标签，用一组标准电源无法正常给机器人所有部件供电，因此增加了一组电池作为补充电源。移动机器人电源设计的标准是电源的最大输出电流必须大于所有部件处于最大功耗时所需电流的总和。

（2）数字地图的创建是移动机器人系统设计中导航算法的核心。游高铁机器人的地图信息数组是一个初级的数字地图模型，无法存储城市之间的连接信息，也就是高铁通车线路信息。因此游览路径都是由开发者事先指定的，无法获得最优的路径。要完成更真实的数字地图创建，需要用到更复杂的数据结构。只有建立了更全面的数字地图模型，才能采用人工智能算法获得最优的机器人游览路径。

附录 A　本书所用 STM32 机器人控制板主要电路图

机器人控制板是基于 ARM Cortex-M3 处理器的 32 位 STM32 单片机教学开发实验平台，充分考虑了多种使用目的和应用需求，功能强大，可作为自动控制、仪器仪表、电子通信、电力电子、机电一体化等专业的教学开发实验平台，或供个人爱好者使用。STM32 机器人控制板如图 A.1 所示。开发中，将机器人控制板接上机器人小车，并加上面包板，作为典型的工程对象，引导读者学习 STM32 单片机原理与应用开发。可以通过动手搭建传感器以探测周边环境，控制电机运动，完成一个智能机器人小车所需具备的基本能力；也可以通过红外线进行遥控，或通过麦克风进行语音控制；可以将 A/D 端口应用于数据采集领域；可以将大容量的 Flash 芯片作为数据存储器、中文字库，也可以存储音乐应用于多媒体；可以外接 SD 卡或 U 盘存放图片在 LCD 上显示；可以通过板载的 RS-485、CAN、以太网端口满足各类通信的需要，加上无线通信模块还可以作为无线传感器网络端口，用于物联网领域。

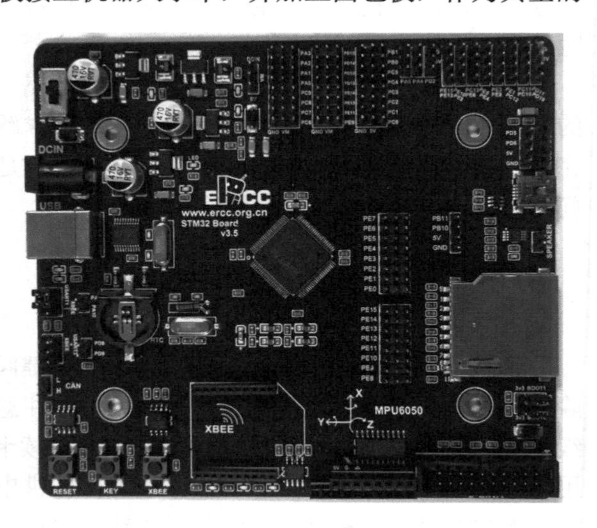

图 A.1　STM32 机器人控制板

STM32 机器人控制板包含 JTAG、RS-232 串口、CAN 总线端口、USB 通信端口、SD 卡端口、Flash 存储器、RTC 备用电池、I^2C/ EEPROM、A/D、D/A、用户测试 LED、扬声器、通用四线制传感器端口、编码器端口、Zigbee 无线通信端口、蓝牙模块端口、九轴 IMU 传感器端口、三线制电机端口，覆盖范围极广。STM32 机器人控制板电路如图 A.2～图 A.13 所示，硬件信息如下：

- 由于 STM32F103xx 系列微控制器具有全兼容性，因此可以选用 100 个引脚的 STM32F103Vx 系列单片机，如中小容量的 V8 和 VB，或者大容量的 VC、VD、VE，以获得更多存储空间和片上资源；
- 引出大部分 I/O 引脚，方便扩展和二次开发；
- 1 个 RS-232 电平串口；
- 1 个 CAN 总线端口；
- 1 个 USB 2.0 全速通信端口；
- 1 个 SD 存储卡端口；
- 1 个 Zigbee 无线网络通信端口，满足物联网应用；

- 1 个用户测试 LED，3 个 Zigbee 工作指示灯，2 个串口通信指示灯，4 个芯片上电指示灯；
- 1 个小功率扬声器输出端口；
- 1 个主控芯片复位按键，1 个 Zigbee 模块复位按键；
- 16 路电机（角度电机或连续旋转电机）控制端口，可通过跳线帽选择工作电压为 5V 或板子输入电压；
- 7 路外部 A/D 输入端口；
- 2 路 D/A 输出端口（选用 STM32F103VC/D/E）；
- 8 个通用四线制传感器端口；
- 1 个 9 轴 IMU 传感器端口；
- 1 个纽扣备用电池，支持 RTC；
- 4 路数字编码器输入端口；
- I^{2}C 端口 EEPROM　AT24Cxx；
- SPI 端口 2M Flash 数据存储器，以及 128M 或 256M NAND Flash 数据存储器；
- JTAG 调试端口，支持 U-Link、J-Link、ISP3 种程序下载方式；
- 3 种启动方式选择设置；
- 多种电源端口：电池、USB、电源适配器，支持 5～12V 宽电源供电；
- 扩展出的 16 个可编程 I/O 端口方便用户连接传感器模块或执行机构，如 LED、碰撞传感器、红外传感器、光敏传感器、蜂鸣器、超声波传感器等。

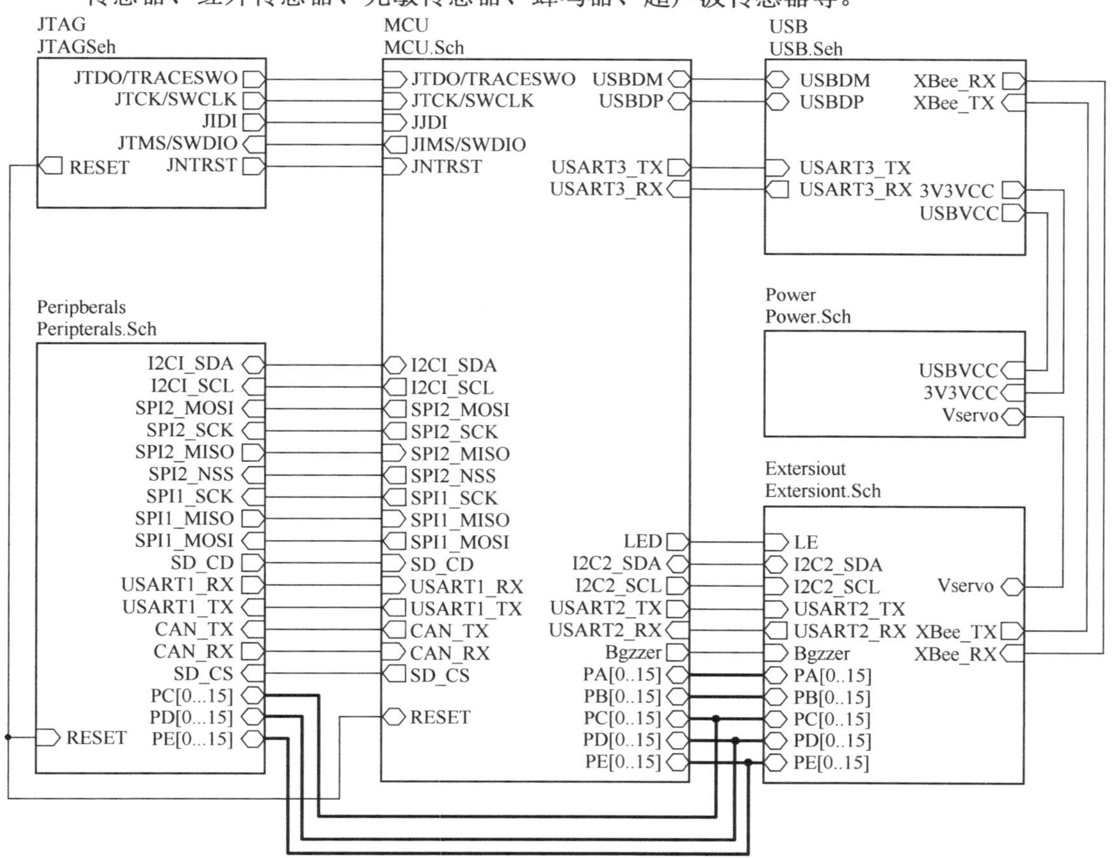

图 A.2　主层次电路图

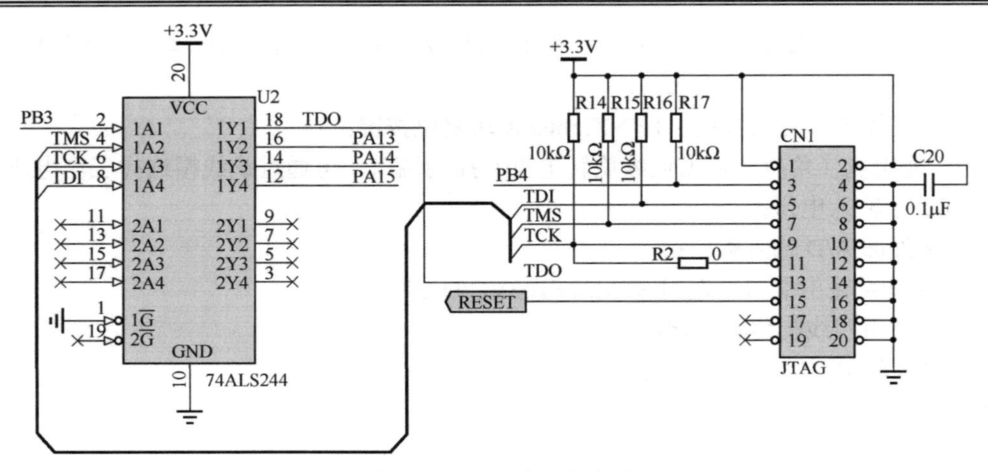

图 A.3　JTAG 端口电路图

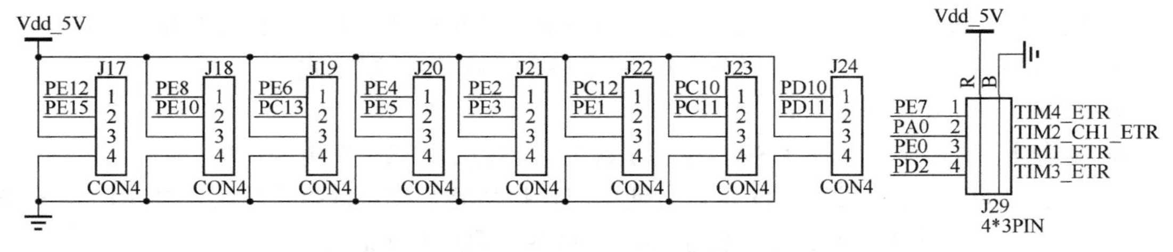

图 A.4　通用四线制传感器、编码器端口电路图

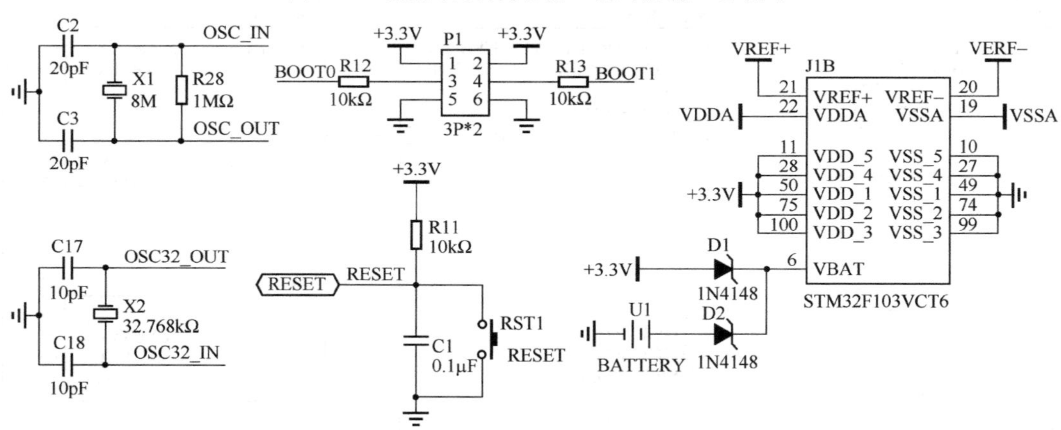

图 A.5　晶振、启动选择开关、复位、RTC 备用电池电路图

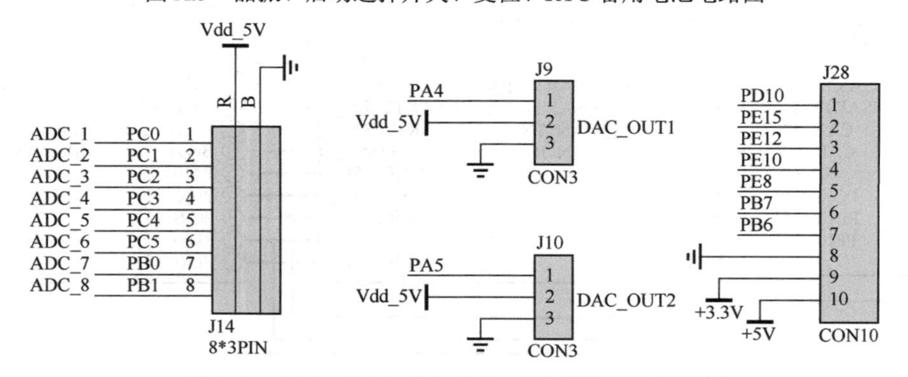

图 A.6　ADC、DAC 和九轴 IMU 传感器端口电路图

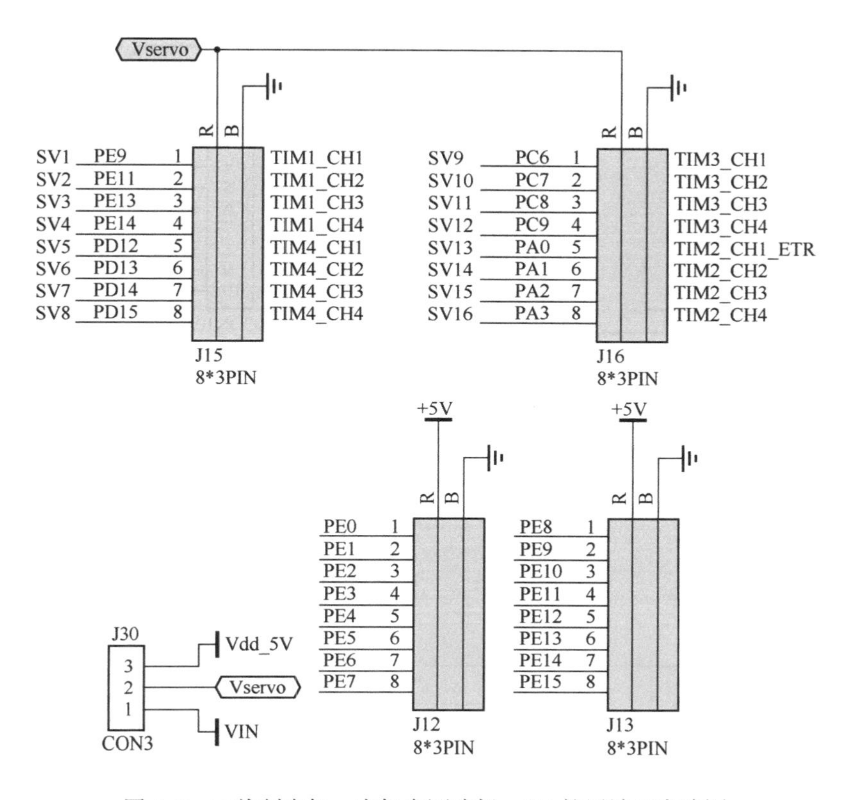

图A.7 三线制电机、电机电源选择、I/O扩展端口电路图

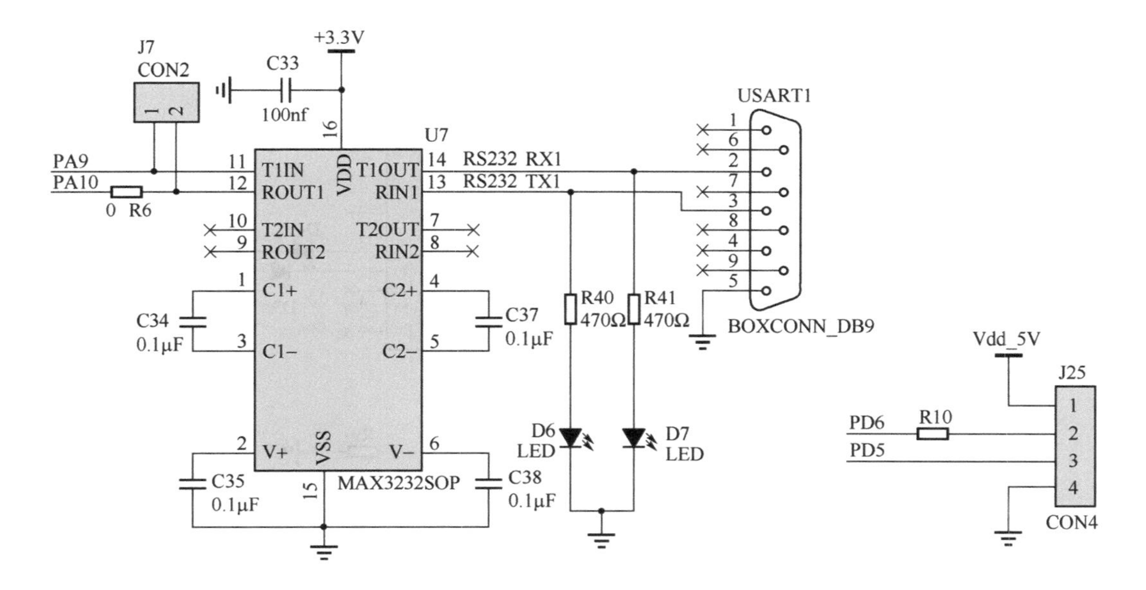

图A.8 USART1及USART2端口电路图

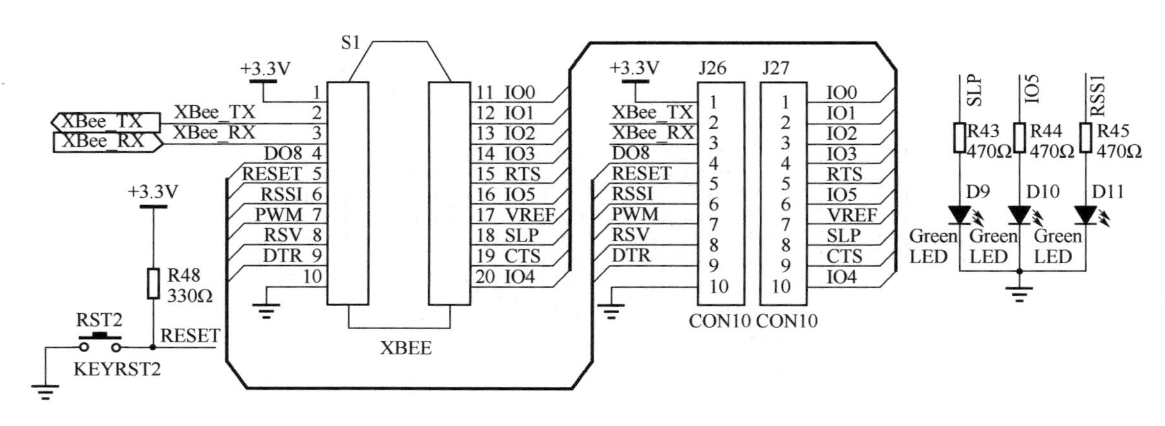

图 A.9 Zigbee 端口（USART3）、复位及工作指示灯电路图

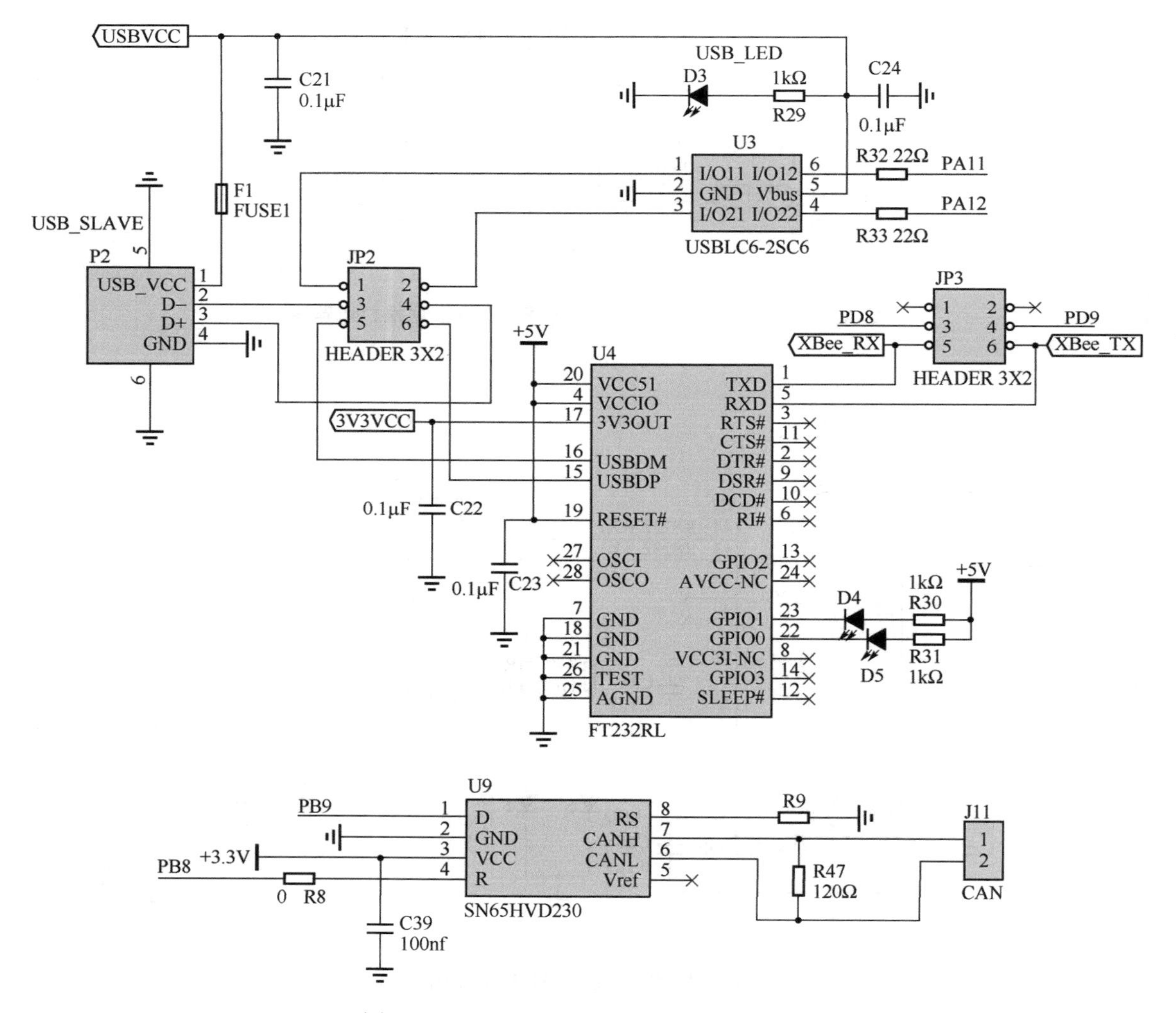

图 A.10 USB 通信、CAN 总线端口电路图

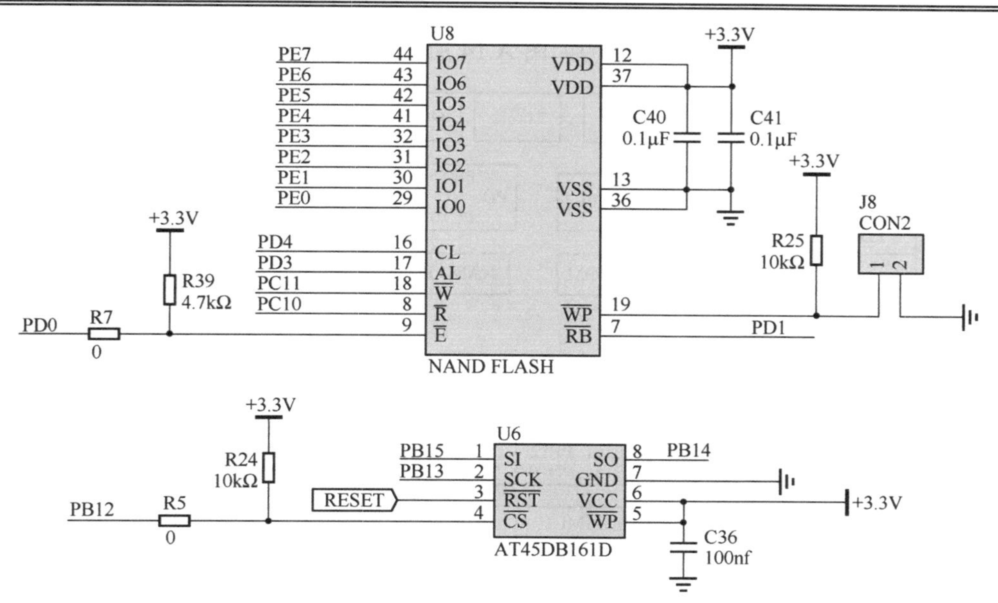

图 A.11 扩展 Flash 电路图

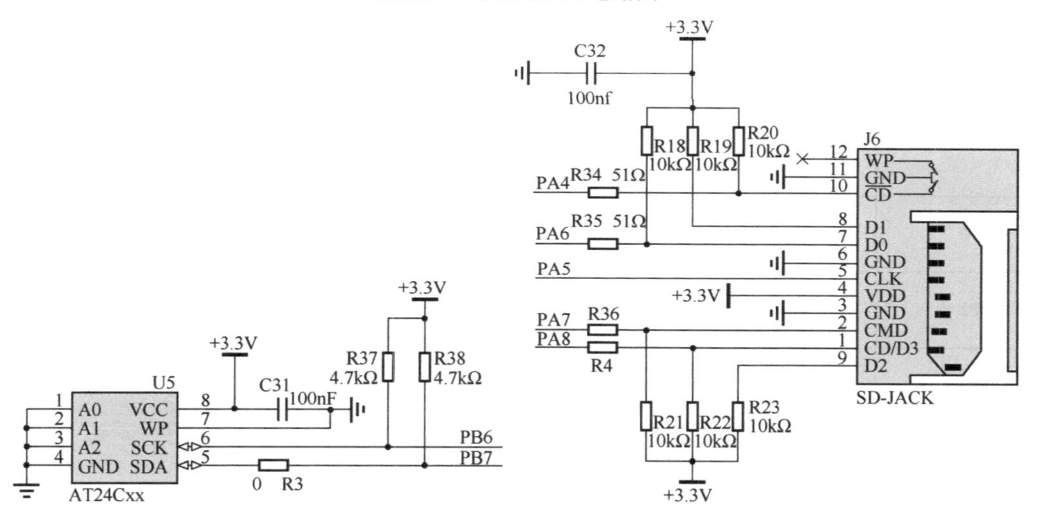

图 A.12 I2C EEPROM、SD 扩展端口电路图

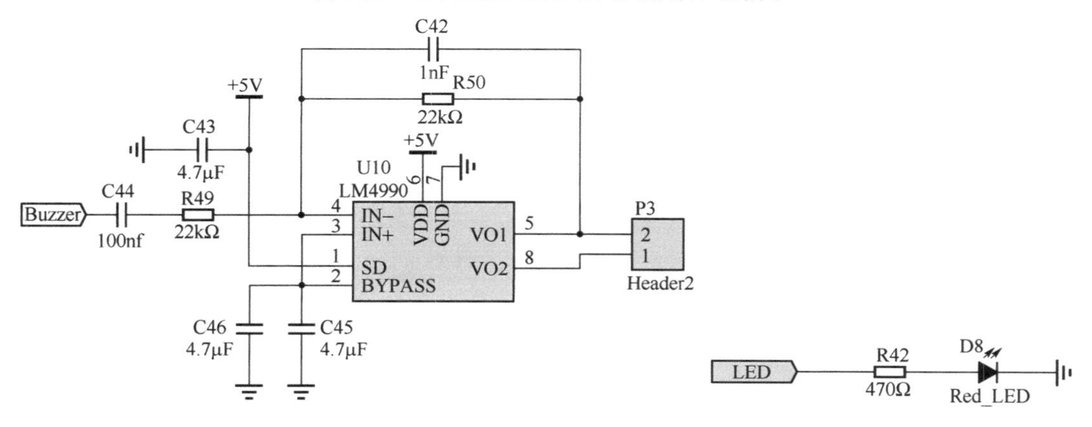

图 A.13 扬声器、用户测试 LED 电路图

STM32 机器人控制板电路模块结构如图 A.14 所示。开关和跳线说明见表 A.1。

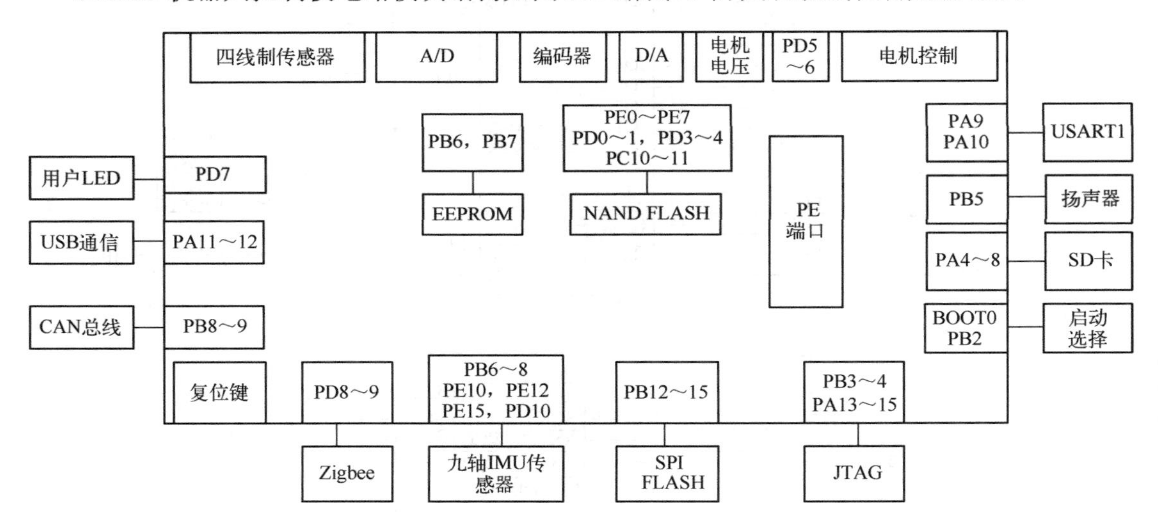

图 A.14　STM32 机器人控制板电路模块结构图

表 A.1　开关和跳线说明表

标识名称	开关或跳线	功能说明
S2	机器人控制板电源开关	OFF：关闭机器人控制板电源
		ON1：给电机端口以外的电路供电
		ON2：给机器人控制板所有电路供电，电机电源可以通过跳线帽选择
J30	电机电源选择（用跳线帽）	Vsvo-5V：电机电源为 5V
		Vsvo-VIN：电机电源为机器人控制板输入电压
JP2	USB 通信 或 Zigbee 配置选择	USB：USB 端口与通信芯片直连
		XBEE：通过 USB 端口配置 Zigbee 模块参数
JP3	Zigbee 与 MCU 通信选择	NC：关闭单片机与 Zigbee 之间的通信
		XBEE 单片机：打开单片机与 Zigbee 之间的通信
P1	启动模式选择开关	BT0=GND，BT1=ANY：从内置 Flash 启动 BT0=3v3，BT1=GND：从系统 Flash 启动 BT0=3v3，BT1=3v3：从内置 SRAM 启动

附录B　基于 ARM Cortex-M3 处理器的 STM32 单片机原理归纳

B.1　基于 ARM Cortex-M3 处理器的 STM32F10x 单片机结构

微处理器是单芯片 CPU，而单片机则集成了 CPU 和其他外设电路，是一个完整的嵌入式系统。单片机的一个重要特点是内建了中断系统。作为面向控制的设备，单片机经常要实时响应外界的中断(激励)。单片机必须执行快速上下文切换，挂起一个进程去执行另一个进程。可以认为 ARM Cortex-M3 处理器是没有外设电路的单芯片 CPU，其结构如图 B.1 所示。

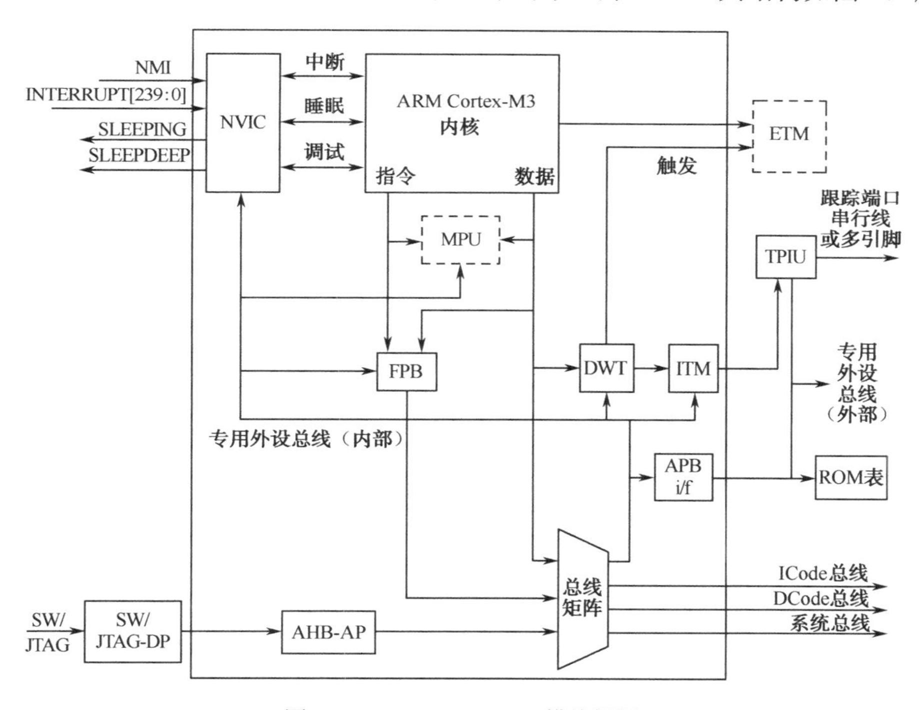

图 B.1　ARM Cortex-M3 模块框图

基于 ARM7 的系统仅支持访问对齐的数据，只有沿着对齐的字边界才可以对数据进行访问和存储。ARM Cortex-M3 处理器采用非对齐数据访问方式，使非对齐数据可以在单核访问中进行传输。当使用非对齐传输时，这些传输将转换为多个对齐传输。

ARM Cortex-M3 处理器除支持单周期 32 位乘法操作之外，还支持带符号的和不带符号的除法操作。这些操作使用 SDIV 和 UDIV 指令，根据操作数大小在 2～12 个周期内完成。如果被除数和除数大小接近，那么除法操作可以更快地完成。ARM Cortex-M3 处理器凭借着在数值运算能力方面的改进，成了众多高数字处理强度应用（如传感器读取和取值或硬件在环仿真系统）的理想选择。

STM32F10xx 单片机系统结构如图 B.2 所示，其由以下部分组成：

- 4 个主动单元：ARM Cortex-M3 处理器的 ICode 总线（I-bus）、DCode 总线（D-bus）、系统总线（S-bus）、通用 DMA1 及 DMA2、以太网 DMA（互联型产品）。
- 4 个被动单元：内部 SRAM、内部 Flash 存储器、FSMC、AHB 到 APB 的桥（AHB2APBx），它连接所有的 APB 设备。

这些都是通过一个多级的 AHB 总线架构相互连接的。各个单元的主要功能如下：

- ICode 总线：将 ARM Cortex-M3 处理器的指令总线与 Flash 闪存指令端口相连接，用于指令预取。
- DCode 总线：将 ARM Cortex-M3 处理器的 DCode 总线与 Flash 存储器的数据端口相连接，用于常量加载和调试访问。
- 系统总线：连接 ARM Cortex-M3 处理器的系统总线（外设总线）到总线矩阵，总线矩阵协调着内核和 DMA 间的访问。
- DMA 总线：将 DMA 的 AHB 主控端口与总线矩阵相连，总线矩阵协调着 CPU 的 DCode 和 DMA 到 SRAM、闪存和外设的访问。
- 总线矩阵：总线矩阵协调内核系统总线和 DMA 主控总线之间的访问仲裁，仲裁采用轮换算法，AHB 外设通过总线矩阵与系统总线相连，允许 DMA 访问。总线矩阵包含 DCode 总线、系统总线、DMA1 总线和 DMA2 总线，以及 4 个被动单元。
- AHB 到 APB 的桥：两个 AHB/APB 桥在 AHB 和两个 APB 总线间提供同步连接。APB1 操作速度限于 36MHz，APB2 操作于全速（最高 72MHz）。

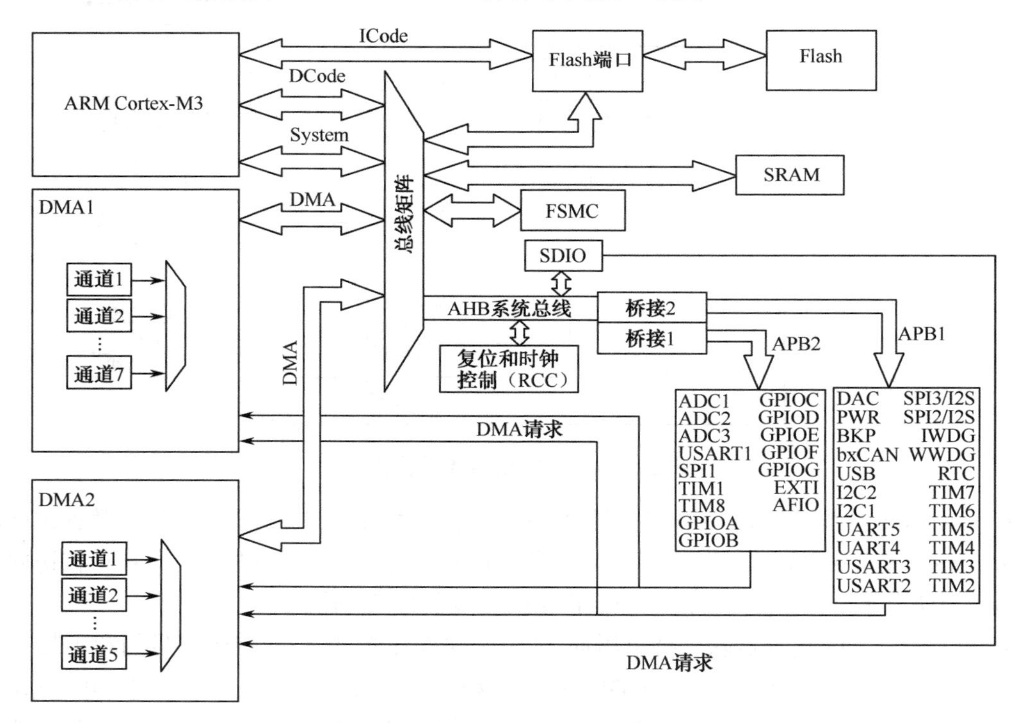

图 B.2　STM32F10xx 单片机系统结构

Flash 闪存指令和数据访问是通过 AHB 总线完成的。预取模块是用于通过 ICode 总线读取指令的。仲裁是作用在 Flash 端口上的，并且 DCode 总线上的数据优先访问。DMA 在 DCode 总线上访问 Flash 存储器，它的优先级比 ICode 上的取指高。DMA 在每次传送完成后具有一个空余的周期。有些指令可以和 DMA 传输一起执行。

STM32F10xx 单片机内部结构如图 B.3 所示，不同型号的具体配置有所不同。

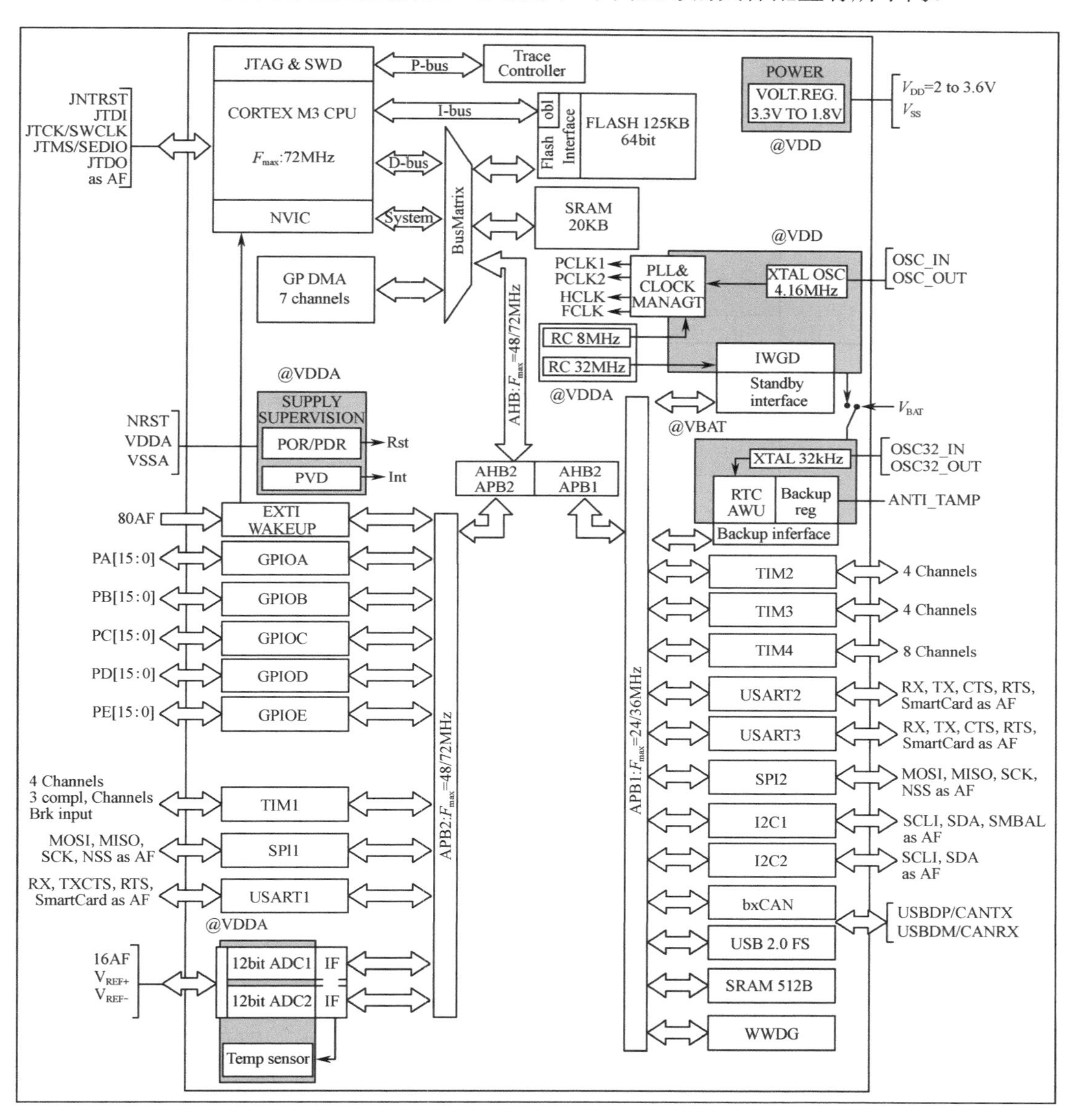

图 B.3 STM32F10xx 单片机内部结构图

在系统每一次复位后，所有除 SRAM 和 FLITF 以外的外设都被关闭。因此在使用一个外设之前，必须设置寄存器 RCC_AHBENR 打开该外设的时钟。

STM32F10xx 单片机的时钟系统框图如图 B.4 所示。

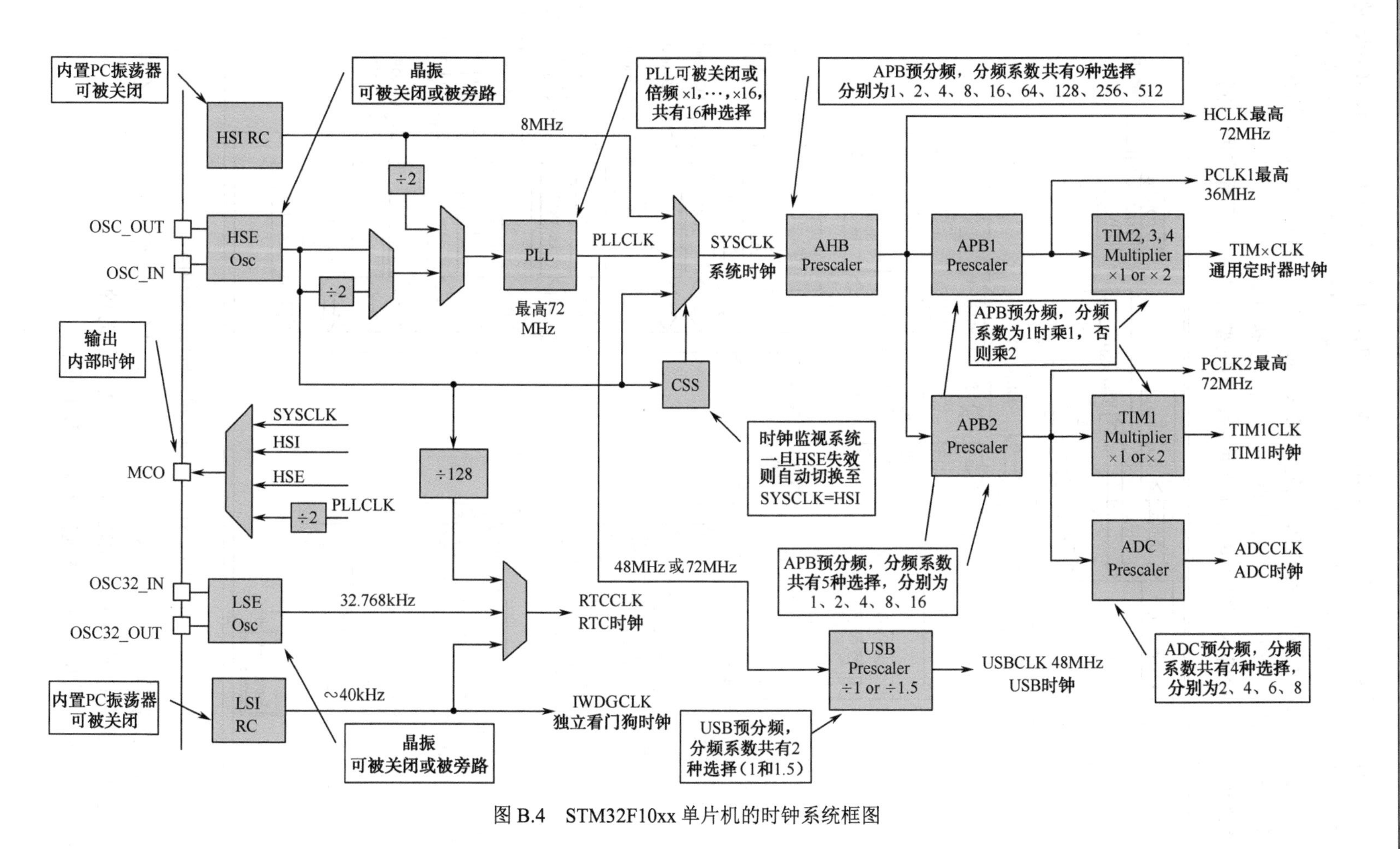

图 B.4　STM32F10xx 单片机的时钟系统框图

B.2 存储映像地址

STM32F10xx 单片机的存储映像图如图 B.5 所示。

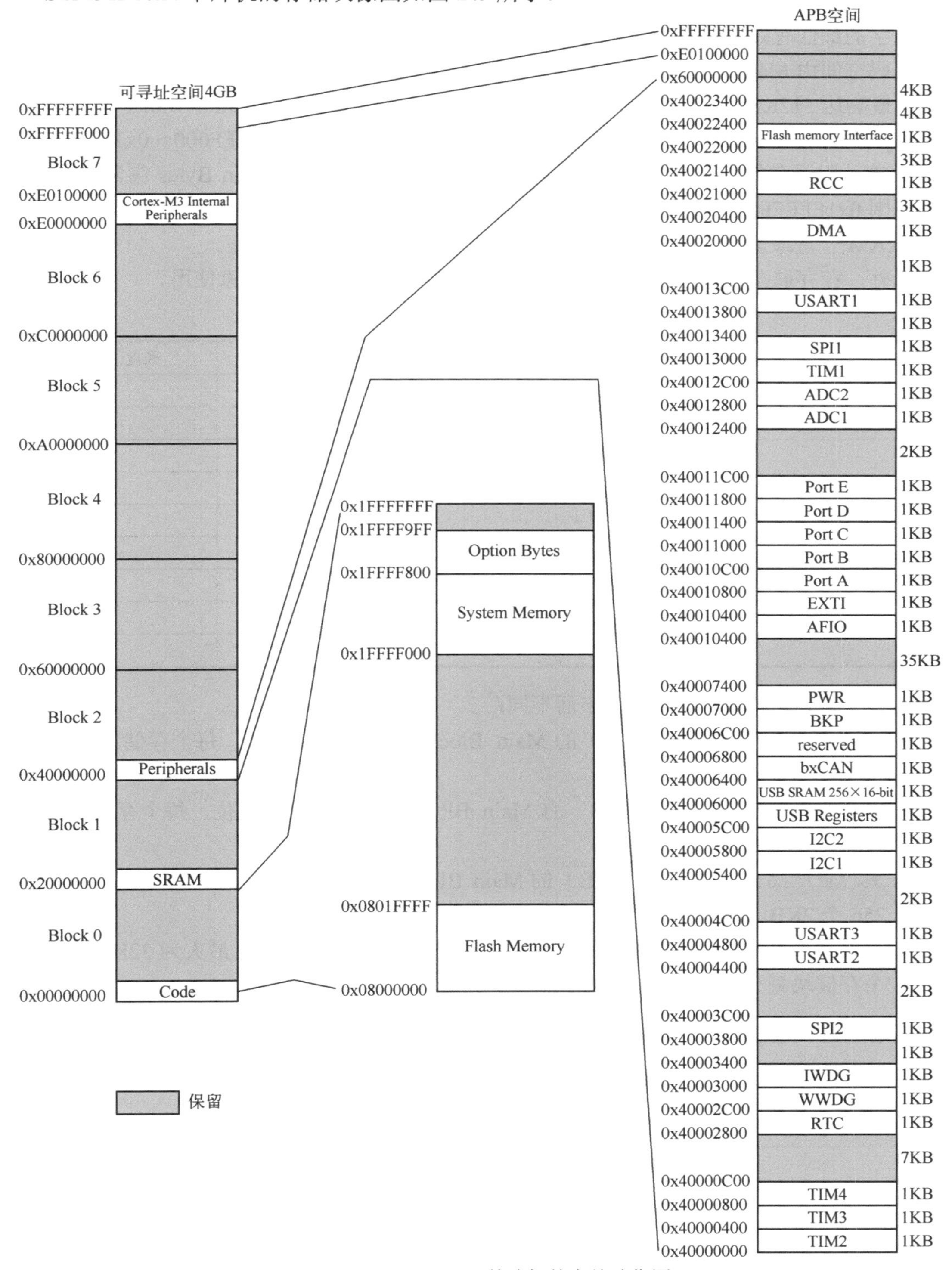

图 B.5 STM32F10xx 单片机的存储映像图

Cortex-M3 处理器的存储系统采用统一的编址方式，具有 4GB 的可寻址存储空间，分为 Block 0～Block 7 共 8 块，每块 512MB，如图 B.5 所示。这些空间为 Code（代码）、SRAM（数据）、寄存器、片上外设、外部存储器和外部外设提供了预定义的专用地址，以小端方式存放，即一个字的最低有效字节存放在该字的最低地址字节中。

代码空间由 Main Block 和 Information Block 组成，见表 B.1。Main Block 用于存放用户程序，最高达 512KB，地址范围为 0x08000000～0x0801FFFF。Information Block 包括 System Memory 和 Option Bytes 两个部分。System Memory 地址范围是 0x1FFFFF000～0x1FFFFF7FF，共计 2KB，用于存放通过串口进行 ISP 编程的 Bootloader 程序；Option Bytes 包含 16 字节，地址范围 0x1FFFFF800～0x1FFFFF80F。

SRAM 容量最高达 64KB，地址范围是 0x2000 0000～0x2000 FFFF。

另外，在存储器映像地址的最高部分还有一个特殊区域专门供厂家使用。

表 B.1 代码空间的组织表

块	名　称	地 址 范 围	长度（字节）
Main Block	页 0	0x08000000～0x080003FF	1
	页 1	0x08000400～0x080007FF	1
	页 2	0x08000800～0x08000BFF	1
	页 3	0x08000C00～0x08000FFF	1
	页 4	0x08001000～0x080013FF	1
	……	……	……
	页 127	0x0801FC00～0x0801FFFF	1
Information Block	System Memory	0x1FFFF000～0x1FFFF7FF	2
	Option Bytes	0x1FFFF800～0x1FFFF80F	16

代码空间的组织随着容量的大小而不同：

- 小容量产品（16KB～32KB）的 Main Block 最大为 4K×64 位，每个存储块划分为 32 个 1KB 的页。
- 中容量产品（64KB～128KB）的 Main Block 最大为 16K×64 位，每个存储块划分为 128 个 1KB 的页。
- 大容量产品（256KB～512KB）的 Main Block 最大为 64K×64 位，每个存储块划分为 256 个 2KB 的页。
- 互联型产品（STM32F105xx 和 STM32F107xx）的 Main Block 最大为 32K×64 位，每个存储块划分为 128 个 2KB 的页。

启动配置和过程

对于 STM32F10xx 单片机，可以通过配置 BOOT[1:0]，选择 3 种不同的启动模式，见表 B.2。本书所用机器人控制板的启动模式选择开关如图 B.6 所示。

表 B.2 启动模式

启动模式选择引脚		启 动 模 式	说　明
BOOT1	BOOT0		
X	0	从内置的 Flash 存储器启动	地址范围：0x08000000～0x0801FFFF，容量为 512KB。Flash 存储器被选为启动区，这是正常的工作模式

续表

启动模式选择引脚		启动模式	说明
BOOT1	BOOT0		
0	1	从内置的系统存储器启动	地址范围：0x1FFFF000～0x1FFFF7FF，容量为 2KB。系统存储器被选为启动区，这种模式启动的程序功能由厂家设置，一般用于存放通过 UART1 进行 ISP 编程的 Bootloader
1	1	从内置的 SRAM 启动	地址范围：0x20000000～0x2000FFFF，容量为 64KB。内置 SRAM 被选为启动区域，这种模式可以用于调试

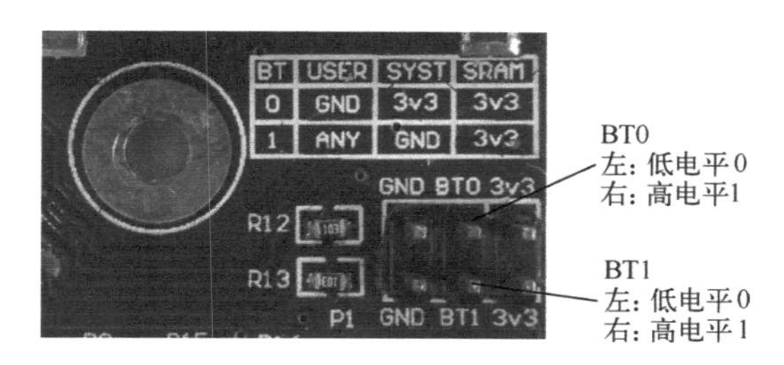

图 B.6　机器人控制板的启动模式选择插针

说明如下。

（1）0x00000000～0x0007FFFF 这个 512KB 的地址范围是 STM32 单片机上电后开始执行代码的地址区域。STM32 单片机上电后，从位于 0x00000000 地址处的启动区开始执行代码。注意，这个地址范围既没有 Flash 存储器也没有 SRAM，是通过设置 BOOT0 和 BOOT1 两个引脚动态地把上面的存储区域映射到 0x00000000～0x0007FFFF 这个区域中的，即将对应的启动模式的不同物理地址映像到 Block（启动存储区）。在系统复位后，SYSCLK 的第 4 个上升沿时，BOOT 引脚的值将被锁存。用户可以通过设置 BOOT1 和 BOOT0 引脚的状态来选择在复位后的启动模式。在经过启动延迟后，CPU 从位于 0x00000000 开始的启动存储区执行代码。即使被映像到启动存储区，仍然可以在它原先的存储器空间内访问相关的存储器。

（2）代码空间始终从地址 0x00000000 开始（通过 ICode 总线和 DCode 总线访问），而数据空间始终从地址 0x20000000 开始（通过系统总线访问）。ARM Cortex-M3 处理器始终从 ICode 总线获取复位向量，启动从内置的 Flash 存储器开始。这是典型的启动模式。

同时，STM32F10xx 单片机实现了一个特殊的机制。系统可以不仅从 Flash 存储器或系统存储器启动，还可以从内置 SRAM 启动。根据选定的启动模式，Flash 存储器、系统存储器或 SRAM 可以按照以下方式访问：

- 从 Flash 存储器启动：Flash 存储器被映射到启动空间（0x00000000），但仍然能够在它原有的地址（0x08000000）访问它，即 Flash 存储器的内容可以在 0x00000000 或 0x08000000 两个地址区域访问。
- 从系统存储器启动：系统存储器被映射到启动空间（0x00000000），但仍然能够在它原有的地址（互联型产品原有地址为 0x1FFFB000，其他产品原有地址为 0x1FFFF000）访问它。系统存储器是芯片内部一块特定的区域，芯片出厂时在这个区域预置了一段 Bootloader，就是通常说的 ISP 程序（也称为自举程序）。它用于通过串口对 Flash 存储器进行编程。它是一个 ROM 区，其内容在芯片出厂后不能被修改或擦除。
- 从内置 SRAM 启动：只能在 0x20000000 开始的地址区访问 SRAM。

（3）PB2 引脚是复用引脚，该复用功能是用于启动选择（BOOT1）。一般情况下，BOOT0 和 BOOT1 都设为 0（地）。如果使用串口 ISP 下载方式下载程序，需要用到以下两种启动模式：

- BOOT1=*，BOOT0=1，进入 ISP 编程模式。
- BOOT1=0，BOOT0=0，运行程序。

一般我们常将 BOOT1 设为 0（地），只需要改变 BOOT0 这 1 根线就可以改变启动模式。因此，如果不使用 U-Link 或者 J-Link 下载程序，而使用串口 ISP 下载，那么 PB2 引脚就必须保持低电平。如果 PB2 作为普通 I/O 引脚，那么不要用于输入。因为输入状态是外部决定的，除非有跳线设置（强行拉低）。如果作为输出，那么需注意使用下拉电阻（10kΩ～100kΩ）。下拉电阻阻值由 PB2 所接外设决定。不同外设的下拉电阻不同（注意，有的 100kΩ是不够的）。一般来说，STM32 单片机的 I/O 端口足够多，因此建议 PB2 只作为 BOOT1。

如果使用 ISP 方式下载程序，需要将 STM32 机器人控制板的 BT0 开关拨向右边。此时 BOOT0=1，BOOT1=0，然后按复位按钮，STM32 单片机进入 ISP 编程模式。当程序成功下载到目标芯片上后，将 BT0 开关拨回到左边，即 BOOT0=0，BOOT1=0，然后按复位按钮，下载到 STM32 单片机中的程序开始执行。

ISP 下载完后要注意关闭 ISP 下载软件，否则使用串口调试软件时会有冲突；同理，在使用串口调试软件后，也注意要断开连接，否则会与 ISP 下载软件有冲突。

（4）一般不使用内置 SRAM 启动（BOOT1=1，BOOT0=1），因为 SRAM 掉电后数据就会丢失。多数情况下 SRAM 只在调试时使用，也可以用于其他用途，如故障的局部诊断，即写一段小程序加载到 SRAM 中诊断板上的其他电路，或用此方法读/写板上的 Flash 或 EEPROM 等。还可以通过这种方法解除内部 Flash 的读/写保护，但解除读/写保护的同时，Flash 中的内容也会被自动清除，以防止恶意的软件复制。

注意：当从内置 SRAM 启动时，在应用程序的初始化代码中，必须使用 NVIC 的异常表和偏移寄存器，重新映射向量表到 SRAM 中。

外设存储地址见表 B.3～表 B.5。

表 B.3　外设存储地址表 1（AHB 总线）

地址	外设	总线
0x50000000～0x5003FFFF	USB OTG FS	AHB
0x40030000～0x4FFFFFFF	Reserved	
0x40028000～0x40029FFF	Ethernet	
0x40023400～0x40027FFF	Reserved	
0x40023000～0x400233FF	CRC	
0x40022000～0x400223FF	Flash memory interface	
0x40021400～0x40021FFF	Reserved	
0x40021000～0x400213FF	Reset and clock control RCC	
0x40020800～0x40020FFF	Reserved	
0x40020400～0x400207FF	DMA2	
0x40020000～0x400203FF	DMA1	
0x40018400～0x4001FFFF	Reserved	
0x40018000～0x400183FF	SDIO	

表 B.4　外设存储地址表 2（APB2 总线）

地址	外设	总线
0x40015800～0x40017FFF	Reserved	APB2
0x40015400～0x400157FF	TIM11	
0x40015000～0x400153FF	TIM10	
0x40014C00～0x40014FFF	TIM9	
0x40014000～0x40014BFF	Reserved	
0x40013C00～0x40013FFF	ADC3	
0x40013800～0x40013BFF	USART1	
0x40013400～0x400137FF	TIM8	
0x40013000～0x400133FF	SPI1	
0x40012C00～0x40012FFF	TIM1 timer	
0x40012800～0x40012BFF	ADC2	
0x40012400～0x400127FF	ADC1	
0x40012000～0x400123FF	GPIO Port G	
0x40011C00～0x40011FFF	GPIO Port F	
0x40011800～0x40011BFF	GPIO Port E	
0x40011400～0x400117FF	GPIO Port D	
0x40011000～0x400113FF	GPIO Port C	
0x40010C00～0x40010FFF	6PIO Port B	
0x40010800～0x40010BFF	GPIO Port A	
0x40010400～0x400107FF	EXTI	
0x40010000～Ox400103FF	AFIO	

表 B.5　外设存储地址表 3（APB1 总线）

地址	外设	总线
0x40007800～0x4000FFFF	Reserved	APB1
0x40007400～0x400077FF	DAC	
0x40007000～0x400073FF	Power control PWR	
0x40006C00～0x40006FFF	Backup registers(BKP)	
0x40006800～0x40006BFF	BxCAN2	
0x40006400～0x400067FF	BxCAN1	
0x40006000～0x400063FF	Shared USB/CAN SRAM 512 Bytes	
0x40005C00～0x40005FFF	USB device FS registers	
0x40005800～0x40005BFF	I2C2	
0x40005400～0x400057FF	I2C1	
0x40005000～0x400053FF	UART5	
0x40004C00～0x40004FFF	UART4	
0x40004800～0x40004BFF	USART3	
0x40004400～0x400047FF	USART2	
0x40004000～0x400043FF	Reserved	
0x40003C00～0x40003FFF	SPI3/I2S	

续表

地址	外设	总线
0x40003800～0x40003BFF	SPI2/12S	APB1
0x40003400～0x400037FF	Reserved	
0x40003000～0x400033FF	Independent watchdog(IWDG)	
0x40002C00～0x40002FFF	Window watchdog(WWDG)	
0x40002800～0x40002BFF	RTC	
0x40002400～0x400027FF	Reserved	
0x40002000～0x400023FF	TIM14	
0x40001C00～0x40001FFF	TIM13	
0x40001800～0x40001BFF	TIM12	
0x40001400～0x400017FF	TIM7	
0x40001000～0x400013FF	TIM6	
0x40000C00～0x40000FFF	TIM5	
0x40000800～0x40000BFF	TIM4	
0x40000400～0x400007FF	TIM3	
0x40000000～0x400003FF	TIM2	

STM32 单片机的外设在芯片引脚都有对应，通过 GPIO 的复用功能可实现具体外设的功能。

存储器映像位段、别名

在 51 单片机中有种操作，可以以某个位为数据对象进行操作。例如，对 P1 端口第 2 位的置 1 操作 P1.2=1。在 STM32 单片机中，位段区（bit-band）就实现了这样的功能，对象可以是 SRAM 和 I/O 外设地址空间。ARM Cortex-M3 处理器映像包括两个位段区，其中一个是 SRAM 区的 0x20000000～0x200FFFFF 最低 1MB 范围，另一个是片内外设区的 0x40000000～0x400FFFFF 最低 1MB 范围。这两个区中的地址除可以像普通的 RAM 一样使用外，还都有自己的“位段别名区”。位段别名区把每个比特位膨胀成一个 32 位的字，这样 1MB 的地址范围就扩展成了 32MB 的地址范围。因此，STM32 单片机的 SRAM 地址从 0x20000000 开始，最低 1MB 范围为位段，其位段别名区地址范围从 0x22000000 开始。片内外设地址从 0x40000000 开始，最低 1MB 范围为位段，其位段别名区地址范围从 0x42000000 开始。从这两个地址开始，每个字（32 位）就对应 SRAM 或片内外设区中的 1 位。对位段别名区空间开始的某一字操作（置 0 或置 1），就等于它映射的 SRAM 或片内外设区中相应的某个字节的某个比特位的操作。也就是说，位段区将位段别名区中的每个字映射到位段区的 1 位，在位段别名区写入一个字具有对位段区的目标位相同的操作效果。

注意：位段别名区的存储器是以 32 位的方式进行存储的，但其有效的位仅仅是 Bit0 位。因此，Bit0 位的值才对应到相应普通存储区域的比特位上，其他位无效。

记某个位段区字节地址为 A，位序号为 n，与之对应的位段别名区的地址为：

$$
\begin{aligned}
AliasAddr &= bit\_band\_alias + ((A - bit\_band) \times 8 + n) \times 4 \\
&= bit\_band\_alias + (A - bit\_band) \times 32 + n \times 4 \\
&= bit\_band\_alias + byte\_offset \times 32 + n \times 4 \\
&= bit\_band\_alias + ((A \ \& \ 0xFFFFF) << 5) + n << 2
\end{aligned}
$$

式中，“×8”表示一字节中有 8 比特，“×4”表示一字包含 4 字节。

AliasAddr 是位段别名区中字的地址，它映射到某个目标位。

bit_band_alias 是位段别名区的起始地址，SRAM 的位段别名区的起始地址为 0x22000000；片上外设的位段别名区的起始地址为 0x42000000。

bit_band 是位段的起始地址，SRAM 的位段起始地址为 0x20000000；片上外设的位段起始地址为 0x40000000。

byte_offset 是包含目标位的字节在位段中的序号。

n 是目标位所在位置（0～7）。

例如，映射 SRAM 位段区的地址为 0x20000300 的字节中的位 2，其位段别名区的地址为：

$$0x2200\ 6008 = 0x22000000 + (0x300 \times 32) + (2 \times 4)$$

这样，对 0x22006008 地址的写操作与对 SRAM 中地址 0x20000300 字节中的位 2 执行读/改/写操作有着相同的效果；读 0x22006008 地址返回 SRAM 中地址 0x20000300 字节中的位 2 的值（0x01 或 0x00）。

利用位段别名区，可以缩小代码量，防止错误的写入，操作更安全。合理使用位段，将大大简化程序。例如，下面的程序将 SRAM 地址 0x20004000 开始的 512 字节数据通过 PA0 引脚输出（GPIOA 寄存器组的首地址是 0x40010800，其输出数据寄存器偏移地址是 0x0c）。

```
/* 不使用位段的代码 */
u8 *pBuffer = (u8 *)0x2000 4000;
for(u16 cnt=0;cnt<512;cnt++)
{
  for(u8 num=0;num<8;um++)
  {
    if( ((*pBuffer)>>num)&0x01 )        GPIOA->BSRR=1;
    else        GPIOA->BRR=1;
  }
  pBuffer++;
}

/* 使用位段的代码 */
u32 *pBuffer = (u32 *)0x2208 0000;             // 0x2208 0000 = 0x2200 0000+0x4000*32
u16 cnt=512*8;
while(cnt--)
(*((u32 *)0x42210180))=*pBuffer++;     // 0x4221 0180 = 0x4200 0000+0x1080c*32
```

通过上面的代码可以看出，位段简化了对外设寄存器和 SRAM 的操作，减少了程序代码量。

B.3 芯片编号和引脚说明

STM32F10xx 是一个完整的系列，其成员之间完全地脚对脚兼容，在软件和功能上也兼容，STM32F10xx 系列单片机芯片编号说明如图 B.7 所示。

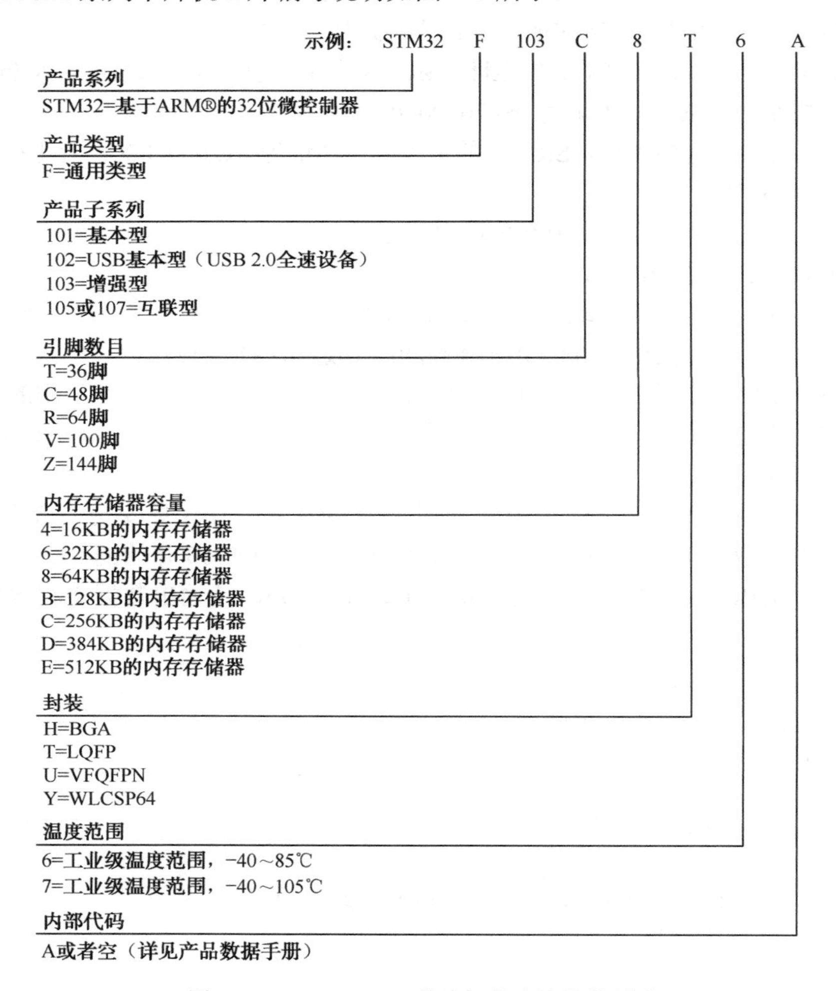

图 B.7 STM32F10xx 单片机芯片编号说明图

STM32F103x4 和 STM32F103x6 被归为小容量产品，STM32F103x8 和 STM32F103xB 被归为中容量产品，STM32F103xC、STM32F103xD 和 STM32F103xE 被归为大容量产品。全系列脚对脚、外设及软件具有高度的兼容性。这种全兼容性带来的好处是电路设计不用进行任何修改，可以根据应用和成本的需要使用不同存储容量的单片机，为用户在产品开发中提供了更大的自由度。同时，STM32F103xx 增强型产品与现有的 STM32F101xx 基本型和 STM32F102xx USB 基本型产品也全兼容。STM32F103xx 系列单片机外设配置见表 B.6。在第一章列举了中小容量的 STM32F103xx 系列单片机的外设资源，表 B.7 是大容量 STM32F103xx 系列单片机的外设资源。中小容量的 STM32F103xx 单片机的引脚功能见表 B.8。

表 B.6　STM32F103xx 系列单片机外设配置表

<table>
<tr><td rowspan="3">引脚数目</td><td colspan="2">小容量产品</td><td colspan="2">中等容量产品</td><td colspan="3">大容量产品</td></tr>
<tr><td>16KB 闪存</td><td>32KB 闪存</td><td>64KB 闪存</td><td>128KB 闪存</td><td>256KB 闪存</td><td>384KB 闪存</td><td>512KB 闪存</td></tr>
<tr><td>6KB RAM</td><td>10KB RAM</td><td>20KB RAM</td><td>20KB RAM</td><td>48KB RAM</td><td>64KB RAM</td><td>64KB RAM</td></tr>
<tr><td>144</td><td></td><td></td><td></td><td></td><td colspan="3" rowspan="3">5 个 USART、2 个 UART
4 个 16 位定时器、2 个基本定时器
3 个 SPI、2 个 I²S、2 个 I²C、USB、CAN、2 个 PWM 定时器 3 个 ADC、1 个 DAC、1 个 SDIO
FSMC（100 脚和 144 脚封装）</td></tr>
<tr><td>100</td><td></td><td></td><td colspan="2" rowspan="3">3 个 USART
3 个 16 位定时器
2 个 SPI、2 个 I²C、USB、CAN、1 个 PWM 定时器、1 个 ADC</td></tr>
<tr><td>64</td><td colspan="2" rowspan="3">2 个 USART
2 个 16 位定时器
1 个 SPI、1 个 I²C、USB、CAN、1 个 PWM 定时器、2 个 ADC</td></tr>
<tr><td>48</td><td></td><td></td><td></td></tr>
<tr><td>36</td><td></td><td></td><td></td><td></td><td></td></tr>
</table>

表 B.7　STM32F103xx 系列单片机（大容量）的外设资源

外设		STM32F103Rx			STM32F103Vx			STM32F103Zx		
闪存（KB）		256	384	512	256	384	512	256	384	512
SRAM（KB）		48	64		48	64		48	64	
FSMC（静态存储器控制器）		无			有			有		
定时器	通用	4 个（TIM2、TIM3、TIM4、TIM5）								
	高级控制	2 个（TIM1、TIM8）								
	基本	2 个（TIM6、TIM7）								
通信	SPI（I²S）	3 个（SPI1、SPI2、SPI3），其中 SPI2 和 SPI3 可作为 I²S 通信								
	I²C	2 个（I²C1、I²C2）								
	USART/UART	5 个（USART1、USART2、USART3、USART4、USART5）								
	USB	1 个（USB 2.0 全速）								
	CAN	1 个（2.0B 主动）								
	SDIO	1 个								
GPIO 端口		51			80			112		
12 位 ADC 模块（通道数）		3（16）			3（16）			3（21）		
12 位 DAC 转换器（通道数）		2（2）								
CPU 频率		72MHz								
工作电压		2.0～3.6V								
工作温度		环境温度：-40～+85℃/-40～+105℃ 温度：-40～+125℃								
封装形式		LQFP64，WLCSP64			LQFP100，BGA100			LQFP144，BGA144		

表 B.8　STM32F103xx 单片机（中小容量）的引脚功能表

脚位			引脚名称	类型	I/O 电平	主功能（复位后）	默认的其他功能
LQFP48	LQFP64	LQFP100					
—	—	1	PE2/TRACECK	I/O	FT	PE2	TRACECK
—	—	2	PE3/TRACED0	I/O	FT	PE3	TRACED0
—	—	3	PE4/TRACED1	I/O	FT	PE4	TRACED1
—	—	4	PE5/TRACED2	I/O	FT	PE5	TRACED2

续表

脚位			引脚名称	类型	I/O电平	主功能（复位后）	默认的其他功能
LQFP48	LQFP64	LQFP100					
—	—	5	PE6/TRACED3	I/O	FT	PE6	TRACED3
1	1	6	VBAT	S		VBAT	
2	2	7	PC13-ANTI_TAMP	I/O		PC13	ANTI_TAMP
3	3	8	PC14-OSC32_IN	I/O		PC14-OSC32_IN	
4	4	9	PC15-OSC32_OUT	I/O		PC15-OSC32_OUT	
—	—	10	VSS_5	S		VSS_5	
—	—	11	VDD_5	S		VDD_5	
5	5	12	OSC_IN	I		OSC_IN	
6	6	13	OSC_OUT	O		OSC_OUT	
7	7	14	NRST	I/O		NRST	
—	8	15	PC0/ADC_IN10	I/O		PC0	ADC_IN10
—	9	16	PC1/ADC_IN11	I/O		PC1	ADC_INll
—	10	17	PC2/ADC_IN12	I/O		PC2	ADC_IN12
—	11	18	PC3/ADC_IN14	I/O		PC3	ADC_IN13
8	12	19	VSSA	S		VSSA	
—	—	20	VREF-	S		VREF-	
—	—	21	VREF+	S		VREF+	
9	13	22	VDDA	S		VDDA	
10	14	23	PA0-WKUP/USART2_CTS/ ADC_IN0/TIM2_CH1_ETR	I/O		PA0	WKUP/USART2_CTS ADC_IN0/TIM2_CH1_ETR
11	15	24	PA1/USART2_RTS/ ADC_IN1/TIM2_CH2	I/O		PA1	USART2_RTS/ADC_IN1/ TIM2_CH2
12	16	25	PA2/USART2_TX/ ADC_IN2/TIM2_CH3	I/O		PA2	USART2_TX/ADC_IN2/ TIM2_CH3
13	17	26	PA3/USART2_RX/ ADC_IN3/TIM2._CH4	I/O		PA3	USART2_RX/ADC_IN3 / TIM2_CH4
—	18	27	VSS_4	S		VSS_4	
—	19	28	VDD_4	S		VDD_4	
14	20	29	PA4/SPI 1_NSS/ USART2_CK/ADC IN4	I/O		PA4	SP11_NSS/USART2_CK/ ADC_IN4
15	21	30	PA5/SPI1_SCK/ADC_IN5	I/O		PA5	SPI1_SCK/ADC_IN5
16	22	31	PA6/SPI 1_MISO/ ADC_IN6/TIM3_CH1	I/O		PA6	SPI1_MISO/ADC_IN6/ TIM3_CH1
17	23	32	PA7/SPI 1_MOSI/ ADC_IN7/TIM3_CH2	I/O		PA7	SPI1_MOSI/ADC_IN7/ TIM3_CH2
—	24	33	PC4/ADC_IN14	I/O		PC4	ADC_IN14
—	25	34	PC5/ADC_IN15	I/O		PC5	ADC_IN15
18	26	35	PB0/ADC_IN8/TIM3_CH3	I/O		PB0	ADC_IN8/TIM3_CH3
19	27	36	PB1/ADC_IN9/TIM3_CH4	I/O		PB1	ADC_IN9/TIM3_CH4
20	28	37	PB2/BOOT1	I/O	FT	PB2/BOOT1	
—	—	38	PE7	I/O	FT	PE7	
—	—	39	PE8	I/O	FT	PE8	
—	—	40	PE9	I/O	FT	PE9	

续表

脚位			引脚名称	类型	I/O 电平	主功能（复位后）	默认的其他功能
LQFP48	LQFP64	LQFP100					
—	—	41	PE10	I/O	FT	PE10	
—	—	42	PE11	I/O	FT	PE11	
—	—	43	PE12	I/O	FT	PE12	
—	—	44	PE13	I/O	FT	PE13	
—	—	45	PE14	I/O	FT	PE14	
—	—	46	PE15	I/O	FT	PE15	
21	29	47	PB10/I2C2_SCL USART3_TX	I/O	FT	PB10	I2C2_SCL(1)/USART3_TX(1)
22	30	48	PB11/I2C2_SDA USART3_RX	I/O	FT	PB11	I2C2_SDA(1)/USART3_RX(1)
23	31	49	VSS_1	I/O	FT	VSS_1	
24	32	50	VDD_1	S		VDD_1	
25	33	51	PB12/SPI2_NSS/I2C2_SMBA1/USART3_CK/TIM1 BKIN	S		PB12	SPI2_NSS(1)/I2C2_SMBA1(1)/USART3_CK(1)/TIM1_BKIN
26	34	52	PB13/SPI2_SCK/USART3_CTS/TIM1_CH1N	I/O	FT	PB13	SPI2_SCK(1)/USART3_CTS(1)/TIM1_CH1N
27	35	53	PB14/SPI2_MISO/USART3_RTS/TIM1_CH2N	I/O	FT	PB14	SPI2_MISO(1)/USART3_RTS(1)/TIMI_CH2N
28	36	54	PB15/SPI2_MOSI/TIM1_CH3N	I/O	FT	PB15	SPI2_MOSI(1)/TIM1_CH3N
—	—	55	PD8	I/O	FT	PD8	
—	—	56	PD9	I/O	FT	PD9	
—	—	57	PD10	I/O	FT	PD10	
—	—	58	PD11	I/O	FT	PD11	
—	—	59	PD12	I/O	FT	PD12	
—	—	60	PD13	I/O	FT	PD13	
—	—	61	PD14	I/O	FT	PD14	
—	—	62	PD15	I/O	FT	PD15	
—	37	63	PC6	I/O	FT	PC6	
—	38	64	PC7	I/O	FT	PC7	
—	39	65	PC8	I/O	FT	PC8	
—	40	66	PC9	I/O	FT	PC9	
29	41	67	PA8/USART1_CK/TIM1_CH1/MCO	I/O	FT	PA8	USART1_CK/TIM1_CH1/MCO
30	42	68	PA9/USART1_TX/TIM1_CH2	I/O	FT	PA9	USART1_TX/TIM1_CH2
31	43	69	PA10/USART1_RX/TIM1_CH3	I/O	FT	PA10	USARTl_RX/TIM1_CH3
32	44	70	PA11/USART1_CTS/CANRX/USBDM/TIM1_CH4	I/O	FT	PA11	USART1_CTS/CANRX/USBDM/TIM1_CH4
33	45	71	PA12/USART1_RTS/CANTX/USBDP/TIM1_ETR	I/O	FT	PA12	USART1_RTS/CANTX/USBDP/TIM1_ETR
34	46	72	PA13/JTMS/SWDI0	I/O	FT	JTMS/SWDIO	PA13
—	—	73	未连接				
35	47	74	VSS_2	S		VSS_2	
36	48	75	VDD_2	S		VDD_2	

续表

脚位			引脚名称	类型	I/O 电平	主功能（复位后）	默认的其他功能
LQFP48	LQFP64	LQFP100					
37	49	76	PA14/JTCK/SWCLK	I/O	FT	JTCK/SWCLK	PA14
38	50	77	PA15/JTDI	I/O	FT	JTDI	PA15
—	51	78	PC10	I/O	FT	PC10	
—	52	79	PC11	I/O	FT	PC11	
—	53	80	PC12	I/O	FT	PC12	
5	5	81	PD0	I/O	FT	PD0	
6	6	82	PD1	I/O	FT	PD1	
—	54	83	PD2/TIM3_ETR	I/O	FT	PD2	TIM3_ETR
—	—	84	PD3	I/O	FT	PD3	
—	—	85	PD4	I/O	FT	PD4	
—	—	86	PD5	I/O	FT	PD5	
—	—	87	PD6	I/O	FT	PD6	
—	—	88	PD7	I/O	FT	PD7	
39	55	89	PB3/JTDO/TRACESWO	I/O	FT	JTD0	PB3/TRACESWO
40	56	90	PB4/JTRST	I/O	FT	JNTRST	PB4
41	57	91	PB5/I2C1_SMBA1	I/O		PB5	I2C1_SMBA1
42	58	92	PB6/I2C1_SCL/TIM4_CH1	I/O	FT	PB6	I2C1_SCL/TIM4_CH1(1)
43	59	93	PB7/I2C1_SDA/TIM4_CH2	I/O	FT	PB7	I2C1_SDA/TIM4_CH2(1)
44	60	94	BOOT0	I		BOOT0	
45	61	95	PB8/TIM4_CH3	I/O	FT	PB8	TIM4_CH3(1)
46	62	96	PB9/TIM4_CH4	I/O	FT	PB9	TIM4_CH4(1)
—	—	97	PE0/T IM4_ETR	I/O	FT	PE0	TIM4_ETR(1)
—	—	98	PE1	I/O	FT	PE1	
47	63	99	VSS_3	S		VSS_3	
48	64	100	VDD_3	S		VDD_3	

注：标注（1）的表示这些功能只在 Flash 容量大于 32KB 的产品中。

随着处理器速度的提升，用来构建处理器的晶体管尺寸在持续减小，人们能够以更低的成本实现更高的集成度。因此，随着尺寸的减小，晶体管承受的电压变得更低，同时对于器件的功耗要求也越来越低。对于高密度器件而言，不可避免地将电源电压从 5V 降至 3.3V，甚至 1.8V。但问题是绝大多数端口电路仍然是为 5V 电源而设计的。这就意味着，作为设计人员，常面临着连接 3.3V 或 5V 系统的问题。STM32F103xx 系列单片机的很多 I/O 端口具有多功能双向 5V 兼容能力。表 B.7 中的 FT 就代表是否具有双向 5V 兼容能力，具体端口是：

- PA 端口：PA8～PA15；
- PB 端口：PB2～PB4，PB6～PB15；
- PC 端口：PC6～PC12；
- PD 端口：PD0～PD15，即 16 个 I/O 端口全部支持；
- PE 端口：PE0～PE15，即 16 个 I/O 端口全部支持。

而以下 I/O 端口不具有多功能双向 5V 兼容的能力，仅支持 3.3V。

- PA 端口：PA0～PA7，可作为 ADC_IN0～ADC_IN7。
- PB 端口：PB0，PB1 和 PB5。其中，PB0 和 PB1 可作为 ADC_IN8～ADC_IN9。
- PC 端口：PC0～PC5，PC13～PC15。其中，PC0～PC5 可作为 ADC_IN10～ADC_IN15。

注意： 标准 51 单片机属于 5V 系统，而 C8051 单片机和 STM32 单片机属于 3.3V 系统，V_{DD} 电压最高为 3.6V 且内部也没有升压电路。因此 STM32 单片机 I/O 端口并不是 5V 输出，而是 3.3V 输出。这里所说的 I/O 端口兼容 5V，是指支持外部提供 5V 上拉。

STM32 单片机的 I/O 端口可配置成多种模式，I/O 端口的基本结构如图 B.8 所示。

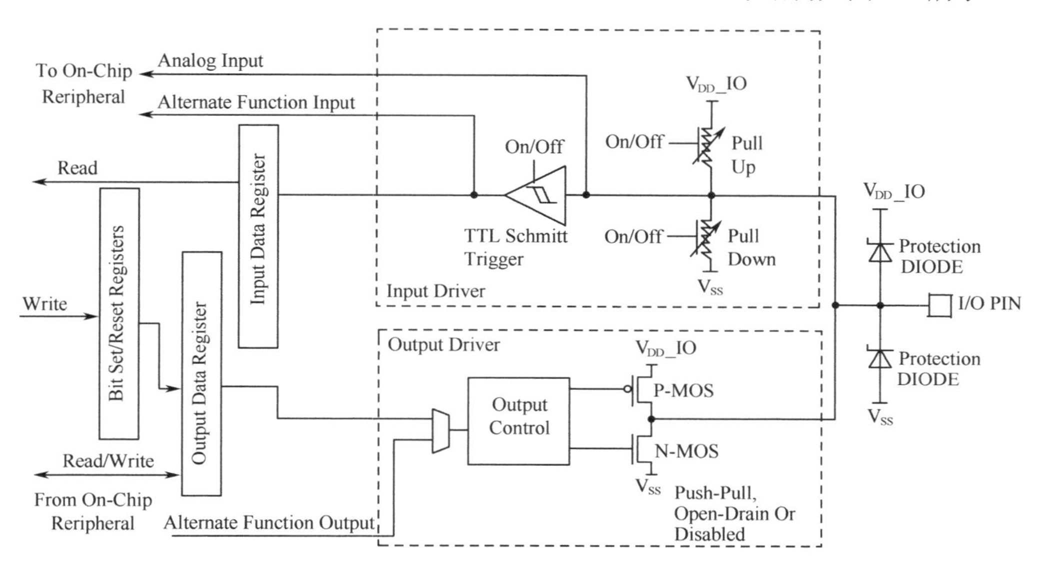

图 B.8 I/O 端口基本结构

（1）当 I/O 端口被配置为输入模式时：

- 输出缓冲器被禁止；
- 施密特触发输入被激活；
- 根据输入配置（上拉、下拉或浮动）的不同，弱上拉或下拉电阻被连接；
- 出现在 I/O 引脚上的数据在每个 APB2 时钟被采样到输入数据寄存器；
- 对输入数据寄存器的读访问可得到 I/O 状态。

（2）当 I/O 端口被配置为输出模式时：

- 输出缓冲器被激活；
  - 开漏模式：输出寄存器上的 0 激活 N-MOS，而输出寄存器上的 1 将端口置于高阻状态（P-MOS 从不被激活）。
  - 推挽模式：输出寄存器上的 0 激活 N-MOS，而输出寄存器上的 1 将激活 P-MOS。
- 施密特触发输入被激活；
- 弱上拉和下拉电阻被禁止；
- 出现在 I/O 引脚上的数据在每个 APB2 时钟被采样到输入数据寄存器；
- 在开漏模式下，对输入数据寄存器的读访问可得到 I/O 状态；
- 在推挽式模式下，对输出数据寄存器的读访问得到最后一次写的值。

（3）当 I/O 端口被配置为复用功能模式时：

- 在开漏或推挽式配置中，输出缓冲器被打开；
- 内置外设的信号驱动输出缓冲器（复用功能输出）；
- 施密特触发输入被激活；
- 弱上拉和下拉电阻被禁止；
- 在每个 APB2 时钟周期，出现在 I/O 引脚上的数据被采样到输入数据寄存器；
- 在开漏模式下，读输入数据寄存器时可得到 I/O 口状态；
- 在推挽模式下，读输出数据寄存器时可得到最后一次写的值。
- 复用功能 I/O 寄存器组允许用户把一些复用功能重新映射到不同的引脚上。

（4）当 I/O 端口被配置为模拟输入配置时：

- 输出缓冲器被禁止；
- 施密特触发输入被禁止，实现了每个模拟 I/O 引脚上的零消耗，施密特触发输出被强置为 0；
- 弱上拉和下拉电阻被禁止；
- 读取输入数据寄存器时值为 0。

附录 C　STM32 固件库说明

固件（Firmware）介于软件（Software，RAM 中的程序，断电后会消失）和硬件（Hardware，物理电路）之间。固件一般永久性地存储在 ROM 中，如 PC 的 BIOS 程序。软件和硬件之间的差别类似于纸张（硬件）和写在纸上的字（软件），固件则可比喻为一封为了特定目的而设计的标准格式的信。STM32 固件库为开发者访问底层硬件（时钟、寄存器、外设等）提供了一个中间的 API，大大提高了应用程序的开发效率。

ST 公司 2008 年 6 月发布了 V2.0 固件库，从 MDK3.23 开始使用 V2.0 固件库。2011 年 4 月 8 日，ST 公司发布了 V3.5.0 固件库，从 MDK4.12 开始使用 V3.5 固件库。

本书提供了基于 V2.0 和 V3.5 固件库的参考例程，书中各章例程基于 V3.5 固件库。STM32 固件库的优秀架构使得用户应用程序的代码无须修改或进行少量修改后就可以在这两个版本固件库下运行。基于 V3.5 固件库的各章例程均放在配套资源包中供读者参考。目前最新版本的固件库为 V4.0 比 V3.5 改动较小，升级固件库的具体步骤详见 ST 公司发布的官方文档。

STM32 的固件库采用 CMSIS（Cortex-M3 Microcontroller Software Interface Standard）结构，以解决用户在基于 Cortex-M0/Cortex-M1 或者 Cortex-M3 处理器的单片机上进行软件开发时可能遇到的问题。CMSIS 还可以扩展应用在将来的 Cortex-M 系列内核上。CMSIS 是 ARM 公司与多家不同的芯片和软件供应商一起紧密合作而定义的，提供了内核与外设、实时操作系统和中间设备之间的通用端口。CMSIS 的层次结构如图 C.1 所示。

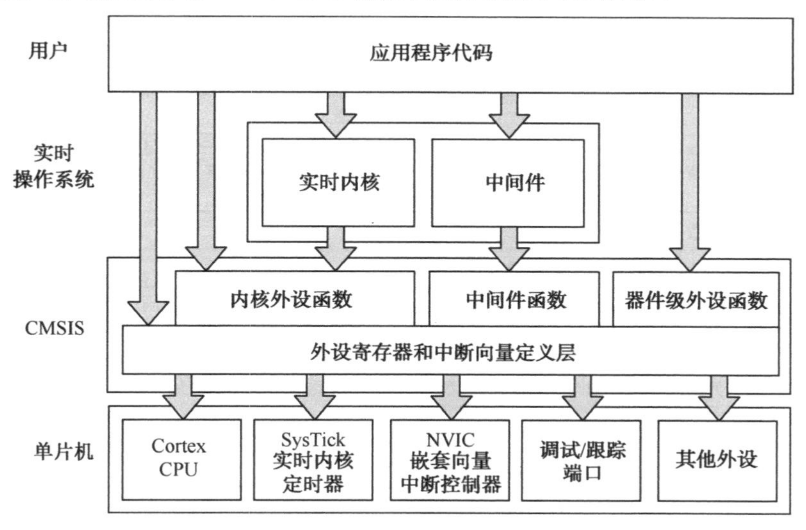

图 C.1　CMSIS 层次结构

CMSIS 可以分为多个软件层次，ARM 提供了下列部分用于多种编译器。

- 内核设备访问层：包含用来访问内核的寄存器设备的名称定义、地址定义和助手函数。同时也为实时操作系统定义了独立于单片机的端口，该端口包括调试通道定义。
- 中间设备访问层：为软件提供访问外设的通用方法。芯片供应商需要修改中间设备访问层以适应中间设备组件用到的单片机上的外设。

芯片供应商扩展下列软件层：

- 单片机外设访问层：提供片上所有外设的定义。
- 外设的访问函数（可选）：为外设提供额外的助手函数。

CMSIS 为 Cortex-Mx 内核系统定义了：

- 访问外设寄存器的通用方法和定义异常向量的通用方法。
- 内核设备的寄存器名称和内核异常向量的名称。
- 独立于单片机的 RTOS 端口，带调试通道。
- 中间设备组件端口（如 TCP/IP 协议栈，闪存文件系统）。

从 V3.0 开始，STM32F103xx 标准外设库的源代码采用了新的格式，所有源文件都按照 Doxygen 格式编写。用这种书写格式的代码能够很便利地生成更加规范且内在关联性更强的文档。由 Doxygen 生成的 CHM 文档完整地描述了 STM32F103xx 标准外设库的全部组件，增强了程序的可维护性、可读性。为代码写注释一直是大多数程序员困扰的事情，如在哪些地方写注释，注释如何写，写多少。更困扰程序员的是维护文档的问题，如在编写或者改动代码时修改相应的注释，但之后需要修正相应的文档却比较困难。

使用 Doxygen 就能把遵守这种格式的注释自动转化为对应的文档。如果能将注释直接转化成文档，对程序员来说无疑是一种福音。Doxygen 是基于 GPL 的开源项目，是一个非常优秀的文档系统，可以运行在 Linux/UNIX、Windows、Mac 系统上。它完全支持 C++、C、Java 等语言，部分支持 PHP 和 C#语言，并被广泛使用。输出格式包括 HTML、latex、RTF、ps、PDF、压缩的 HTML 和 unix manpage。在 Java 中就可以用 Javadoc 工具生成 HTML 格式的 Doxygen 文档系统。Doxygen 在嵌入式开发中使用不多，但从开发的角度来讲，嵌入式应用程序与底层硬件息息相关，更应使用这种技术，增强程序的可维护性、可读性。

STM32 单片机的部分固件库文件见表 C.1。

表 C.1　固件库文件描述

文件名	描述
stm32f10x_conf.h	参数设置文件，起到应用和库之间的界面的作用。用户必须在运行自己的程序前修改该文件。可以利用模板使能或者失能外设，也可以修改外部晶振的参数，或用该文件在编译前使能 Debug 或者 Release 模式
main.c	主函数体示例
stm32f10x_it.h	头文件，包含所有中断处理函数原型
stm32f10x_it.c	外设中断函数文件。用户可以加入自己的中断程序代码。对于指向同一个中断向量的多个不同中断请求，可以利用函数通过判断外设的中断标志位来确定准确的中断源。固件库提供了这些函数的名称
stm32f10x.h	包含所有外设的头文件的头文件。 它是唯一一个用户需要包括在自己应用中的文件，起到应用和库之间的界面的作用，同时件包含了存储器映像和所有寄存器物理地址的声明，既可以用于 Debug 模式也可以用于 Release 模式。所有外设都使用该文件
stm32f10x.c	Debug 模式初始化文件。它包括多个指针的定义，每个指针指向特定外设的首地址，以及在 Debug 模式被使能时被调用的函数的定义
stm32f10x_type.h	通用声明文件。 包含所有外设驱动使用的通用类型和常数
stm32f10x_ppp.c	由 C 语言编写的外设 PPP 函数的驱动源程序文件
stm32f10x_ppp.h	外设 PPP 函数的头文件。包含外设 PPP 函数的定义和这些函数使用的变量
cortexm3_macro.h	文件 cortexm3_macro.s 的头文件
cortexm3_macro.s	Cortex-M3 处理器特殊指令的指令包装

表 C.2～表 C.16 是本书各章所用外设固件库函数简介。

表 C.2　RRC 固件库函数

函　数　名	描　　述
RCC_DeInit	将外设 RCC 寄存器重设为默认值
RCC_HSEConfig	设置外部高速晶振（HSE）
RCC_WaitForHSEStartUp	等待 HSE 起振
RCC_AdjustHSICalibrationValue	调整内部高速晶振（HIS）校准值
RCC_HSICmd	使能或者失能内部高速晶振（HIS）
RCC_PLLConfig	设置 PLL 时钟源及倍频系数
RCC_PLLCmd	使能或者失能 PLL
RCC_SYSCLKConfig	设置系统时钟（SYSCLK）
RCC_GetSYSCLKSource	返回用于系统时钟的时钟源
RCC_HCLKConfig	设置 AHB 时钟（HCLK）
RCC_PCLK1Config	设置低速 AHB 时钟（PCLK1）
RCC_PCLK2Config	设置高速 AHB 时钟（PCLK2）
RCC_ITConfig	使能或者失能指定的 RCC 中断
RCC_USBCLKConfig	设置 USB 时钟（USBCLK）
RCC_ADCCLKConfig	设置 ADC 时钟（ADCCLK）
RCC_LSEConfig	设置外部低速晶振（LSE）
RCC_LSICmd	使能或者失能内部低速晶振（LSI）
RCC_RTCCLKConfig	设置 RTC（RTCCLK）
RCC_RTCCLKCmd	使能或者失能 RTC
RCC_GetClocksFreq	返回不同片上时钟的频率
RCC_AHBPeriphClockCmd	使能或者失能 AHB 外设时钟
RCC_APB2PeriphClockCmd	使能或者失能 APB2 外设时钟
RCC_APB1PeriphClockCmd	使能或者失能 APB1 外设时钟
RCC_APB2PeriphResetCmd	强制或者释放高速 APB（APB2）外设复位
RCC_APB1PeriphResetCmd	强制或者释放低速 APB（APB1）外设复位
RCC_BackupResetCmd	强制或者释放后备域复位
RCC_ClockSecuritySystemCmd	使能或者失能时钟安全系统
RCC_MCOConfig	选择在 MCO 引脚上输出的时钟源
RCC_GetFlagStatus	检查指定的 RCC 标志位设置与否
RCC_ClearFlag	清除 RCC 的复位标志位
RCC_GetITStatus	检查指定的 RCC 中断发生与否
RCC_ClearITPendingBit	清除 RCC 的中断待处理位

表 C.3　GPIO 固件库函数

函　数　名	描　　述
GPIO_DeInit	将外设 GPIOx 寄存器重设为默认值
GPIO_AFIODeInit	将复用功能（重映射事件控制和 EXTI 设置）重设为默认值
GPIO_Init	根据 GPIO_InitStruct 中指定的参数初始化外设 GPIOx 寄存器
GPIO_StructInit	把 GPIO_InitStruct 中的每个参数按默认值填入
GPIO_ReadInputDataBit	读取指定端口引脚的输入
GPIO_ReadInputData	读取指定的 GPIO 端口输入
GPIO_ReadOutputDataBit	读取指定端口引脚的输出
GPIO_ReadOutputData	读取指定的 GPIO 端口输出
GPIO_SetBits	设置指定的数据端口位

续表

函　数　名	描　　述
GPIO_ResetBits	清除指定的数据端口位
GPIO_WriteBit	设置或者清除指定的数据端口位
GPIO_Write	向指定 GPIO 数据端口写入数据
GPIO_PinLockConfig	锁定 GPIO 引脚设置寄存器
GPIO_EventOutputConfig	选择 GPIO 引脚用于事件输出
GPIO_EventOutputCmd	使能或者失能事件输出
GPIO_PinRemapConfig	改变指定引脚的映射
GPIO_EXTILineConfig	选择 GPIO 引脚用于外部中断线路

表 C.4　NVIC 固件库函数

函　数　名	描　　述
NVIC_DeInit	将外设 NVIC 寄存器重设为默认值
NVIC_SCBDeInit	将外设 SCB 寄存器重设为默认值
NVIC_PriorityGroupConfig	设置优先级分组：抢占式优先级和响应优先级
NVIC_Init	根据 NVIC_InitStruct 中指定的参数初始化外设 NVIC 寄存器
NVIC_StructInit	把 NVIC_InitStruct 中的每个参数按默认值填入
NVIC_SETPRIMASK	使能 PRIMASK 优先级：提升执行优先级至 0
NVIC_RESETPRIMASK	失能 PRIMASK 优先级
NVIC_SETFAULTMASK	使能 FAULTMASK 优先级：提升执行优先级至-1
NVIC_RESETFAULTMASK	失能 FAULTMASK 优先级
NVIC_BASEPRICONFIG	改变执行优先级从 N（最低可设置优先级）提升至 1
NVIC_GetBASEPRI	返回 BASEPRI 屏蔽值
NVIC_GetCurrentPendingIRQChannel	返回当前待处理 IRQ 标识符
NVIC_GetIRQChannelPendingBitStatus	检查指定的 IRQ 通道待处理位设置与否
NVIC_SetIRQChannelPendingBit	设置指定的 IRQ 通道待处理位
NVIC_ClearIRQChannelPendingBit	清除指定的 IRQ 通道待处理位
NVIC_GetCurrentActiveHandler	返回当前活动的 Handler（IRQ 通道和系统 Handler）的标识符
NVIC_GetIRQChannelActiveBitStatus	检查指定的 IRQ 通道活动位设置与否
NVIC_GetCPUID	返回 ID、Cortex-M3 处理器的版本号和实现细节
NVIC_SetVectorTable	设置向量表的位置和偏移
NVIC_GenerateSystemReset	产生一个系统复位
NVIC_GenerateCoreReset	产生一个内核（内核+NVIC）复位
NVIC_SystemLPConfig	选择系统进入低功耗模式的条件
NVIC_SystemHandlerConfig	使能或者失能指定的系统 Handler
NVIC_SystemHandlerPriorityConfig	设置指定的系统 Handler 优先级
NVIC_GetSystemHandlerPendingBitStatus	检查指定的系统 Handler 待处理位设置与否
NVIC_SetSystemHandlerPendingBit	设置系统 Handler 待处理位
NVIC_ClearSystemHandlerPendingBit	清除系统 Handler 待处理位
NVIC_GetSystemHandlerActiveBitStatus	检查系统 Handler 活动位设置与否
NVIC_GetFaultHandlerSources	返回表示出错的系统 Handler 源
NVIC_GetFaultAddress	返回产生表示出错的系统 Handler 所在位置的地址

表 C.5　EXTI 固件库函数

函　数　名	描　　述
EXTI_DeInit	将外设 EXTI 寄存器重设为默认值
EXTI_Init	根据 EXTI_InitStruct 中指定的参数初始化外设 EXTI 寄存器
EXTI_StructInit	把 EXTI_InitStruct 中的每个参数按默认值填入
EXTI_GenerateSWInterrupt	产生一个软件中断
EXTI_GetFlagStatus	检查指定的 EXTI 线路标志位设置与否
EXTI_ClearFlag	清除 EXTI 线路挂起标志位
EXTI_GetITStatus	检查指定的 EXTI 线路触发请求发生与否
EXTI_ClearITPendingBit	清除 EXTI 线路挂起位

表 C.6　TIM 固件库函数

函　数　名	描　　述
TIM_DeInit	将外设 TIMx 寄存器重设为默认值
TIM_TimeBaseInit	根据 TIM_TimeBaseInitStruct 中指定的参数初始化 TIMx 的时间基数单位
TIM_OCInit	根据 TIM_OCInitStruct 中指定的参数初始化外设 TIMx
TIM_ICInit	根据 TIM_ICInitStruct 中指定的参数初始化外设 TIMx
TIM_TimeBaseStructInit	把 TIM_TimeBaseInitStruct 中的每个参数按默认值填入
TIM_OCStructInit	把 TIM_OCInitStruct 中的每个参数按默认值填入
TIM_ICStructInit	把 TIM_ICInitStruct 中的每个参数按默认值填入
TIM_Cmd	使能或者失能 TIMx 外设
TIM _ITConfig	使能或者失能指定的 TIM 中断
TIM_DMAConfig	设置 TIMx 的 DMA 端口
TIM_DMACmd	使能或者失能指定的 TIMx 的 DMA 请求
TIM_InternalClockConfig	设置 TIMx 内部时钟
TIM_ITRxExternalClockConfig	设置 TIMx 内部触发为外部时钟模式
TIM_TIxExternalClockConfig	设置 TIMx 触发为外部时钟
TIM_ETRClockMode1Config	配置 TIMx 外部时钟模式 1
TIM_ETRClockMode2Config	配置 TIMx 外部时钟模式 2
TIM_ETRConfig	配置 TIMx 外部触发
TIM_SelectInputTrigger	选择 TIMx 输入触发源
TIM_PrescalerConfig	设置 TIMx 预分频值
TIM_CounterModeConfig	设置 TIMx 计数器模式
TIM_ForcedOC1Config	置 TIMx 输出 1 为活动或者非活动电平
TIM_ForcedOC2Config	置 TIMx 输出 2 为活动或者非活动电平
TIM_ForcedOC3Config	置 TIMx 输出 3 为活动或者非活动电平
TIM_ForcedOC4Config	置 TIMx 输出 4 为活动或者非活动电平
TIM_ARRPreloadConfig	使能或者失能 TIMx 在 ARR 上的预装载寄存器
TIM_SelectCCDMA	选择 TIMx 外设的捕获比较 DMA 源
TIM_OC1PreloadConfig	使能或者失能 TIMx 在 CCR1 上的预装载寄存器
TIM_OC2PreloadConfig	使能或者失能 TIMx 在 CCR2 上的预装载寄存器
TIM_OC3PreloadConfig	使能或者失能 TIMx 在 CCR3 上的预装载寄存器
TIM_OC4PreloadConfig	使能或者失能 TIMx 在 CCR4 上的预装载寄存器
TIM_OC1FastConfig	设置 TIMx 捕获比较 1 快速特征
TIM_OC2FastConfig	设置 TIMx 捕获比较 2 快速特征

续表

函　数　名	描　　述
TIM_OC3FastConfig	设置 TIMx 捕获比较 3 快速特征
TIM_OC4FastConfig	设置 TIMx 捕获比较 4 快速特征
TIM_ClearOC1Ref	在一个外部事件时清除或者保持 OCREF1 信号
TIM_ClearOC2Ref	在一个外部事件时清除或者保持 OCREF2 信号
TIM_ClearOC3Ref	在一个外部事件时清除或者保持 OCREF3 信号
TIM_ClearOC4Ref	在一个外部事件时清除或者保持 OCREF4 信号
TIM_UpdateDisableConfig	使能或者失能 TIMx 更新事件
TIM_EncoderInterfaceConfig	设置 TIMx 编码界面
TIM_GenerateEvent	设置 TIMx 事件由软件产生
TIM_OC1PolarityConfig	设置 TIMx 通道 1 极性
TIM_OC2PolarityConfig	设置 TIMx 通道 2 极性
TIM_OC3PolarityConfig	设置 TIMx 通道 3 极性
TIM_OC4PolarityConfig	设置 TIMx 通道 4 极性
TIM_UpdateRequestConfig	设置 TIMx 更新请求源
TIM_SelectHallSensor	使能或者失能 TIMx 霍尔传感器端口
TIM_SelectOnePulseMode	设置 TIMx 单脉冲模式
TIM_SelectOutputTrigger	选择 TIMx 触发输出模式
TIM_SelectSlaveMode	选择 TIMx 从模式
TIM_SelectMasterSlaveMode	设置或者重置 TIMx 主/从模式
TIM_SetCounter	设置 TIMx 计数器寄存器值
TIM_SetAutoreload	设置 TIMx 自动重装载寄存器值
TIM_SetCompare1	设置 TIMx 捕获比较 1 寄存器值
TIM_SetCompare2	设置 TIMx 捕获比较 2 寄存器值
TIM_SetCompare3	设置 TIMx 捕获比较 3 寄存器值
TIM_SetCompare4	设置 TIMx 捕获比较 4 寄存器值
TIM_SetIC1Prescaler	设置 TIMx 输入捕获 1 预分频
TIM_SetIC2Prescaler	设置 TIMx 输入捕获 2 预分频
TIM_SetIC3Prescaler	设置 TIMx 输入捕获 3 预分频
TIM_SetIC4Prescaler	设置 TIMx 输入捕获 4 预分频
TIM_SetClockDivision	设置 TIMx 的时钟分割值
TIM_GetCapture1	获得 TIMx 输入捕获 1 的值
TIM_GetCapture2	获得 TIMx 输入捕获 2 的值
TIM_GetCapture3	获得 TIMx 输入捕获 3 的值
TIM_GetCapture4	获得 TIMx 输入捕获 4 的值
TIM_GetCounter	获得 TIMx 计数器的值
TIM_GetPrescaler	获得 TIMx 预分频值
TIM_GetFlagStatus	检查指定的 TIM 标志位设置与否
TIM_ClearFlag	清除 TIMx 的待处理标志位
TIM_GetITStatus	检查指定的 TIM 中断发生与否
TIM_ClearITPendingBit	清除 TIMx 的中断待处理位

表 C.7　TIM1 固件库函数

函 数 名	描　述
TIM1_DeInit	将外设 TIM1 寄存器重设为默认值
TIM1_TIM1BaseInit	根据 TIM1_TIM1BaseInitStruct 中指定的参数初始化 TIM1 的时间基数单位
TIM1_OC1Init	根据 TIM1_OCInitStruct 中指定的参数初始化 TIM1 通道 1
TIM1_OC2Init	根据 TIM1_OCInitStruct 中指定的参数初始化 TIM1 通道 2
TIM1_OC3Init	根据 TIM1_OCInitStruct 中指定的参数初始化 TIM1 通道 3
TIM1_OC4Init	根据 TIM1_OCInitStruct 中指定的参数初始化 TIM1 通道 4
TIM1_BDTRConfig	设置刹车特性，死区时间，锁电平，OSSI，OSSR 状态和 AOE（自动输出使能）
TIM1_ICInit	根据 TIM1_ICInitStruct 中指定的参数初始化外设 TIM1
TIM1_PWMIConfig	根据 TIM1_ICInitStruct 中指定的参数设置外设 TIM1 工作在 PWM 输入模式
TIM1_TimeBaseStructInit	把 TIM1_TIM1BaseInitStruct 中的每个参数按默认值填入
TIM1_OCStructInit	把 TIM1_OCInitStruct 中的每个参数按默认值填入
TIM1_ICStructInit	把 TIM1_ICInitStruct 中的每个参数按默认值填入
TIM1_BDTRStructInit	把 TIM1_BDTRInitStruct 中的每个参数按默认值填入
TIM1_Cmd	使能或者失能 TIM1 外设
TIM1_CtrlPWMOutputs	使能或者失能 TIM1 外设的主输出
TIM1_ITConfig	使能或者失能指定的 TIM1 中断
TIM1_DMAConfig	设置 TIM1 的 DMA 端口
TIM1_DMACmd	使能或者失能指定的 TIM1 的 DMA 请求
TIM1_InternalClockConfig	设置 DMA 内部时钟
TIM1_ETRClockMode1Config	配置 TIM1 外部时钟模式 1
TIM1_ETRClockMode2Config	配置 TIM1 外部时钟模式 2
TIM1_ETRConfig	配置 TIM1 外部触发
TIM1_ITRxExternalClockConfig	设置 TIM1 内部触发为外部时钟模式
TIM1_TIxExternalClockConfig	设置 TIM1 触发为外部时钟
TIM1_SelectInputTrigger	选择 TIM1 输入触发源
TIM1_UpdateDisableConfig	使能或者失能 TIM1 更新事件
TIM1_UpdateRequestConfig	设置 TIM1 更新请求源
TIM1_SelectHallSensor	使能或者失能 TIM1 霍尔传感器端口
TIM1_SelectOnePulseMode	设置 TIM1 单脉冲模式
TIM1_SelectOutputTrigger	选择 TIM1 触发输出模式
TIM1_SelectSlaveMode	选择 TIM1 从模式
TIM1_SelectMasterSlaveMode	设置或者重置 TIM1 主/从模式
TIM1_EncoderInterfaceConfig	设置 TIM1 编码界面
TIM1_PrescalerConfig	设置 TIM1 预分频值
TIM1_CounterModeConfig	设置 TIM1 计数器模式
TIM1_ForcedOC1Config	置 TIM1 输出 1 为活动或者非活动电平
TIM1_ForcedOC2Config	置 TIM1 输出 2 为活动或者非活动电平
TIM1_ForcedOC3Config	置 TIM1 输出 3 为活动或者非活动电平
TIM1_ForcedOC4Config	置 TIM1 输出 4 为活动或者非活动电平
TIM1_ARRPreloadConfig	使能或者失能 TIM1 在 ARR 上的预装载寄存器
TIM1_SelectCOM	选择 TIM1 外设的通信事件

续表

函数名	描述
TIM1_SelectCCDMA	选择 TIM1 外设的捕获比较 DMA 源
TIM1_CCPreloadControl	设置或者重置 TIM1 捕获比较控制位
TIM1_OC1PreloadConfig	使能或者失能 TIM1 在 CCR1 上的预装载寄存器
TIM1_OC2PreloadConfig	使能或者失能 TIM1 在 CCR2 上的预装载寄存器
TIM1_OC3PreloadConfig	使能或者失能 TIM1 在 CCR3 上的预装载寄存器
TIM1_OC4PreloadConfig	使能或者失能 TIM1 在 CCR4 上的预装载寄存器
TIM1_OC1FastConfig	设置 TIM1 捕获比较 1 快速特征
TIM1_OC2FastConfig	设置 TIM1 捕获比较 2 快速特征
TIM1_OC3FastConfig	设置 TIM1 捕获比较 3 快速特征
TIM1_OC4FastConfig	设置 TIM1 捕获比较 4 快速特征
TIM1_ClearOC1Ref	在一个外部事件时清除或者保持 OCREF1 信号
TIM1_ClearOC2Ref	在一个外部事件时清除或者保持 OCREF2 信号
TIM1_ClearOC3Ref	在一个外部事件时清除或者保持 OCREF3 信号
TIM1_ClearOC4Ref	在一个外部事件时清除或者保持 OCREF4 信号
TIM1_GenerateEvent	设置 TIM1 事件由软件产生
TIM1_OC1PolarityConfig	设置 TIM1 通道 1N 极性
TIM1_OC1NPolarityConfig	设置 TIM1 通道 1N 极性
TIM1_OC2PolarityConfig	设置 TIM1 通道 2 极性
TIM1_OC2NPolarityConfig	设置 TIM1 通道 2N 极性
TIM1_OC3PolarityConfig	设置 TIM1 通道 3 极性
TIM1_OC3NPolarityConfig	设置 TIM1 通道 3N 极性
TIM1_OC4PolarityConfig	设置 TIM1 通道 4 极性
TIM1_SetCounter	设置 TIM1 计数器寄存器值
TIM1_CCxCmd	使能或者失能 TIM1 捕获比较通道 x
TIM1_CCxNCmd	使能或者失能 TIM1 捕获比较通道 xN
TIM1_SelectOCxM	选择 TIM1 输出比较模式。本函数在改变输出比较模式前失能选中的通道。用户必须使用函数 TIM1_CCxCmd 和 TIM1_CCxNCmd 来使能这个通道
TIM1_SetAutoreload	设置 TIM1 自动重装载寄存器值
TIM1_SetCompare1	设置 TIM1 捕获比较 1 寄存器值
TIM1_SetCompare2	设置 TIM1 捕获比较 2 寄存器值
TIM1_SetCompare3	设置 TIM1 捕获比较 3 寄存器值
TIM1_SetCompare4	设置 TIM1 捕获比较 4 寄存器值
TIM1_SetIC1Prescaler	设置 TIM1 输入捕获 1 预分频值
TIM1_SetIC2Prescaler	设置 TIM1 输入捕获 2 预分频值
TIM1_SetIC3Prescaler	设置 TIM1 输入捕获 3 预分频值
TIM1_SetIC4Prescaler	设置 TIM1 输入捕获 4 预分频值
TIM1_SetClockDivision	设置 TIM1 的时钟分割值
TIM1_GetCapture1	获得 TIM1 输入捕获 1 的值
TIM1_GetCapture2	获得 TIM1 输入捕获 2 的值
TIM1_GetCapture3	获得 TIM1 输入捕获 3 的值
TIM1_GetCapture4	获得 TIM1 输入捕获 4 的值

续表

函　数　名	描　　述
TIM1_GetCounter	获得 TIM1 计数器的值
TIM1_GetPrescaler	获得 TIM1 预分频值
TIM1_GetFlagStatus	检查指定的 TIM1 标志位设置与否
TIM1_ClearFlag	清除 TIM1 的待处理标志位
TIM1_GetITStatus	检查指定的 TIM1 中断发生与否
TIM1_ClearITPendingBit	清除 TIM1 的中断待处理位

表 C.8　USART 固件库函数

函　数　名	描　　述
USART_DeInit	将外设 USARTx 寄存器重设为默认值
USART_Init	根据 USART_InitStruct 中指定的参数初始化外设 USARTx 寄存器
USART_StructInit	把 USART_InitStruct 中的每个参数按默认值填入
USART_Cmd	使能或者失能 USART 外设
USART_ITConfig	使能或者失能指定的 USART 中断
USART_DMACmd	使能或者失能指定 USART 的 DMA 请求
USART_SetAddress	设置 USART 节点的地址
USART_WakeUpConfig	选择 USART 的唤醒方式
USART_ReceiverWakeUpCmd	检查 USART 是否处于静默模式
USART_LINBreakDetectLengthConfig	设置 USART LIN 中断检测长度
USART_LINCmd	使能或者失能 USARTx 的 LIN 模式
USART_SendData	通过外设 USARTx 发送单个数据
USART_ReceiveData	返回 USARTx 最近接收到的数据
USART_SendBreak	发送中断字
USART_SetGuardTime	设置指定的 USART 保护时间
USART_SetPrescaler	设置 USART 时钟预分频
USART_SmartCardCmd	使能或者失能指定 USART 的智能卡模式
USART_SmartCardNackCmd	使能或者失能 NACK 传输
USART_HalfDuplexCmd	使能或者失能 USART 半双工模式
USART_IrDAConfig	设置 USART IrDA 模式
USART_IrDACmd	使能或者失能 USART IrDA 模式
USART_GetFlagStatus	检查指定的 USART 标志位设置与否
USART_ClearFlag	清除 USARTx 的待处理标志位
USART_GetITStatus	检查指定的 USART 中断发生与否
USART_ClearITPendingBit	清除 USARTx 的中断待处理位

表 C.9　ADC 固件库函数

函　数　名	描　　述
ADC_DeInit	将外设 ADCx 的全部寄存器重设为默认值
ADC_Init	根据 ADC_InitStruct 中指定的参数初始化外设 ADCx 的寄存器
ADC_StructInit	把 ADC_InitStruct 中的每个参数按默认值填入
ADC_Cmd	使能或者失能指定的 ADC

续表

函 数 名	描 述
ADC_DMACmd	使能或者失能指定的 ADC 的 DMA 请求
ADC_ITConfig	使能或者失能指定的 ADC 的中断
ADC_ResetCalibration	重置指定的 ADC 的校准寄存器
ADC_GetResetCalibrationStatus	获取 ADC 重置校准寄存器的状态
ADC_StartCalibration	开始指定 ADC 的校准程序
ADC_GetCalibrationStatus	获取指定 ADC 的校准状态
ADC_SoftwareStartConvCmd	使能或者失能指定的 ADC 的软件转换启动功能
ADC_GetSoftwareStartConvStatus	获取 ADC 软件转换启动状态
ADC_DiscModeChannelCountConfig	对 ADC 规则组通道配置间断模式
ADC_DiscModeCmd	使能或者失能指定的 ADC 规则组通道的间断模式
ADC_RegularChannelConfig	设置指定 ADC 的规则组通道，设置它们的转化顺序和采样时间
ADC_ExternalTrigConvConfig	使能或者失能 ADCx 的经外部触发启动转换功能
ADC_GetConversionValue	返回最近一次 ADCx 规则组的转换结果
ADC_GetDuelModeConversionValue	返回最近一次双 ADC 模式下的转换结果
ADC_AutoInjectedConvCmd	使能或者失能指定 ADC 在规则组转化后自动开始注入组转换
ADC_InjectedDiscModeCmd	使能或者失能指定 ADC 的注入组间断模式
ADC_ExternalTrigInjectedConvConfig	配置 ADCx 的外部触发启动注入组转换功能
ADC_ExternalTrigInjectedConvCmd	使能或者失能 ADCx 的经外部触发启动注入组转换功能
ADC_SoftwareStartinjectedConvCmd	使能或者失能 ADCx 软件启动注入组转换功能
ADC_GetsoftwareStartinjected ConvStatus	获取指定 ADC 的软件启动注入组转换状态
ADC_InjectedChannleConfig	设置指定 ADC 的注入组通道，设置它们的转化顺序和采样时间
ADC_InjectedSequencerLengthConfig	设置注入组通道的转换序列长度
ADC_SetinjectedOffset	设置注入组通道的转换偏移值
ADC_GetInjectedConversionValue	返回 ADC 指定注入通道的转换结果
ADC_AnalogWatchdogCmd	使能或者失能指定单个/全体，规则/注入组通道上的模拟看门狗
ADC_AnalogWatchdong ThresholdsConfig	设置模拟看门狗的高/低阈值
ADC_AnalogWatchdong SingleChannelConfig	对单个 ADC 通道设置模拟看门狗
ADC_TampSensorVrefintCmd	使能或者失能温度传感器和内部参考电压通道
ADC_GetFlagStatus	检查指定 ADC 标志位置 1 与 0
ADC_ClearFlag	清除 ADCx 的待处理标志位
ADC_GetITStatus	检查指定的 ADC 中断是否发生
ADC_ClearITPendingBit	清除 ADCx 的中断待处理位

表 C.10 DMA 固件库函数

函 数 名	描 述
DMA_DeInit	将 DMA 的通道 x 寄存器重设为默认值
DMA_Init	根据 DMA_InitStruct 中指定的参数初始化 DMA 的通道 x 寄存器
DMA_StructInit	把 DMA_InitStruct 中的每个参数按默认值填入
DMA_Cmd	使能或者失能指定的通道 x
DMA_ITConfig	使能或者失能指定的通道 x 中断

续表

函　数　名	描　　述
DMA_GetCurrDataCounte	返回当前 DMA 通道 x 剩余的待传输数据数目
DMA_GetFlagStatus	检查指定的 DMA 通道 x 标志位设置与否
DMA_ClearFlag	清除 DMA 通道 x 待处理标志位
DMA_GetITStatus	检查指定的 DMA 通道 x 中断发生与否
DMA_ClearITPendingBit	清除 DMA 通道 x 中断待处理标志位

表 C.11　RTC 固件库函数

函　数　名	描　　述
RTC_ITConfig	使能或者失能指定的 RTC 中断
RTC_EnterConfigMode	进入 RTC 配置模式
RTC_ExitConfigMode	退出 RTC 配置模式
RTC_GetCounter	获取 RTC 计数器的值
RTC_SetCounter	设置 RTC 计数器的值
RTC_SetPrescaler	设置 RTC 预分频的值
RTC_SetAlarm	设置 RTC 闹钟的值
RTC_GetDivider	获取 RTC 预分频分频因子的值
RTC_WaitForLastTask	等待最近一次对 RTC 寄存器的写操作完成
RTC_WaitForSynchro	等待 RTC 寄存器（RTC_CNT, RTC_ALR and RTC_PRL）与 RTC 的 APB 时钟同步
RTC_GetFlagStatus	检查指定的 RTC 标志位设置与否
RTC_ClearFlag	清除 RTC 的待处理标志位
RTC_GetITStatus	检查指定的 RTC 中断发生与否
RTC_ClearITPendingBit	清除 RTC 的中断待处理位

表 C.12　BKP 固件库函数

函　数　名	描　　述
BKP_DeInit	将外设 BKP 的全部寄存器重设为默认值
BKP_TamperPinLevelConfig	设置侵入检测引脚的有效电平
BKP_TamperPinCmd	使能或者失能引脚的侵入检测功能
BKP_ITConfig	使能或者失能侵入检测中断
BKP_RTCOutputConfig	选择在侵入检测引脚上输出的 RTC 时钟源
BKP_SetRTCCalibrationValue	设置 RTC 时钟校准值
BKP_WriteBackupRegister	向指定的后备寄存器中写入用户程序数据
BKP_ReadBackupRegister	从指定的后备寄存器中读出数据
BKP_GetFlagStatus	检查侵入检测引脚事件的标志位被设置与否
BKP_ClearFlag	清除侵入检测引脚事件的待处理标志位
BKP_GetITStatus	检查侵入检测中断发生与否
BKP_ClearITPendingBit	清除侵入检测中断的待处理位

表 C.13　PWR 固件库函数

函 数 名	描　　述
PWR_DeInit	将外设 PWR 寄存器重设为默认值
PWR_BackupAccessCmd	使能或者失能 RTC 和后备寄存器访问
PWR_PVDCmd	使能或者失能可编程电压探测器（PVD）
PWR_PVDLevelConfig	设置 PVD 的探测电压阈值
PWR_WakeUpPinCmd	使能或者失能唤醒引脚功能
PWR_EnterSTOPMode	进入停止（STOP）模式
PWR_EnterSTANDBYMode	进入待命（STANDBY）模式
PWR_GetFlagStatus	检查指定 PWR 标志位设置与否
PWR_ClearFlag	清除 PWR 的待处理标志位

表 C.14　IWDG 固件库函数

函 数 名	描　　述
IWDG_WriteAccessCmd	使能或者失能对寄存器 IWDG_PR 和 IWDG_RLR 的写操作
IWDG_SetPrescaler	设置 IWDG 预分频值
IWDG_SetReload	设置 IWDG 重装载值
IWDG_ReloadCounter	按照 IWDG 重装载寄存器的值重装载 IWDG 计数器
IWDG_Enable	使能 IWDG
IWDG_GetFlagStatus	检查指定的 IWDG 标志位被设置与否

表 C.15　SYSTICK 固件库函数

函 数 名	描　　述
SysTick_CLKSourceConfig	设置 SysTick 时钟源
SysTick_SetReload	设置 SysTick 重装载值
SysTick_CounterCmd	使能或者失能 SysTick 计数器
SysTick_ITConfig	使能或者失能 SysTick 中断
SysTick_GetCounter	获取 SysTick 计数器的值
SysTick_GetFlagStatus	检查指定的 SysTick 标志位设置与否

表 C.16　WWDG 固件库函数

函 数 名	描　　述
WWDG_DeInit	将外设 WWDG 寄存器重设为默认值
WWDG_SetPrescaler	设置 WWDG 预分频值
WWDG_SetWindowValue	设置 WWDG 窗口值
WWDG_EnableIT	使能 WWDG 早期唤醒中断（EWI）
WWDG_SetCounter	设置 WWDG 计数器值
WWDG_Enable	使能 WWDG 并装入计数器值
WWDG_GetFlagStatus	检查 WWDG 早期唤醒中断标志位被设置与否
WWDG_ClearFlag	清除早期唤醒中断标志位

附录 D　本书使用的器材清单

序　　号	名　　称	单位和规格	数　　量
1	STM32 教学机器人套件（新版）	套	1
2	基础传感器包	包	1
3	QTI 线跟踪传感器套件	套	1
4	智能搬运扩展高级竞赛包	包	1
5	高铁游中国扩展竞赛包	包	1
6	竞赛地图-智能搬运（含色块）	张	1
7	竞赛地图-高铁游中国	张	1

参考文献

[1] ARM Limited. Cortex-M3 Technical Reference Manual(r2p0). ARM DDI 0337G.

[2] ARM Limited. CoreSight Technology System Design Guide(r1p0). ARM DGI 0012B.

[3] ARM Limited. CoreSight Components Technical Reference Manual. ARM DDI 0314H.

[4] ARM Limited. ARM Architecture Reference Manual Thumb-2 Supplement. ARM DGI 0308D.

[5] ST Mircoelectronics Limited. STM32F103x8/STM32F103xB Datasheet(Rev11).

[6] ST Mircoelectronics Limited. STM32F103xC/STM32F103xD/STM32F103xE Datasheet (Rev7).

[7] ST Mircoelectronics Limited. Reference manual: STM32F101xx, STM32F102xx, STM32F103xx, STM32F105xx and STM32F107xx advanced ARM-based 32-bits MCUs(Rev11). RM0008.

[8] ST Mircoelectronics Limited. User manual: ARM-based 32-bit MCU STM32F101xx and STM32F103xx firmware library(ver6). UM0427.

[9] ST Mircoelectronics Limited. STM32F10xxx Cortex-M3 programming manual(Rev3). PM0056.

[10] Joseph Yiu. ARM Cortex-M3 权威指南[M]．宋岩，译．北京：北京航空航天大学出版社，2009.

[11] 王永虹，徐炜，郝立平．STM32 系列 ARM Cortex-M3 微控制器原理与实践［M］．北京：北京航空航天大学出版社，2008.

[12] 李宁．基于 MDK 的 STM32 处理器开发应用［M］．北京：北京航空航天大学出版社，2008.